Bernhard Ellmann • Die Widerlegung unseres geologischen Weltbildes

Bernard Ellmann

Die Widerlegung unseres geologischen Weltbildes

Eine Dokumentation
der katastrophistischen Erdvergangenheit

FRIELING

Bibliografische Information der Deutschen Nationalbibliothek
Die Deutsche Nationalbibliothek verzeichnet diese Publikation in der Deutschen Nationalbibliografie; detaillierte bibliografische Daten sind im Internet über http://dnb.d-nb.de abrufbar.

Rheinstraße 46, 12161 Berlin
Telefon: 0 30 / 76 69 99-0
www.frieling.de

ISBN 978-3-8280-3043-5
1. Auflage 2013
2. aktualisierte Auflage 2024
Umschlaggestaltung: Michael Reichmuth
Printed in Germany

INHALT

Zusammenfassung - Abstract

Mit der geologischen Denkweise, nur die Gegenwart als Maßstab zur Erklärung erdgeschichtlicher Veränderungen verwenden zu dürfen, entwickelten Geowissenschaftler ihre Vorstellungen von einer äonenlangen Vergangenheit der Erde. Diese spezielle Art des geologischen Denkens und die Grundbegriffe der Geowissenschaften werden in den einleitenden Kapiteln skizziert. Beschrieben werden die Anfänge der geologischen Grundlagenforschung zu Beginn der Neuzeit, die zunächst noch alternativen Lösungsansätze zur Klärung fundamentaler erdgeschichtlicher Fragen, die Arbeitsmethoden der modernen wissenschaftlichen geologischen Forschung und die gegenwärtig von den Geowissenschaften benutzten Hypothesen und Paradigmen. Überprüfbare Fakten – die Messergebnisse der Geowissenschaften und schriftliche historische Überlieferungen – ermöglichen die Widerlegung aller fundamentalen geologischen Hypothesen, wenn die Bereitschaft, ‚geologisch' zu denken, verweigert wird.

Widerlegt werden die als Allgemeinwissen etablierten geologischen Hypothesen zu Öl-, Kohle- und Salzbildung und der Glaube, dass Mammuts und ‚Eiszeit'-Tiere in einer Eiszeit gelebt haben. Widerlegt wird die Hypothese von mobilen Erdkrustenplatten – die gegenwärtige Arbeitsbasis der geologischen Grundlagenforschung. Widerlegt werden die Behauptungen der Geo-Chronologen, aus den Konzentrationsverhältnissen radioaktiver Zerfallsprodukte absolute Zeiten folgern zu dürfen, die ‚Garanten' der Absolutheit geologischer Zeitskalen.

Im Widerspruch zu unserem modernen Weltbild stehende historische Überlieferungen und die aktuellen Daten der Geowissenschaften zum Schwerefeld der Erde und den Strukturen der Meeresböden belegen eine katastrophistische Erdvergangenheit. Aus diesen Befunden lässt sich die folgenschwerste uns überlieferte kosmische Katastrophe ableiten. Die Akzeptanz dieses – in unsere geschichtliche Zeit fallenden – Ereignisses ist unvereinbar mit unserem geologischen, kosmologischen und geschichtlichen Weltbild. Logisch ergeben sich daraus die Antworten auf die Grundfragen der Geologie – wie ‚das alles' entstanden ist, was an Großstrukturen auf der Erde beobachtet werden kann. Erklärt wird die Entstehung der Gebirge auf den Kontinenten, der Gebirge unter den Ozeanen – die Riftzonen – und der Sedimentschichtungen mit den darin eingeschlossenen Fossilien als Teil der sogenannten geologischen Zeitskala.

Erklärt wird die Bildung der fossilen Brennstoffe und Salze. Verständlich wird, warum die Geologie alle mit ihrer Zeitskala unvereinbaren Funde als ‚unlogisch' definieren muss und dass in der Unlogik der geologischen Zeitskala die Ursache dafür zu finden ist, dass die Geologie ihre fundamentalen Fragen nicht beantworten kann.

Vorwort

Mehr als vier Milliarden Jahre erdgeschichtliche Vergangenheit konstruierte die moderne geologische Grundlagenforschung. Mit diesem unermesslichen Zeitvorrat schuf die Geologie unser gegenwärtiges Weltbild. Mittels Computertechnik bekommen wir einen lebendigen Eindruck vom Anfang und der Entwicklung unseres Planeten. Geologen berichten uns von einer inneren Dynamik, mithilfe derer die Erde ihr äußeres Erscheinungsbild stetig verändere. In Schulen und Universitäten weltweit wird die Lehre von einer sehr alten Erde und ihrer ebenso lang andauernden stetigen Entwicklung zu dem, was sie heute darstellt, wie eine Naturgesetzmäßigkeit behandelt.

Zunehmend wird vergessen, dass die geologischen Erklärungen zur erdgeschichtlichen Vergangenheit trotz aller ‚Beweise' Hypothesen bleiben. Fachinterne Zweifel an den offiziellen Lehrmeinungen dringen nur spärlich an die Öffentlichkeit. Informationen zur Entwicklungsgeschichte der Erde unterliegen einer strengen Zensur – der sogenannten geologischen Denkart.

Nicht gegen die Arbeitsmethoden der Geowissenschaften und nicht gegen die von ihnen erhobenen Befunde richten sich die folgenden Ausführungen. Anstoß wird genommen an die dogmatische und den bekannten Naturgesetzen zuwiderlaufende Unterordnung von Fakten unter die gegenwärtig maßgeblichen geologischen Hypothesen. Zu deren Rechtfertigung benutzt die Geologie den Faktor ‚Zeit'. Tausende von Jahren wurden zu Millionen, Millionen zu Milliarden. Skepsis ist angezeigt gegenüber dem, was der Öffentlichkeit als ‚wissenschaftlich erwiesen' verkauft wird. Auf den folgenden Seiten wird eine Vielzahl von Themen diskutiert. Geologische Fachbegriffe werden verständlich erklärt und ihre Verwendung auf das Notwendigste beschränkt.

Einleitung

Geologen betrachten die gegenwärtige Erdoberfläche als etwas ‚Gewachsenes', geformt im Laufe einer langen erdgeschichtlichen Entwicklung. Sie haben die Vergangenheit unserer Erde in einen Zeitrahmen gespannt, der die Bezeichnung ‚Unendlichkeit' verdient. Ihre Zeitskala umfasst viele Hundert Millionen, mehrere Milliarden Jahre (1). Angeblich Ewigkeiten dauernde geologische Prozesse lassen sich mit technischen Verfahren innerhalb weniger Stunden wiederholen.

Millionen Jahre soll die Umwandlung von Kohlenstoff zu Diamant gedauert haben (2). Die Industrie fertigt Diamanten in wenigen Stunden (3).

Millionen Jahre sollen für die Reifung der Steinkohlenlager erforderlich gewesen sein (4). In zwölf Stunden können Pflanzenreste bei 180° C und erhöhtem Druck vollständig zu Kohle umgewandelt werden (5).

Millionen Jahre soll die Bildung von Marmor aus Kalkablagerungen gedauert haben (6). In wenigen Stunden kann aus Kalk mit einer Hochdruckstempelzelle Marmor hergestellt werden (7).

Unsere dynamische Erde habe in diesen unendlichen geologischen Zeiträumen gleich einem Perpetuum mobile ihre harte Schale mehrfach verstoffwechselt (8). Sie habe fiktive Urkontinente in Urozeanen zu Pangäa zusammengeschoben und diesen über Tethys wieder zerfallen lassen, bis die Verteilung der Kontinente der heutigen entsprach (9). Dafür erforderliche Energien entnimmt die Geologie einer unerschöpflichen wie unauffindbaren Energiequelle des Erdinneren, deren Existenz ebenso hypothetisch ist wie alle geologischen Überlegungen zur erdgeschichtlichen Vergangenheit (10). In all den unermesslichen Zeiträumen sei der Evolution Gelegenheit gegeben worden, Arten entstehen zu lassen. Eine stetige Entwicklung von den einfachsten bis zu den komplexen Lebensformen habe den gegenwärtigen Artenreichtum geschaffen, dessen entwicklungsgeschichtlicher Kopf der Mensch sei (11).

Die Geologie ist überzeugt von ihrem Denkansatz. Er sei wissenschaftlich ausreichend abgesichert. Die Geologie glaubt daran. Sie hat ihn dogmatisiert.

Geowissenschaftler stabilisieren eine inflationäre Zeitblase. Wir mögen dieses grenzenlose Kunstwerk der Geologie. Es ist mächtig, gibt Zuversicht und bietet Raum für viele Ideen. Die Leistungen unserer Wissenschaften spiegeln sich darin wider. Ängste lassen sich darin verstecken. Das lassen wir uns etwas kosten, wir verteidigen es – unser Weltbild.

Konstruiert wurde unser gegenwärtiges Weltbild mit einer speziellen Denkart, dem geologischen Denken. Dieses beruht auf dem ‚Glauben', dass die Strukturen der Erdoberfläche und -kruste ausschließlich durch diejenigen geologischen Vorgänge gebildet wurden, die gegenwärtig beobachtet werden können. Dieser unendliche Zeiten fordernde ‚Glaube' der geowissenschaftlichen Grundlagenforschung wird als ‚Aktualismus' bezeichnet. Er stellt das fundamentale Dogma der heutigen Geowissenschaften dar.

In den folgenden Kapiteln wird sich zeigen, ob die geologischen Modelle das beinhalten, was sie vorgeben, oder eher mit ‚Des Kaisers neue Kleider' (12) vergleichbar sind.

Es wird sich zeigen, ob der geologische Zeitrahmen einer kritischen Wertung anhand naturwissenschaftlicher Daten standhält oder die Vergangenheit unserer Erde den tot geglaubten Vorstellungen der frühen geowissenschaftlichen Forschung nahekommt, einer Katastrophenserie ‚par excellence'.

Unser geologisches Weltbild beruht auf historischen Wurzeln. Mit Kenntnis dieser historischen Basis wird das Verstehen der ‚geologischen Denkart' und der damit konstruierten Hypothesen erleichtert. In einem kurzen geschichtlichen Rückblick werden die Anfänge der geologischen und paläontologischen Forschung sowie das Entstehen der Eiszeittheorien beschrieben. Geologische Grundbegriffe, Arbeitstechniken und die sogenannte geologische Denkart werden erklärt.

Zum Allgemeinwissen gewordene Hypothesen zur Erdöl-, Kohle- und Salzlagerbildung sowie die Eiszeittheorien werden anhand belegbarer Fakten neu bewertet. Die Aussagen plattentektonischer Hypothesen werden den aktuellen geowissenschaftlichen Befunden gegenübergestellt. Auf dem Zerfall radioaktiver Atome beruhende absolute Zeitbestimmungen – vor mehr als hundert Jahren als revolutionäre neue Messmethode in den Geowissenschaften eingeführt – werden mit den aktuellen Erkenntnissen der Kernphysiker konfrontiert.

Mit den Daten der Geowissenschaften wird die folgenschwerste – geschichtlich und schriftlich überlieferte – kosmische Katastrophe unserer Vergangenheit beschrieben und unserem auf geologischen Hypothesen beruhenden Weltbild gegenübergestellt.

1. Geschichtlicher Rückblick

Astronomie und Mathematik können auf eine mehrtausendjährige Vergangenheit zurückblicken (1). Die Anfänge der geologischen Forschung reichen zurück bis ins 17. Jahrhundert. Geologische Kenntnisse zum Auffinden und Abbau von Bodenschätzen wurden bereits in früheren Zeiten an die folgenden Generationen weitergegeben (2). Eine wissenschaftliche Forschung wurde damit nicht verbunden. Von dieser wird eine erklärende und zusammenfassende Betrachtung erwartet.

Regenten weltlicher Machtbereiche unterstützen heute wie in der Vergangenheit Künste und Wissenschaften. Vielen Forschern wurde zu Beginn der Neuzeit im 16. Jahrhundert mit finanziellen und materiellen Mitteln ein wissenschaftliches Arbeiten ermöglicht. Der Bergbau gewann zu Beginn des Industriezeitalters im 18. Jahrhundert an Bedeutung. Er förderte die wissenschaftliche Untersuchung geologischer Strukturen und war die entscheidende Voraussetzung für das Wachstum der Schwerindustrie (3). Viele ‚Altvordern' der Geologie datieren aus dieser Zeit (4). Geologie war in jener Zeit keine universitäre Fachrichtung. Die Wissenschaft von der Erde wurde bis in das ausgehende 18. Jahrhundert als ‚Geognosie' bezeichnet, die Forscher als ‚Geognosten' (5). Naturforscher versuchten damals mit ihrem Wissen die gesamte Natur zu verstehen (6). Sie hatten oftmals mehrere Fächer – Anatomie, Chemie, Botanik, Mathematik, Philosophie oder Theologie – studiert (7). Auch ein Jurastudium reichte aus, um sich als Geologe von internationaler Bedeutung zu betätigen (8). Der Zeit entsprechend standen die Überlegungen und Aussagen der Naturforscher unter religiöser Bevormundung. Ein Aufbegehren gegen das offizielle Weltbild konnte für die Forscher tödliche Folgen nach sich ziehen (9).

Der geschichtliche Rückblick auf die Anfänge der geologischen Forschung soll keine umfassende Darstellung der ungezählten suchenden Schritte der Geologie sein. Jede geologische Großstruktur, jede wissenschaftliche Denkrichtung und jeder Forscher besitzt eine eigene Geschichte. Gezeigt werden soll die Formierung der unterschiedlichen geologischen Denkrichtungen. Daraus entwickelte sich das, was heute als sogenannte geologische Denkweise bezeichnet wird. Diese spezielle Denkart liegt gegenwärtig allen geologischen Überlegungen und aufgestellten Hypothesen zugrunde. Wer glaubt, die heutige geologische Denkweise und die damit aufgestellten Hypothesen anhand von Fakten aus der Vergangenheit ableiten zu können, wird vergebens suchen. Die Suche nach beweisenden Fakten für die in großer Zahl aufgestellten Hypothesen gehört zur Grundlagenforschung der heutigen Geologie. Das Maß an Übereinstimmung zwischen der geologischen Denkweise und den belegbaren Fakten wird auf den folgenden Seiten ersichtlich werden.

1.1. Der Beginn der geologischen Forschung

Geologie ist eine junge Wissenschaft. Vor ca. 300 Jahren begannen Wissenschaftler zu fragen, warum die Erde mit ihren Kontinenten und Ozeanen, Bergen und Tälern das Antlitz zeigt, das wir heute vorfinden – zu fragen, „ob Berge und Erde gleich alt sind oder nicht“ (10).

Zu den Pionieren der Geologie gehörten unter anderem Georg Bauer (1494–1555), bekannt unter dem Namen ‚Agricola‘ (11), und der Däne Niels Stenson, ‚Steno‘ genannt. Zu den bekanntesten Werken Agricolas zählt die Beschreibung des Bergbaus bis hin zur Gewinnung der Endprodukte in dem Werk ‚De re metallica‘ (1556) (12).

Steno formulierte das sogenannte Lagerungsgesetz (1669), nach dem in einer Abfolge von Schichtlagen die höher liegende, die ‚hangende‘, jünger ist als die tiefer gelegene (13).

Im 18. und 19. Jahrhundert wuchs die Zahl derer, die sich mit geologischen Fragestellungen befassten. Die Naturforschung teilte sich in spezielle Disziplinen auf. Neben der Geologie entwickelten sich die eng mit ihr verbundenen Forschungszweige der Paläontologie, der Stratigraphie, der Glaziologie und der Mineralogie.

Paläontologen suchen und ordnen die in den geologischen Schichten eingeschlossenen und ausgestorbenen versteinerten Organismen. Stratigraphen beschreiben die Schichtenbildungen geologischer Ablagerungen. Glaziologen versuchen den Ablauf der postulierten Eiszeiten zu verstehen. Mineralogen beschreiben die chemische Zusammensetzung, die Eigenschaften und Gitterstruktur der im Gestein vorhandenen Mineralien. Letztere werden sieben Kristallsystemen zugeordnet (14).

Viele Beobachtungen aus den Anfangszeiten der geologischen Forschung gehören heute zum Basiswissen der Geologie. Sedimente wurden von festen Gesteinsformationen unterschieden (15). Sedimente wurden als Ablagerungen aus wässrigen Lösungen erkannt. Sie bildeten unterscheidbare Schichtlagen auf dem festen steinigen Untergrund. Der steinige kontinentale Untergrund wurde Granit genannt, der entsprechende subozeanische, geringfügig schwerere, als Basalt bezeichnet. Granit- und Basaltformationen sah man als Reste eines Urgebirges an (16). Sie konnten von Sedimenten unterschiedlicher Höhe bedeckt oder sedimentfrei sein. Bei ungestörter Ablagerung durfte man eine parallele Schichtung erwarten. Es wurde beobachtet, dass diese Schichtungen häufig schräg oder steil gestellt und in der Schichtenfolge umgedreht worden waren, Einbrüche, Gräben und Verschiebungen aufwiesen. Störungen der gleichmäßigen Schichtung nannte man Diskordanzen (17).

Abb. 1.1a Granit: ‚Sieben Felsen' im hinteren Yachbachtal/Elzach

Abb. 1.1b Granit: Detailaufnahme, grobkörniges Gefüge

Abb. 1.2a Basalt: Basaltsäulen, polygonale Prismen, Nordküste Irland: ‚Giant's Causeway'

Abb. 1.2b: Basalt: Detailaufnahme, feinkörniges Gefüge

Abb. 1.3a: Sandstein: alter Steinbruch bei Heimbach/Landkreis EM

Abb. 1.3b: Sandstein: Detailaufnahme

Abb. 1.4a: Kalkstein: alter Steinbruch im ‚Oberen Steingrüble' bei Munzingen/ Tuniberg-Kaiserstuhl

Abb. 1.4b: Kalkstein: Detailaufnahme

Abb. 1.5a: konkordante Schichtung: ungestörte waagerechte Parallellagen

Abb. 1.5b: diskordante Schichtung: gebrochene Schichten und Kippungen

Abb. 1.5c: diskordante Schichtung: mit Brüchen und Steilstellung

Abb. 1.5d: diskordante Schichtung: Brüche und Kippung mit Schichtumkehr

Diskordanzen ließen auf gewaltsame Vorgänge in und auf der Erde schließen (18). Einigkeit bestand darüber, dass die weltweit beobachtbaren Zerstörungen der Erdrinde von gewaltigem Ausmaß waren. Meinungsverschiedenheiten traten auf, als die Fragen nach den treibenden Kräften hinter den beobachteten geologischen Veränderungen beantwortet werden sollten. Hatten die gewaltigen Umwälzungen der Erdrinde einen katastrophistischen Hintergrund oder waren sie gewaltfrei entstanden? Mehrere konkurrierende wissenschaftliche Gruppierungen versuchten die Entstehung der geologischen Formationen zu deuten. Zur Erklärung gewaltiger geologischer Veränderungen der Erdkruste führten die Anhänger der Sintfluttheorie ausschließlich die Folgen einer weltweiten Katastrophe unter Mitbeteiligung großer Flutwellen an. Dazu bemerkte Buttner (1716) „Viele Eigenschaften der heutigen Erde sind wie die Narben eines zerhauenen und wieder geheilten Körpers. Die Gebirge in ihrer jetzigen Gestalt sind nicht aus des Schöpfers Hand hervorgegangen, sondern sind nur das felsichte Sceleton, das bei der Abschwemmung übrig und bei der allgemeinen Erschütterung, welche die Sündflut hervorrief, in Trümmern stehen blieb.“ (19)

Bedeutende Forscher zählten zur Gruppe der Sintflut-Theoretiker. Georges Cuvier (1769–1832), Geologe, Paläontologe, Biologe und Anatom, unter Napoleon Generalinspekteur für Erziehung und Minister für die Angelegenheiten der Protestanten, formulierte seine Katastrophentheorie „sehr scharf" (20). Der russische Forscher M. Lomonosow (1711–1765) ging von einer katastrophistischen Entstehung der Gebirge und Erdteile aus, „... von einer unermesslichen Kraft im Herzen der Erde ...", „... die nur in der Hitze gesucht werden kann ..." (21). Nach Lomonosow ist die Moskauer Universität benannt.

Descartes (1651) und T. Burnet (1681) beschrieben einen schalenförmigen Aufbau der Erde durch die Trennung des Schwereren vom Leichteren (22). Der schalenförmige Aufbau konnte später von der Geophysik durch seismische Messungen bestätigt werden (23). Die Sintflut habe den Schalenaufbau zerstört und die Unregelmäßigkeiten in der Erdkruste zurückgelassen. Burnet sah, wie viele andere seiner Zeit, in der Sintflut eine Strafe Gottes (22).

J. Woodword (1665–1722), zur Riege der ‚Sintflut-Gläubigen' gehörend, beschrieb die Ablagerung der Gesteine und Fossilien in den einzelnen Schichtlagen als ein Absetzen entsprechend der Schwere (24). Dazu war die Annahme einer schlammbeladenen Flutwelle erforderlich.

D. de Dolomieux (1750–1801) und L. v. Buch (1774–1853) vermuteten Flutwellen von großer Kraft, um hochalpin gelegene Gesteins- und Fossilienfunde erklären zu können (25). Nach Dolomieux wurden die ‚Dolomiten' benannt (26). Als einer der ‚letzten Vertreter der Sintfluttheorie' soll J. Buckland (1784–1856) erwähnt werden (27). Von der modernen wissenschaftlichen Geologie werden die Anhänger der Sintfluttheorie als ‚Sintflutgläubige' bezeichnet (28). Mehr als 60 % aller Amerikaner glaubten einer Umfrage zufolge zu Beginn des 21. Jahrhunderts an eine in der Vergangenheit abgelaufene Sintflut. Berichte über sintflutanaloge Katastrophen sind aus allen Teilen der Welt bekannt (29). Für die heutige Geologie ist „Sintflut" kein Thema.

Eine zur Sintfluttheorie entgegengesetzte Position nahmen die ‚Neptunisten' ein, so benannt in Anlehnung an den Meeresgott Neptun (30). Sie lehrten die Bildung aller geologischen Formationen durch eine über Jahrmillionen verlaufende Ablagerung von Sedimenten aus dem Meer. Dieses entsprach einem Maximum an Ruhe, Beständigkeit und Gewaltfreiheit. Eine führende Persönlichkeit dieser ruhigen Gangart war A. G. Werner (1749–1817), Lehrer an der Bergakademie Freiberg (31). L. v. Buch und A. v. Humboldt (1769–1853) gehörten zu seinen Schülern (32). Auch J. W. v. Goethe war überzeugter Neptunist: „Ich kann nicht aus meinem Neptunismus heraus." (1815) (33) Die unterschiedlichen Denkarten innerhalb der beiden Extrempositionen – Sintflut-Gläubigkeit und Neptunismus – spiegeln die Zitate von D. de Dolomieux und J. W. v. Goethe wider.

D. de Dolomieux: „Ich schreibe die Bildung unserer Gebirgslager nicht dem ruhig in seinen Behältnissen ... verweilenden Meere zu, sondern seinen Wassern im Zustande der heftigsten Bewegung, die möglich ist. Nicht durch schwache Ströme lasse ich unsere Täler entstehen, sondern durch die ganze Kraft, die das Wasser aus der Vereinigung des Gewichtes einer sehr großen Masse mit einem jähen Falle erhalten kann. Ich lasse die Muscheln des Meeres nicht auf Berggipfeln leben, sondern aus seiner größten Tiefe hinaufschleudern. Ich nehme meine Zuflucht nicht zu ruhig vor sich gehenden Veränderungen, um die Produkte des Ozeans mit denen der Erde zu vermischen, sondern lasse hierzu eine solche Unordnung entstehen, dass die unähnlichsten und verschiedenartigsten, die leichtesten und die schwersten Stoffe durcheinander zu liegen kommen. Nicht die Zeit nehme ich zu Hilfe, sondern die Kraft ..." (1791) (34)

Dagegen bemerkt J. W. v. Goethe: „Merkwürdiger ist nichts in der Welt der Meinung, als dass man um Phänomene zu erklären die gewaltsamsten Mittel zu Hülfe ruft, anstatt dass man bei ruhiger Umsicht das nächste natürliche bei der Hand gehabt hätte." (1823) (34)

Die Neptunisten verloren an Einfluss. Sie gerieten bei wissenschaftlichen Diskussionen zunehmend in Erklärungsnot (35). Auch die Sintflut-Anhänger wurden herabgestuft. Die unbeherrschbare Gewalt einer sintflutartigen Katastrophe wurde durch einen überschaubaren Katastrophismus verdrängt. Diesen Katastrophismus in Raten beschreibt der sogenannte Plutonismus. Lokale Zeichen der Gewalt, explodierende Vulkane und das schnelle Auftauchen von Inseln stärkten die Position der Plutonisten.

Als Pluton bezeichnet die Geologie eine langsam aufsteigende Gesteinsschmelze innerhalb des Erdmantels und der Erdkruste (36). Beim explosiven Durchbruch durch die Erdoberfläche wird von einem Vulkan gesprochen. Plutone können abgekühlt sein und keine Aufwärtsbewegung zeigen. Sie können heiß sein und zu einer langsam verlaufenden Hebung der darüber liegenden Erdschichten führen. In allen Fällen bleibt die Katastrophe überschaubar und regional begrenzt.

Abb. 1.6a: Pluton: erstarrter Magmakörper, Auftrieb bis unterhalb der Erdoberfläche

Abb. 1.6b: Pluton: erstarrter Magmakörper, mit freiliegendem Kopf durch Abtragung der Deckschicht

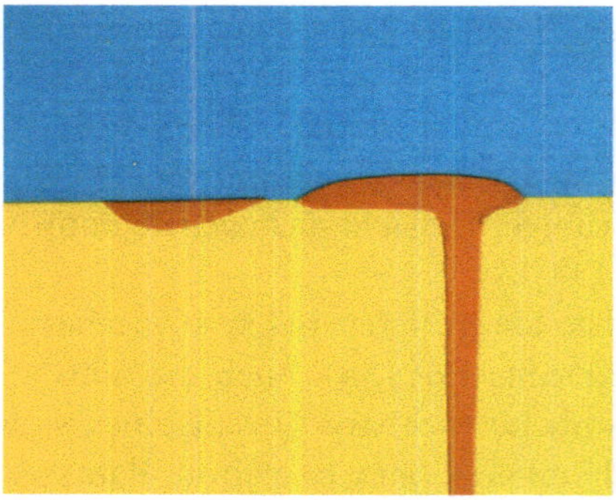

Abb. 1.6c: Pluton: erstarrter Magmakörper, Auftrieb bis oberhalb der Erdoberfläche und Teilverwitterung

Abb. 1.6d: Pluton: als Teil eines großen Magma-Intrusivkörpers (Batholith)

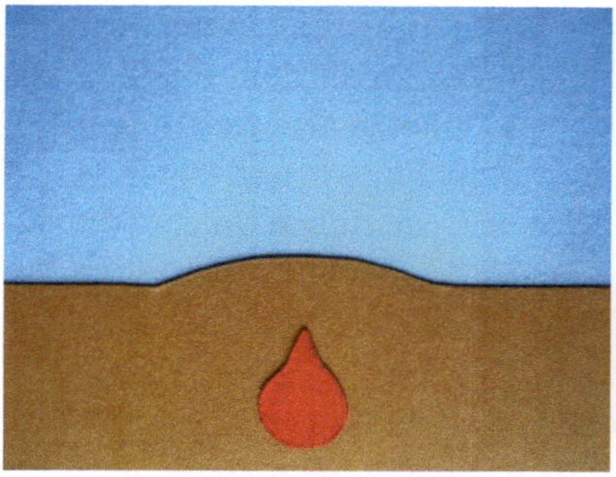

Abb. 1.7a: Magmakammer

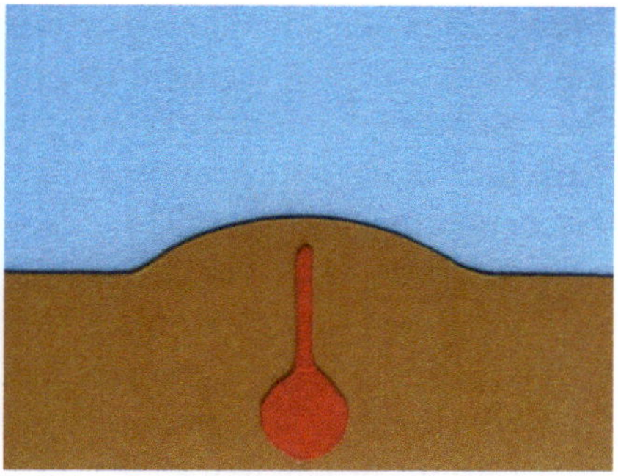

Abb. 1.7b: Magmakammer: mit vertikaler Bahnung

Abb. 1.7c: Magmakammer: Ausbruch als Vulkan

Abb. 1.7d: Magmakammer: Ausbruch als Vulkan mit Haupt- und Nebenkrater

Angesichts der offenkundig gewaltsamen Bildung geologischer Formationen vermochte sich die Geologie mit einem Kunstgriff dem Eingeständnis einer katastrophistischen Erdvergangenheit zu entziehen. Neben den Möglichkeiten einer katastrophistischen, sintflutbedingten und einer gewaltfreien, neptunistischen Bildung geologischer Formationen brachte die Geologie eine dritte Alternative ins Spiel – die ‚Zeit'. Auf Kant und Hutton gehen die Anfänge dieser Zeitdehnung zur Erklärung gewaltiger geologischer Veränderungen der Erdkruste zurück (37).

J. Hutton sah die zerstörende Kraft der Verwitterung, den Abtransport der Verwitterungsprodukte ins Meer und glaubte an eine Hebung der abgelagerten Sedimente „zu gebirgigen Kontinenten, nachdem der Glutfluss unter dem Meeresboden verbackend und faltend tätig war" (38). Nach Hutton beruhen geologische Veränderungen auf einem stetig wiederkehrenden zyklischen Geschehen, auf einem Kreislauf ohne Anfang und ohne Ende. Dafür wurde der Begriff ‚Uniformismus' (engl. Uniformitarism) geschaffen (38). Hutton wird als Begründer der modernen Geologie angesehen (37). Er vertrat Thesen, die heute in der Geologie als Standard gelten. Er glaubte an Gesteinsumwandlungen (Metamorphosen) in endlosen Zeiträumen als Grundlage geologischen Denkens (37). Diese ‚Entkatastrophisierung' gewaltiger geologischer Veränderungen mittels Zeitdehnung bis zur Unendlichkeit besitzt heute den Namen Aktualismus.

Aktualismus beinhaltet, dass die in der Gegenwart sichtbaren geologischen Veränderungen Rückschlüsse erlauben sollen auf die geologische Vergangenheit und Zukunft der Erde. Alles, was zurzeit an geologischen Veränderungen zu beobachten sei, habe alle Veränderungen in der Vergangenheit bewirkt und werde alle Veränderungen in der Zukunft bewirken. Alle Vorgänge, die gegenwärtig nicht beobachtet werden können, z. B. globale Katastrophen, seien demnach in der Vergangenheit nicht abgelaufen und würden ebenso wenig in der Zukunft eintreten. Da geologische Veränderungen so langsam verlaufen, dass sie kaum wahrnehmbar sind, musste die dafür benötigte Zeit unendlich lang gewählt werden. Für die Bildung der höchsten Berge, der tiefsten Täler, der Meere und Kontinente wurden Zeiten statt Gewalt gewählt (39). Die dogmatisierte Denkweise – ‚Zeiten statt Gewalt' – stellt für die Geologie das Grundprinzip des Aktualismus dar. Bereits G. C. Füchsel (1761) beschrieb die Entstehung von Schichten „völlig aktualistisch, wie die ersten Aktualisten des 19. Jahrhunderts, v. Hoff und Ch. Lyell, es nicht treffender hätten formulieren können" (40). G. C. Füchsel teilte mit: „Die Art, nach der die Natur heutzutage wirkt und Körper hervorbringt, ist ... als Norm zu nehmen, einen anderen Maßstab gibt es nicht!" (41) Diese sanktionierende Normsetzung G. C. Füchsels, verstärkt durch den beschwörenden Glauben von Ch. Lyell, ist heute Richtschnur aller geologischen Überlegungen. Zitat Ch. Lyell: „Glaubt er (der angehende Geologe) fest an die Ähnlichkeit oder Gleichheit des alten und des jetzigen Systems der irdischen Veränderungen, so wird er jede über die Ursachen erträgliche Wirksamkeit gesammelte Thatsache als einen Schlüssel zur Erläuterung irgendeines Geheimnisses der Vergangenheit ansehen." (42)

Das kompromisslose Auftreten Ch. Lyells führte zur Dominanz der aktualistischen Betrachtungsweise aller geologischen Veränderungen. In zwölf neu angepassten Auflagen der ‚Principles of Geology' diktierte Ch. Lyell, wie die Prinzipien der Geologie anzuwenden seien. Über Ch. Lyell, der nach dem Jurastudium zu einem der führenden Geologen seiner Zeit avancierte, wurde geschrieben, dass er „wie niemand vor ihm das aktualistische Prinzip auf die Fülle auch der vorzeitlichen Erscheinungen so systematisch anzuwenden vermochte. Überall sah er Kräfte am Werk, die in langen Zeiten die so großen, ins Auge fallenden Veränderungen der Natur nach sich ziehen konnten. Und auch da, wo unmittelbare Beobachtung ausschied ...!" (43) Und weiter: „Der von Hutton (1787) konzipierte Uniformismus, auf den Lyell schon früh gestoßen war, nahm bei ihm also eigenartig dogmatische Züge an." (43) Als geologische Denkart wurde fortan bis zum heutigen Tage ausschließlich die ‚aktualistische' akzeptiert. So diktiert in der modernen geowissenschaftlichen Forschung das Grundprinzip des Aktualismus mit der Aussage „die Gegenwart als Schlüssel zur Vergangenheit" alle Überlegungen und Aktivitäten. „Generell lässt sich das Prinzip des Aktualismus in einem Satz zusammenfassen: Die Gegenwart ist der Schlüssel zur Vergangenheit." (44)

Die geologischen Wissenschaften präsentierten weitere Theorien zur erdgeschichtlichen Entwicklung. Eine Vielzahl von Variablen wurde für deren Konstruktion berücksichtigt. A. Wegener formulierte seine Kontinentalverschiebungstheorie (45). Nach Wegener ist das Institut für Meeresforschung in Bremerhaven benannt. Wegener nahm unter anderem die weitgehende Kongruenz der südamerikanischen Ost- und afrikanischen Westküste als Beleg für seine Kontinentalverschiebungstheorie an (45). Auch wenn seine Überlegungen in der ursprünglichen Fassung als überholt gelten, „habe seine Denkweise bei den Geologen die Idee von mobilen Kontinenten gefördert". Damit wurden die plattentektonischen Modelle zu Beginn der zweiten Hälfte des 20. Jahrhunderts entwickelt. Diese stellen gegenwärtig neben dem geologischen Zeitrahmen von ca. 4,6 Milliarden Geo-Jahren die Eckpfeiler aller geologischen Überlegungen zur erdgeschichtlichen Entwicklung dar. Der Bedeutung entsprechend wird das plattentektonische Modell der Geologie ausführlich in Kapitel 6 vorgestellt.

Die moderne wissenschaftliche geologische Forschung wurde in ihren Anfangsjahren durch das Interesse an den vielerorts zu findenden Versteinerungen, den Petrefakten, beschleunigt. Mit diesen Relikten der Vergangenheit beschäftigt sich die Paläontologie. Sie entwickelte sich mit der Geologie im Laufe der letzten drei Jahrhunderte, von der Erkenntnis der organismischen Herkunft der Fossilien bis zu deren Verwendung als Leitfossilien.

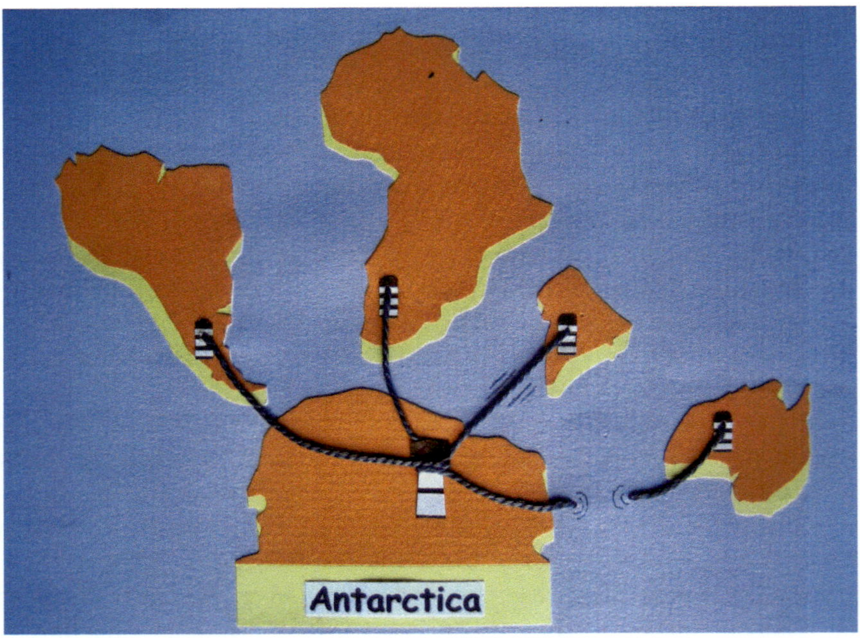

Abb.1.8: Zerfall des hypothetischen Großkontinents ‚Pangäa' über ‚Gondwana' zu den jetzigen Kontinenten/Teilkontinenten und der Antarktis vor 240 Millionen Geo-Jahren. Bestandteil der ‚Permokarbonischen Vereisungshypothese', nach der die Südkontinente und Antarktis nach einer vorangehenden Vereisungsperiode auseinandergedriftet sein sollen.

1.2. Der Beginn der paläontologischen Forschung

Paläontologie ist die Wissenschaft vom Leben der Vorzeit (1). Paläontologen erfassen und ordnen die Reste prähistorischer Organismen. Letztere sind als Versteinerungen überwiegend in Sedimenten zu finden. Mit fossilen Pflanzen beschäftigt sich die Paläophytologie, mit fossilen Tieren die Paläozoologie und mit unseren Vorfahren die Paläoanthropologie (2). Zu den Aufgaben der Paläontologie gehört auch das Erfassen entwicklungsgeschichtlicher Reihen der unterschiedlichen Arten. Die Zeitzuordnung der Fossilfunde zu den geologischen Schichten geschieht in gegenseitigem Abhängigkeitsverhältnis von Paläontologie und Geologie.

„Ihre Wechselbeziehungen zur Geologie sind dabei so eng, dass keiner der beiden Wissenszweige ohne den anderen auskommt." (3)

Fossilien sind seit langer Zeit bekannt. Prähistorische Fossilienfunde belegen das Interesse unserer Vorfahren an diesen Steinen. Sie wurden Verstorbenen als Grabbeigaben mitgegeben. In Metall gefasste Fossilien fanden als Schmuck oder Amulette Verwendung (4). Innenskelette von Belemniten wurden mit dem Wirken von Gewittern in Verbindung gebracht und als Donnerkeile bezeichnet (4).

In den Jahrhunderten der griechischen und römischen Hochkulturen waren Anaximander, Xenophanes, Pythagoras, Ovid und Plinius der Ältere von der organismischen Natur der Fossilien überzeugt (4). Dagegen berichtete Aristoteles von einer ‚Urzeugung', einer Entstehung der Fossilien als ‚Ausdünstungen der Erde' (4). Er lehrte die Unveränderlichkeit der lebenden Arten. Seine Vorstellungen über den Ursprung und die Entwicklung der Arten waren bis in das 16. Jahrhundert dominierend und mit den Glaubenssätzen der Kirche vereinbar (4).

Nach einem 2 000-jährigen ‚Dornröschenschlaf' der antiken Erkenntnisse über Fossilien und Organismen, der Erde, des Planetensystems, der Astronomie und Mathematik begann im 16. Jahrhundert die Reaktivierung dieses Wissens. Arabische Gelehrte hatten einen bedeutenden Anteil an der Bewahrung und Weitergabe der geistigen Leistungen der Antike in die Neuzeit (5, 6, 7, 8).

Abb. 1.9a: Fossilien:Ammonit

Abb. 1.9b: Fossilien:Belemnit

Abb. 1.9c: Fossilien:Haifischzähne

Abb. 1.9d: Fossilien:Kieferzapfen

Abb. 1.9f: Fossilien:Siegelbaum

Abb. 1.9g: Fossilien:Farn

Abb. 1.9h: Fossilien:Schwamm

Abb. 1.9i: Fossilien:Seelilie

Abb. 1.9j: Fossilien:Koralle

Abb. 1.9k: Fossilien:Farn

Abb. 1.9l: Fossilien: Dinosaurier

Die Stagnation der naturwissenschaftlichen Forschung bis zum Beginn der Neuzeit hatte mehrere Ursachen. Mitverantwortlich war die Dominanz der aristotelischen Weltanschauung. In den Diskussionen über die Natur der Fossilien setzte sich im 17. Jahrhundert die Einsicht einer organismischen Herkunft durch. Fossilien wurden in der Anfangszeit der paläontologischen Forschung Petrefakten und Figurensteine genannt. Bedeutungen wie ‚Naturspiele‘ oder ‚Samenideen‘, konnten durch das genaue Studium der gefundenen Relikte widerlegt werden (9).

Einer der ‚Altvordern‘ der geologischen Forschung, Niels Stenson, kurz ‚Steno‘, stellte 1667 bei der Sektion eines ihm zugetragenen Hundshaikopfes fest, dass dessen Zähne mit den Zungensteinen aus Mergelschichten von Malta übereinstimmten (10). Der Begriff ‚Zungensteine‘, lateinisch ‚Glossopetren‘, für fossile Haifischzähne geht auf Plinius den Älteren zurück, der sie als vom Himmel gefallene Objekte betrachtete (4). Steno begann die Gesteinsschichten, die diese fossilierten Zähne einschlossen, genauer zu untersuchen. Der in diese Zeit fallende Beginn einer systematischen Untersuchung geologischer Schichten und der Suche nach den darin verborgenen Fossilien wird als die Geburtsstunde der naturwissenschaftlichen Forschung von Geologie und Paläontologie angesehen (11). Fossilien lassen sich in Sedimentgestein finden. Verwitterungsprozesse können sie daraus lösen. In vielen geologischen Schichten lassen sich schichttypische Fossilien und Fossiliengruppen finden. Sie dienen der Geologie als Leitfossilien bei der Festlegung einer relativen Zeitskala zu einer Schichtenfolge. Umgekehrt benutzt die Paläontologie in Zweifelsfällen die geologische Schichtenfolge zur Einordnung ihrer Leitfossilien (12).

Als Leitfossilien werden schichttypische Fossilien angesehen. In einer Schicht dienen die fossilierten Arten mit der höchsten Konzentration ebenfalls als Leitfossil (13). Das Leitfossilprinzip besagt, dass bestimmte Fossilienarten oder Artgruppen definierten geologischen Schichten zugeordnet werden können. Begründer des Leitfossilprinzips sind der englische Straßen- und Kanalbauingenieur W. Smith (1769–1839) und E. F. v. Schlotheim (1764–1832) (14). Fossilien sind für die Evolutionsforschung von Bedeutung. In aufeinanderfolgenden geologischen Schichten auffindbare Fossilien sollen evolutionäre Entwicklungslinien repräsentieren, ausgehend von niedrigen Entwicklungsstufen in unteren Schichtlagen zu den höher entwickelten Lebewesen der obersten Schichten. Die zugeordnete Zeitskala soll dem Alter der geologischen Schichten entsprechen, bis zu mehreren Milliarden Jahren (15).

Eine zeitliche Zuordnung geologischer Schichten und fossilführender Zonen anhand von Leitfossilien wird von der Stratigraphie wahrgenommen. Stratigraphie sei keine exakte Wissenschaft (16). Die Zuordnung der Leitfossilien und geologischen Schichten gelinge selten so zweifelsfrei, wie es wünschenswert wäre (16). Der fossile Artenwechsel könne, müsse aber nicht mit dem geologischen Gesteinswechsel zusammenfallen (17). Gleichartige Fossilien können unterhalb und oberhalb einer Gesteinsgrenze liegen. Die Ungenauigkeit in der vertikalen Anordnung setzt sich in der horizontalen fort. Zur weitergehenden Beschreibung schuf die Geologie den Begriff der Fazies. Fazies bezeichnet die Gesamtheit gesteinsmäßiger und paläontologischer Merkmale einer Ablagerung (18). Eine marine wird von einer kontinentalen Fazies unterschieden, abhängig davon, ob die Relikte marinen oder kontinentalen Ursprungs sind. Bei Berücksichtigung aller Merkmale einer Schicht, der gesteinsmäßigen und der paläontologischen, erhöht sich die Flexibilität bei anstehenden Schichtzuordnungen. Paläontologen sind beim Versuch einer Zuordnung von Fossilien nicht mehr streng an ein vertikales Schema gebunden. Mit dem Fazies-Begriff können sie auf horizontale Veränderungen einer Schicht reagieren.

Im 19. Jahrhundert hatten sich die Paläoanthropologen der Frage einer entwicklungsgeschichtlichen Abstammung des Menschen zu stellen. Die ältesten Funde zu unseren vermuteten Vorfahren werden offiziell auf sechs bis sieben Millionen Jahre datiert (19). Menschliche Artefakte von weit höherem „Alter" werden in Kapitel 7.7 vorgestellt.

Die Entwicklung des heutigen, neuzeitlichen Menschen mit Kultur und Sprache wird von der Anthropologie an das Ende der angenommenen letzten pleistozänen Vereisung, 10 000 bis 12 000 Jahre vor unserer Zeit, gelegt. Pleistozäne Eiszeiten und die Annahme weiterer Vereisungszyklen in einer fernen Vergangenheit gehören zu einem nicht mehr zu erörternden Diktum der geologischen Denkart. Die Eiszeittheorien wurden von der Geologie im 19. Jahrhundert aufgestellt.

1.3. Das Entstehen der Eiszeittheorien

Geologische Eiszeittheorien fordern eine in der Vergangenheit wiederholte Vergletscherung großer kontinentaler Regionen (1). Der Begriff „Eiszeit" wurde erstmalig 1837 von K. Schimper vor der schweizerischen naturforschenden Gesellschaft in Neuenburg erwähnt (2). K. Schimper arbeitete als Botaniker und vermutete aufgrund periodisch wiederkehrender vorzeitlicher Floren- und Faunenbrüche einen ebensolchen Klimawechsel mit Verödung und Wiederbelebung (2). Zusammen mit L. Agassiz (1807–1873) – nach dessen ‚Bekehrung' zum Eiszeit-Anhänger – stellte er die Hypothese einer vorzeitlichen weitreichenden Vergletscherung der nördlichen Halbkugel auf. Jahrzehnte zuvor hatte Hutton in seiner ‚Theory of Earth' als Erklärung für die Ablagerung ‚erratischer Geschiebe' die Beteiligung von Gletschern in Erwägung gezogen (3). Von den damals höheren Alpen „... könnte Eis in gewaltigen, nach allen Richtungen gehenden Tälern in das tiefere Umland geglitten sein und große Granitblöcke weithin verschleppt haben, wie sie sich zahlreich und zum Erstaunen nachfolgender Geschlechter, die sich nach dem Woher und Wie ihrer Herkunft fragen, z. B. auf den Höhen von Salève (über Genf) antreffen lassen" (3).

‚Erratisches Geschiebe' umfasst ein Konglomerat von Löss, Lehm, Kies und Geröll bis zu größeren Granitbruchstücken, den ‚erratischen Blöcken' (4). Als Findlinge werden diese bis zu mehrere Kubikmeter großen Steine bezeichnet. ‚Erratische Blöcke' stellten die eigentlichen Steine des Anstoßes für die Entwicklung der Eiszeittheorien dar (5). Die Frage lautete: Woher und wie sind die Findlinge an ihre Fundorte gelangt?

Probleme bereiteten diejenigen ‚erratischen Blöcke', die weitab von vorhandenen Gletschern gefunden wurden. Es betraf die im norddeutschen Flachland gefundenen Steine mehr als die weit im Alpenvorland oder an den Südhängen des Schweizer Jura auffindbaren.

Drei Hypothesen zum Transport der ‚erratischen Blöcke' wurden aufgestellt. Nach der Drifthypothese sollen die Felsbrocken, eingebettet in große Eisschollen, schwimmend ihren Ablagerungsort erreicht haben (6). Sie seien über ein vorzeitliches Meer, welches sich bis zu den deutschen Mittelgebirgen erstreckt haben soll, von Skandinavien herangeschwommen und hätten sich nach dem Abtauen des Eises auf Grund gelegt. Diese Überlegungen zu ruhig heranschwimmenden Eisbergen kamen der aktualistischen Weltsicht Ch. Lyells entgegen (7).

Einen katastrophistischen Hintergrund forderte die Hypothese von de Saussure (1779) und L. v. Buch (1811). Sie ließen die Granitblöcke an den Südhängen des Schweizer Jura durch Alpenfluten, durch Stoßfluten emportragen (5). Ein derartiger Ablauf habe Sekunden gedauert, da die Fallgeschwindigkeit habe übertroffen werden müssen. Er bedarf als auslösendes Moment einer extremen Gewalteinwirkung. L. v. Buch glaubte an eine Ablagerung der Findlinge in Norddeutschland durch gewaltige Flutwellen aus dem skandinavischen Raum. Als ‚Diluvium' wurden die zugehörigen Ablagerungszeiten bezeichnet. Der von katastrophalen Flutwellen geprägte Zeitabschnitt mit dem Namen ‚Diluvium' wurde nach aktualistischem Denkschema zu einem ‚Eiszeitalter' gemacht. Ch. Lyell nannte letzteres ‚Pleistozän'. Unter dem Stichwort ‚Diluvium' findet man heute in lexikalen Werken den Eintrag: Diluvium, veraltet für Pleistozän.

Eine dritte Hypothese, die Annahme ausgedehnter Vergletscherungen kontinentaler Landmassen als Transporteur der ‚erratischen Blöcke', fand immer mehr Befürworter. Der Schweizer Ingenieur I. Venetz und ein Schüler A. G. Werners, J. de Charpentier, konnten sowohl den Botaniker K. Schimper als auch

Abb. 1.10a: Erratisches Geschiebe: Geröll, ‚Hohen Tauern', Österreich

Abb. 1.10b: Erratisches Geschiebe: Findlinge/ Erratische Blöcke (Granit), bei Engelmannsbäke/ Visbek

Abb. 1.10c: Reste einer ‚steinzeitlichen' Grabstätte bei Engelmannsbäke/Visbek. Erratische Blöcke wurden von unseren Vorfahren zum Bau von Gräbern und Kultstätten verwendet.

den Paläontologen L. Agassiz von ihren Vorstellungen einer großflächigen Vereisung überzeugen (2). Letztere entwarfen daraufhin die zuvor erwähnte Vergletscherungstheorie für die nördliche Hemisphäre.

Die Drifttheorie wurde fallen gelassen. In den ersten Jahrzehnten des 19. Jahrhunderts standen sich die konträren Ansichten von katastrophistischer und vergletscherungsbedingter Ablagerung des ‚erratischen Geschiebes' gegenüber. Später fanden kritische Äußerungen bei den Geologen kein Gehör mehr. In den Diskussionen über den Ursprung und insbesondere über den Modus der Ablagerung ‚erratischer Blöcke' gewannen die Befürworter eines nicht katastrophistischen Transportes der Findlinge die Oberhand. Findlinge sollten demnach mit den wiederholten Gletschervorschüben verfrachtet worden sein. Eine flächendeckende Vergletscherung der nördlichen Hemisphäre – kilometerhoch – als nicht katastrophal zu bezeichnen, zeugt von unterschiedlichen Ansichten der Geologie und der Öffentlichkeit darüber, was als Katastrophe bezeichnet werden kann.

Mit dem Konsens über gletscherverfrachtete ‚erratische Blöcke' und weiteren Belegen für eiszeitliche Geschiebe wie Moränen, Schuttanhäufungen, parallele Ritzspuren in Gestein, gerundete Felskuppen und wannenförmig erodierte Täler begann man weltweit nach Spuren früherer Eiszeiten zu suchen (4). Man wurde fündig auf der Südhalbkugel ebenso wie auf der Nordhalbkugel (8). Als eiszeitlich befundete Geröllablagerungen auf der südlichen Hemisphäre wurden der geologischen Karbon- und Permzeit zugeordnet (9), auf der nördlichen Hemisphäre dem Präkambrium (10). Sie wurden als ‚permokarbonische' und ‚präkambrische' Vereisungen bezeichnet. Die permokarbonische Vereisungshypothese fand Berücksichtigung bei der Konstruktion der geologischen erdgeschichtlichen Modelle. Die Zusammenhänge werden in Kapitel 9.15 erläutert. Nicht nur für das Erdaltertum wuchs die Anzahl zugeordneter Eiszeiten. In den letzten 0,7 Millionen Jahren soll es bis zu zehn aufeinanderfolgende Eiszeiten mit dazwischen liegenden Warmzeiten gegeben haben (11). Diese Warmzeiten, auch Interglaziale genannt, werden durch einen Konzentrationsanstieg von Fauna und Flora zwischen aufeinanderliegenden Geröllschichten definiert (12). Verwirrend erscheint die schnelle Aufeinanderfolge mehrerer Glazial- und Interglazialzeiten. Geologen geben sich optimistisch. Zitat: „Liest man heutige Darstellungen des räumlich und zeitlich ungeheuer verflochtenen Geschehens mit den unter Vorstoß und Rückzug rasch wechselnden Landschafts-

und Florenbildern in den einstigen Eisrandgebieten wie Alpenvorland, Norddeutschland und Niederrheinischer Bucht, dann erkennt man den bewundernswerten Fortschritt der Forschung.“ (13)

Kritische Stimmen zu den Eiszeittheorien sind selten zu vernehmen. Sie werden in Kapitel 7.4 vorgestellt. Nicht geklärt ist die Faktorenfrage von Eiszeiten. Weder die Eiszeiten der jüngeren Vergangenheit - die Pleistozänen - noch die Vereisungen im Erdaltertum können von der Ursache her erklärt werden. Man vermutet eine Kombination kosmischer und irdischer Faktoren (14, 15, 16). Nach den historischen Betrachtungen der geowissenschaftlichen Disziplinen werden in den folgenden Kapiteln die Arbeitstechniken der modernen Geologie beschrieben.

2. Geologische Arbeitsmethoden

Mit speziellen Arbeitstechniken versuchen Geologen, an Probenmaterial zu gelangen und es zu untersuchen. Vor der wissenschaftlichen Ära beschränkten sich die Aktivitäten unserer Vorfahren auf die Gewinnung verwertbarer Rohstoffe. In der Antike benutzte man einen überlieferten Erfahrungsschatz. Ohne komplizierte Hilfsmittel wurden mineralische Rohstoffe gefunden. Archäologische Funde von metallenen und keramischen Werkstoffen geben davon Zeugnis (1). Geologische Arbeitstechniken wurden in den vergangenen 300 Jahren wissenschaftlicher Forschung erheblich erweitert. Heute ermöglicht die technische Entwicklung Probenentnahmen aus großen Tiefen und zunehmende Einblicke in die Strukturierung der Lithosphäre (2). Maßgebend daran beteiligt war die Prospektion, die Suche nach nutzbaren Rohstofflagerstätten, die Suche nach Bodenschätzen wie Kupfer, Zink, Zinn und Eisen (1,3). Eine Vielzahl technischer Verfahren ermöglicht den Geologen Untersuchungen – von den Tiefen des Erdinneren bis zu den Höhen des Weltraumes. Aus dem tieferen Erdreich werden Bodenproben in Form von Bohrzylindern gezogen. Aneinandergereiht bilden sie die mineralische Zusammensetzung der oberen Kilometer der Erdkruste in der Vertikalen ab. Mit speziellen stählernen Schleppkästen (Dredschen) werden Proben vom Meeresboden geborgen. Zusammensetzung und Kristallgefüge der Mineralien lassen sich mit modernen Instrumenten präzise bestimmen. Zum Nachweis uranhaltiger Minerale dienen Szintillationszähler. Nach Eliminierung der radioaktiven Grundstrahlung lassen sich kleinste Mengen dieser begehrten Rohstoffe nachweisen (4). Hochdruckstempelzellen ermöglichen die Simulation der Druckverhältnisse in Erdkruste und -mantel.

Elektronik und Computertechnik wurden zum unentbehrlichen Hilfsmittel aller forschenden Wissenschaften. Auch eine geologische Forschung ist ohne diese Technik nicht denkbar. Die Geologie benötigt leistungsfähige Systeme zur Vermessung magnetischer und elektrischer Felder. Hohe Präzision und Rechenleistungen werden für seismische Untersuchungen und die Bestimmung des globalen Erdschwerefeldes gefordert.

Zeiten des Steineklopfens wurden abgelöst durch Bildschirmarbeit am PC. Heute sitzen akademisch ausgebildete Geologen an ihren Rechnern und konstruieren neue Modelle. „Mathematische Modelle, geometrische Methoden (z. B. die Faktorenanalyse) und Methoden, die den ‚Zufall' verwenden, hielten Einzug in die Geologie/Paläontologie." (5)

„Da sowohl die Gleichungen wie die Daten i. d. R. unvollständig sind, ist es vor der eigentlichen Vorhersage oft nötig, die das Modell steuernden Variablen so lange sinnvoll zu verändern, bis eine bekannte Situation richtig ‚vorhergesagt' wird." (5)

Steineklopfen gehört noch zum Ausbildungsgang in der Geologie und zum neuen Typus der ‚Feldgeologen', dem Hobbygeologen, dem Mineralien- und Fossiliensammler. Das ureigenste Werkzeug der Geologen – der Hammer – wurde zum Statussymbol der Geologie.

2.1 Magnetische und elektrische Messmethoden

Mit geomagnetischen Messmethoden lassen sich geringfügige Unregelmäßigkeiten des erdmagnetischen Feldes registrieren (1). Diese Störungen im Erdmagnetfeld können auf ferromagnetische Stoffe, insbesondere auf eisenhaltige Mineralien wie Hämatit (Fe_3O_4), hinweisen. Sie werden mit magnetischen Feldwaagen und Torsionsmagnetometern gemessen (1). Konventionelle geomagnetische Messungen finden Anwendung in der Prospektion von Bodenschätzen. Satellitengestützte Verfahren gestatten die Kartierung des Erdmagnetfeldes (2).

Mit geoelektrischen Messmethoden wird die Leitfähigkeit tieferer Bodenschichten gemessen (3). Die Leitfähigkeit ist abhängig von der stofflichen Zusammensetzung und vom Wassergehalt dieser Schichten. Geomagnetische und geoelektrische Messmethoden werden vornehmlich zur Suche von Erzen und Salzlagern verwendet, seismische und gravimetrische Untersuchungen zum Nachweis von Erdöl (4).

2.2 Seismische Messmethoden

Informationen über den strukturellen Aufbau der Erdkruste liefern die seismischen Messmethoden. Mit technisch erzeugten Schallwellen werden die oberen Kilometer der Erdkruste analysiert. Tiefen bis zu mehreren Hundert Kilometern lassen sich mit Erdbebenwellen untersuchen. Mit seismischen Messmethoden werden Schall-Laufzeiten gemessen (1). Die ältere Refraktionsseismik ist von der jüngeren Reflexionsseismik zu unterscheiden. Erstere nutzt die Abhängigkeit der Laufzeiten gebrochener Schallwellen von der Dichte der durchquerten geologischen Schichten (2). Sie wurde im ersten Viertel des 20. Jahrhunderts von L. Mintrop entwickelt (2). Kurze Laufzeiten, gleichbedeutend mit hoher Schallgeschwindigkeit, werden in dichterem Material gemessen, längere Laufzeiten analog in weniger dichtem Untergrund. Mit der Refraktionsseismik sind infolge des Brechungsgesetzes keine weicheren Schichten unterhalb von härteren nachweisbar, weil an der Basis der letzteren die Wellen nach unten gebrochen werden (3).

Eine genauere Zeitmessung und aufwendigere Berechnungen einer Vielzahl reflektierter Schallwellen erfordert die Reflexionsseismik. Das Verfahren ähnelt dem Echolot. Es lassen sich mehrere Schichtlagen in der Vertikalen abbilden (4). Schallrefraktionen und -reflexionen entstehen an tiefer gelegenen Schichtungen unterschiedlicher Dichte. Einzelne Schallimpulse werden in einer linearen oder einer zweidimensionalen Verteilung in den Erdboden abgegeben. Als Schallquelle dienen Sprengungen in Bohrlöchern und an der Erdoberfläche aufgestellte Vibratoren. Die im Erdboden gebrochenen und reflektierten Wellen werden mit räumlich verteilten Geophonen empfangen. Durch umfangreiche Berechnungen der Schall-Laufzeiten mittels spezieller Computerprogramme lässt sich der beschallte Untergrund als zwei- oder dreidimensionales Profil abbilden. Sichtbar werden die vertikale und horizontale Ausdehnung von Schichten unterschiedlicher Dichte (5).

Die ‚Sichtweite' der Seismik ist abhängig von der Stärke der abgegebenen Schallimpulse. Mit konventionellen Sprengsätzen gelangt man bald an die Grenze des Machbaren. Limitierend ist der nicht vertretbare technische Aufwand.

‚Heroische' Untersuchungen wurden in den 70er-Jahren des vergangenen Jahrhunderts von sowjetischen Geologen durchgeführt. Sie zündeten mehrere unterirdische atomare Sprengsätze und erstellten zweidimensionale Profile von verschiedenen Regionen der ehemaligen UdSSR (6). Die erhaltenen Profile der Erdkruste bis zu 60 km Tiefe zeigten in einigen Regionen überraschende Resultate. In Kapitel 9.19 werden dazu weitere Details vorgestellt.

Die Sprengseismik hat ihren Ursprung in der Erdbebenforschung. Erschütterungsenergien von Erdbebenwellen sind um Dimensionen größer als die durch Zündung von Sprengsätzen erzeugten. Entsprechend verheerend können die Schäden sein. Ein weltweites Netz miteinander kommunizierender Erdbebenkontrollstationen zeichnet unentwegt die seismische Aktivität der Erde auf (7). Die Auswertung von seismischen Daten größerer Beben bestätigte den konzentrischen schalenförmigen Aufbau des Erdkörpers und ermöglichte die Erstellung seismischer Profile von Erdkruste und -mantel (8).

2.3 Satellitengestützte Messmethoden

Einen tiefen Einblick in das Erdinnere und überraschende Befunde lieferten die satellitengestützten Schwerefeldvermessungen der Erde. Inhomogenitäten des Erdschwerefeldes verursachen bei Satelliten, die auf erdnahen Bahnen umlaufen, vertikale Bahnabweichungen. Diese Bahnabweichungen ergeben die Ausgangsdaten für die Berechnung des globalen Erdschwerefeldes (1). Nach diesem Messprinzip arbeiten die drei Satellitensysteme GFZ-1, CHAMP und GRACE. Das Erdschwerefeld wird visuell als Geoid dargestellt, als Abweichung vom Rotationsellipsoid (2) (Abb. 2.1 a bis c).

Das Deutsche GeoForschungsZentrum GFZ ist maßgeblich an den Schwerefeldmessungen beteiligt. Ihr erster Satellit, GFZ-1, wurde 1995 von der russischen Weltraumstation MIR ausgesetzt. Er war fußballgroß und mit 60 Reflektoren bestückt, die eine Entfernungsmessung mittels Lasersystemen ermöglichten. GFZ-1 war bis 1999 funktionsfähig (1).

Der Nachfolger von GFZ-1 hieß CHAMP (Challenging minisatellite payload for geo-sciences and application). Er lieferte seit dem erfolgreichen Start mit einer russischen Kosmosrakete im Jahre 2000 wesentlich präzisere Daten zum Erdschwerefeld (1). Die Bahndaten des Satelliten wurden in Verbindung mit dem GPS-Navigationssystem übermittelt. CHAMP lieferte zusätzliche Daten über das Erdmagnetfeld, über die Temperatur- und Druckverhältnisse in der Erdatmosphäre und über die Ionosphäre (1). Im September 2011 verglühte der CHAMP-Satellit nach zehnjähriger ‚Dienstzeit' in der Erdatmosphäre.

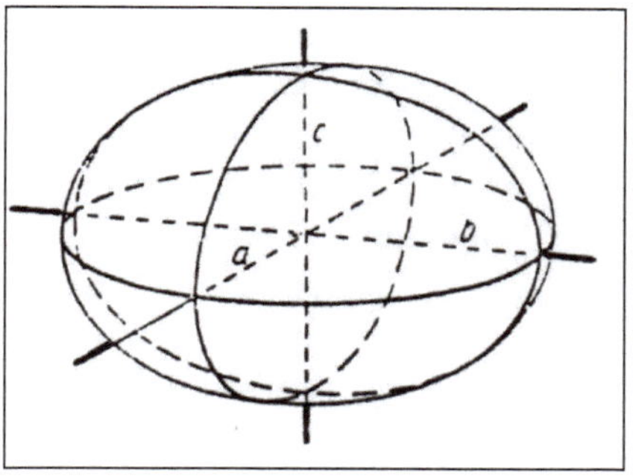

Abb. 2.1a: Ellipsoid: mit den Halbachsen a,b,c

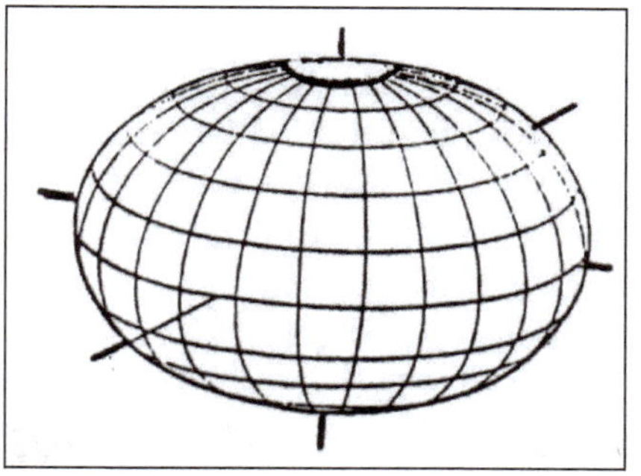

Abb. 2.1b: Rotationsellipsoid: durch Rotation einer Ellipse um die kleine Achse c und Achse a = b

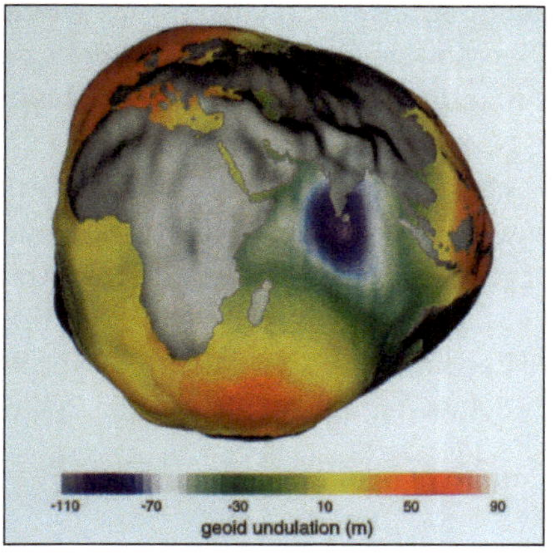

Abb. 2.1c: Geoid: Darstellung der Schwerkraft-Variationen in Erdkruste und -Mantel als Abweichung der Erdoberfläche von einem Rotationsellipsoid. Berechnet aus den Bahndaten von CHAMP mit einem mathematischen Verstärkungsfaktor von 15 x 10^3. Auch als ‚Potsdamer Kartoffelerde' bezeichnet. (Abb.: Deutsches GeoForschungsZentrum GFZ; mit freundlicher Genehmigung)

Abb. 2.2: GFZ-1-Satellit mit Spiegelreflektoren zur Laserortung (Abb.: Deutsches GeoForschungsZentrum GFZ; mit freundlicherGenehmigung)

Im März 2002 wurde in Zusammenarbeit mit der NASA, dem Deutschen Zentrum für Luft- und Raumfahrt (DLR) und dem Deutschen GeoForschungsZentrum GFZ die GRACE-Mission gestartet (1). Basierend auf dem CHAMP-Konzept wurden zwei GRACE-Satelliten mit einer russischen Trägerrakete auf eine 500 km hohe Umlaufbahn geschossen. Beide GRACE-Satelliten fliegen in Tandemformation mit einer Distanz von 220 km hintereinander. Kleinste Schwankungen des Erdschwerefeldes bedingen geringfügige Abstandsänderungen zwischen beiden Satelliten. Sie können in der Größenordnung von einem hundertstel Millimeter erfasst werden (1). Die Präzision der GRACE-Messungen ist gegenüber den CHAMP-Daten nochmals verbessert worden. Beide Satellitensysteme umkreisen die Erde auf polnahen Bahnen. Durch die Eigenrotation der Erde wird deren Oberfläche fortwährend und vollständig kartographiert.

Nach einer Verstärkung der gemessenen erdeigenen Schwerkraftvariationen um den Faktor 15 x 10^3 zeigte die Berechnung des Geoids eine mehr der Kartoffel ähnelnde Form als ein ideales Rotationsellipsoid. Dieses Geoid wurde als ‚Potsdamer Kartoffel' bezeichnet (1).

Als ursächlich für die festgestellten Schwerefeldanomalien werden Dichteschwankungen in der Lithosphäre und im Erdmantel vermutet. Die markanteste Abnahme der Schwerkraft zeigt sich im Bereich des Indischen Ozeans, in der Region von Sri Lanka (1). Die stark verminderte Schwerkraft lässt den Meeresspiegel um 110 m unter NN absinken (1). In Kapitel 8 werden weitere Details zu dieser ausgeprägten Schwerefeldanomalie in der Region des Indischen Ozeans bekannt gegeben.

Abb. 2.3: CHAMP-Satellit (Abb.: Astrium GmbH; mit freundlicher Genehmigung)

Abb. 2.4: GRACE-Satelliten als Tandem-Formation (Abb.: Astrium GmbH; mit freundlicher Genehmigung)

3. Chemie in der Geologie

Chemische Fragestellungen der Geologie werden von der Geochemie beantwortet. Geochemie beschränkt sich nicht nur auf Analytik, auf Untersuchungen zur qualitativen und quantitativen Zusammensetzung von Gesteinsproben. Mit Diamantstempelzellen werden im Labor chemische Experimente unter extrem hohen Drücken durchgeführt, um Vorgänge in der Erdkruste und im oberen Erdmantel zu simulieren, die einer direkten Beobachtung nicht zugänglich sind (1).

Die Chemie wurde in eine organische und eine anorganische unterteilt. Organische Verbindungen besitzen als Grundstruktur C-C-Bindungen. Das Element Kohlenstoff (C) bildet durch Verknüpfung mit weiteren Kohlenstoffatomen zu Einfach-, Zweifach- und Dreifach-Bindungen die umfangreiche Palette der organischen Moleküle. Kohlenstoff ist das wichtige strukturgebende Element der belebten Natur. Das vorherrschende Element Kohlenstoff (C) der organischen Chemie kommt auch in anorganischen Verbindungen vor, z. B. in den Carbonaten $(CO_3)^{2-}$, ein Bestandteil von Kalkstein. Geochemie ist anorganische Chemie, auch wenn gelegentlich der Begriff ‚organische Geochemie' verwendet wird. Dieses geschieht in der Annahme seitens der Geowissenschaften, dass organismenhaltige geologische Schichten, wie Kohle- und Erdöllager, biologisch gewachsen seien.

In der anorganischen Chemie besitzt Silizium (Si) eine strukturgebende Funktion in allen steinigen Verbindungen. Im Unterschied zum Kohlenstoff vermag Silizium unter natürlichen Bedingungen keine Si-Si-Bindungen auszubilden. Silizium-Atome sind über eine Sauerstoffbindung miteinander verbunden (chemische Bezeichnung für Sauerstoff: O, oxygen). Si-O-Si-Bindungen bilden eindimensionale (Ketten), zweidimensionale (Bänder, Schichten) und dreidimensionale (Raumgitter) Strukturen. Diese stellen den größten Anteil aller steinigen Minerale dar. Der Grundbaustein der erwähnten Strukturen ist das tetraedrisch gebaute SiO_4^{4-}-Anion. Darin ist das Silizium-Atom stets von vier Sauerstoffatomen umgeben – es ist vierfach koordiniert. In Siliziumhochdruckmodifikationen, wie sie beim Meteoriteneinschlag entstehen, findet man Siliziumoxide mit der Koordinationszahl 6, d. h. ein Siliziumatom ist von sechs Sauerstoffatomen umgeben.

Die stoffliche Vielfalt der gesamten Erdkugel, vom inneren Erdkern über Erdmantel und -kruste mit Hydro- und Atmosphäre, ist ‚chemisch' entstanden. Schwerkraft-, Druck- und Temperaturverhältnisse bildeten und bilden die Rahmenbedingungen aller chemischen Reaktionen. Temperatur- und Druckerhöhung beschleunigen die Reaktionsgeschwindigkeit, sie erhöhen den Stoffumsatz. Chemische Reaktionen verlaufen nach typischen Reaktionsschemata. Bei Kenntnis der reagierenden chemischen Elemente und Moleküle lassen sich die Reaktionsprodukte qualitativ und quantitativ vorhersagen (2). Alle Reaktionsprodukte unterliegen dem physikalischen Gesetz der Schwerkraft. Im Gegensatz zu den wissenschaftlichen chemischen und physikalischen Disziplinen benötigt die Geologie zur Bildung der unterschiedlichen Gesteinsarten und Mineralien zusätzlich die von ihr geschaffene Metamorphosehypothese (3). Diese fordert lt. Geologie Zeiträume von vielen Hundert Millionen bis zu mehreren Milliarden Jahren zur quantitativen stofflichen ‚Umwandlung' einer Gesteinsformation in neue Minerale.

Eine Betrachtung der Erde unter chemischen Aspekten erlaubt die Unterteilung in drei Zonen. Eine äußere wasserhaltige Zone umfasst die Atmosphäre, die Meere und die wasserführenden Schichten der oberen Erdkruste. Eine mittlere Zone der Lithosphäre, die steinige Erdkrustenschale, bildet die Trennschicht zwischen der äußeren wasserhaltigen und der inneren glutflüssigen dritten Zone. Letztere ist unter Normalbedingungen wasserfrei. Freies Wasser wurde in Spalten der oberen Erdkruste bis in 9 km Tiefe gefunden (4). Das über eine polare Bindung an Moleküle der Lithosphäre fixierte Wasser wird als Hydratwasser bezeichnet (5). Mit zunehmender Tiefe wird durch die steigenden Temperaturen Hydratwasser freigesetzt (5). Gesteinsschichten mit einer Temperatur von mehreren 100° C setzen alles Hydratwasser frei. Es destilliert unter hohem Druck in höhere kühlere Schichten, wenn der Weg nach oben frei ist.

Wird tief in die Lithosphäre eingedrungenes Wasser durch tektonische Überschiebung oder durch die Verschüttung mit Sediment eingeschlossen, erhöht sich der Druck in diesen Reaktionskammern extrem. Wasser zersetzt sich dabei in Wasserstoff (H) und Sauerstoff (O) (6). In Kapitel 9.12 werden die Folgereaktionen dieser termischen Dehydrierung bei der Erörterung der fossilen Brennstoffe ausführlicher erklärt.

Die stoffliche Zusammensetzung der oberen Erdkruste ist bekannt. Durch umfangreiche Bohrungen und Entnahmen von Bodenproben ist nach Aussagen der Geologie bis zu einer Tiefe von 16 km sowohl die qualitative als auch die quantitative Zusammensetzung der Erdkruste intensiv untersucht worden. Nur acht Elemente sind maßgeblich am Aufbau der oberen 16 km Erdkruste beteiligt (7). Alle anderen Elemente findet man in Spuren. Lokale Anreicherungen werden als Lagerstätte bezeichnet, wenn sie abbauwürdig erscheinen. Die Zahlenangaben zum Vorkommen der häufigsten Elemente der festen Erdkruste differieren etwas bei den verschiedenen Autoren (8). Auch regionale Unterschiede sind bekannt.

Element	Gewicht %
Sauerstoff (O)	46,6
Silizium (Si)	27,7
Aluminium (Al)	8,2
Eisen (Fe)	5,1
Calcium (Ca)	3,6
Natrium (Na)	2,8
Kalium (K)	2,6
Magnesium (Mg)	2,1

Tabelle 3.1: Die acht häufigsten Elemente der oberen 16 km Erdkruste, geordnet nach Gewichtsprozenten

Auffallend ist der hohe Anteil des Sauerstoffs. Er ist für ca. 50 % des Gewichtes der Erdkruste verantwortlich. Chemisch gebundener Sauerstoff, O^{2-} (nicht frei vorkommend), ist relativ groß. Er repräsentiert bei einem Gewichtsanteil von ca. 46 % mehr als 92 % Volumenanteil der oberen 16 km Erdkruste (7).

Der größte Anteil des Sauerstoffs ist als Siliziumoxid (SiO_2) (56 % Gewichtsanteil) gebunden. Es folgen Aluminiumoxid (Al_2O_3) mit 15 %, das Calciumoxid (CaO) mit 5 %, die Eisenoxide (FeO und Fe_2O_3) mit 4,6 %, Natriumoxid (Na_2O) mit 3,8 %, Magnesiumoxid (MgO) mit 3,1 % und Kaliumoxid (K_2O) mit 3 %. Der Wassergehalt der oberen 16 km Lithosphäre liegt bei 1,15 % (7).

Sauerstoff muss bei der Erstarrung der planetaren Basalt- und Granitdecken reichlich vorhanden gewesen sein. Die gegenwärtige quantitative Verbindung des Sauerstoffs mit Silizium zum vierfach koordinierten Molekül Si04 erstreckt sich über die gesamte Lithosphäre, soweit sie untersucht werden konnte. Diese durchgreifende Oxidierung des Siliziums kann nur bei hohen Temperaturen, z. B. über geschmolzenes Silizium, erfolgt sein. Das setzt die Anwesenheit hoher Sauerstoffkonzentrationen vor dem Erstarrungsprozess der Erdkruste und vor der Bildung kompakter Himmelskörper voraus. Sauerstoff ist ein im Universum weit verbreitetes Element (9). Er kann auch aus Wasser gebildet werden, wenn die erforderlichen Reaktionsbedingungen gegeben sind. Oxidierbare Stoffe werden dabei umgehend in Oxide überführt. Überschüssiger Sauerstoff entweicht und beteiligt sich an der Bildung einer Atmosphäre. Wasser ist ein ebenso weit verbreitetes Molekül im Universum (9). Beispielhaft seien die Jupiter- und Saturnmonde erwähnt. Sie bestehen zum Teil aus reinem Wasser (10). Sauerstoff kann durch Zersetzung von Wassermolekülen in den obersten Atmosphärenschichten der Erde entstehen. Kosmische Strahlung spaltet die Wasssermoleküle in Sauerstoff und Wasserstoff. Sauerstoffmoleküle werden durch die Energie der Strahlung in zwei Sauerstoffatome aufgespalten. In 200 bis 300 km Höhe besteht die dort noch messbare Erdatmosphäre zu etwa 80 % aus atomarem Sauerstoff. Dessen Reaktionsprodukte erodieren in 200 bis 300 km Höhe die Oberfläche von Satelliten. Damit verbundene Leuchterscheinungen wurden am Space Shuttle fotografiert (Abb. 3.1) (11).

Offiziell wird für die Urzeiten der Erde eine wasserstoffhaltige, sauerstofffreie (anaerob) Atmosphäre gefordert. Sauerstoff sei im Laufe von Jahrmillionen durch Photosynthese-Reaktionen der ersten Bakterien (Archaebakterien) freigesetzt worden (12). Diese Annahmen zur Bildung einer sauerstoffhaltigen (aerob) Erdatmosphäre stehen im Einklang mit den gegenwärtigen geologischen Hypothesen zur erdgeschichtlichen Entwicklung. Aufgrund der beobachtbaren kosmischen Sauerstoff- und Wasservorkommen darf eine sauerstoff- und wasserhaltige Erdatmosphäre bereits bei der Bildung des Erdkörpers angenommen werden.

Siliziumoxide bilden mit ihren dreidimensionalen Gitterstrukturen das Grundgerüst der Lithosphäre (13). Die obersten Schichten der harten steinigen Erdkruste, die Basalt- und Granitdecken, bestehen aus Silikaten. Einzelne Silizium-Atome sind darin oftmals durch Aluminium-Atome ersetzt

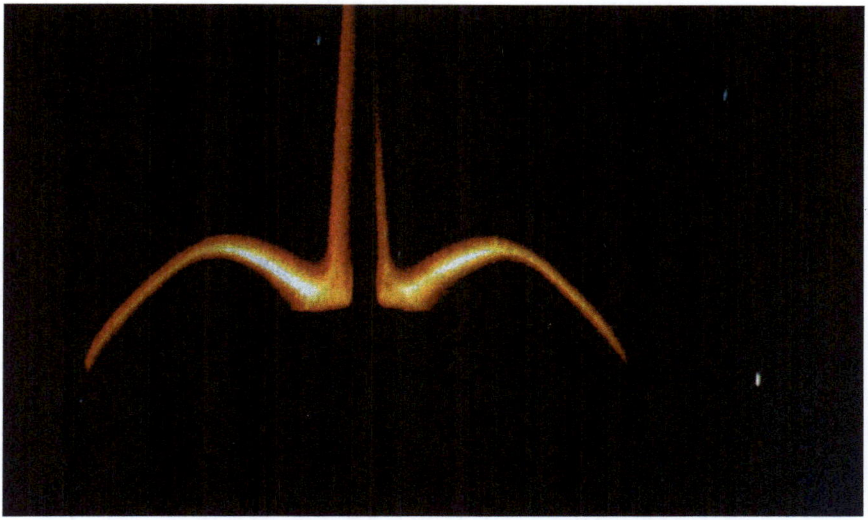

Abb. 3.1: Leuchtender Space Shuttle: Heckpartie und Triebwerksverkleidungen leuchten durch Reaktion von Sauerstoff-Radikalen in der dünnen Hochatmosphäre in 250 km Höhe. Foto vom achten Shuttle-Flug im September 1983. (by Courtesy of NASA)

worden (14). Diese Verbindungen werden dann Alumo-Silikate genannt. In den Hohlräumen der käfigartigen Silikatstrukturen sind Alkali-, Erdalkali- und weitere Metalloxide über lockere Bindungen eingeschlossen. Eine intakte Basalt- und Granitdecke ist wasserdicht. Reaktionen der darin eingeschlossenen Metalloxide mit Wasser sind vernachlässigbar gering. Nur wenn die Oberfläche der kompakten Basalt- und Granitformationen durch Aufschmelzen vergrößert wird, hat das Wasser ausreichend Angriffspunkte, um Metalloxide herauszulösen.

Wegen ihrer Resistenz gegenüber wässrigen Lösungen werden Glasgefäße und keramische Erzeugnisse zum Aufbewahren und Transport benutzt. Keramik und Glas enthalten die chemischen Elemente der Lithosphäre. Sie bestehen aus Silizium- und verschiedenen Metalloxiden (15). Der Kontakt mit Wasser lässt keine Laugen entstehen, die bei der Reaktion von Alkali- und Erdalkalioxiden mit Wasser entstehen würden. Die Metalloxide sind durch ihren Einschluss in dem Silikatgerüst geschützt. Intensives Kochen stark alkalischer Lösungen in Glasgefäßen bewirkt eine geringe Lösung von Silikaten (16). Die Oberfläche des Glases wird dabei ‚stumpf' . Das Aufschmelzen von

Glas, Keramik und dem ebenso festen Gesteinsmaterial der Granit- und Basaltdecken führt zum Zusammenbruch der dreidimensionalen Silikatgitterstruktur. Temperaturen von mehr als 1 000° C, wie sie im Magma vorherrschen, zerlegen die festen Silikatstrukturen in kleinstmögliche und kurzkettige Silikate, in mono- und oligomere Moleküle (16). Dadurch wird die aktive Oberfläche drastisch um viele Zehnerpotenzen vergrößert. In den entstehenden Silikatfragmenten sind die eingeschlossenen Alkali- und Erdalkalioxide dann leicht durch Wasser angreifbar. Sie werden als Hydroxide herausgelöst (16). Ihre wässrigen Lösungen reagieren stark alkalisch. Zu beobachten sind diese Reaktionen, wenn glühende Lava ins Meer fließt. Das Wasser wird alkalisch durch die entstehenden Alkali- und Erdalkalilaugen. „Den Explosionen steht eine zweite Art der Lava-Förderung gegenüber, die Effusionen; das sind Ausflüsse der Schmelzen an der Oberfläche. Die chemische Zusammensetzung dieser Schmelzen ist ausschließlich basisch." (17)

Die charakteristische Chemie der uns zugänglichen oberen 16 km Erdkruste ergibt sich aus deren chemischer Zusammensetzung. Darin ist der Grund zu suchen, warum neben den grundgerüstbildenden Elementen Silizium, Sauerstoff und Aluminium die dort reichlich vorkommenden Alkali- und Erdalkaliverbindungen eine so bedeutende Rolle spielen. Alle damit vergesellschafteten Schwermetalle mit dem Element Eisen als größte Fraktion sind gewaltsam aus der ihr zustehenden, der spezifischen Gewichtung konformen Tiefe nach oben befördert worden.

Die steinige Lithosphäre stellt nicht nur eine thermische Isolierschicht dar, sie trennt auch mechanisch das aufliegende Wasser der Ozeane von dem glutflüssigen Erdinneren. Chemische Reaktionen laufen zwingend an, wenn die Reaktionspartner Wasser und flüssiges Gestein des Erdinneren in Kontakt kommen. Reaktionen zwischen Wasser und Magma verlaufen explosiv. Diskordanzen mit tiefen Einrissen und Brüchen der Erdkruste geben von diesen abgelaufenen Ereignissen Zeugnis.

Unüberschaubar erscheint die Anzahl unterschiedlicher Mineralien und Gesteinsformationen, die bei der Reaktion zwischen Wasser und Magma entstehen. Sie lässt sich durch wenige chemische Standardreaktionen erklären. Nur zwei einfache Regeln der Schulchemie müssen bekannt sein, um die ganze Vielfalt der vorhandenen Salzarten zu verstehen. Die erste Regel lautet: Alkali- und Erdalkalimetalle und deren Oxide reagieren mit Wasser zu Laugen. Die zweite Regel lautet: Laugen reagieren in wässrigen Lösungen mit

Säuren zu Salz und Wasser (18). Natrium und Kalium sind mengenmäßig die bedeutsamsten Alkalimetalle der Erdkruste; bei den Erdalkalimetallen sind es Calcium und Magnesium.

Nach den oben erwähnten Standardreaktionen sind alle Salze der Welt in der Erde, auf der Erde und in Wasser entstanden. Vorhandene Konzentrationsschwankungen einzelner Salze sind Folge ihrer unterschiedlichen Wasserlöslichkeit. Leichtlösliche werden von schwerlöslichen Verbindungen unterschieden. Kochsalz (NaCl) ist in Wasser leicht löslich, Kalk (Calciumcarbonat) schwer löslich (19). Die Löslichkeit einer Substanz wird angegeben als gelöste Menge pro Volumen Lösungsmittel, z. B. in g/100 ml oder g/1 000 ml Wasser. „Die Menge eines Stoffes, die sich in einer bestimmten Menge eines Lösungsmittels gerade noch lösen lässt (seine ‚Löslichkeit'), ist eine charakteristische Eigenschaft des betreffenden Stoffes." Die Lösung ist dann „gesättigt" (20). Weitere Einzelheiten zur Bildung und geographischen Verteilung der Salze werden in Kapitel 9.10 beschrieben.

Alkali- und Erdalkalimetalle reagieren mit anwesendem Sauerstoff und Wasser spontan unter Energieabgabe zu den entsprechenden Metalloxiden und -hydroxiden. Die Reaktionen verlaufen exotherm, d. h. unter Energieabgabe in Form von Wärme. Die entstehenden Hydroxide sind Laugen. Wegen ihrer Reaktionsfreudigkeit gibt es in natura in der Erdkruste keine Alkali- und Erdalkali-Reinelemente (21). Sie haben sich mit dem allgegenwärtigen Sauerstoff zu Oxiden, mit Wasser zu den Hydroxiden oder mit anderen Reaktionspartnern zu den unterschiedlichsten Verbindungen kombiniert. Reines, d. h. elementares Alkali- und Erdalkalimetall wird technisch durch elektrochemische Verfahren hergestellt. Als Beispiel für eine Reaktion zwischen Alkalimetall-Oxid und Wasser wird in der unten stehenden Formel das Natrium gezeigt, als Beispiel für ein Erdalkalimetall-Oxid das Calcium.

$Na_2O + H_2O = 2\ NaOH$ (Natriumhydroxid)
$CaO + H_2O = Ca\ (OH)_2$ (Calciumhydroxid)

Die Reaktion der Metalloxide mit Wasser zu Laugen entspricht dem „Löschen" von gebranntem Kalk (CaO), wie es im Bauhandwerk praktiziert wird. „Gelöschter Kalk entsteht, wenn man gebrannten Kalk mit Wasser übergießt; es bildet sich Calciumhydroxid, $Ca(OH)_2$, Kalk-Wasser mit stark basischen Eigenschaften." (22)

Als starke Laugen reagieren die entstehenden Hydroxide mit allen anwesenden Säuren. Säuren bilden sich z. B. aus Gasen, die bei Vulkanausbrüchen freigesetzt werden. Aktive Vulkane stoßen die Gase CO_2, HCl und SO_2/SO_3 aus (23). „Hauptbestandteil dieser Gase ist Wasserdampf (70 bis 95 %), gefolgt von Kohlendioxid, Schwefeldioxid und Spuren von Stickstoff, Wasserstoff, Kohlenmonoxid, Schwefel und Chlor. Bei jeder Eruption werden enorme Mengen dieser Gase freigesetzt." (23) Die Lösung dieser Gase in Wasser lässt die mengenmäßig bedeutsamsten Säuren in der Geochemie entstehen: Kohlensäure (H_2CO_3), Salzsäure (HCl) und Schwefelsäure (H_2SO_4). Laugen und Säuren reagieren nach der oben erwähnten Regel bei Kontakt umgehend zu Salz und Wasser. So bildet sich aus Natronlauge und Salzsäure das Natriumchlorid (Steinsalz, Kochsalz), aus Calciumhydroxid und Kohlensäure der Kalk und aus Calciumhydroxid und Schwefelsäure der Gips:

$$NaOH + HCl = NaCl + H_2O$$
$$Ca(OH)_2 + H_2CO_3 = CaCO_3 + 2H_2O$$
$$Ca(OH)_2 + H_2SO_4 = CaSO_4 + 2H_2O$$

Eine Umkehr der Hydrolyse-Reaktionen, die Abspaltung von Wasser aus den Hydroxiden mit erneuter Bildung der entsprechenden Metalloxide, erfordert hohe Temperaturen und Energiezufuhr. Diese Reaktionen verlaufen endotherm, d. h. unter Energieaufnahme. Analog verhalten sich die Hydroxide aller Alkali- und Erdalkalimetalle. Aufgrund der hohen Bildungstemperaturen der Granit- und Basaltformationen der Erde mit partiellem bis vollständigem Aufschmelzen bis zum Magma vor der Erstarrung zu Stein liegen die Alkali- und Erdalkalimetalle in deren Silikatgitterstrukturen in ‚gebrannter' Form, als Oxide vor – nicht mehr in der ‚gelöschten' Form als Hydroxide. Unter ‚Kalkbrennen' wird technisch die Gewinnung von Calciumoxid (gebrannter Kalk, Ätzkalk) aus dem Naturprodukt Kalkstein (Calciumcarbonat) verstanden (22). Bei Temperaturen oberhalb 1200° C spaltet das Calciumcarbonat Kohlendioxid ab unter Bildung von Calciumoxid (22). Eine Erhitzung von $Ca(OH)_2$ ergibt ebenfalls CaO. Gelöschter Kalk nimmt bei Raumtemperatur langsam Kohlendioxid (CO_2) aus der Luft auf. Er verfestigt sich wieder zum kristallinen Kalkstein. Mit Sandzuschlag heißt diese Mischung Kalkmörtel (22).

$CaCO_3 \overset{1200°C}{\rightarrow} CaO + CO_2$ (Kalk-Brennen, technisch)
$CaO + H_2O = Ca(OH)_2$ (Kalk-Löschen)
$Ca(OH)_2 \overset{temp}{\rightarrow} CaO + H_2O$ (Umkehrreaktion des Kalklöschens)
$Ca(OH)_2 + CO_2 = CaCO_3 + H_2O$ (Kalksteinbildung)

Fehlt der Kontakt zwischen Magma und Wasser, fixieren erstarrende Magmen alle am Ort vorhandenen Elemente und Moleküle. Wenn die Abkühlzeit ausreichend lang ist, kann es zur Kristallisation von Verbindungen mit einer spezifischen Kristallgitterstruktur kommen. Die unterschiedliche räumliche Anordnung der Atome in einem Kristallgitter wird zur Unterscheidung von Kristallsystemen verwandt (24). Zur Beschreibung von Mineralien werden weitere chemische und physikalische Eigenschaften herangezogen.

Salze wie Steinsalz, Kalk und Gips sind weltweit in unüberschaubaren Mengen zu finden. Ihre Bildung setzte die Anwesenheit von Wasser voraus. Den organismischen Korallenriffbildnern – nach den Vorstellungen der Geologen die Monopolisten bei der Synthese der weltweit vorkommenden Kalkformationen – soll eine Wertschätzung ihrer Syntheseleistung nicht aberkannt werden (25). Wie in späteren Kapiteln gezeigt wird, bleibt der organismisch synthetisierte Kalk um Dimensionen hinter den Mengen zurück, die durch die Lösung von Kohlensäure in Wasser und deren Reaktion mit Calciumhydroxid in den kurzzeitig alkalischen Weltmeeren ausgefallen sind (Kap. 9.10). Die Bildung der chemisch synthetisierten Kalkformationen wird in Kapitel 9.11 erklärt. Infolge seiner schlechten Wasserlöslichkeit lässt sich Kalk am Rande der Meere zu mächtigen Formationen aufgeschichtet finden. Eine Kalkausfällung lässt sich in kleinem Maßstab demonstrieren. Das Einblasen von Atemluft in eine verdünnte Calciumhydroxidlösung führt zu einem feinen weißen Niederschlag. Ausgeatmete Kohlensäure reagiert mit dem Calciumhydroxid zu Kalk, der aufgrund seiner Schwerlöslichkeit ausfällt.

Silikatfragmente, entstanden als kurz-, mittel- und langkettige Si-O-Verbindungen aus Magma, bilden das Grundgerüst aller steinigen Minerale. Wie später gezeigt werden wird, wurden die Silikate durch die Reaktion des Wassers mit Magma explosiv zerstäubt. Es bildeten sich Flugaschen, die als Löss abgelagert wurden. Bildung und Ablagerung von Löss und Flugasche werden in Kapitel 9.8 erklärt. Metall- und Nichtmetallverbindungen, wie sie oben erwähnt wurden, können in den silikatischen Fragmenten eingebaut sein und in den steinigen Ablagerungen nachgewiesen werden. Von der Geologie werden silikathaltige Fragmente als klastische Sedimente bezeichnet (26).

Klastische Sedimente entstehen nach Meinung der Geologie durch die Ablagerung erodierter steiniger Verbindungen. Die Erosion betreffe insbesondere die Gebirge. Diese sollen nach Aussagen der Geologie im Laufe von Jahrmillionen dadurch eingeebnet und aus den entstandenen Sedimenten neu geformt werden. Diese Vorgänge werden mit der Hypothese der geosynklinalen Gebirgsbildung beschrieben (27).

Der Anteil des nach geologischen Vorstellungen erodierten Materials an der Gesamtmenge vorhandener, stellenweise kilometerhoher Sedimentablagerungen dürfte im gleichen Verhältnis stehen wie die organismisch erzeugte Kalkmenge zur chemisch entstandenen. Die ‚geologische Verwitterung' verlief in Sekundenbruchteilen. Zur Produktion und Ablagerung kilometerhoher Sedimentschichtungen waren wenige Wochen erforderlich. Auch diese Vorgänge werden ausführlicher in Kapitel 9.7 erklärt.

Der unüberschaubar erscheinenden Vielfalt der Mineralien liegt ein einfaches ordnendes Prinzip zugrunde – die Gravitationskraft. Diese führte vor der Erstarrung der Erdkruste zur Auftrennung der Moleküle entsprechend der Schwere. Demzufolge nimmt die Konzentration der leichten Metalle in der Erdkruste mit der Tiefe ab, die der schwereren zu. Mineralien mit hohem Natriumgehalt – Natrium ist das häufigste leichte Alkalimetall der Erdkruste – entstammen überwiegend der oberen Erdkruste. Als Beispiele seien die Gruppen der Plagioklase und Alkalifeldspäte genannt (28). Mineralien mit einem hohen Gehalt an schwereren Metallen entstammen den tieferen Schichten der Erdkruste. Als Beispiele seien das Biotit und das Olivin genannt (28). Biotit und Olivin besitzen einen hohen Anteil schwererer Elemente – Magnesium, Mangan und Eisen. Die strukturgebenden Grundgerüste dieser Mineralien werden von Silikaten gebildet. Wechselnde Konzentrationen der verschiedenen darin eingelagerten Metalloxide und -verbindungen ergeben die mehr als 2 000 bekannten Mineralien. Von diesen werden mehr als 80 % durch nur drei Gruppen, die ‚leichten' Plagioklase, Alkalifeldspäte und Quarze der oberen Erdkruste repräsentiert (29).

Die Chemie der Erde verlief – und verläuft – in wässriger Lösung und in Schmelzen. Der chemische ‚Kochtopf Erde' produziert gegenwärtig auf Sparflamme. Die harte Erdkruste hält Feuer und Wasser auf Distanz und verhindert dadurch größere Stoffumsätze.

Wir zerbrechen jetzt die feste Erdkruste – in Gedanken. Das geht am leichtesten unter den Ozeanen. Dort ist die Basaltdecke 6 bis 7 km dick (30). Wir heben dazu von unten den Meeresboden an. An der Oberseite der Basaltdecke zeigt sich ein im Querschnitt V-förmiger Bruchspalt, der sich mit zunehmender Hebung des Meeresbodens rasch bis zur Lithosphären-Untergrenze ausdehnt und das glutflüssige Erdinnere aufdeckt. Mit einem Druck von ca. 1 000 Atmosphären nimmt das in den Bruchspalt eingedrungene Meerwasser Kontakt mit der glutflüssigen Schmelze auf.

Folgende Reaktionen laufen an: In einer heftigen Reaktion löst das Wasser die Metalloxide aus dem glutflüssigen Magma. Aus den Metalloxiden entstehen Laugen. Nichtmetalle gasen aus und bilden in Wasser die entsprechenden Säuren. Der Laugenüberschuss bewirkt einen Anstieg des pH-Wertes des Meerwassers. Es wird zunehmend alkalisch. Laugen und Säuren reagieren miteinander unter Salzbildung. Im alkalischen Milieu fallen die schwerlöslichen Carbonate aus. Sie entstehen durch die Reaktion der freigesetzten Kohlensäure mit Metallhydroxiden. Die Hauptfraktion besteht aus Kalk (Calciumcarbonat). Daneben bilden sich alle gegenwärtig in den Meeren vorhandenen Salze. Unter den leichtlöslichen Salzen stellt das Kochsalz den größten Anteil, gefolgt von den Kalisalzen. Diese Reaktionen, beobachtbar bei einem Vulkanausbruch mit Wasserkontakt des Magmas, erstreckten sich über weltumspannende Reaktionszonen. Der Ablauf wird in späteren Kapiteln detailliert beschrieben.

Diese wenigen Grundkenntnisse zur Chemie der acht häufigsten Elemente der oberen 16 km Erdkruste sind ausreichend, um die stoffliche Vielfalt der Mineralien und Sedimente, die Reihenfolge ihrer Ablagerung, den Salzgehalt der Meere, die Existenz von Salzstöcken und Salzseen und die Bildung von Erdöl und Erdgasen zu verstehen.

4. Geologische Grundkenntnisse

Zu den geologischen Grundkenntnissen gehören zum einen die durch Messungen gesicherten Daten, zum anderen die umfangreiche Hypothesensammlung zur Entwicklungsgeschichte der Erde.

Viele Detailkenntnisse gelten als gesichert: Sedimente sind geschichtet (1). Sie liegen auf steinigem, festem Untergrund – kontinental auf Granit, subozeanisch auf Basalt (2). Granit und Basalt zählt die Geologie zur Gruppe der magmatischen Gesteine, auch als Magmatite bezeichnet. Sie bilden sich aus einer Gesteinsschmelze bei deren Erstarrung (3). Bei langsamer Abkühlung der Schmelze können größere, sichtbare Mineralkristalle entstehen. Schnelle Abkühlung führt zu feinkristallinen Mineralen, schockartige Abkühlung in Wasser zu glasigen, amorphen Mineralen ohne erkennbare Kristallstrukturen. Geologen nehmen an, dass Granite im aufgeschmolzenen Zustand tief in der Erdkruste in andere Gesteine eingedrungen sind und langsam abkühlten. Sie bezeichnen sie deshalb als Intrusivgesteine. Im Gegensatz dazu bildet sich der Basalt aus ausgeflossenen Laven an der Erdoberfläche durch schnelle Abkühlung. Er wird als Effusivgestein oder Vulkanit bezeichnet (4). Bekannt sind die qualitative und quantitative Zusammensetzung aller registrierten Minerale. Sedimente, harte Erdkruste und der obere Erdmantel können anhand ihrer unterschiedlichen chemischen Zusammensetzung und durch seismische Messungen unterschieden werden. Die Strömungen in der Atmosphäre wurden ebenso vermessen wie die der Meere (5). Jeder Quadratmeter der Erdoberfläche ist kartographiert. Rohstofflagerstätten sind nach Inhalt und Ausdehnung weitgehend erfasst. Seismische Methoden – bis zum Beginn des 20. Jahrhunderts unbekannt – erwiesen sich in den letzten Jahrzehnten als wertvolle Hilfen für die Geophysik, die tieferen Strukturen der Erde zu erfassen. Der schalenförmige Aufbau des Erdkörpers, wie er bereits von Burnett und Descartes (6) vermutet wurde, konnte durch die Seismik bestätigt werden (7). Nach gegenwärtigem Kenntnisstand wird ein wie in Abb. 4.1 dargestellter struktureller Aufbau des Erdkörpers angenommen. Der schalenförmige Aufbau der Erde wird in Abb. 4.1 maßstabsgetreu wiedergegeben. Bekannte Temperatur- und Dichtewerte sind eingezeichnet. Die Angaben zur Konsistenz und Temperatur in der tiefen Erde, vom unteren Mantel bis zum Erdkern, sind spekulativ (8). In einem vergrößerten Ausschnitt wird die Unterteilung der relativ dünnen Lithosphäre in Abb. 4.2 gezeigt.

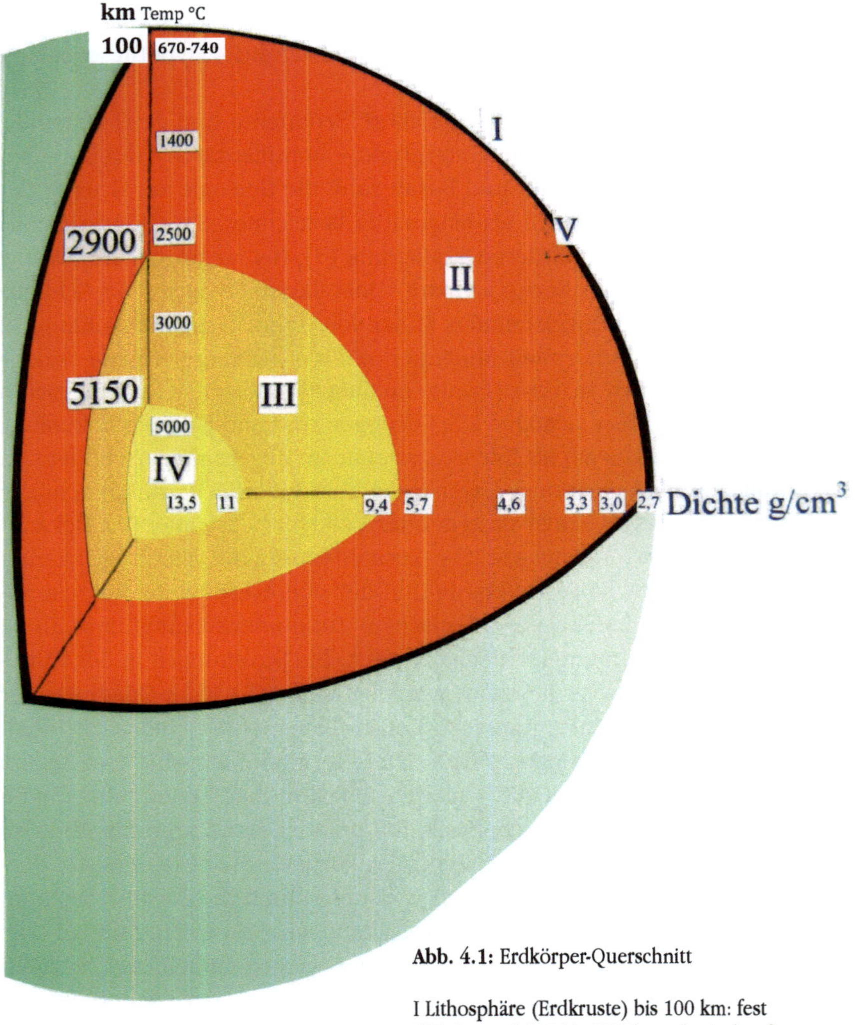

Abb. 4.1: Erdkörper-Querschnitt

I Lithosphäre (Erdkruste) bis 100 km: fest
II Erdmantel 100 bis 2900km: plastisch – fest
III Äußerer Erdkern 2900 bis 5150 km: flüssig
IV Innerer Erdkern 5150 bis 6370 km: fest
V Lithosphären-Ausschnitt, vergrößert in Abb. 4.2

Abb. 4.2: Lithosphären-Ausschnitt
I Kontinentale Kruste bis 50 km (bis 500 km!)
II Unterkruste, Asthenosphäre und oberer Erdmantel bis 100 km
III Erdmantel

Die Lithosphäre umfaßt ‚per Definitionem': kontinentale Oberkruste, ozeanische Unterkruste, Asthenosphäre und oberer Erdmantel bis 100 km Tiefe

An den Schalengrenzen nachgewiesene sprunghafte Änderungen im Reflexionsverhalten gegenüber Schallwellen beruhen auf Dichteunterschieden der einzelnen Zonen (9). Die Zonenbildung des Erdkörpers erfolgte im schmelzflüssigen Zustand durch die Wirkung der Gravitation. Dabei ordneten sich die schwereren Elemente unter den leichteren an.

Auf 100 km Dicke wird die äußere Steinschale, die Lithosphäre der Erde geschätzt. Sie besteht aus der harten kontinentalen Oberkruste (Granit), der harten ozeanischen Unterkruste (Basalt) und aus einer Zone mit geringerer seismischer Wellengeschwindigkeit unter der Lithosphäre am Übergang zum Erdmantel, der Asthenosphäre (10). Anhand mehrerer seismischer Profile wurde unter einigen Regionen eine wesentlich mächtigere Lithosphäre nachgewiesen – bis zu 400 km unter den sogenannten stabilen Kratonen (11). Der Erdmantel wird unterteilt in eine obere, mittlere und untere Zone. Der als flüssig angenommene äußere Erdkern umgibt den festen inneren (Ni-Fe-Kern). Die seismisch bestimmten Zonengrenzen sind nach ihren Entdeckern benannt (12). In dem Karlsruher Magnetfeld-Versuch wird die flüssige äußere Kernzone als Ursprungsort des erdinneren Magnetfeldes angesehen (13). Erdmantel und Erdkern drehen sich mit unterschiedlichen Winkelgeschwindigkeiten (14, 15). Der Erdmantel wird gegenüber dem Erdkern stetig gebremst. Bremsende Kräfte sind die Gezeitenströmungen der Ozeane und die Bewegungen der Atmosphäre. Gesichert sind auch die kontinuierliche Wanderungsbewegung der weltweit aufgestellten GPS-Messpunkte (16) und die stetige Zunahme der geologischen Hypothesen. Von den gesicherten Grundkenntnissen der Geologie müssen deren Hypothesen unterschieden werden. Erstere sind beweis- und reproduzierbar, letztere stellen Annahmen dar. Ausschließlich auf Vermutungen beruhen insbesondere alle Aussagen zu den vielfältigen Stein- und Mineralbildungsprozessen (Metamorphosehypothesen). Vor 300 Jahren gab es in der Geologie zwei alternative Denkrichtungen. Die eine forderte einen katastrophistischen, die andere einen beschaulichen, unspektakulären Hintergrund für die zu beobachtenden geologischen Diskordanzen. Wie in Kapitel 1.1 dargelegt, entledigte sich die Geologie der katastrophistischen Alternative. Die Ablehnung dieser einfachen, aber heftigen Ursache aller geologischen Diskordanzen führt seitdem unumgänglich zur Aufstellung immer neuer Hypothesen zur erdgeschichtlichen Vergangenheit. Dazu war die Entwicklung einer neuen Weltsicht und Denkweise – der ‚geologischen' – erforderlich.

5. Die geologische Denkweise

300 Jahre geologische Grundlagenforschung konnten weder die Mechanismen noch die Ursachen für die Entstehung der Großstrukturen der Erde klären. Während der Dominanz-Zeiten eines jeden maßgeblichen wissenschaftlichen Paradigmas – so wie es in der Geologie gegenwärtig von der Plattentektonik verkörpert wird – wähnt sich die Wissenschaft unumstößlich auf dem richtigen Pfade. Zitat: „Die normale Wissenschaft als die Betätigung, mit der die meisten Wissenschaftler zwangsläufig fast ihr ganzes Leben verbringen, gründet auf der Annahme, dass die wissenschaftliche Gemeinschaft weiß, wie die Welt beschaffen ist. Viele Erfolge der Unternehmung gehen darauf zurück, dass die Gemeinschaft bereit ist, diese Annahme zu verteidigen, evtl. sogar mit beträchtlichem Aufwand. Die normale Wissenschaft unterdrückt zum Beispiel oft fundamentale Neuerungen, weil diese notwendigerweise ihre Grundpositionen erschüttern." (1) Unter den naturwissenschaftlichen Disziplinen nimmt die geologische Grundlagenforschung eine unangefochtene Sonderstellung ein. Keine wissenschaftliche Disziplin ist so weitgehend auf Hypothesen aufgebaut wie die geologische. Alle Überlegungen zu Ursprung und Entwicklung geologischer Großstrukturen beruhen auf Hypothesen.

Zitat: „Eine ... in hohem Maße hypothetische Frage der Geologie ist die nach dem Mechanismus und den Ursachen für die Entstehung der Großstrukturen der Erde." (2)

Diese Äußerungen eines erfahrenen Geologen verdienen Anerkennung. Der hypothetische Charakter der gesamten geologischen Grundlagenforschung wird von den nachrückenden Geologen zunehmend ignoriert. Sie sehen ihr imposantes Theoriengebäude zur erdgeschichtlichen Vergangenheit zunehmend als real an. In dem Glauben, die aufgestellten Hypothesen mit einer zugrunde liegenden Naturgesetzmäßigkeit beweisen zu können, sieht die geologische Grundlagenforschung es als ihre wichtigste Aufgabe an – Zitat: „... von den Baustoffen und -prinzipien der Erde, insbesondere der Erdkruste, von den Vorgängen, die sich auf und in ihr vollziehen und vollzogen haben, und von den Kräften, welche diese Veränderungen bewirken, ... Erkenntnisse bzw. die Ableitung allgemeingültiger, den Geschehensablauf bestimmende Gesetzmäßigkeiten zu erzielen" (3).

Die offizielle geowissenschaftliche Forschung weltweit duldet heute in ihren Reihen nur ein einziges Denkschema – den ‚Aktualismus'. Alle Überlegungen und Hypothesen der geologischen Grundlagenforschung basieren auf der aktualistischen Weltsicht. „Der Aktualismus (lat. actualitas = Wirklichkeit) beruht auf der Annahme, dass das geologische Geschehen in der Erdvergangenheit sich in derselben Weise und unter Einwirkung der gleichen Kräfte vollzogen hat wie in der Gegenwart." (4) Das exakte Gegenteil des Aktualismus ist der Katastrophismus. Es wird verständlich, dass jedes unvorhergesehene Ereignis mit dem Anschein einer Katastrophe das ‚Aus' für einen aktualistisch betrachteten Vorgang bedeutet.

Mit ihrer aktualistischen Weltsicht glauben Geologen, dass in der Antarktis pro Jahr genau die Schneemenge fällt, die das Gletschereis jährlich um 1,0 cm wachsen lässt, seit 30 Millionen Jahren. Geologen glauben, dass die Kontinente mit den Lithosphärenplatten seit vielen Hundert Millionen Jahren kontinuierlich auf dem Globus umherziehen. „Für den Großteil des Proterozoikums (ca. 2,5 bis 0,5 Milliarden Jahre vor unserer Zeit) gibt es klare Hinweise, dass plattentektonische Vorgänge abgelaufen sind, die den heutigen sehr ähnlich oder sogar gleich sind." (5) Geologen glauben, dass eine unbekannte erdinnere Kraft diese Dynamik bewirke und die Kontinente dabei stetig ihre Gestalt ändern (6). Geologen glauben, dass die Grabenbrüche der Erde, wie das ostafrikanische Riftsystem, den Beginn einer Kontinentaufspaltung anzeigen. Daher bezeichnen Geologen dieses Grabensystem als ‚embryonales' Rift (6). Geologen glauben, dass die heutigen Nordkontinente vor 480 Millionen Jahren zu ‚Laurasia' zusammengeschoben und dabei mit einer ‚kaledonischen' Gebirgsbildung die Kettengebirge Norwegens, Schottlands, Wales' und Brabants geformt wurden (7). Geologen glauben, dass sich in der ‚jüngeren' Erdvergangenheit, vor 230 Millionen Jahren, ein ähnlich gebildeter Südkontinent ‚Gondwana' mit ‚Laurasia' zu einem Superkontinent ‚Pangäa' zusammengeschoben habe (8). Dabei sei das Ural-Gebirge entstanden, als variszische Gebirgsbildung bezeichnet. Kurz nach der variszischen Gebirgsbildung, 30 Millionen Jahre später, zu Beginn des ‚Jura', so glauben Geologen, habe eine alpidische Gebirgsbildung die jungen Gebirge wie die Alpen und den Himalaja entstehen lassen (9). Geologen glauben weitere Gebirgsbildungszyklen rekonstruieren zu können. Eine assyntische Gebirgsbildung wird in die Zeit vor dem Kambrium, 600 Millionen Jahre vor unserer Zeit, ins Algonikum gelegt. „Die ältesten weltweiten Gebirgsbildungen seien nur schwer zu analysieren." (7)

Diese Beispiele lassen auch erkennen, was im Rahmen der geologischen Denkweise als zeitlich kurz und lang bewertet wird. Die laut Geologie seit mehreren Milliarden Jahren erfolgende aktualistische Umstrukturierung der Erdoberfläche, das Zusammenfügen und Trennen von Kontinenten, das Abtragen und Wachsen von Gebirgen, erfordert Zeit. Unendlich viele Teilschritte zum Erreichen der erwähnten gewaltigen Veränderungen erzwingen unendliche Zeiträume.

Als Rutherford 1904 eine Bestimmungsmethode von Absolutzeiten mittels Messung der Konzentrationsverhältnisse langlebiger Radioisotope publizierte, sah sich die Geologie in ihren Zeitvorstellungen bestätigt (10). Seitdem rechnet sie mit Jahrmilliarden. Sie betrachtet die berechneten absoluten Zeitangaben als das wichtigste Argument zur Bestätigung ihrer geologischen Zeitskala. Beginnend mit dem Absolutalter des festen Untergrundes, glaubt sie in den aufgelagerten Sedimentschichten die vergangenen mehr als eine Milliarde Jahre sehen zu können. Unterscheidbare Schichten, so glaubt sie, würden wechselnde klimatische Bedingungen widerspiegeln, die darin auffindbaren Fossilien die zugehörige Fauna und Flora jener Zeiten (11). In diesen erdgeschichtlichen Zeittafeln ordnete die Geologie alle geologischen Epochen und die wechselnden Arten von Fauna und Flora mit absoluten Zeitangaben ein. Zeiten der Gebirgsbildungszyklen entnimmt sie daraus ebenso wie die Entstehungszeiten von Steinkohlen, Salzen und Erdöl.

Gebirgsbildungen werden von der Geologie als Orogenese bezeichnet (12). Schon früh wurden aktualistisch gerahmte Erklärungsversuche unternommen, die Entstehung der zu den geologischen Großstrukturen zählenden Gebirge zu deuten. Bis zur weitgehenden Akzeptanz der plattentektonischen Hypothesen in den 60er- und 70er-Jahren des letzten Jahrhunderts begnügten sich die Geowissenschaften mit fixistischen Modellen. Darin wurden den Großstrukturen ausschließlich vertikale Bewegungsmuster, aber keine geographischen Ortsveränderungen zugestanden. Mit Beginn der plattentektonischen Ära konnte den nun auch erlaubten horizontalen Bewegungen der Erdkruste in mobilistischen Modellen freie Fahrt gegeben werden. Zwei Hypothesen zur Gebirgsbildung sind gegenwärtig von Bedeutung: die Orogen-Entwicklung auf der Grundlage der Geosynklinallehre und auf der Grundlage plattentektonischer Hypothesen. Erstere stellt ein fixistisches, Letztere ein mobilistisches Modell dar.

Um geologischen Orogenese-Diskussionen folgen zu können, muss die Bedeutung der Begriffe ‚synklinal' und ‚antiklinal' bekannt sein. Mit den Begriffen synklinal und antiklinal beschreiben Geologen Schichtenkrümmungen – die ‚Falten'. Nach oben gewölbte Bögen – die Sättel – werden als antiklin bezeichnet. Nach unten führende, konkave Bögen – die Mulden – werden synklin genannt (13).

Nach der Geosynklinalhypothese beginnt eine Orogenese mit der Bildung eines geosynklinalen Senkungstroges. Darunter wird eine lang gestreckte, bis zu 1 000 km breite Absenkung eines Küstenstreifens verstanden (14). Dieser wird mit Sediment aufgefüllt. Senkung und Sedimentation halten sich in der Geosynklinalen oft die Waage (14). Während der anschließenden ‚Tektogenese' erfolge eine tiefgründige ‚Faltung' und zum Teil eine Aufschmelzung. Eine teilweise oder völlige Aufschmelzung von Gesteinen wird als Anatexis bezeichnet (15). Da bei einer Gebirgsbildung neue Gesteinsformationen entstehen, setzten Geologen dafür ihre Gesteinsumwandlungshypothesen ein. Geologen glauben auch an eine Umwandlung von Gesteinen der Erdkruste im festen Zustand und bezeichnen diesen Vorgang als Metamorphose. Zitat: „Unter Metamorphose (Gesteinsumwandlung) versteht man die Umwandlung des Mineralbestandes und Gefüges von Gesteinen in der Erdkruste durch Veränderungen von Druck (p) und Temperatur (t) unter Beibehaltung des chemischen Pauschalchemismus in festem Zustand." (16) Damit aus abgelagertem Sediment ein Gebirge entstehen kann, muss zuvor eine Verdichtung erfolgen. Die Verdichtung (Kompaktion) von Sediment zu festem Gestein während der Absenkung in größere Tiefen nennen Geologen Diagenese (17). Nach der Fertigstellung des Orogens in der Tiefe der Erde muss das Gebirge gehoben werden. Der Aufstieg eines Orogens zum Hochgebirge wird mit der Theorie der Isostasie, einem Tauchgleichgewicht, erklärt (18).

Vergleichbar mit einem schwimmenden Eisberg, der durch Materialverlust an der Oberkante stetig leichter werde und emporsteige, sollen Gebirge durch Materialabtrag aufsteigen. Die Gebirgswurzel, die Eintauchtiefe in die Erdkruste, würde dadurch immer flacher. Schließlich sei das ganze Gebirge eingeebnet und wurzelfrei. Der abgetragene Schutt könne an einer anderen Stelle über einen sich bildenden geosynklinalen Senkungstrog eine neue Gebirgsbildung einleiten. Auf dem Tauchgleichgewicht beruht der Glaube der Geologie, dass hohe Gebirge jung sind und eine tief reichende Gebirgswurzel besitzen. Flache Gebirge seien alt und besäßen keine tiefgründigen Wurzeln

Abb. 5.1: Geologische Faltungen antiklin: nach oben-, konvex-, Sattel; synklin: nach unten-, konkav-, Mulde

mehr. Entsprechend ihrer Höhe werden der Himalaja, die Anden und die Alpen als ‚jung' eingestuft, Mittelgebirge, Appalachen und Ural als ‚alt'.

Wegen einer ‚Unterschwere' würden die Gebirge emporgetragen, bis ein Ausgleich der Ungleichgewichte erfolgt sei (18). Weil die Erdkruste eine hohe Viskosität in den tieferen Krustenbereichen aufweise, könne der Aufstieg keineswegs rasch, sondern nur in geologischen Zeiträumen erfolgen (18).

Eine zweite bedeutsame Gebirgsbildungshypothese der Geologie entstand aus den plattentektonischen Hypothesen. Nach diesen sollen Kettengebirgsstränge wie die Anden entstehen, wenn die unter die Kontinente abtauchenden ozeanischen Platten marine Sedimente zusammenpressen und an den Kontinenträndern als Gebirge auffalten (19). Abtauchregionen werden als Subduktionszonen bezeichnet. Die zugehörigen plattentektonischen Hypothesen werden im anschließenden Kapitel beschrieben. Ihre Bedeutung wächst beständig. Sie werden von vielen Geologen zur Erklärung aller tektonischer Prozesse und Formationen herangezogen.

Geologen glauben, Berge, Regionen und Kontinente vertikal und horizontal verschieben zu dürfen, um jeden Ort des Globus und jede Tiefe in der Erdkruste und im Mantel erreichen zu können. Sie benötigen dafür unendlich viel Zeit und eine unerschöpfliche Energiequelle, die sie im Erdinneren zu finden glauben. Erforderliche Temperaturerhöhungen glauben sie über die Versenkungstiefe regulieren zu können. Geologen können Gelege von Dinosaurier-Eiern zwecks Versteinerung bei höheren Temperaturen auf mehrere Tausend Meter in die Erdkruste versenken und ohne Knick-Ei-Bildung wieder an der Erdoberfläche auftauchen lassen. Sie können ebenso Koprolithen (Kothaufen) von Dinosauriern in den gleichen Tiefen versteinern lassen und im ungewendeten Zustand an der Erdoberfläche präsentieren (20). Geologen glauben an hundertfache identische zyklische Klimaschwankungen, an ebenso häufige Hebungen und Senkungen ausgedehnter Regionen, um die Bildung von Kohlen und Salzlager erklären zu können (21).

Horizontale und vertikale Erdkrustenbewegungen, Gebirgshebungen, Grabenbildungen und Plattenwanderungen – alles verläuft nach geologischer Denkweise ‚aktualistisch'. Die ihr angedachte unendliche Langsamkeit erzwingt unendliche Zeitspannen.

6. Tektonik und ‚Modern Plate Tectonics'

Mit dem Begriff Tektonik beschreibt die Geologie den gegenwärtigen strukturellen Aufbau der Erdkruste und ihre Überlegungen zur Entstehung dieser Strukturen. Zitat: „Unter dem Begriff Tektonik versteht man erstens die Lagerungsverhältnisse der Gesteine sowie den strukturellen Aufbau der Erdkruste und ihrer Unterlage, wie sie heute vorgefunden werden, und zweitens die Vorgänge und ihre Ursachen, die diesen Lagerungszustand schufen." (1)

Zu Beginn der wissenschaftlichen geologischen Forschung beschrieben Geologen das, was zu beobachten war, sehr direkt. Chaotische Lagerungsverhältnisse geologischer Schichten, als Diskordanzen an vielen Orten zu beobachten, wurden als Folgen einer ungeheuren Gewalteinwirkung erkannt und formuliert. Antworten auf die Fragen, wie und wodurch diese chaotischen Lagerungsverhältnisse in der Erdkruste entstanden sein könnten, suchte man in der ‚Sintflut' und deren Folgen. Hinweise zu vergangenen Katastrophen fanden sich in der Bibel. Das ‚Sintflut-Denken' wurde im Laufe der folgenden Jahrzehnte nach langen Diskussionen über eine katastrophistische oder eine beschauliche Vergangenheit der Erde als nicht mehr zeitgemäß erachtet. Wenn die Sintflut ein Ereignis gewesen sein sollte, das nur nasse Füße zur Folge hatte, dann war sie nicht imstande, ‚erratische' Blöcke zu transportieren. Die stärker werdende Front gegen katastrophistische Überlegungen nannte ihre Art der Betrachtung umfangreicher geologischer Veränderungen ‚Aktualismus' (2).

Der Begriff ‚Sintflut' war und ist für Laien halbwegs verständlich. Es musste etwas Schreckliches gewesen sein, eine Katastrophe. Die Folgen erschienen logisch. Der Begriff ‚Tektonik' ist für den Laien zunächst nicht durchschaubar. Er ist unverständlich, modern, wissenschaftlich.

Tektonische Überlegungen reichen zurück bis zum Beginn der wissenschaftlichen geologischen Forschung. Fragen nach den Ursachen der gegenwärtigen strukturellen Vielfalt der Erdkruste stellen das ungelöste Kernproblem der Geologie dar. Wie ist alles das, was vorhanden ist – die Ozeane, Kontinente und Berge –, entstanden, und worin sind die Ursachen für deren Entstehung zu suchen?

Den aktuellen Stand der Grundlagenforschung zum Kernproblem der Geologie geben folgende Ausführungen wieder. Zitat: „Eine der interessantesten, wenn auch schwierigsten und in hohem Maße hypothetischen Fragen der

Geologie ist die nach dem Mechanismus und den Ursachen für die Entstehung der Großstrukturen der Erde …" , und weiter: „Keine der zahlreichen Hypothesen kann allerdings von so weit gesicherten, unwidersprochenen Tatsachen ausgehen, dass sie als ‚Theorie' im mathematisch-naturwissenschaftlichen Sinne gelten könnte. Alle Hypothesen stellen Anschauungsbilder mit vielen Fragezeichen dar, die insbesondere die Gebirgsbildung (Orogenese) und andere Großstrukturen (Kontinente und Ozeane) zum zentralen Gegenstand haben." (3)

Von Fleiß und Ratlosigkeit zugleich zeugen die bereits 300 Jahre andauernden Bemühungen der Geologen, ein schlüssiges Konzept zur Entstehung der Großstrukturen unserer Erde zu erstellen. Eine Auswahl ehemaliger Hypothesen wird im Folgenden vorgestellt:

- **Die plutonische oder Erhebungshypothese:** Aufsteigende glutflüssige Gesteinsmassen sollen die oben aufliegenden Sedimente zu Gebirgen auftürmen (4).
- **Die thermische Hypothese:** Tiefere, wärmere Sedimente sollen sich nach oben ausgedehnt und die Gebirge gebildet haben (4).
- **Die Gleitfaltungshypothese:** Sedimente sollen auf geneigten Flächen ins Gleiten gekommen und zu Faltengebirgen zusammengestaucht worden sein (4).
- **Die Differentialhypothese:** Tiefenmagma soll sich beim Aufsteigen in leichtere und schwerere Komponenten aufgetrennt haben. Die letzteren hätten die leichteren dann seitlich unter Wulstbildung (gleich Gebirgsbildung) weggedrängt (4).
- **Die Kontraktionshypothese:** Durch Abkühlung sei die Erdoberfläche kleiner geworden und unter Gebirgsbildung geschrumpft (4).
- **Die Unterströmungshypothese:** Thermische Konvektionsströmungen in den subkrustalen Bereichen sollen für die Gestaltung der Erdoberfläche verantwortlich sein (4).
- **Die Expansionshypothese:** Kontinentbildung durch Volumenzunahme einer zuvor kleineren Erde infolge Auseinanderbrechens der Schale (5).
- **Die Pulsationshypothese:** Durch einen rhythmischen Wechsel zwischen Ausweitung und Einengung sollen die Großstrukturen der Erde entstanden sein (5).

- **Die Oszillationshypothese:** Hebungen und Senkungen (Schwingungen) von Kontinentalblöcken sollen das Bild der Erde formen (6).
- **Die Undationshypothese:** Durch Strömungen im Erdmantel sollen großräumige, wellenförmige Krustenverbiegungen die Erdoberfläche formen (6).

Alle oben erwähnten Hypothesen gehen von einer vertikalen Bewegung der Erdkruste aus. Die Veränderungen sind ortsgebunden, sie sind fixiert. Anhänger dieser Hypothesen wurden Fixisten genannt (7). Eine größere Mobilität geologischer Strukturen nahm A. Wegener an. Im Gegensatz zu den vertikalen Bewegungen in den fixistischen Hypothesen forderte A. Wegener 1912 in seiner Kontinentalverschiebungstheorie eine horizontale Bewegung der Kontinente (8). Anhänger der horizontalen Bewegungen wurden Mobilisten genannt.

Auch die Kontinentalverschiebungstheorie von A. Wegener gilt in der Geologie in ihrer ursprünglichen Form als überholt. Heute arbeitet die Geologie mit plattentektonischen Modellen (9). Dazu wird die steinerne Lithosphäre in – je nach Autor – sechs bis zwölf große und mehrere kleinere Platten unterteilt (10) (Abb. 6.1).

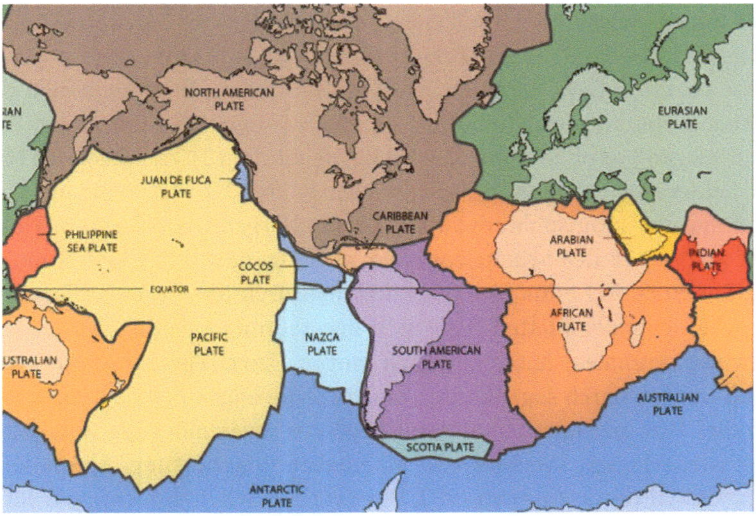

Abb. 6.1: Geologische Erdkrustenplatten (Quelle: USGS/USGov)

Erdkrustenplatten mit aufliegenden Kontinenten sollen horizontale Verschiebungen durchführen. Nach Entdeckung der sogenannten mittelatlantischen Rückenstrukturen wurden diese als Beleg für die Mobilität der Erdkrustenplatten gewertet. Bereits in der ersten Hälfte des letzten Jahrhunderts durchgeführte Echolotungen hatten zur Entdeckung des mittelatlantischen Rückens, des zentralen Scheitelgrabens und der magnetischen Anomaliestreifen parallel zum atlantischen Rücken geführt. Bruce C. Heezen und Marie Tharpe von der Columbia University waren an der Erstellung einer ersten Karte des Meeresbodens maßgeblich beteiligt (11). In den 60er-Jahren des vergangenen Jahrhunderts wurde mit diesen Befunden und der Annahme mobiler Krustenplatten das plattentektonische Modell entwickelt (9). Trotz zahlreicher Widersprüche und geointerner Kritik hielt man an einer Dynamik der Erdoberfläche, an einem kontinuierlichen Spreizen der Riftzonen (Seafloor Spreading) mit ebenso kontinuierlicher Neubildung von Krustenmaterial und an ein stetiges Untertauchen (Subduktion) ozeanischer Kruste fest. Durch das Zusammenwirken aller daran beteiligten Kräfte sollen neue Ozeane gebildet, alte vernichtet und neue Kontinente über eine Stufe geologischer Grabensysteme (Embryonalrift) geformt werden (12).

Nach den Vorgaben der plattentektonischen Hypothesen sollen im Bereich der Riftzonen aufsteigende Magmaströmungen aus dem Erdmantel ein langsames Aufschmelzen der Lithosphäre im Scheitelbereich bewirken (Abb. 6.2). Die Basaltdecke verliere an Dicke und hebe sich. Magma trete aus. Dieses schiebe durch stetiges seitliches Anlagern im oberen Krustenbereich die Lithosphärenplatten auseinander unter gleichzeitiger Bildung neuer Kruste. Dieser Vorgang wird ‚Seafloor Spreading' genannt (13). Abkühlendes Magma sinke beiderseits der Aufstiegszone wieder in die Tiefe des Erdmantels unter Mitnahme der Lithosphärenplatten. Dieser Vorgang wird ‚Subduktion' genannt (14). Über der Scheitelzone der aufsteigenden Magmaströmung entstehe der ozeanische Rücken, die Riftzone. Durch das Auseinanderschieben gegenüberliegender Platten bilde sich der zentrale Scheitelgraben, das Rift Valley. Die schmalen, unterschiedlich langen Einzelsegmente innerhalb der Platten werden durch sogenannte Transformstörungslinien begrenzt (14).

Parallel zum ozeanischen Rücken liegende streifenförmige Zonen zeigen einen wiederholten Wechsel der Magnetisierungsrichtung. Sie sollen Anwachsstreifen repräsentieren (15). Der zentrale Scheitelgraben, das Rift Valley, zeigt eine Magnetisierungsrichtung, die der heutigen Magnetfeldausrich-

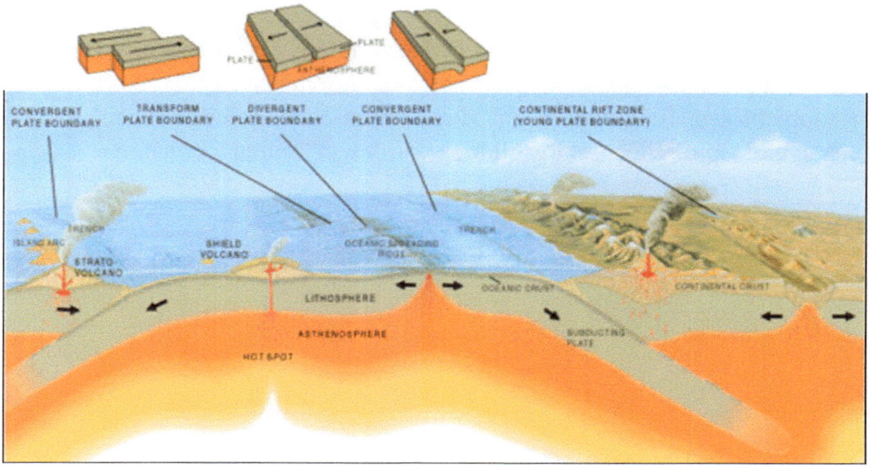

Abb. 6.2: Plattentektonisches Modell der Geowissenschaften mit der Darstellung von Plattenbewegungen, -Neubildung und -Vernichtung. (Quelle: USGS/USGov)

tung entspricht. Aus dem mehrfachen, als symmetrisch und rückenparallel beschrieben Wechsel der Magnetisierungsrichtung wird auf einen ebenso häufigen Wechsel der magnetischen Polung in der Erdvergangenheit geschlossen.

Die Magnetisierung von Gesteinen beruht auf dem Gehalt eisenhaltiger Kristalle. In einer Gesteinsschmelze können sich die beweglichen eisenhaltigen Kristalle bei der Erstarrungstemperatur nach dem Magnetfeld ausrichten. Oberhalb dieser Temperatur wird eine bleibende Ausrichtung durch die ungeordnete Bewegung verhindert. Unterhalb dieser Temperatur, die als Curie-Temperatur bezeichnet wird, ‚friert' die nach dem Magnetfeld ausgerichtete Position der kleinen Kristallmagnete ein. Die Richtung des zu diesem Zeitpunkt vorhandenen Magnetfeldes wird dadurch konserviert (16). Für Magnetit (Fe_3O_4), ein häufig vorkommendes eisenhaltiges Mineral, beträgt die Curie-Temperatur 525° C (17).

Zur Rekonstruktion der erdgeschichtlichen Vergangenheit sei es nicht ausreichend, die erwähnte Spreizung der Lithosphärenplatten auf subozeanische Kruste zu beschränken (18). Auch unter den Kontinenten soll ein aufwärts gerichteter Magmastrom eine Spaltung bewirken können und so dem Meer einen Zugang ermöglichen. In diesen embryonalen Rifts vermuten Geologen junge Spreizungszonen (18). Das Gegeneinanderlaufen der Lithosphärenplatten verursache Knautschzonen mit Gebirgsbildung. Eine alternative Orogenesehypothese (Geosynklinalhypothese) und die vier vermuteten weltweiten Hauptgebirgsbildungszyklen mit der assyntischen, kaledonischen, variszischen und alpidischen Gebirgsbildung wurden in Kapitel 5 erwähnt.

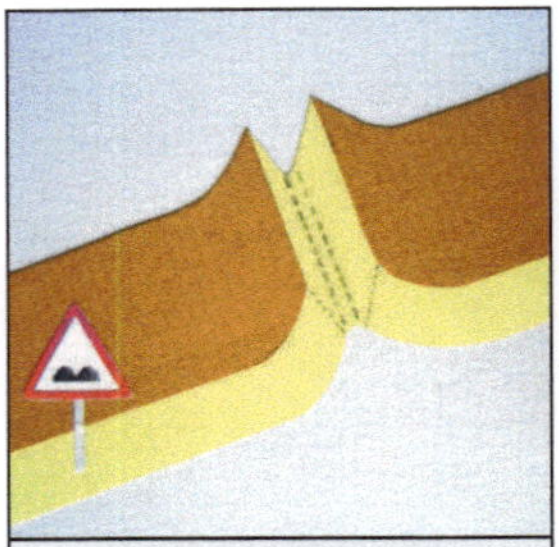

Abb. 6.3a: Schematische Darstellung des ‚Seafloor-spreading' nach der plattentektonischen Hypothese: Spreizung des Meeresbodens in der zentralen Riftzone mit Plattenneubildung

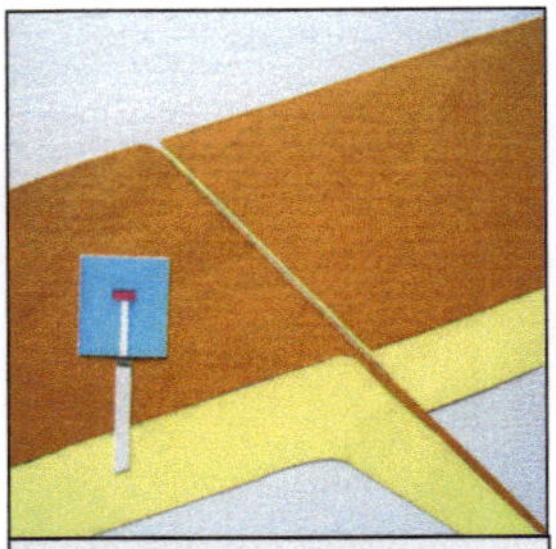

Abb. 6.3b: Schematische Darstellung der ‚Subduktion' nach der plattentektonischenHypothese: Abtauchen der Lithosphäre in den Erdmantel

Abb. 6.3c: Schematische Darstellung einer ‚Transformstörung' nach der platten- tektonischen Hypothese: aneinander Vorbeigleiten von Segmenten der Riftflanken

Abb. 6.4: Erdmagnetische Streifenmuster über dem Reykjanes-Rücken südwestlich von Island. Kartenausschnitt aus der Abbildung 7.13 nach Strobach (1974) ©.
Mit freundlicher Genehmigung

Abb. 6.5: Richtung und Ausmaß der weltweiten jährlichen Bewegungen von GPS-Meßpunktstationen. (Quelle:USGS)

Die Dynamik der Lithosphärenplatten dauere an. Älteste Anteile der jetzigen Platten seien an den abtauchenden Rändern 120 bis 180 Millionen Jahre alt (19). Diese Zeit sei für die zurückgelegte Wanderungsstrecke vom Ausgangspunkt, dem Scheitelgraben, bis zur Subduktionszone erforderlich gewesen. Das Alter wird aus der jährlichen Bewegung der GPS-Messpunkte (in cm) innerhalb der Platten und der Strecke zwischen der zentralen Riftzone und den seitlichen Plattenrändern (einige Tausend Kilometer) nach der Formel: Zeit = Weg/Geschwindigkeit berechnet. In Abb. 6.5 sind die jährlichen Bewegungen der GPS-Messpunkte wiedergegeben.

Seit fast 100 Jahren denkt die Geologie „mobilistisch“ (7). A. Wegener gab 1912 mit seiner Kontinentalverschiebungstheorie den entscheidenden Anstoß für das mobilistische „Denken“ im Sinne einer horizontalen Verschiebung von Kontinenten. Innerhalb der Geowissenschaften dauerten die Widerstände bis in die 60er-Jahre des vergangenen Jahrhunderts an. Untersuchungen zum Oberflächenprofil verhalfen den Vorstellungen über horizontale Verschiebungen von Lithosphärenplatten zu einer größeren Akzeptanz. Die Hypothesen zu den Bewegungen der Erdkrustenplatten sind in der Geologie nicht unumstritten. Viele Befunde sind mit den aufgestellten Modellen unvereinbar. Änderungen, Ergänzungen und neue Hypothesen konnten die Widersprüche in den plattentektonischen Hypothesen nicht beseitigen. Alle Hypothesen werden unter dem Begriff der ‚modernen Globaltektonik' zusammengefasst (9). Mit großem technischen Aufwand wird von den Geowissenschaften die vermutete Dynamik der Lithosphärenplatten vermessen. Wandernde GPS-Messpunkte gelten als ein unumstößlicher Beweis für die Plattenbewegung. Eine alternative Erklärung für die Bewegung der GPS-Messpunkte in den Platten wird nicht erwogen.

Die bisherigen Ausführungen beschrieben Arbeitsmethoden, Denkweise und Arbeitsschwerpunkte der Geowissenschaften. In den folgenden Kapiteln sollen die wichtigsten geologischen Hypothesen widerlegt werden. Es werden keine Teilkorrekturen an den einzelnen geologischen Hypothesen, an den Vorstellungen über die Dynamik der Lithosphärenplatten, an der geologischen Zeitskala und an der aktualistischen Denkweise vorgenommen. Die geologischen Hypothesen und Denkschemata sollen als Ganzes widerlegt werden. Dazu werden ausschließlich die Messergebnisse und Publikationen der Geowissenschaften verwendet. Kapitel 1 bis 6 wurden vorangestellt, um die folgenden Ausführungen nachvollziehen zu können.

7. Die Widerlegung der geologischen Hypothesen

Alle geologischen Hypothesen zur erdgeschichtlichen Vergangenheit bilden in ihrer Gesamtheit ein komplexes Netzwerk mit örtlichen und zeitlichen Fixierungen. Sie werden zusammengehalten von dem großen, 4,6 Milliarden Geo-Jahre umfassenden geologischen Zeitrahmen. Innerhalb dieses Zeitrahmens können einzelne Hypothesen variiert werden, ohne dass sich am Gesamtbild der geologischen Vergangenheit wesentliche Änderungen einstellen. Erforderlichenfalls wird der Rahmen vergrößert. Auf all diesen Hypothesen beruht unser geologisches Weltbild. Dazu gehören der weit verbreitete Glaube an unendlich lange erdgeschichtliche Entwicklungszeiten, der Glaube an die Plattentektonik, nach der die Erdkruste sich stetig erneuert und in Form von Bruchstücken über den Globus geschoben wird, der Glaube an eine ‚Karbonzeit' mit Kohlebildung, an eine ‚Zechsteinzeit' mit trockenen, wüstenhaften Epochen, in denen große Salzlager gebildet worden sein sollen, und der Glaube an mehrere Vereisungszyklen mit kilometerhohen Eispanzern auf dem Großteil der Erdoberfläche. Dazu gehören weiter der Glaube an mehrfache ‚Massenaussterben' von Faunen und Floren, an das endgültige Ende der Dinosaurier-Ära vor 65 Millionen Geo-Jahren durch einen Meteoriteneinschlag und an das Auftauchen eines zivilisierten Menschentypus vor ca. 10 000 Jahren. Unentwegt wächst die Zahl der geologischen Hypothesen. In den folgenden Kapiteln werden die Erdöl-, Kohle- und Salzbildungshypothesen, danach die drei wichtigsten Zeitgrenzen setzenden Hypothesen zu ‚Eiszeiten', ‚Plattentektonik' und ‚absoluten Zeitbestimmungen' besprochen. Sogenannte ‚unlogische Funde' beschließen die Reihe der Widerlegungen.

7.1 Die Widerlegung der Erdölbildungshypothese

Zum Allgemeinwissen zählen unsere Kenntnisse über die Entstehung von Erdöl und -gas. Diese fossilen Brennstoffe sollen aus Plankton und weiteren abgestorbenen Lebewesen gebildet worden sein. Geologen haben für die Entstehung von Erdöl und Erdgas folgenden Ablauf vorgesehen: In einem ersten Schritt sei die anaerobe, d. h. sauerstofffreie Abdeckung von sedimentierter toter Biomasse auf einem Meeresboden erforderlich. Die Abdeckung soll durch Sedimente erfolgt sein (1). Eine sauerstofffreie Umgebung sei nach der

Sedimentation umgehend erforderlich. Anwesender Sauerstoff würde in kürzester Zeit die organische Substanz zersetzen und sie dem postulierten Erdöl-Bildungsprozess vorenthalten. Erdöl gibt es in nahezu allen Regionen der Erde. Eine jeweils unverzügliche weltweite, den Sauerstoff ausschließende Bedeckung muss daraus gefolgert werden. Das Klima während der ‚Erdöl-Bildungszeit' scheint dem organischen Leben nicht sehr zuträglich gewesen zu sein.

Geologen bekunden: „Da an den Festlandrändern im Schelfgebiet häufig rasche Sedimentation bei reicher Biomasse vorhanden ist, bereitet die Entstehung des Sapropels (Erdölmuttergestein) in der Erdgeschichte keine Schwierigkeiten." (1) Das auf diese Weise entstehende Erdölmuttergestein, auch Vollfaulschlamm oder Sapropel genannt, sei anschließend bakteriell kontaminiert worden. Bakterien hätten die organischen Anteile des Sapropels biologisch zu Zucker und Aminosäuren zersetzt (1). Unter Absinken des Sapropels in tiefere Erdschichten – bis zu mehreren Kilometern – soll sich bei zunehmender Verdichtung unter Abgabe der Gase Methan, Kohlendioxid und Ammoniak das Kerogen gebildet haben. Kerogen soll ein hochpolymeres, wasserunlösliches Gemisch organischer Kohlenstoffverbindungen darstellen (1). Beim Absinken seien Temperaturen von 70 bis 200° C erforderlich. Höhere Temperaturen würden den komplizierten und empfindlichen Vorgang der Erdölbildung aus Kerogen nicht ermöglichen (2).

Nach einem Stadium der Reifung (Maturation) würde das frisch gebildete Erdöl in poröse Gesteinsformationen wie Sand- und Kalkstein wandern, die sich als Speichersteine besser eigneten (erste Migration). Nach Ankunft im porösen Speicherstein würde eine Wanderung und Sammlung von Öl in höher liegende Schichten erfolgen (zweite Migration). In diese natürlichen Speicherräume kämen Erdgas, Erdöl und Wasser hinein, aber nicht mehr heraus. In diesen natürlichen Speichern erfolge oft eine Trennung in eine Gas-, Öl- und unterliegende Salzwasserzone (2).

Von den angenommenen zahlreichen Reaktionsschritten und Bildungsvorstufen des Endproduktes Erdöl sind folgende Einzelschritte und Produkte definitiv nachgewiesen: Erdöl, gespeichert in natürlichen Erdöllagern.

Nicht nachgewiesen werden konnten: abgestorbene Biomassen am Meeresboden, Sapropel, die zunehmende Verdichtung von Erdölmuttergestein (Diagenese), die kilometertiefe Absenkung ganzer Regionen, wie es laut Hypothese erforderlich wäre, die Bildung von Kerogen, die Erdölbildung aus

Kerogen, der Austritt aus dem Muttergestein (Expulsion), der Eintritt ins poröse Speichergestein (erste Migration), der Aufstieg im porösen Speichergestein (zweite Migration) und ebenfalls nicht der Sammlungsprozess in einem natürlichen Speicher.

Zahlreich sind die erforderlichen zufälligen Ereignisse für die Bildung von Erdöl: Nach dem Absterben von Biomasse muss zufällig und unverzüglich eine anaerobe Abdeckung erfolgen. Zufällig sinken danach diese Regionen bis auf 2 000 m Tiefe ins Erdreich ab, um die Bildung von Erdöl bei einer Temperatur von ca. 70° C zu starten, aber nicht so tief, dass 200° C überschritten werden. Zufällig ist der poröse Speicherstein in der Nachbarschaft, welcher das auswandernde Erdöl aufnimmt. Auf dem Weg nach oben trifft das Öl zufällig auf einen natürlichen Speicher, der gleich einem Ventil Öl hereinlässt, aber nicht mehr hinaus.

Bei dieser Häufung von notwendigen und zufälligen Ereignissen und bei der Kompliziertheit der Ölbildung aus biologisch abbaubarer organischer Masse dergestalt, dass bis heute diese Syntheseschritte im Labor nicht nachvollzogen werden konnten, wundert man sich, dass es Erdöl gibt.

Geologen finden zunehmend jüngere Erdöllagerstätten (2). Sie sagen, dass für die Bildung von Erdöl keine größeren geologischen Zeiträume nötig seien, und erklären die schnellere Bildung mit höheren Temperaturen bis zu 350° C, wie sie in den Riftzonen auftreten (2). Das sind 150° C mehr, als maximal für die Erdölbildung angenommen wurden (2). So wie oben angegeben stellen sich nicht nur die meisten Geologen die Entstehung von Erdöl und Erdgas vor. Diese Version gehört zum Allgemeinwissen. Das Thema ‚Erdöl' scheint die Emotionen heftig zu schüren.

Erdöl kann nicht aus toter Biomasse entstehen. Die Widerlegung dieser geologischen Erdölbildungshypothese kommt nicht von Querdenkern, denen ohnehin jegliche geologische Kompetenz abgesprochen wird. Inzwischen wurde von Geowissenschaftlern die offiziell noch hochgehaltene Hypothese zur Erdöl- und Erdgasbildung aus biologischem Material widerlegt.

Mitarbeiter J. F. Kenneys von der Russischen Akademie der Wissenschaften in Moskau rechneten nach, dass Kohlenwasserstoffe, so wie sie im Erdöl vorhanden sind, aus thermodynamischen Gründen nicht aus den organischen Molekülen des biologisch abgebauten Sapropels entstehen können (3). Lediglich die Bildung der einfachsten Kohlenwasserstoffverbindung – Methan –

kann aufgrund thermodynamischer Berechnungen angenommen werden (3). Damit scheiden abgestorbene Biomassen als Öllieferanten definitiv aus.

J. F. Kenney und Mitarbeiter führten auch eine Reaktion durch, die als Druckhydrierung bezeichnet wird. Sie mischten dazu in einem Gefäß Eisenoxid (FeO) und Calciumcarbonat/Marmor ($CaCO_3$) mit Wasser und erhitzten diese Mischung bei 50 000 Atmosphären auf 1 500° C. Das Reaktionsgemisch enthielt anschließend bis zu zehn verschiedene Arten von Kohlenwasserstoffmolekülen, ähnlich dem natürlichen Erdöl (3). Calciumcarbonat, Eisenoxide und Wasser sind Bestandteile der Erdkruste. Dieser Versuch hat im Labormaßstab das wiederholt, was bei der Bildung des weltweit vorkommenden Erdöls abgelaufen ist. Die Widerlegung der etablierten Erdölbildungshypothese und die Möglichkeit der Erdölsynthese durch Druckhydrierung im Labor verweisen auf einen katastrophistischen Hintergrund bei der Entstehung unserer weltweiten Erdölvorkommen. Wie die Bildung von Erdöl und Erdgas vonstattenging, wird in Kapitel 9.12 erläutert.

Geologische Hypothesen zur Erdölbildung stellen eine Spitzenleistung ‚wissenschaftlicher' Modellkonstruktionen dar. Sie umfassen die Kombination aller denkbaren geologischen Bewegungsrichtungen – horizontale und vertikale Bewegungen, Verwerfungen, Transgressionen und antiklinale Faltungen. Dazu kommen mehrere zeitlich exakt aufeinanderfolgende Zufallsereignisse. Weil die exakte zeitliche Abfolge von mehreren zufälligen Ereignissen sehr gering sei, seien nur 2 % der organischen Überreste auf der Welt als Öl vorhanden. Aus diesem Grund sei Erdöl so rar (4). Neben dem Erdöl besitzt die Kohle weltweit noch erhebliche Bedeutung für die Energiewirtschaft. Auch ihre Entstehung erklärt die Geologie mit einer speziellen Kohlebildungshypothese.

7.2 Die Widerlegung der Kohlebildungshypothese

Kohle zählt wie Erdöl und -gas zu den fossilen Energieträgern. Wir lernen, dass Kohle vor unendlich langen Zeiten gebildet worden sein soll. Ihre technische Nutzung ermöglichte die globale Industrialisierung. In der Schwerindustrie wird Kohle zur Verhüttung von Eisenerzen benötigt. In der chemischen Industrie dienen ihre Destillationsprodukte als Ausgangsmaterial für weitere Synthesen. Kontinuierlich abgenommen hat die Verwendung als

Heizmaterial. Tief liegende Kohle, meistens Stein-, gelegentlich Braunkohle, wird im Untertagebau gefördert. Hoch liegende Kohle, meistens Braun-, gelegentlich Steinkohle, kann im Tagebau nach Abtragung einer geringen Deckschicht gewonnen werden.

Braunkohlen gelten als ‚junge' Kohlen. Ihre Hauptbildungszeit wird in das Tertiär, ca. 60 Millionen Geo-Jahre vor unserer Zeit, eingeordnet (1). Steinkohlen sollen ‚alte' Kohlen sein. Ihre Bildungszeit wird dem Karbon, ca. 350 Millionen Geo-Jahre vor unserer Zeit, zugeordnet (1). Der Übergang von Braun- zu Steinkohle sei fließend. Unterschiedliche Braun- und Steinkohletypen werden nach ihrem Sauerstoff- und Kohlenstoffanteil definiert. Braunkohlen lassen sich technisch am einfachsten durch ihren Wassergehalt, Steinkohlen durch ihren Gehalt an flüchtigen Stoffen unterscheiden (2).

Braunkohlenlager können eine Mächtigkeit von mehr als 100 m aufweisen (3). Sie bilden eine durchgehende kompakte Formation von ‚oben bis nach unten' zur Schichtsohle. Eine auffällige Schichtung aller größeren Aufschlüsse beruhe vorwiegend auf Humifizierungsunterschieden (4). Steinkohlenflöze sind einen halben bis mehrere Meter dick. Sie liegen gewöhnlich in mehreren Schichten als Flözlagen übereinander. Diese sind durch die sogenannten tauben Sedimentschichten getrennt. Als Flöz wird eine kohleführende, als „taube" Lage eine kohlefreie Schicht bezeichnet. Taube Schichten zwischen den Flözen bestehen meistens aus Sandstein. Steinkohlenlager können bis zu mehrere hundert Flözlagen enthalten (5).

Die geographische Verteilung der weltweit vorkommenden Kohlelager zeigt eine Konzentrierung in den Regionen, die Gebirgszügen vorgelagert sind. China besitzt die weltweit größten Kohlelagerstätten.

Laut Geologie erfolgte die Kohlereifung in einer kontinuierlichen Reihe, beginnend beim Torf und weiter über Braun- und Steinkohle bis zum Anthrazit (6). Anthrazit stelle das Endstadium der natürlichen Kohlereifung dar. Der Reifungsprozess der Kohle vom Torf bis zum Anthrazit wird als ‚Inkohlung' bezeichnet. Zitat: „Jede Torfschicht wurde durch diese Vorgänge in ein Kohlenflöz umgewandelt." (7) Durch die Inkohlung nimmt der relative Kohlenstoffanteil kontinuierlich zu und der Sauerstoffgehalt ab. Für die Inkohlung seien der Zeitfaktor, der auf die reifende Kohle ausgeübte Druck und die Temperatur entscheidend. Kohle wird mit zunehmendem Inkohlungsgrad härter und kompakter.

Kohlen bildeten sich aus pflanzlichen Ausgangsmaterialien. Als Hauptbestandteil aller Kohlen wurden Holzreste, ganze Baumstämme mit Wurzelstöcken, Äste, Zweige, Blätter, Rinden und Harze gefunden. In Spuren kommen Pollen, Algen und mineralische Bestandteile vor. In Braunkohlen sind die Holzrückstände makroskopisch deutlich sichtbar, in Steinkohlen mikroskopisch nachweisbar (8).

Mikroskopisch sind in allen Kohlearten Holzzellen erkennbar. Sie bilden nahezu quantitativ die Grundsubstanz der Kohle und werden als ‚Mazerale' bezeichnet (9). Die mikroskopisch unterscheidbaren Mazerale werden in drei Gruppen eingeteilt:

1. Vitrinit: besteht aus inkohlten Resten von Holz, Rinden, Ästen und Wurzeln (9).
2. Liptinit: besteht aus inkohlten Sporen, Pollen, Algen und Harzen (9).
3. Inertit: besteht aus verkohlten, d. h. angebrannten Resten der Bestandteile von Vitrinit und Liptinit (9).

Geologen haben auch die Bildung des fossilen Energieträgers ‚Kohle' in ihr unendliches Zeitschema eingeordnet. Sie legen ihrer Hypothese zur Kohlebildung ein komplexes Schema zugrunde. Neben definierten klimatischen Bedingungen seien umfangreiche tektonische Veränderungen der Erdkruste über geologisch lange Zeiträume erforderlich gewesen.

Die Erklärungen der Geologie zur Kohlebildung lesen sich wie folgt: In der Karbonzeit vor ca. 350 Millionen Geo-Jahren bildeten sich in einem feuchtwarmen, subtropisch bis tropischen Klima in ausgedehnten Senken riesige Sumpfwälder und Moore. Verantwortlich für die Bildung der ausgedehnten Senken sei die Krustenbewegung beim Aufstieg des variszischen Gebirges gewesen (6). Mächtige Torf- und Kohlelager „… hätten sich dann gebildet, wenn das Pflanzenwachstum mit dem Absinken des Bodens Schritt halten konnte" (10). Pflanzenreste seien, durch die Bedeckung mit Wasser vor der Einwirkung des Sauerstoffs geschützt, der Zersetzung entzogen worden und zu mächtigen Anhäufungen gelangt (7). Ein schnelleres Absinken des Untergrundes habe das Wachstum der üppigen Sumpfwaldvegetation unterbrochen, die Flözbildung beendet und durch die Bedeckung mit Schlamm, Sand und Ton vom Festland die tauben Gesteinsschichten zwischen den Flözlagen entstehen lassen (10). Nach einer Weile sei das Meer zurückgekommen und habe diese Regionen erneut überflutet. Üppige Sumpfwaldvegetationen hätten sich wiederum ausgebreitet und beim folgenden Absinken des Untergrundes damit erneut im Wachstum Schritt halten können (7). Aus den Pflanzenresten habe sich durch chemisch-biologischen Abbau allmählich Torf entwickelt (10). Durch den wachsenden Überlagerungsdruck weiterer Flözlagen habe der Inkohlungsgrad kontinuierlich bis zur Bildung von Steinkohle zugenommen (7). So seien Serien von Kohleflözen entstanden. Es sind Regionen mit 300 geschichteten Flözlagen bekannt (5).

Das präzise Zusammenspiel von Bodenabsenkung, Stagnation und Pflanzenwachstum innerhalb der geologischen Kohlebildungshypothese ist beeindruckend. Konsequent erscheint die jeweils vollständige Abdeckung der Flözlagen mit Festlandschutt, wie sie von der Geologie gefordert wird. Die Option zu einer 300-fachen exakten Wiederholung dieser Flözbildungsrhythmen belegt die außergewöhnliche Effektivität und Flexibilität der variszischen Gebirgsbildungshypothese.

Nicht konform gehen die Überlegungen der Geologen mit den wissenschaftlichen Erkenntnissen von Biologie und Botanik. Üppige Sumpfwaldvegetationen setzen ein intaktes Biotop voraus. Geologen fragen: „Wie aber sind so mächtige Anhäufungen abgestorbener Pflanzen möglich gewesen?" (3) Sie stellen zutreffend fest: „Auch eine noch so dichte üppige Vegetationsdecke verschwindet gleichzeitig mit ihrer laufenden Erneuerung, und selbst im tropischen Urwald kommt der feste Boden allenthalben zum Vorschein." (3) Pflanzenwuchs und biologischer Abbau stehen in einem Abhängigkeitsverhältnis. Abgestorbenes und angeschwemmtes Pflanzenmaterial wird im Ökosystem rückstandsfrei verstoffwechselt. Zitat: „Sämtliches Pflanzenmaterial, das nicht auf irgendeine Weise dem Ökosystem entzogen wird, endet als Teil des Kreislaufs von Photosynthese und Atmung, zu dem Pflanzen und alle Organismen gehören, die Biomasse zerstören." (11) ‚Auf irgendeine Weise' sei dem Ökosystem abgestorbenes Pflanzenmaterial z. B. für die Kohlebildung entzogen worden. Zitat: „Eingebettetes organisches Material, dazu gehören auch Kohlelagerstätten, bilden insgesamt ein Reservoir für Kohlenstoff bzw. Kohlenstoffverbindungen." (11) Geologen fordern dafür eine lebensfeindliche, sauerstofffreie Einbettung unter Wasser (10). Dafür notwendige Bedingungen sind gegenwärtig nicht beobachtbar. Als Beleg für ihre Kohlebildungshypothese greift die Geologie deshalb auf die rezenten Moore zurück, wie später beschrieben wird. Eine Anhäufung von abgestorbenem organischem Material, geschichtete Baumstämme bis zu einer Höhe von 200 m für einen 100 m hohen Braunkohlenflöz (12), ist bei üppigem Wachstum einer an Fauna und Flora reichhaltigen Sumpfwaldvegetation nicht möglich (6). Im Wasser stehende Bäume verkümmern. In sauerstofffreiem Wasser stehende Bäume, gleichbedeutend mit biologisch totem Gewässer, sterben ab (Abb. 7.1 a, b).

Abb. 7.1a: Typische Moorlandschaft mit spärlichem Baumbestand.
(Abb.: ,Goldenstedter Moor')

Abb. 7.1b: Im Wasser stehende Bäume sterben ab.
(Abb.: ,Goldenstedter Moor')

Nahezu ausschließlich Holzrückstände mit kompletten Baumstämmen sind in Braunkohlenflöze von der Basis bis zur obersten Schichtlage in 100 m Höhe enthalten. Ein völliges Absterben des Pflanzenwuchses in einem üppigen Biotop ergäbe eine dünne, nicht bodendeckende Schicht von organischem Ausgangsmaterial für die Bildung von Kohle. Eine stetige Anhäufung des organischen Materials und der sofortige Luftabschluss unter sauerstofffreiem Wasser sind über Tausende und Zehntausende von Jahren nicht möglich. Eine Anhäufung organischen Materials setzt dessen kontinuierliche Produktion voraus, das heißt ein fortgesetztes Wachstum. Dieses ist in und an einem sauerstofffreien Milieu nicht möglich. Die Kohlebildungshypothese der Geologie benötigt diesen Ablauf zur Erklärung der Mächtigkeit von Stein- und Braunkohlenflözen. Wegen der oben erwähnten Bedingungen fordert sie daher den Umweg über die Mitbeteiligung von Torf. Den Torf betrachtet die Geologie als Ausgangssubstrat für die kontinuierliche Entwicklung der Kohle bis zur Steinkohle. Durch das stetige Weiterwachsen von Moostrieben nimmt eine Torfschicht beständig an Höhe und somit an organischem Material zu (6).

Eine Klärung der Begriffe ‚Moos', ‚Torf' und ‚Moor' erscheint angebracht. Feuchtgebiete mit stehenden Gewässern und reichlichem Wachstum von Moosen heißen Moore. Moore sind heute in gemäßigten und niederschlagsreichen Gebieten zu finden. Dort wachsende Moose gehören überwiegend der Gattung ‚Sphagnum' an. „Die Hochmoore tragen dagegen nur eine artenarme spärliche Vegetation mit Zwergsträuchern (Heidekraut, Calluna vulgaris oder Erica tetralix), Moosbeere (Oxycoccus palustris) und schmalblättrigen Riedgräsern (Carices). Hauptsächlich ist die Mooroberfläche jedoch von roten, braunen und gelbgrünen Torfmoosen (Sphagnum) bedeckt." (13) Durch fortwährendes Längenwachstum der Moostriebe werden deren tiefer gelegene Reste komprimiert und enzymatisch zersetzt. Zu einem kompakten Substrat komprimierte Moosbestandteile werden als Torf bezeichnet. In getrocknetem Zustand kann dieser Torf als Heizmaterial verwendet werden. Zerkleinerter Torf wird im Gartenbau zur Bodenauflockerung eingesetzt.

Es kommt die Vermutung auf, dass die Geologie bei der Produktion der Kohlen-Grundsubstanz mit einem speziellen ‚Geo-Torf' arbeitet. Eine Überprüfung ergibt, dass exakt der Torf gemeint ist, der heute in den bekannten Torfmooren zu finden ist und abgebaut wird. Zitat: „Braunkohle entstammt größtenteils dem Tertiär, und die Bildung von Torf lässt noch heute den Vorgang der Verkohlung im Prinzip erkennen." (14) (Anm.: korrekterweise müsste es heißen: Inkohlung.) Und weiter: „Heute sammeln sich in Mooren der kühleren Klimazonen Reste von Sphagnum-Moos und anderen Pflanzen an. Das bodennahe Wasser dieser Moore, das nicht nur anoxisch (Anm.: ohne Sauerstoff), sondern auch stark sauer ist, bietet solchen Bakterienarten, die eine Zersetzung bewirken, keine Lebensmöglichkeit. Bei tiefer Versenkung würde der angesammelte Torf schließlich in Kohle übergehen." Und weiter: „Sofern der Torf nahe der Oberfläche bleibt, wird er teils als Brennmaterial, teils als Düngetorf zur Bodenverbesserung abgebaut." (15) Damit bestätigt die Geologie zweifelsfrei, dass der Torf, den sie in ihren Kohlebildungshypothesen verwendet, identisch ist mit dem Torf der rezenten Torfmoore. Es bleibt anzumerken, dass die rezenten Moore, Niedermoore ebenso wie Hochmoore, auf reinen Sandschichtungen liegen. Es lässt sich kein kontinuierlicher Übergang zu Braun- und Steinkohle finden. Ein solcher wird von der Geologie durch die Absenkung dieser Regionen postuliert. In geologischen Standardlehrbüchern unterstreichen verschiedene Abbildungen die Reihenfolge ‚Torfmoor – Torf – Braunkohle – Steinkohle – Anthrazit' für den Verlauf der Inkohlung (6).

Über die Entstehung von Torf sind der Biologie folgende Fakten bekannt: „Ein flaches, stehendes Gewässer beginnt zu verlanden. Auf dem Boden, meist über einer Sandschicht, lagert sich eine dünne Schlammschicht aus organischem und anorganischem Material ab. Diese verhindert weitgehend den weiteren Wasseraustausch mit dem Grundwasser. Durch den seitlichen Pflanzenwuchs überzieht sich der See mit einer geschlossenen Vegetationsdecke. Noch vorhandene Bäume verkümmern durch den zunehmenden Nährstoffmangel infolge des sauren Untergrundes vollständig. Einige anspruchslose, feuchtigkeitsliebende Pflanzen können sich noch eine Zeit lang halten. Dann beginnen Moose die Region zu überwuchern. Moose wachsen mit ihren Triebspitzen pro Jahr ca. 10 cm in die Höhe. Die unteren Teile werden immer mehr zusammengedrückt. Die Dicke der Moosschichten wächst durch die Komprimierung der nach oben weiter wachsenden Moostriebe um 1 mm pro Jahr." In tausend Jahren wächst so 1 m Torf heran. Bekannte Torfschicht-Dicken betragen einige Meter, selten 10 m (16, 17). Torfschichten und Moorgebiete sind von vergleichbarem Alter, einige Tausend Jahre.

Bildungsbedingt besteht Torf aus reinem Moos mit vereinzelten Resten holziger Bestandteile und Gräsern (18). Zitat: „Die bezeichnendsten Arten der

Hochmoore sind die Torfmoose (Bleichmoose, Sphagnum). Wachsende, lebende Hochmoore beherrschen sie vollkommen." (18) Insbesondere können auf einem Moor, auf Torf, keine größeren Bäume überleben. Das in einem Moor nach oben wachsende Moos verliert bald seinen Kontakt zum Grundwasser. Die Moosdecke eines Moores bezieht ihre Wasserversorgung nahezu ausschließlich aus den in ihr gespeicherten Wasservorräten, die durch Niederschläge aufgefüllt werden. Der Untergrund besteht aus einem sauren, nährstoffarmen Milieu. Beides verhindert einen bedeutsamen Baumwuchs. In Anbetracht der nahezu ausschließlich holzigen Grundsubstanz der Kohlen nimmt die Geologie die ehemalige Existenz von ‚Waldmooren' an, um bei üppigem Wachstum derselben zu den vorhandenen riesigen Kohlevorräten zu gelangen. Dass ein derartiges üppiges Wachstum in einem intakten Ökosystem keine abgestorbenen Rückstände hinterlässt, hat sie mit Erstaunen selbst festgestellt (3).

Konsens besteht zwischen Biologie und Geologie darüber, dass beide mit dem Begriff ‚Torf' exakt die Substanz bezeichnen, die durch Wachstum und Komprimierung von Moostrieben, überwiegend der Gattung Sphagnum, in rezenten Mooren entsteht. Die Biologie weist nach, dass Holz im Torf eine Mangelware ist und aus den oben erwähnten Gründen Moore ein denkbar ungünstiges Terrain für einen ‚üppigen Baum- und Pflanzenwuchs darstellen'. Demgegenüber benötigt die Geologie die Grundsubstanz für die Bildung von Braun- und Steinkohle. Diese besteht nahezu ausschließlich aus sichtbaren und mikroskopisch kleinen Holzbestandteilen. Die Unlogik in unserer ‚wissenschaftlich gesicherten' geologischen Kohlebildungshypothese fasst das folgende Zitat zusammen: „Im Karbon wurden beispielsweise erhebliche Mengen primitiver Bäume in Kohlesümpfen eingebettet. Die Baumreste reicherten sich in den anoxischen bodennahen Schichten der Sümpfe an, wo sie in Torf übergingen. Dieser Torf wurde schließlich zu Kohle, die dem Karbon seinen Namen gab und große Mengen fossiler Brennstoffe liefert." (19)

Hier wird ein bisher noch niemals beobachteter doppelter Artenwandel nach Ch. Darwin sichtbar – wenn die Geologie recht hat: Die Geologie verwandelt das Holz verschiedener Baumarten zu Torf. Torf besteht aus verschiedenen Moosen der Gattung ‚Sphagnum' (erster Artenwandel). Sie ändert sodann die Moose (überwiegend Sphagnum) wieder zu Holz, der nahezu quantitativen Grundsubstanz der Kohlen (zweiter Artenwandel).

Moos bleibt Moos, auch in kompakter Form nach enzymatischer Konservierung mit der Bezeichnung Torf. Holz bleibt Holz, auch nach der Inkohlung als hoch verdichtete Form mit der Bezeichnung Braun- und Steinkohle oder Anthrazit. In der Reihe ‚Torf – Braunkohle – Steinkohle – Anthrazit' ist der Torf fehlplatziert. Torf hat keinerlei Bedeutung bei der Bildung von Kohle. Torf ist ein Produkt der letzten wenigen tausend Jahre. Er besteht zu fast 100 % aus Moos. Er entbehrt gerade das Material, aus dem Braun- und Steinkohlen bestehen: Holz in unvorstellbaren Mengen, übereinandergeworfen bis zu mehreren Hundert Metern Höhe.

Der Vollständigkeit halber sollen auch die ‚Verunreinigungen' erwähnt werden, die in Steinkohlenflöze eingebettet gefunden wurden: Wurzelböden, Algen und komplette Schädel von Homo sapiens (20), Pfeilspitzen aus Feuerstein und ein Fingerhut aus Metall (21).

Nähen konnten sie damals also auch schon, im Karbon, vor 350 Millionen Geo-Jahren. Bereits ein paar Jahre früher, im Zeitalter des Ordovizium, vor 500 Millionen Geo-Jahren, muss diese Fertigkeit verbreitet gewesen sein, wie ein versteinerter, mit Verzierungen versehener Schuhabdruck aus einem Kohlenflöz zeigt (22). Mengenmäßig spielen Verunreinigungen dieser Art in Anbetracht der gewaltigen weltweiten Kohlevorkommen eine unbedeutende Rolle.

Die mikroskopische Untersuchung der Kohle zeigt Strukturen (Fusit), die der Holzkohle gleichen. Holzkohle wird durch das Anzünden eines Holzmeilers durch den Köhler erhalten. Heute stellt man Holzkohle durch trockene Destillation von Holz in einer Retorte her. Das weltweite Vorkommen von Fusit in Steinkohle wird von der Geologie mit fossilen Waldbränden erklärt (9). Es muss viel gebrannt haben damals im Karbon.

Geologen mögen mit ihren erdgeschichtlichen Modellen die Erdkruste noch so oft schwingen lassen, mögen Berge wachsen lassen mit und ohne Geosynklinale. Eine Vertorfung von üppigen Sumpfwäldern im feuchtwarmen Tropenklima ist nicht möglich.

Warum geht die Geologie für die Kohlebildungshypothese den Umweg über Torf? Warum ‚vertorft' sie das Holz riesiger Sumpfwälder und verwandelt den ‚Torf' wieder zu Holz, der nachgewiesenen Grundsubstanz aller Kohlen?

Eine Erklärung liefert die aktualistische Doktrin: Geologen suchen Belege für ihre aktualistisch begründeten Hypothesen. Die einzige bedeutsame rezente Ansammlung abgestorbener organischer Materialien ist bei der Bildung von Torf in den Mooren zu beobachten. Im Moor gibt es einen stetigen Zuwachs von Torf durch das Weiterwachsen von Moosen. Da bei einem ‚üppigen' Wachstum von tropischen Sumpfwäldern keine Anhäufung von organischem Material stattfindet, wird die Torfbildung zweckentfremdet und dient zur Erklärung der für die Kohlenbildung erforderlichen ‚Berge' organischen Materials. Die mehrfache Unlogik der geologischen Kohlebildungshypothese ist offenkundig. Sie wird in lexikalen Standardwerken als gesichertes Allgemeinwissen verkauft (23). Wie die weltweit vorhandenen Braun- und Steinkohlenlager entstanden sind, wird in Kapitel 9.13 erklärt.

7.3 Die Widerlegung der geologischen Hypothese zur Bildung der Zechsteinsalze

Salze der Meere und unterirdisch gelegene Salzlager entstanden nach Aussagen der Geologie durch Ausfällung ihrer Bestandteile aus Wasser. Sie werden wie Erdöl und Kohle zu den Sedimenten gezählt. Für die Bildung der Salze in der Erdvergangenheit stellten Geowissenschaftler die Hypothese von einer trockenen und heißen Zeitepoche auf, die sie ‚Zechsteinzeit' nannten. Kochsalz, mineralisch Steinsalz, mit der chemischen Formel NaCl (Natriumchlorid) ist mit Abstand die häufigste Salzverbindung der Erde (1). Beeindruckende Mengen innerhalb der Erdkruste und in den Weltmeeren verlangen von der Geologie eine Stellungnahme. Geologen erklären die Bildung der unterirdischen Salzlager und den Salzgehalt der Meere aktualistisch. Der aktualistischen Bildungsgeschwindigkeit zufolge werden dafür zig Millionen Jahre veranschlagt (2).

Der gleichbleibende Salzgehalt der Weltmeere beträgt 3,5 %. Davon entfallen 2,5 % auf Natriumchlorid. Kalium- und Magnesiumsalze stellen einen Anteil von ca. 1 %. Deutlich geringer ist der Gehalt an Bromiden, Jodiden und Fluoriden sowie an Erdalkali- und weiteren Metallsalzen.

Allein das Salz der Meere würde im Falle eines Verdampfens der Ozeane die Erde mit einer 40 m hohen, lückenlosen Schicht bedecken (3). Unterirdische Salzlager und -stöcke können eine Mächtigkeit von vielen Hundert Metern erreichen (4).

Salzlager enthalten leicht- und schwerlösliche Salzverbindungen in unterschiedlichen Mengenverhältnissen. Zu den schwerlöslichen Salzen zählen

Kalk ($CaCO_3$), Dolomit ($CaMg(CO_3)_2$), Gips ($CaSO_4 \cdot 2H_2O$) und Anhydrid ($CaSO_4 \cdot \frac{1}{2}H_2O$). Die Kaliumsalze Sylvin (KCl), Carnallit ($KCl \cdot MgCl_2 \cdot 6H_2O$) und Kainit ($KCl \cdot MgSO_4 \cdot 3H_20$) sind wie Steinsalz (NaCl) in Wasser gut löslich und bilden oft die oberen Lagen in einem Salzstock. Kalisalze wurden als Abraumsalze bezeichnet (3). Anfänglich hatten die das Steinsalz abdeckenden Kalisalze keine wirtschaftliche Bedeutung.

Für Geologen interessant sind insbesondere unterirdisch gelegene Salzlager. Diese können mehr in der Fläche ausgebreitet sein oder Erhebungen wie Salzsättel und -stöcke bilden (Abb. 7.2 a, b, c). Sie zeigen Hinweise auf tektonische Aktivitäten (Salztektonik) (5).

Geologen erklären die Bildung der großen Salzlagerstätten mit ihrem ‚Barren-Modell' (4). Sie legen die Entstehungszeit der Salzlager nach der geologischen Schichtzugehörigkeit in die ‚Zechstein'-Epoche, dem Ende des Erdaltertums (Paläozoikum) vor mehr als 220 Millionen Geo-Jahren (2). Sie bezeichnen diese Salze als Zechsteinsalze. Üblich sind auch die Bezeichnungen Salzgesteine und Evaporite (2). Mit dem Begriff ‚Evaporite' will die Geologie auf die Bildung der Salze durch Verdampfung von Wasser hinweisen. Abb. 7.3 gibt die Vorstellungen der Geologie zur Salzlagerbildung vor 220 Millionen Geo-Jahren wieder.

Abb. 7.2a: Salzauftrieb-Typ: Salzkissen

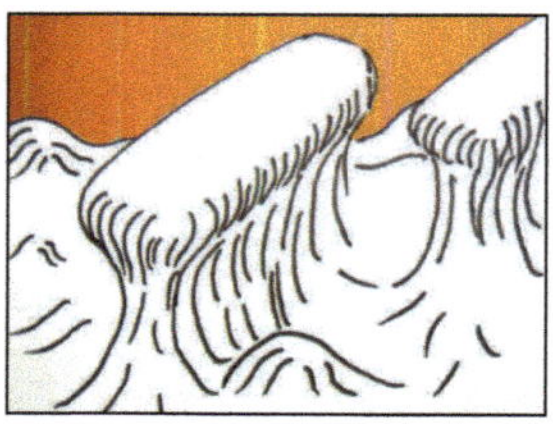

Abb. 7.2b: Salzauftrieb-Typ: Salzrücken/-Sattel

Abb.7.2c: Salzauftrieb-Typ: Salzstock/-Pilz

Mit geophysikalischen Messmethoden lassen sich Form und Ausdehnung großer unterirdischer Salzlager bestimmen. Sie werden in Salzauftrieb-Typen unterteilt.

Abb. 7.3: Bildung der so genannten ‚Zechsteinsalze' nach geologischer Hypothese: Umfaßt ein arides (heiß, wüstenhaft) Klima (I), das flachgründige Zechstein-Meer (II) und eine höhenvariable, den Wasserzu- und -abfluß regulierende Absperrung in Form eines Dammes (Barre, III).

In einem ariden Klima (trocken, Wüste) habe ein flaches Meeresbecken, welches durch eine Barre (wallartige Erhebung) teilweise vom offenen Meer abgetrennt gewesen sei, einen kontinuierlichen Zustrom von salzhaltigem Meerwasser erhalten. Das heiße Klima habe eine intensive Verdunstung im teilweise abgetrennten Becken verursacht. Durch die fortschreitende Verminderung des Wasservolumens und dem stetigen Einstrom von Meerwasser seien nacheinander die Sättigungsgrenzen von Kalk, Dolomit, Gips und Anhydrid entsprechend ihrer Wasserlöslichkeit überschritten worden und es sei zur Ausfällung dieser Salze gekommen. Kalk besitzt die geringste Löslichkeit von allen Salzen eines Salzlagers. Kalk sei zuerst ausgefallen und habe die unterste Schicht des Salzlagers gebildet.

Die Verdunstung des Wassers sei vorangeschritten. Langsam habe sich die Barre gehoben, um den Wasseraustausch mit dem offenen Meer zu verringern. Das Salz mit der nächstbesseren Löslichkeit, Dolomit, sei ausgefallen und habe die zweite Schicht des Salzlagers gebildet. Schließlich habe die Hebung der Barre und die weitere Verdunstung des Wassers bis zum Trockenfallen des Beckens auch die gut löslichen Natrium-, Kalium- und Magnesiumsalze zur schichtweisen Ablagerung gezwungen. Anschließend sei darüber eine wasserundurchlässige Tonschicht gelegt worden, der sogenannte ‚Letten'. Er habe die leicht wasserlöslichen Natrium- und Kaliumsalze vor Niederschlägen und Überflutungen geschützt und dadurch deren Abtransport verhindert (6). Der Aufbau einer Salzschichtenfolge wie oben angegeben benötige bei einer angenommenen Salzkonzentration der Meere von 3,5 % geologische Zeiträume (Abb. 7.4).

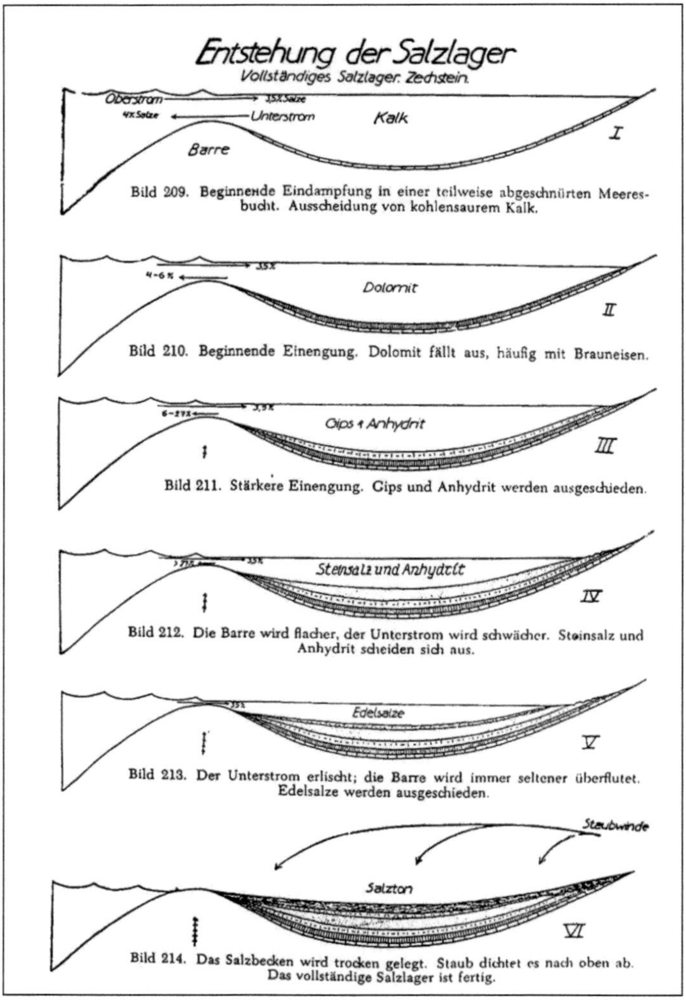

Abb. 7.4: Bildung der Zechstein-Salzlager.
(Abb. nach G. Wagner. Mit freundlicher Genehmigung)

1 000 m Wasserhöhe lassen beim vollständigen Eindampfen eine 15,75 m hohe Salzschicht zurück (4). Heute vorhandene Schichthöhen von mehr als 500 m Salz in vielen Salzlagern erforderten demnach eine Verdunstung von Meerwasser mit einer Gesamthöhe von 30 km (4). Diese Menge könne nur portionsweise innerhalb langer Zeiträume verdunstet werden (4). Unter der Norddeutschen Tiefebene liegen vier vollständige Salzschichtenfolgen mit jeweils trennenden Tonschichten übereinander. Viermal muss laut Geologie eine komplette Trockenlegung erfolgt sein. Viermal hätten sich wiederholt: Abdecken mit einer Tonschicht, das Becken wieder gesenkt, damit es erneut überflutet werden kann, die Barre wieder hoch, damit nicht zu viel geflutet wird, die Sonne wieder scheinen lassen, und nach Millionen Jahren war die nächste Schichtenfolge fertig. Welche Zweifel sind angebracht gegenüber dem geologischen Modell der Barrentheorie?

Zwei Kernaussagen beinhaltet das Barren-Modell der Geologie: Es erkläre die separaten Schichtungen der verschiedenen Salze in den Salzlagern und es begründe die Reihenfolge der abgelagerten Salze nach deren Wasserlöslichkeit. Nach der Barrentheorie sollen warme Temperaturen in dem Zechstein-Becken so lange Wasser verdampft haben, bis infolge der Konzentrierung Kalk auskristallisierte. Wenn durch die zunehmende Verdunstung des Wassers die Sättigungsgrenze des an zweiter Position ausfallenden Salzes überschritten wird und die Auskristallisation dieses Salzes (Dolomit) beginnt, fällt weiterhin das erstausgefallene Salz (Kalk) mit der geringeren Löslichkeit aus. Durch die Überschreitung der Löslichkeitsgrenze und nachfolgender Auskristallisation wird die verbleibende Restlösung nicht quantitativ von dem ausfallenden Salz befreit. In dem ‚Überstand' befindet sich weiterhin dieses Salz in einer gesättigten Lösung. Das gilt für alle ausfallenden Salze. Die in Lösung verbleibende Absolutmenge eines Salzes ist stets abhängig vom vorhandenen Restvolumen des Lösungsmittels. Dieser Tatbestand erlangt insbesondere dann Bedeutung, wenn unentwegt und lang anhaltend salzhaltiges Meerwasser zuströmt, so wie das Barren-Modell es fordert. Das Barren-Modell setzt auch voraus, dass das Gesamtvolumen des Beckens dabei nicht stetig zunimmt, sondern über lange Zeiträume konstant bleibt, um die Abscheidung der enormen Salzmengen zu begründen. Eine weitere Volumenreduktion bewirke schließlich den Ausfall des nächsten Salzes mit der besseren Löslichkeit. Gegen Ende eines Salzausscheidungszyklus falle das Becken trocken. Konstante Beckenvolumina über lange Zeiträume mit einem andauernden Ausfall eines bestimmten Salzes erklärt die

Geologie mithilfe von zufließendem Ober- und abfließendem Unterstrom. Während dieser langen Zeiten fallen jedoch unvermeidbar alle Salze des zugeführten Meerwassers gleichzeitig aus, deren Sättigungsgrenzen in dem abgeschnürten Meeresbecken überschritten sind. Das betrifft alle in dem Becken bereits ausgefallenen Salze. Mit jedem Ausfällungsbeginn eines in der Schichtenfolge höher stehenden Salzes fallen somit auch weiter alle tiefer liegenden Salze mit einer geringeren Löslichkeit in dem Verdunstungsbecken so lange aus dem zugeführten Meerwasser aus, bis die Konzentrierung durch Eintrocknung beendet ist. Als Folge davon stellt sich eine Vermischung einer jeden Salzschicht mit allen tiefer liegenden Salzen ein. Lediglich das zuerst ausgefallene Salz sollte keine Verunreinigungen durch höher liegende aufweisen. Die vorgefundenen separaten Schichtungen der verschiedenen Zechsteinsalze widerlegen gerade durch ihre erkennbare Schichtung eine Entstehung durch Verdampfung von Meerwasser (Abb. 7.4 und 7.5).

Nach der zweiten Kernaussage der Barrentheorie soll die vertikale Abfolge der Salze in einem Salzlager auf deren Wasserlöslichkeit beruhen. Geologen behaupten, schwerlösliche Salze lägen in den unteren Schichten, leichter lösliche nach zunehmender Löslichkeit in einer kontinuierlichen Reihe oben auf (Abb. 7.5).

Die Löslichkeiten der einzelnen Salzverbindungen eines Salzlagers sind bekannt. Sie wurden vielmals in den Labors bestimmt (Tabelle 7.1). Eine Anordnung der einzelnen Zechsteinsalze nach ihrer Löslichkeit in Wasser ergibt die in Tabelle 7.1 gezeigte Reihenfolge (Spalte a). Daneben ist zum Vergleich die tatsächlich gefundene Reihenfolge in den Salzlagern angegeben (Spalte b). Es muss festgestellt werden, dass die von der Geologie behauptete Reihenfolge der Salze entsprechend ihrer Löslichkeit sich nicht mit der tatsächlich gefundenen Abfolge deckt. Das Kaliumsalz Sylvin müsste dem Modell zufolge wegen seiner geringeren Löslichkeit unter dem Steinsalz gelagert sein (Tabelle 7.1). Sylvin liegt jedoch oberhalb der Steinsalzschicht. Noch ausgeprägter weicht Kieserit von den Modellvorgaben ab. Die Löslichkeit von Kieserit ist bei den von der Geologie angenommenen Verdampfungstemperaturen des Wassers deutlich höher als die von Steinsalz. Kieserit besitzt eine exzellente Löslichkeit in Wasser. Bei 25° C lösen sich 865 g Kieserit, aber nur 356,5 g Kochsalz in einem Liter Wasser (7). Eine Anordnung entsprechend der Löslichkeit würde in der Schichtenfolge für Kieserit eine Position weit oberhalb von Steinsalz erfordern. Kieserit wird in der Schichtenfolge jedoch unterhalb des Steinsalzes gefunden, in Höhe der Gipsfraktionen (8). Die vertikale Anordnung der einzelnen Zechsteinsalze im Salzlager gehorcht einem anderen physikalischen Maßstab. So wie die Löslichkeiten der einzelnen Salzverbindungen bestimmt werden konnten, so sind auch deren spezifische Gewichte bekannt. Eine vertikale Anordnung der einzelnen Salze nach ihrem spezifischen Gewicht zeigt die Spalte b in Tabelle 7.1. Sie geht konform mit der tatsächlich vorhandenen Reihenfolge der Salze (Spalte b). Es wird ersichtlich, dass die vertikale Schichtung der einzelnen Zechsteinsalze exakt nach der Schwere erfolgt ist. Eine Schichtung nach der Schwere ist nur vereinbar mit einem gemeinsamen und somit gleichzeitigen Beginn der Ausfällung aller Salze aus einem flüssigen Medium. Im vorliegenden Falle bestand das flüssige Medium aus Wasser. Weder die geologischen Überlegungen zur Schichtenbildung in einem Salzlager noch die behauptete Reihenfolge der Salze nach ihrer Löslichkeit decken sich mit den tatsächlichen Befunden.

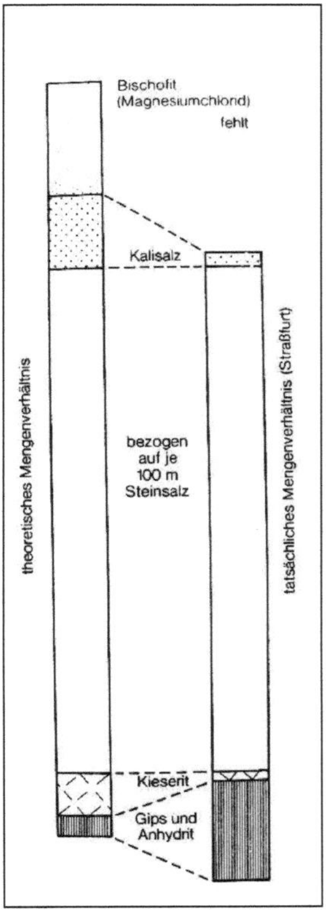

Abb. 7.5: Reihenfolge und Konzentrationsverhältnisse der Salze im Zechstein-Salzlager (Staßfurter Salzprofil) im Vergleich zu Meerwasser. (Abb.: nach W. E. Petrascheck. Mit freundlicher Genehmigung)

Spalte a		Spalte b	
SALZE	LÖSLICHKEIT in H_2O; g/l	SALZE	DICHTE g/cm³
Kieserit	865[1] (25°C)	Kalisalze	1,60[2]
Kalisalz -Carnallit	645[2] (19°C)	Sylvin	1,98[2]
Steinsalz	358[2] (20°C)	Steinsalz	2,16[2]
Kalisalz -Sylvin	343[2] (20°C)		
		Kieserit	2.57[3]
Gips	2,0[2] (20°C)	Anhydrid	2.3[3]
und		und	bis
Anhydrid	0,88[3] (20°C)	Gips	2.9[3]
Dolomit	0,055[1]	Dolomit	2.8 bis 2.9[3]
Kalk	0,013[3]	Kalk	2,93[3]

Staßfurter Salzprofil

1' WWW.Geochemie.Uni-BremenDE/Koelling/solubility.html 2005
2' Chemiker Kalender, V.Dr.H.U.v.Vogel, Springer Verlag Berlin Heidelberg New York 1966
3' Kalk Taschenbuch 1970, Rheinische Kalksteinwerke GmbH, Dolomitwerke GmbH, Wülfrath

Tabelle 7.1: Löslichkeit und spezifische Gewichte der Salze im Staßfurter Salzprofil

Calciumsulfat fällt in wässriger Lösung stets mit zwei Molekülen Wasser aus – als Gips ($CaSO_4 \cdot 2H_2O$). Anhydrid ($CaSO_4 \cdot ½H2O$) ist teilentwässerter Gips. Das Anhydrid sei laut Geologie nach der Ablagerung von Dolomit zusammen mit dem Gips ($CaSO_4 \cdot 2H_2O$) ausgefallen. Die Umbildung von Gips zu Anhydrid ist eine Funktion der Temperatur. Sie erfolgt bei 128° C (9).

$$CaSO_4 \cdot 2H_2O \rightarrow CaSO_4 \cdot ½\ H_2O + 1½H_2O$$

Geologen fanden in den Salzstöcken weitere ‚Hochtemperatur'-Salze, die sich ab einer Temperatur von 42° C und 72° C bilden (10). Das Auffinden von Anhydrid in einer Salzschicht erfordert zum Austreiben des Wassers eine Erwärmung dieser Schicht auf mehr als 128° C. Den Geologen ist sogar die Erwärmung eines Verdunstungsbeckens auf 72° C nicht recht, um die Bildung ihrer ‚Hochtemperatur'-Salze zu erklären. Wie handhabt man eine Wassertemperatur von 128° C in einem Verdunstungsbecken in der Absicht, dadurch Anhydrid zu erhalten? Die Geologie senkt dazu die gesamten Regionen, in denen Zechsteinsalze mit Anhydrid gefunden wurden, mehrere Kilometer tief ins Erdreich ab. Dort habe sich bei den richtigen Temperaturen durch Wasserabspaltung aus Gips das Anhydrid gebildet. Danach wird diese Region wieder nach oben geholt (10). Fertig war das Anhydrid. Anhydrid wird unter Mitteleuropa gefunden.

Still ruht der See, Millionen Jahre. Keine Winde, die eine deckende Staubschicht aus dem wüstenhaften Hinterland als ‚Letten' in all den Millionen Jahren in das Zechsteinmeer wehen und eine Schichtfolgenbildung vorzeitig beenden würden. Keine Unwetter, Millionen Jahre, mit etwas höherem Wellengang, der über das sensibel auf Höhe getrimmte Barrensystem schwappen könnte. Flüsse von weither durch ein wüstenhaftes Hinterland, um die notwendigen Carbonat- und Sulfat-Ionen heranzuführen, die in Salzstöcken im Vergleich zum Meerwasser erhöht sind. Plötzlich lebt der Wind auf, legt nach mehreren Millionen Jahren der Ruhe eine wasserdichte Tonschicht über den eingetrockneten See, der daraufhin unverzüglich absinkt, wiederum Meerwasser aufnehmen kann und gleichzeitig die absperrende Barre neu einregelt, damit nach weiteren Millionen Jahren die folgende gleiche Schichtung der Salze so erfolgt, wie die Geologen es wünschen.

Zur Bildung der ausgedehnten Salzlager konstruierte die Geologie ihre Barrentheorie mit der Anreicherung von Salz aus salzhaltigem Meerwasser. Sie erklärt die Entstehung von salzhaltigem Meerwasser durch Einschwemmung der Salze aus einem angenommenen Urgebirge im Laufe von Millionen und Milliarden Jahren.

Mit den zurzeit im Meerwasser vorhandenen Salzmengen ließen sich alle gegenwärtigen großen Gebirge der Erde aus reinem Salz formen. Es müssen damals beeindruckende Gebirgsformationen gewesen sein, diese ‚Urgebirge'.

Salze entstehen durch eine Reaktion zwischen Säuren und Laugen in wässriger Lösung. Alle geologischen Erklärungen zur Salzbildung in einer hypothetischen ‚Zechsteinzeit' sind unvereinbar mit den tatsächlichen Befunden. Salze in Ozeanen und unterirdischen Salzlagern sind dort gebildet worden, wo sie sich heute befinden. Dazu werden in Kapitel 9.10 weitere Angaben gemacht.

7.4 Die Widerlegung der Eiszeittheorien

Für eine Salzbildung in der hypothetischen ‚Zechsteinzeit' werden von der Geologie heiße erdgeschichtliche Zeitepochen gefordert. Epochen mit extrem niedrigen Temperaturen sollen das Wachstum kilometerhoher großflächiger Eisschilde verursacht haben. Hypothesen von lang dauernden regionalen und globalen Kälteperioden in der Erdvergangenheit gehören zum unverrückbaren Bestandteil der geologischen Denkart. Sie werden als ‚wissenschaftlich gesicherte Eiszeittheorien' angeboten (1). Wir leben heute in der geologisch definierten Periode des Quartärs. Dieses soll das 63 Millionen Geo-Jahre alte Tertiär abgelöst haben (Abb. 7.6).

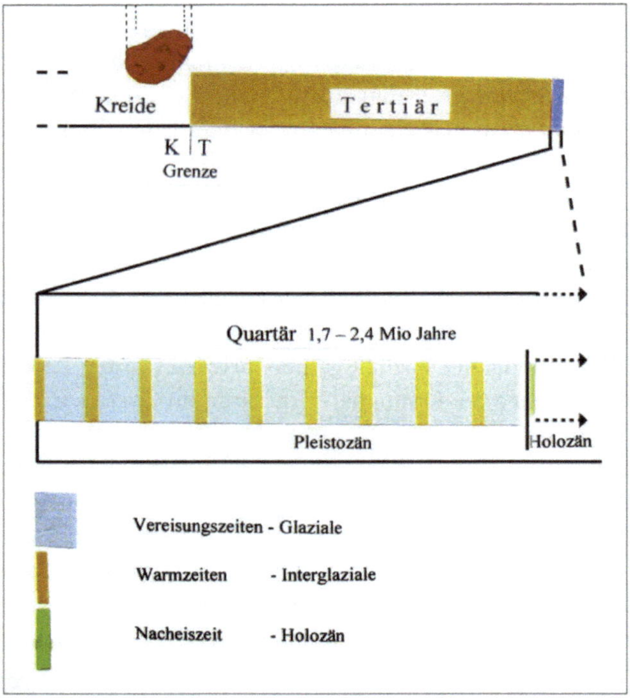

Abb. 7.6: Geologische Untergliederung des Känozoikums (Erdneuzeit) in die Perioden Tertiär und Quartär. Üblich sind auch die Bezeichnungen Paläogen und Neogen für die Ära des Känozoikums. Das Quartär umfaßt die Epochen Pleistozän und unsere gegenwärtige ‚Nacheiszeit', das Holozän.

Das Tertiär soll ein tropisches bis subtropisches Klima gehabt haben, das darauf folgende Quartär ein deutlich kälteres (1). Über den zeitlichen Beginn des Quartärs bestehen unterschiedliche Ansichten. Einige Forscher sehen ihn vor 2,6 Millionen, andere vor 1,6 Millionen Geo-Jahren (2). Das Quartär wurde weiter unterteilt in die Epochen ‚Pleistozän' und ‚Holozän' (Abb. 7.6). Das Pleistozän ist zum offiziellen ‚Eiszeitalter' erklärt worden. Es habe vor ca. 11.500 Jahren geendet. Die folgende Zeit bis zur Gegenwart wird Holozän (Nacheiszeit) genannt.

Im Pleistozän sollen große Teile der nördlichen Hemisphäre, Nordamerika, Nordeuropa und große Flächen Sibiriens wiederholt und flächendeckend unter Gletschern verborgen gewesen sein (1). Während kurz dauernder Zwischenzeiten, den Interglazialen, seien diese Gebiete eisfrei und von einer wärmeliebenden Fauna und Flora besiedelt gewesen (2). Geologen sprechen von wiederholten Gletschervorstößen und -rückzügen (3). Siehe dazu auch Kapitel 1.3.

Geologen postulieren weitere Eiszeiten für die Erdvergangenheit. Eine permokarbonische am Übergang von der Karbon- zur Permzeit vor ca. 300 Millionen Geo-Jahren, eine praekambrische vor ca. 600 Millionen Geo-Jahren und mehrere Vereisungen im ‚Algonikum', in der Zeit zwischen 1,2 Milliarden und 600 Millionen Geo-Jahre vor unserer Zeitrechnung (4).

Einen maßgeblichen Anteil an der Konstruktion der Eiszeittheorien hatte im 19. Jahrhundert die Diskussion um die Herkunft der vielerorts gefundenen Findlingsblöcke, den sogenannten erratischen Blöcken (5). Sie gelten der Geologie als Beweise für eine ehemalige Vergletscherung. Unter dem Oberbegriff ‚erratisches Geschiebe' fasst die Geologie neben den erratischen Blöcken weitere Formationen zusammen, die sie als Belege für ihre Eiszeittheorien wertet. Dazu zählen Moränen, Drumlins, Esker oder Oser sowie löss- und lehmhaltige Schichtungen. U-förmige Täler, Eiskeile oder Toteislöcher und parallele Kratzspuren an Gesteinen komplettieren das Repertoire der geologischen Beweisführung (Abb. 7.7 a bis e). Diese ‚Zeugnisse' der Eiszeit werden von der Mehrheit der Geologen als Eiszeit-Beweise angesehen (5).

Innerhalb der geologischen Wissenschaften sind die Kritiker der Eiszeittheorien im 19. und 20. Jahrhundert von der aktualistischen Doktrin, der ‚Principles of Geology', von ‚Zeiten statt Gewalt', in eine Außenseiterrolle gedrängt worden.

Kritiker der Eiszeittheorien forderten gewaltige Flutwellen für den Transport der erratischen Blöcke. Ursprünglich hieß die Bezeichnung für Eiszeit ‚Diluvium' (Sintflut). Dieser Begriff wurde von L. v. Buch geschaffen. Er sah die vielerorts auffindbaren erratischen Blöcke als Hinterlassenschaft großer Flutwellen an (6). Moderne Geologen amüsieren sich über dererlei Ansichten. L. v. Buch (1811) „... meine gar, dass der Transport erratischer Blöcke vom Alpenrand bis zum Jurahang angesichts der Größe der hier liegenden Blöcke nur ein paar Sekunden gedauert haben könne, weil die Wasserdrift die Fallgeschwindigkeit ja übertroffen haben müsse" (6). „Eine irrtümliche Verkennung der Glazialtheorie" wird dem Holländer C. G. S. Sandberg unterstellt, „der noch 1937 in einem Buch mit dem Titel ‚Ist die Annahme von Eiszeiten berechtigt?' die Existenz einer Eiszeit überhaupt bestreite"! Er glaube, so die Geologie heute, „gemäß dem genialen Geist eines Leopold von Buch wieder mit gewaltigen, gesteinsbeladenen Schlammströmen für die Deutung der Erratika auszukommen"! (7)

Woher rührt dieser Zorn der heutigen, fortschrittlichen geowissenschaftlichen Forschung, wenn sich Kritiker der Eiszeittheorie aus den eigenen Reihen zu Wort melden? Worin besteht das ‚Vergehen' eines C. G. S. Sandberg, dessen Namen man in geologischen Standardwerken vergebens sucht? Kritiker wie C. G. S. Sandberg verhielten sich nonkonformistisch zur geltenden Lehrmeinung, zur aktualistischen Denkweise der Geologie. Sie publizierten Fakten, die die Eiszeittheorie prinzipiell infrage stellten. Die Akzeptanz der Sandberg'schen Fakten würde das komplexe Netzwerk aller geologischen Hypothesen zerreißen.

Zu allen angeblichen geologischen ‚Eiszeit-Beweisen' lassen sich Befunde anführen, die diese ‚Beweise' eher als Folgen einer katastrophalen Überflutung ausweisen. Erratische Blöcke liegen nicht nur auf den Jura-Hängen, dem Alpenvorland und in der Norddeutschen Tiefebene. Identische erratische Blöcke wurden in nachweislich niemals vereisten Gebieten gefunden (8). „Was unsere ‚Eiszeitscholastik' uns allerdings vorenthält, ist die Tatsache, dass völlig identische erratische Blöcke auch in definitiv niemals vereist gewesenen Gebieten zu finden sind, teilweise sogar in großer Zahl." (8) Dieser Befund widerspricht einer einheitlichen Ablagerung der erratischen Blöcke durch abschmelzende Gletschermassen und stellt keinen Beweis für eine Eiszeit dar.

Abb. 7.7a: Drumlin: stromlinienförmige, geschichtete hügelige Formation. Zur so genannten ‚glazialen Serie' gehörend und von der Geologie als Eiszeitbeweis angesehen.

Abb. 7.7b: Esker (Oser): viele Meilen lange, auch bergauf laufende geschichtete wallartige Formation. Zur so genannten ‚glazialen Serie' gehörend und von der Geologie als Eiszeitbeweis angesehen.

Abb. 7.7c: Eiskeile (Toteislöcher): keilförmige Vertiefungen im Erdboden. Mit geschichteten Geröllen und Eis gefüllt, häufig in Moränegebieten. Zur so genannten ‚glazialen Serie' gehörend und von der Geologie als Eiszeitbeweis angesehen.

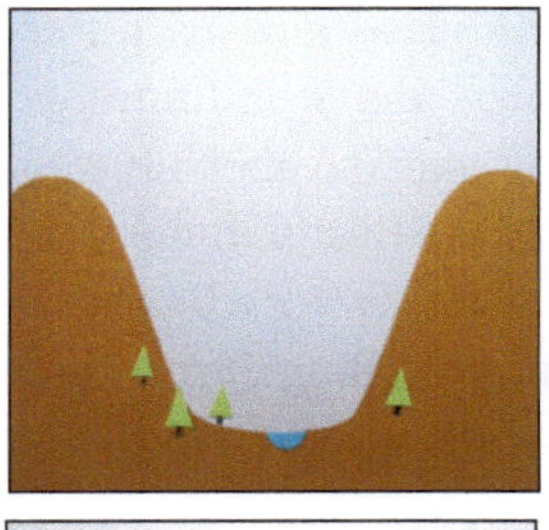

Abb. 7.7d: Trog-Tal: mit breiter Talsohle; nach geologischer Hypothese durch Gletschereinwirkungen aus einem V-Tal geformt. Zur so genannten ‚glazialen Serie' gehörend und von der Geologie als Eiszeitbeweis angesehen.

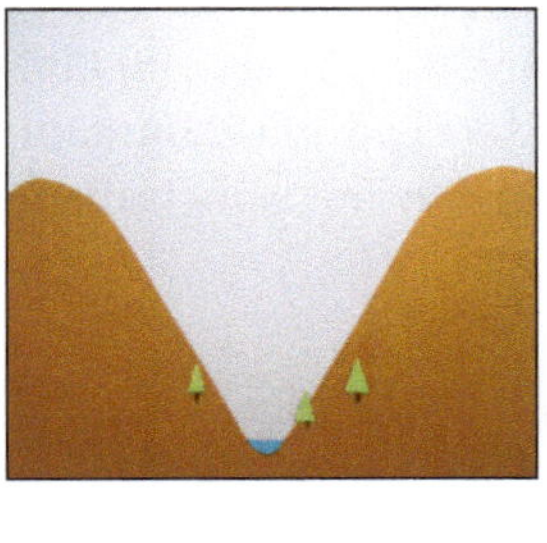

Abb. 7.7e: V-Tal: mit schmaler Talsohle und V-förmigen Seitenwänden. Nach geologischer Denkart ohne Gletscherkontakt geblieben.

Erratische Blöcke sollen der Geologie zufolge von Gletschern über weite Strecken geschoben worden sein, von Norwegen und Schweden über die Ostsee und weit in das nördliche europäische Festland hinein. Ein derartiger Eisvorstoß vom Meer aufs Festland ist nicht möglich (9). Die Einschränkung dieser Bewegungsrichtung der Gletscher wurde bei der Konstruktion der permokarbonischen Vereisungshypothese berücksichtigt.

Moränen- und Geröllablagerungen (Abb 1.10 a) wurden auf allen Kontinenten auch der südlichen Hemisphäre gefunden, insbesondere in küstennahen Zonen (10). Dort weisen Funde auf eine Ablagerungsrichtung von den Küstenzonen zum Landesinneren hin. Da laut Geologie eine Vergletscherung nur in umgekehrter Richtung erfolgen kann, wurden alle Kontinente mit ‚für eiszeitlich gehaltenen' Geröllablagerungen am Südpol zusammengeschoben. Zu diesem hypothetischen Großkontinent ‚Pangäa' gehörten auf der südlichen Hemisphäre das heutige Südamerika, Afrika, Vorderindien, Australien und die Antarktis. Vor seinem Zerfall sei er vor ca. 230 Millionen Geo-Jahren Ausgangsort einer ausgedehnten Vergletscherung gewesen. Sie habe von einer zentralen Region der heutigen Antarktis auf die dort zwecks Vereisung wartenden Kontinente übergegriffen. Diese seien dann nach Bedeckung mit einer für den Nachweis ausreichenden Geröllmenge in ihre heutigen Positionen gewandert, so wie die Hypothese der permokarbonischen Vereisung es vorsieht (11). Küstennahe Geröllablagerungen und eine Ablagerungsrichtung von den Küsten ins Landesinnere sind mit Flutwellen vereinbar (Kap. 9.5). Sie sind kein Beweis für Vergletscherungen und Eiszeiten.

Drumlins und Esker (Oser) stellen nach Aussagen der Geologie weitere Beweise für eine ehemalige Eisbedeckung dar (Abb. 7.7 a, b). Über die Bildung dieser zur ‚glazialen Serie' zählenden Eiszeitbeweise gibt es unterschiedliche Ansichten (12). Offiziell formen sich Drumlins aus Grundmoränen zu lang gestreckten, stromlinienförmigen Hügeln durch das darüber hinwegfließende Eis (13). Drumlins zeigen eine Schichtung ihrer Bestandteile (12). Eine Schichtung wird bei der oben erwähnten Umformung zerstört. Geschichtete Drumlin-Formationen sind nicht vereinbar mit einer Bildung durch überfahrende Gletscher (12). Die beobachteten Schichtungen entstehen in fließendem Wasser durch Sedimentation.

Esker (Oser) erstrecken sich häufig über eine Länge von mehr als 100 Meilen (12) (Abb. 7.7 b). Diese wallartigen, lang gestreckten und mit Bahndämmen verglichenen Formationen werden von der Geologie mit subglazialen

Erosionen durch Gletscherflüsse erklärt. Esker sollen durch Wasserläufe entstanden sein, „... die einst unter dem Eis oder im Eis strömten, aber über die genaue Art ihrer Bildung lässt sich bisher nur spekulieren" (12). Die Spekulationen der Geologie beruhen auf das unerklärliche Fließverhalten dieser Wasserströmungen – sie liefen auch bergauf. Der Verlauf der Esker „... zeigt, dass die Gewässer, von denen sie abgelagert wurden, nicht normal an der Erdoberfläche flossen oder dass sie unter so viel hydrostatischem Druck standen, dass sie auch hügelauf fließen konnten" (12). Jene „... topographische Glazialbildung, die als Esker bekannt ist, eine lange Kette, die bergauf, bergab über Hügel verläuft" (14), zeigt weitere Befunde, die den geologischen Spekulationen zuwiderlaufen:

In nordamerikanischen und europäischen Eskern wurden Meeresmuscheln und Fossilien, in skandinavischen Eskern Ostseemuscheln gefunden (15). Europäische Esker enthielten in den obersten Ablagerungsschichten einen „feinen blauen Ton und geschichteten Ziegellehm mit vielen Diatomeen und Meeresmuscheln, aber niemals Süßwasserablagerungen, wie sie in Gletschern zu erwarten wären" (15).

Auch diejenigen Funde sollen erwähnt werden, die die Geologie in ihren eiszeitlichen Überlegungen nicht mehr berücksichtigt, d. h. unterschlägt. In jenen Regionen der Esker wurden innerhalb der Kontinente Überreste von Walen beschrieben, die man offen herumliegen fand (14). „Offensichtlich sollte man Meeresmuscheln nicht in nordamerikanischen oder europäischen Süßwasser-Glazialablagerungen finden. Wie die Walüberreste, die man in jenen Regionen offen herumliegen fand, sind die Überreste der Meereslebewesen in den Eskern ignoriert worden, damit man sich nicht mit der Tatsache zu beschäftigen brauchte, dass diese Ablagerungen von einer Meeresüberflutung sowohl aufs Land wie aufs Eis geworfen wurden." (15, 16)

Geschichtete Geröllformationen wurden auch in den sogenannten ‚Toteislöchern' oder ‚Eiskeilen' gefunden (Abb. 7.7 c). Nach der Eiszeit-Lehre sollen sie zurückbelassene Hohlräume durch das Abschmelzen von Gletscherfragmenten repräsentieren. Diese trichterförmigen Hohlräume in Moränegebieten befinden sich innerhalb postulierter Vereisungsgebiete, aber auch in Regionen, die niemals vereist waren (17). Dort werden sie als ‚Erdbebenbrunnen' bezeichnet, entstanden durch das Aufbrechen der Erdkruste. Das Vorkommen dieser keilförmigen Formationen in nicht vereist gewesenen Gebieten und geschichtete Geröllfüllungen widersprechen der Eiszeittheorie. Eine geschichtete Geröll- und Sedimentablagerung ist durch die Mitwirkung von überflutendem Wasser erklärbar.

Gletscher transportieren Geröll. Diese Gerölle liegen oben auf (Obermoräne), in (Innenmoräne) und unter (Grundmoräne) den Gletschern. Beim Abschmelzen eines Gletschers sinkt die Ober- und Innenmoräne auf die Grundmoräne ab. Feste Bestandteile sinken als Geschiebemergel in sich zusammen. Das gelte insbesondere für das Inlandeis. So lautet die offizielle Version der Geologie (18). Ebenfalls offiziell ist der Konsens darüber, dass die feinkörnigen festen Bestandteile eines abschmelzenden Gletschers als Gletschertrübe oder Gletschermilch mit dem Gletscherwasser weiter fortgeführt werden und sich, soweit vorhanden, in ruhigen Becken als Bändertone ablagern (19). Die feinkörnigen Ablagerungen werden als Lehm bezeichnet – im Zusammenhang mit der Grundmoräne eines Gletschers als Geschiebelehm. Daraus folgt: An den Orten, an denen sich abschmelzende Gletscher befunden haben, ist kein Geschiebelehm vorhanden. Eine zurückgelassene Grundmoräne muss lehmfrei sein. Dieser Befund wird von der Geologie bestätigt (20). Dazu schreibt C. G. S. Sandberg: „Von besonderem Interesse ist es, dass von einigen dieser als glazial gedeuteten Erscheinungen mit Sicherheit bekannt ist, dass sie nicht unter den Produkten der gegenwärtigen Gletscher oder des Inlandeises vorkommen ... Erwähnt sei nur die wichtigste Ablagerung, nämlich der als Grundmoräne geltende Geschiebelehm ... Es ist vielmehr allgemein bekannt, dass die ganz feinen Gesteinsbestandteile, welche den Lehm bilden, in der mobilen Untermoräne zwar anwesend sind, jedoch beim Abtauen des Gletschereises von den Schmelzwässern abgeführt werden (Gletschermilch). Deshalb muss die wirkliche Grundmoräne lehmfrei sein, und sie ist es auch tatsächlich, wie die unmittelbaren Beobachtungen immer wieder einwandfrei nachgewiesen haben." (20)

Das Alpenvorland und die Regionen des nördlichen Europas, bedeckt mit reichlich ‚Geschiebelehm', gelten als Prototypen eiszeitlicher Vergletscherungsgebiete. Die ‚Eisbedeckungskarten' wurden größtenteils nach dem Vorkommen des ‚Geschiebelehms' in diesen Regionen erstellt! Wenn diese Gebiete einst von großräumigen, kilometerhohen abschmelzenden Gletschern bedeckt gewesen wären, hätte die Geologie keine ‚Eisbedeckungskarten' erstellen können – sie wären dann frei von Geschiebelehm.

Dem Eis wird eine erodierende, eine ausräumende Kraft zugeschrieben. Wie weit die ausräumende Tiefenwirkung des Eises reicht, ist in der Geologie seit dem 19. Jahrhundert eine nicht einheitlich beurteilte Frage. B. Cotta (1861) warnte vor einer Überschätzung der mechanischen Kräfte des Eises und nannte die diesbezüglichen dem Eis zugeschriebenen Wirkungen „Eintagsfliegen" (21). Eine ausräumende Wirkung des Eises forderte A. Penck (1882) (21). Letzterer gilt den Geologen bis heute als Maßstab aller Überlegungen zur Glaziologie. Auf Penck und Brückner beruht die zeitliche Untergliederung der pleistozänen Vereisungen in Günz-, Mindel-, Riss- und Würmzeit (22).

V-Täler sollen nach den Vorstellungen vieler Geologen durch die erodierende Kraft wandernder Gletscher in U- oder Trogtäler umgeformt werden (Abb. 7.7 d, e). Neben Trogtälern gibt es V-Täler in unmittelbarer Nachbarschaft zu Gletschern. Diese müssen nach Ansicht der Geologen in der Eiszeit vereist gewesen sein.

Das gemeinsame Vorkommen von Trog- und V-Tälern in ehemals vergletscherten Gebieten spricht gegen eine grundsätzliche Umformung von V-Tälern in Trogtäler durch die erodierende Kraft eines Gletschers. Als ‚Beweis' für eine Vergletscherung kann die U-Form eines Tales nicht herangezogen werden (23).

Ein Gletscher vermag lockere und vorspringende Steinformationen an den Flanken und an der Basis eines Tales abzulösen. Gletscher laufen über feste Felsformationen und glätten sie dabei. Gletscher können mit Schutt zugeschüttete Flankenwinkel säubern und ein V-förmiges Tal dadurch in ein Trogtal umformen. Abtragungen von einer festen Felsformation sind bescheiden (21).

Einen weiteren Beweis für eine großräumige Vereisung des norddeutschen Flachlandes sehen die Geologen in dem geschrammten Muschelkalk von Rüdersdorf (24). Nach einer Inspektion der parallelen Schrammen im oben erwähnten Muschelkalk und seinem Vortrag vor der Deutschen Geologischen Gesellschaft in Berlin im Jahre 1875 war der Schwede O. Torell davon überzeugt, „dass sich eine Vergletscherung Skandinaviens und Finnlands bis über das norddeutsche Festland erstreckt habe" (24).

Parallele Schrammen im Muschelkalk werden durch die Reibung von Steinen verursacht. Steine können sich in einer Eisformation befinden. Sie können auch ohne Eis Schrammen verursachen, wenn sie durch eine kräftige Flutwelle transportiert werden. Wenn der Eiszeit-Spezialist O. Torell seine Zuhörer von einer umfassenden Inlandvereisung zu überzeugen versuchte, wird er parallele Schrammen im Muschelkalk als Beweis für eine solche Vereisung angesehen haben. Eine alternative, flutbedingte Entstehungsursache ist auch denkbar. Das ‚Zeugnis' von Rüdersdorf ist kein Beweis für eine Eiszeit. Es beweist eine Schrammenbildung durch Steine.

Das zu Eis erstarrte Pleistozän sei vielmals von kurz dauernden warmen Zwischenzeiten beglückt worden. Über eisfreie Ebenen in einem subtropischen Klima habe der Leopard die Gazelle gejagt. Verwegene Flusspferde seien bis nach Britannien vorgestoßen und die Themse aufwärts geschwommen (25). Eine üppige Flora habe ihre Pollen ausgestreut. Diese Pollen und Relikte eines subtropischen bis mediterranen Pflanzenwuchses werden in geschichteten Ablagerungen in den für eiszeitlich gehaltenen Moränen als Indiz für die warmen Interglazialzeiten angesehen. Wie später bei der Bildung der Kohlenflöze und Sedimentschichtungen beschrieben wird, beruht die schichtweise Ablagerung der organischen Reste auf deren Schwimmfähigkeit. Grobkörniges, mineralisches Material, wie das Substrat der Moränen, besitzt in Wasser eine wesentlich höhere Sedimentationsgeschwindigkeit als Blütenpollen. Letztere kommen dadurch beim Transport durch eine Flutwelle stets in hoher Konzentration in ‚oben liegenden' Zonen zur Ablagerung und verleiten Geologen zur Annahme warmer Interglazialzeiten.

Vertreter der Eiszeithypothesen sehen sich mit weiteren Problemen konfrontiert. Es besteht eine Diskrepanz zwischen den umfangreichen, für eiszeitlich gehaltenen Geröllmengen des Alpenvorlandes und der Norddeutschen Tiefebene einerseits und der rezenten Geröllarmut des grönländischen und antarktischen Eises andererseits (26). In nicht vergletschert gewesenen Regionen sind ebenso mächtige Geröllablagerungen gefunden worden (8). Als Alternative bietet sich die Ablagerung durch gigantische Flutwellen an.

Die Kardinalfrage der Eiszeithypothese, die Frage nach den Ursachen der vermuteten Pleistozänen wie auch aller in grauer Vorzeit vorangegangenen Vereisungsepochen, ist weiterhin ungeklärt (27). Unaufhörlich wächst die Zahl der angebotenen Hypothesen. Mittels Computerunterstützung werden Szenarien durchgerechnet, die die Ursachen in irdischen und kosmischen Ereignissen suchen (28).

Nicht bedacht wird eine unabdingbare Voraussetzung für die postulierten großflächigen Vergletscherungen. Je schneller sich das Eis bildet, je mächtiger die Gletscher sich entwickeln, je ausgedehnter die vereisten Flächen gefordert werden, desto wärmer muss es in den Regionen werden, in denen das

Wasser verdampft, welches für die Gletscherbildung erforderlich ist. Gletscher entstehen durch Schneefall (29). Schnee gefriert aus Regen, und dieser entsteht durch das Verdampfen des Oberflächenwassers der Kontinente und Meere. Eine globale Abkühlung reduziert die Niederschlagsmengen und unterbricht das Gletscherwachstum. Eine globale Erwärmung erhöht die Niederschlagsmengen und lässt alle Gletscher schmelzen. Mit keiner Hypothese vermag die Geowissenschaft heute dieses Problem zu lösen. Zitat: „Die Faktorenfrage der Eiszeit, bei der es sich wahrscheinlich um ein Zusammenwirken irdischer und kosmischer Ursachen handelt, ist noch heute nicht gelöst." (30)

Alle geologischen ‚Eiszeit-Beweise' widersprechen den Eiszeithypothesen. Sie belegen andererseits die Einwirkung von Flutwellen gewaltigen Ausmaßes. Flutwellen vermögen nicht nur erratische Blöcke zu bewegen, sie transportieren auch das Eis großer Gletscherfragmente. Findlinge in großer Zahl und mächtige Geröllablagerungen in Gebieten, die niemals vereist waren, geschichtete Ablagerungen in Drumlins und Eskern, Meeresmuscheln und Diatomeen in Eskern, Reste von Walen weitab der Küste offen herumliegend, großflächige Löss- und Lehmablagerungen – dies alles bestätigt die Vermutungen eines L. v. Buch und C. G. S. Sandberg. Die „irrtümliche Verkennung der Glazialtheorie" ist bei der modernen Geologie des 21. Jahrhunderts zu suchen.

7.5 Die Widerlegung der plattentektonischen Hypothesen

Gegenwärtig arbeitet die Geologie mit plattentektonischen Modellen. Sie erklärt damit die Bildung der Großstrukturen der Erde. Die Hypothesen zur Plattentektonik beinhalten Neubildung, Wanderung und Recycling von Lithosphärenplatten einschließlich der dabei ablaufenden Begleitreaktionen. Plattentektonik beschreibt somit die lt. Hypothese globale Bewegung der sogenannten Lithosphärenplatten, den Bruchstücken der harten Erdkrustenschale. Je nach individueller Gewichtung werden zwischen sechs und zwölf große sowie mehrere kleinere Lithosphärenplatten erwähnt. Inzwischen werden nahezu alle beobachtbaren geologischen Formationen als Folgen plattentektonischer Vorgänge angesehen.

Wie in Kapitel 6 dargestellt, soll sich laut plattentektonischer Hypothese das in den zentralen Riftzonen unter den Ozeanen aufsteigende Magma an den Flanken der Krustenplatten anlagern. Die sich dadurch vergrößernden Platten sollen ‚rollbandartig' von den aufsteigenden mittelozeanischen Rücken abgleiten und in weit entfernten Subduktionszonen wieder dem Erdmantel zur Aufschmelzung zugeführt werden (1). Durch einen Nachweis dieser als ‚Seafloor Spreading' und ‚Subduktion' bezeichneten Plattenbewegungen möchte die Geologie ihre Hypothesen von einer Äonen umfassenden erdgeschichtlichen Vergangenheit bestätigt sehen. Mit hohem personellen, finanziellen und zeitlichen Aufwand werden Messdaten gesammelt, um diese Hypothesen zu beweisen. Eine Veröffentlichung von Datenmaterial macht die auf ‚Glauben' beruhenden geologischen Modellkonstruktionen angreifbar. Die geologische Argumentation mit dem Faktor ‚Zeit' im Rahmen der aktualistischen Doktrin ist immun gegen jede Art von Kritik. Das Erarbeiten weiterer Daten durch die Geologie ist zu unterstützen. Es beschleunigt die Abkehr von den rezenten geologischen Paradigmen mit ‚Aktualismus', ‚Äonen' und ‚dynamischer Erde'.

In den 60er-Jahren des 20. Jahrhunderts wurde die Hypothese der ‚Global Plate Tectonics' aufgestellt, mehrfach modifiziert und mit Hilfshypothesen gestützt (Kap. 6). Nach anfänglicher Skepsis glaubt die überwiegende Mehrheit der Geologen zu Beginn des 21. Jahrhunderts an die plattentektonischen Hypothesen und verteidigt sie gegen ‚Andersgläubige'. Das geschieht mal mit mehr, mal mit weniger Aggressivität, so wie es in allen wissenschaftlichen Disziplinen beobachtet werden kann, wenn es um den Erhalt fundamentaler Dogmen geht. Einige Geologen sind so überzeugt von den plattentektonischen Hypothesen, dass sie große Anstrengungen unternehmen, der Plattentektonik widersprechende Publikationen zu verhindern (2).

Zerklüftete Gebirgsketten in allen Ozeanen, sich über Zigtausende von Kilometern unter der Wasseroberfläche erstreckend, stellen ebenso ein Faktum dar wie die beiderseits der zentralen Riftzonen messbaren Areale wechselnder Magnetisierung. Hypothetisch sind die Erklärungen zu deren Entstehung. Alle Überlegungen dazu bilden das erwähnte Modell der Plattentektonik. Als wichtigster ‚Beweis' diente in den 60er-Jahren des 20. Jahrhunderts die beobachtete wechselnde Magnetisierung des Meeresbodens beiderseits der zentralen Riftzonen. Den Aussagen der plattentektonischen Hypothesen können heute Messwerte zugeordnet werden. In den vergangenen Jahren konnten die elektronische Datenverarbeitung und die Satellitentechnik bedeutende Erfolge aufweisen. Ohne diese technischen Hilfsmittel ist eine geowissenschaftliche Forschung nicht mehr denkbar. Zur Anwendung kommen satellitengestützte Techniken wie das SLR (satellite laser ranging), die VLBI (very long baseline interferometry) und das GPS (global positioning system).

Plattentektonik bedeutet Dynamik, Plattenneubildung mit seitlichem Abgleiten von den sich hebenden zentralen Riftzonen (Seafloor Spreading) und die Wanderung dieser Plattenanteile zum Ort ihrer Auflösung, den Subduktionszonen. Bewegungsmuster der Lithosphärenplatten sollten sich messen lassen, wenn die dafür erforderliche Technik zur Verfügung steht. Horizontale und vertikale Verschiebungen von Lithosphärenplatten liegen im Millimeterbereich. Satellitengestützte Messverfahren sind imstande, diese geringfügigen Bewegungen zuverlässig nachzuweisen. Mithilfe der oben erwähnten Satellitentechniken wurden Orte mit einer vermuteten Dynamik – Riftzonen, Subduktionszonen und GPS-Stationen – innerhalb der angenommenen Plattenwanderungsstrecken vermessen. In dieser Reihenfolge werden nachfolgend die dazu bekannt gewordenen Messresultate vorgestellt.

7.5.1 Die Widerlegung des Seafloor Spreading

Seafloor Spreading ist die „theoretisch-petrologisch formulierte Hypothese für die Entstehung der Ozeanböden“ (3). H. Hess, der Koautor der Spreading-Hypothese, bezeichnete sie als ‚Geopoesie‘ (4). Diese ‚Geopoesie‘ fand nach Aussagen der Geologie ihre Bestätigung durch genaue Vermessung der magnetischen Anomalien und Interpretation des symmetrischen geomagnetischen Streifenmusters des Meeresbodens. Sie wurden als Anwachsstreifen definiert und nachfolgend als ‚Beweis‘ für die Spreizung des Meeresbodens in den zentralen Riftzonen angesehen (5). Die Seafloor-Spreading-Hypothese stützte sich auf Reliefkarten des Meeresbodens, die in den späten 50er-Jahren des 20. Jahrhunderts von Heezen und Tharpe an der Columbia-Universität veröffentlicht worden waren (6).

Während die „theoretisch-petrologisch formulierte Hypothese“ zum Seafloor Spreading von H. Hess sich seinerzeit auf magnetische Anomalien parallel der zentralen Riftzonen stützen musste, können heute direkte Messungen an den vermuteten Spreizungszonen durchgeführt werden. So lässt sich messen, ob Seafloor-Spreading-Zonen – die zentralen Riftzonen – sich tatsächlich heben, aufsteigende Magmaströmungen und ein seitliches Abgleiten der Platten zeigen, wie die Hypothesen es verlangen. Leichter zugänglich als subozeanisch gelegene Riftzonen sind ihre kontinentalen Streckenabschnitte. Geophysiker führten an den seismisch sehr aktiven Riftzonenabschnitten auf Island und am afrikanischen Rift Valley im Osten des Kontinents direkte Messungen durch, um die Spreizungsraten zu bestimmen. Die Messergebnisse waren konsistent und eindeutig: Es konnte über keiner der vermessenen, als Spreizungszonen angesehenen Regionen „irgendeine zusammenhängende und systematische Öffnung, wie es die Plattentektonik fordert, nachgewiesen werden" (7).

Auch vertikale Bewegungsmuster der Erdkruste können heute gemessen werden. Dem plattentektonischen Modell zufolge wölbe aufsteigendes Magma in der Region des Zentralrifts den Meeresboden nach oben (8). Über die angehobenen Flanken sollen die Basaltdecken beiderseits des Zentralrisses den Subduktionszonen zur Verstoffwechselung zugeführt werden. Messungen dieses Postulats vor Ort ergaben wiederum eindeutige Resultate: Der Boden des Rifttales auf Island steigt nicht aufwärts, so wie es die plattentektonische Hypothese fordert – er sinkt, und die angrenzenden Plateaus ebenso. Die Absinkrate vergrößert sich sogar in Richtung Zentralriss, und „dieses sei schwerlich mit der plattentektonischen Hypothese zu vereinbaren, mit einer zentralen Aufwölbung, mit etappenweisem Anwachsen und Spreizung" (7).

Der gegenwärtig von vielen Geologen akzeptierte Mechanismus der Plattenbewegung gehorche den Hypothesen von ‚ridge push' (Rückenschub) und ‚slab pull' (Plattenzug) (8). Dem plattentektonischen Modell zufolge würden die Platten von den angehobenen Rückenflanken beiderseits nach lateral geschoben (ridge push) und über den Subduktionszonen in den Erdmantel gezogen (slab pull). Durch diesen Spreizungsvorgang entstehe über den Riftzonen eine nach lateral gerichtete Schubspannung, eine von den zentralen Riftzonen weggewandte Kraft.

Geodätische Messungen zeigten wiederum zu den plattentektonischen Hypothesen entgegengesetzte Werte. Am mittelatlantischen Rücken, an der Spreizungszone auf Island und am ostafrikanischen Grabensystem konnten keine Spreizungskräfte gemessen werden. Stattdessen wurden Kompressionsspannungen gemessen, die – unvereinbar mit Seafloor Spreading – zur Spreizungsachse gerichtet waren (9).

Dynamische Platten benötigen einen Motor. Aufsteigende Magmaströmungen unter den zentralen Riftzonen sollen lt. Geologie den Motor der Plattenbewegungen verkörpern. Zitat: „Die Kräfte, die die Lithosphärenplatten in Bewegung halten und heißes Mantelmaterial unter den mittelozeanischen Rücken aufsteigen und kühles in Subduktionszonen wieder absteigen lassen, sind in der Wärmeabgabe der Erde mittels Mantelkonvektionszellen zu suchen." (10) Umfangreiche Messungen zum Nachweis dieser Magmaströmungen wurden durchgeführt (11). Bis zu einer Tiefe von 1350 km konnten seismisch Dichteprofile unterhalb der Riftzonen vermessen werden. Geringe Dichte kombinieren Geologen mit „heiß" und „aufsteigend", hohe Dichte mit „kalt" und „absteigend". Gemessene Dichteprofile benutzt die Geologie somit zur Angabe von auf- und absteigenden Magmaströmungen (12). Die Profile wurden in dreidimensionaler Form dargestellt. Weitere Messungen der Magmaströmungen wurden abseits der zentralen Riftzonen durchgeführt. Gemessene Magmaströmungen zeigten keine Korrelation zu den Plattenbewegungen (11). Zitat: „Das Strömungsmuster, das tatsächlich beobachtet wurde, ist ganz anders. Es sind kreuz und quer verlaufende Zonen mit hohem Wärmefluss, die die gesamte Erdoberfläche überziehen." (11) Insbesondere am vermuteten Startpunkt der Plattenbewegungen, in den zentralen Riftzonen, konnten keine aufwärts gerichteten Magmabewegungen festgestellt werden (11). Die Messungen ergaben, Zitat: „ein sehr viel komplizierteres Bild von Konvektionsströmen als das einfache Modell der bisher angenommenen Unterströmungen" (13). „Die Untersuchungen zeigen, dass dieses Strömungsmuster äußerst kompliziert ist." (14) „Inzwischen weiß man, dass die Konvektionsströme im Mantel äußerst kompliziert verlaufen und die heißen aufsteigenden und kühlen absteigenden Strömungsäste oft schräg oder gewunden sind." (14) Diese Aussagen der Geologie lassen sich zusammenfassen und es darf die Schlussfolgerung gezogen werden: Ein Motor für die vermutete Dynamik der Lithosphärenplatten konnte mit allen gegenwärtig zur Verfügung stehenden Messmethoden und -daten nicht nachgewiesen werden. Ein Aufsteigen von Magma unterhalb der zentralen Riftzonen wurde durch diese Messungen quantitativ widerlegt. Das heißt auch, dass alle gegenwärtigen Erklärungsversuche der Geologie zu den Ursachen der postulierten Plattenbewegungen falsch sind.

Geologen glauben weiter unverdrossen an eine dynamische Lithosphärenkruste. Auch in den neuesten Auflagen geologischer Lehrbücher werden aufsteigende Magmaströmungen als Motor der Plattentektonik beschrieben und mit bunten Bildern anschaulich dargestellt (15, 16, 17, 18, 19, 20, 21), obwohl seit mehreren Jahren bekannt ist, dass diese geforderten Magmaströmungen nicht existieren (13, 14). Die Motorensuche verläuft jetzt in größeren Tiefen. Geologen suchen den Motor für die Plattenbewegungen im unteren Erdmantel und in Kernnähe (22). Wie die oben liegenden Lithosphärenplatten dadurch bewegt werden können, werden sie mit einer neuen Hypothese – oder mehreren – erklären.

Seit der Veröffentlichung der Seafloor-Spreading-Hypothese durch H. Hess et al. sind einige Jahrzehnte vergangen. In dieser Zeit wurden Tauchgänge mit technischem Gerät bis auf den Grund der zentralen Riftzonen durchgeführt. Kameras, Bohr- und Greifwerkzeuge zum Bergen von Gesteinsproben kamen zum Einsatz. Wir besitzen inzwischen einen guten Einblick in die Welt dieser tiefsten Zonen der Ozeane. Überraschenderweise trifft man dort auf eine Fülle von Lebensformen. Der mit Sediment bedeckte Boden ist sauber, ohne abgestorbenes organisches Material (23). Hydrothermale Quellen ließen eine Vielzahl von sogenannten weißen und schwarzen Rauchern (‚smokers') entstehen (24). Es wurden Kissenlaven und Stellen mit frischem Magmaaustritt entdeckt (25). Kissenlaven sind kopf- bis kissengroße rundliche Gesteinskörper, die sich beim Austritt von Lava auf dem Meeresboden bilden (25). Das ausgetretene Magma wird als Indiz für das im Modell geforderte Anwachsen und Auseinanderdriften von Lithosphärenplatten gedeutet. Von den Medien als „Blick in die Hölle" (26) und als „Hexenkessel" (27) bezeichnet, machen diese tiefsten Regionen am Meeresboden einen eher friedfertigen Eindruck. Dort reichlich gedeihende Organismen scheinen sich genau an der Stelle, wo sich nach Aussagen der Geologie die feste Erdkruste auftut und durch glutflüssiges Magma ganze Lithosphärenplatten einschließlich der oben aufliegenden Kontinente zur Seite gedrängt werden sollen, sehr wohl zu fühlen.

Der Lebensraum von Fauna und Flora am Grund der zentralen Riftzonen wird nicht vergrößert. Ein Auseinanderdriften der Lithosphärenplatten, messbar durch den zunehmenden Abstand zwischen den Riftflanken beiderseits der zentralen Riftzone, konnte nicht nachgewiesen werden.

Ein Seafloor Spreading nach den Modellvorgaben der Geologie existiert nicht. Dieser Eckpfeiler der plattentektonischen Hypothese bleibt ‚Geopoesie'. Der Prozess des Seafloor Spreading sei zurzeit ‚ruhend', sagen Geologen; die Plattenbewegungen müssten ‚episodisch' ablaufen (28). Es darf die Frage gestellt werden, woher die Energie genommen werden soll, die Bewegungen der Platten – sofern sie sich denn viele Hundert Millionen Jahre bewegt haben – mit ihren gewaltigen Massen zu stoppen und episodisch wieder in Bewegung zu setzen, damit sie in den Subduktionszonen ihrer Vernichtung zugeführt werden können.

7.5.2 Die Widerlegung der Subduktion

Der Nachweis subduzierender, d. h. abtauchender Lithosphärenplatten ist wie das Seafloor Spreading ein Eckpfeiler in der Beweisführung zugunsten der plattentektonischen Modelle. Was an neuer Erdkurste in den Riftzonen produziert werde, müsse in Subduktionszonen wieder vernichtet werden, damit der Erdumfang konstant gehalten werden könne – so die Überlegungen der Geologie. ‚Subduktion' versucht die Geologie mit seismischen Methoden nachzuweisen. Für die Berechnungen der seismischen Profile von tief liegenden geologischen Formationen werden Daten des ‚International Seismological Center' (ISC) verwendet. Das ISC sammelt alle eingehenden Erdbeben-Messdaten. In den letzten Jahren sind mit diesen umfangreichen Daten seismische Profile von vermuteten Subduktionszonen erstellt worden.

Der pazifische Raum mit seinen geologisch aktiven Zonen ist ein beliebtes Untersuchungsobjekt der Seismologen. Seismische Tomogramme wurden u. a. vom Nordpazifik, von Japan und Korea (1), von Mittelamerika, Cocos-Platte, Mexiko, Karibik (1, 2), von der Region Tonga und von den Regionen Indonesien-Australien berechnet (1, 3).

Abbildung 7.8 zeigt seismische Tomogramme von Subduktionszonen der Region Indonesien-Nordaustralien. Wegen seiner auffallenden bogenförmigen Strukturen sowohl im Profil des Meeresbodens als auch durch die geographische Lage der dortigen Inselketten wird diese Region als Sunda-Bogen oder Banda Arc bezeichnet. Die Sunda-Inseln umschließen die Banda-See. Abb. 7.9 zeigt lt. Geologie einen Normalbefund der Lithosphäre, Abb. 7.10 die geologische Modellzeichnung einer hypothetischen Subduktioszone.

Im Normalfall ruht die Kontinentalscholle auf der schwereren Unterkruste, wie in Abb. 7.9 ersichtlich ist. Im Falle einer Subduktion sollte sich ein seismisches Profil zeigen, in dem die Lithosphäre – lt. Geologie die Erdkruste und der obere Erdmantel bis ca. 100 km Tiefe – in toto von der entgegenstehenden Lithosphäre abschert und als isolierter Schenkel in den tieferen

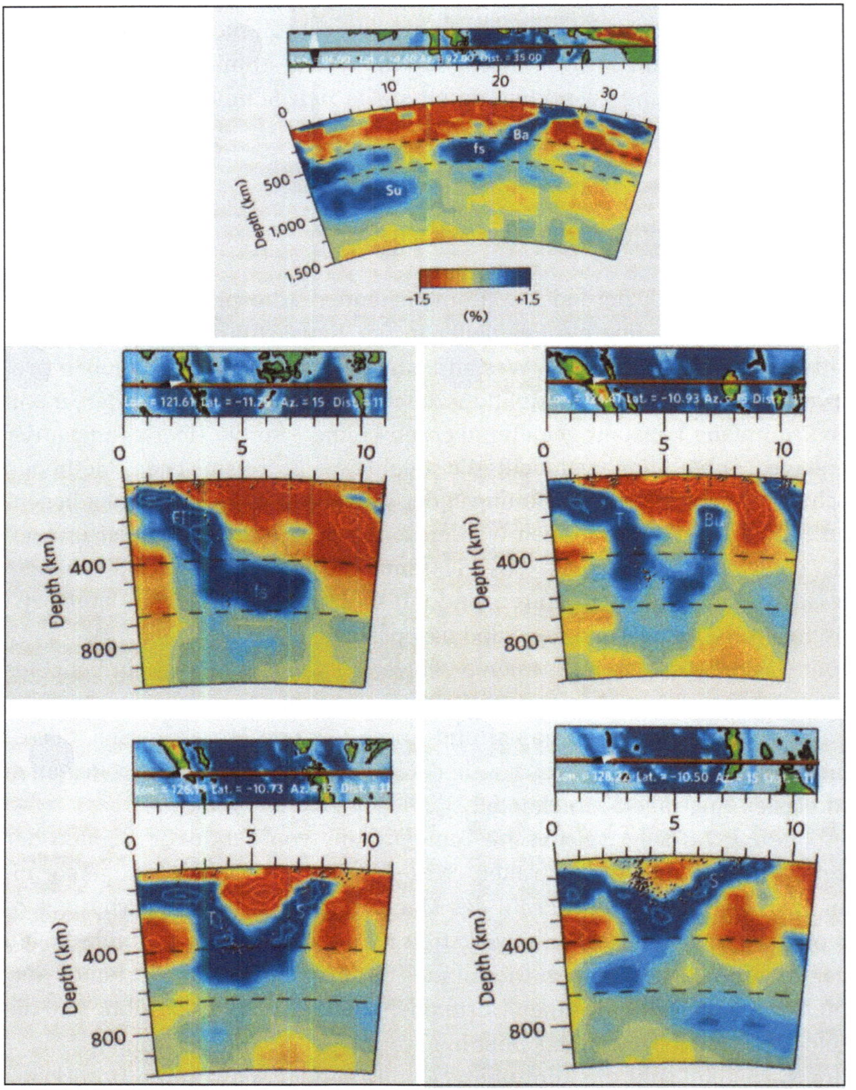

Abb. 7.8 A-E: Seismische Tomogramme der Region ,Banda arc'.
(Abb.: nach W. Spakman. Mit freundlicher Genehmigung)

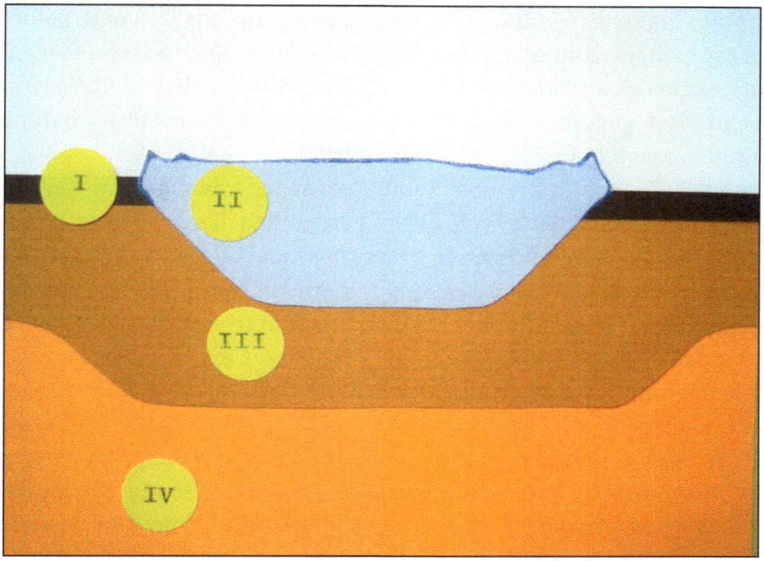

Abb. 7.9: Normalbefund der Lithosphäre. In die durchlaufende Lithosphäre taucht leichtere, granitische kontinentale Kruste ein.
I Ozeanische Basaltkruste, II Kontinentale Granitkruste, III Untere Lithosphäre, IV Oberer Erdmantel

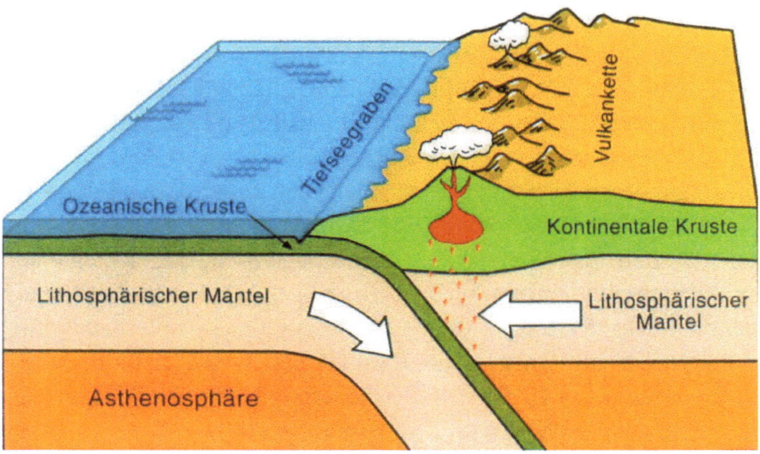

Abb. 7.10: Geologische Modellzeichnung einer Subduktionszone.
(Abb.: Deutsches GeoForschungsZentrum GFZ. Mit freundlicher Genehmigung)

Erdmantel abtaucht (4). Abb. 7.10 zeigt diesen von der Geologie geforderten Vorgang. Er wird in allen Standardlehrbüchern der Geowissenschaften mit entsprechenden Modellzeichnungen demonstriert (5, 6, 7, 8, 9, 10) und entspricht den gegenwärtigen Vorstellungen der Geowissenschaften zu Subduktionszonen (11).

Seismische Tomogramme von Subduktionszonen bilden Strukturen der Erdkruste und des Erdmantels ab, die im Vergleich zu benachbarten Regionen eine größere P-Wellen-Geschwindigkeit aufweisen. Aufgrund der größeren P-Wellen-Geschwindigkeit kann auf eine höhere Dichte dieser Strukturen geschlossen werden (Siehe Kapitel 2.2). Dichteunterschiede liegen in der Größenordnung von einigen Prozenten.

In Seismogrammen dargestellte verdichtete Strukturen in Subduktionszonen – lt. Geologie subduzierenden Erdkrustenplatten entsprechend – zeigen ein buntes Spektrum unterschiedlicher Formationen. Nahezu alle dargestellten Strukturen zeigen eine ausgeprägte Volumenzunahme mit zunehmender Tiefe. Es werden bucklige Anteile, waagerecht verlaufende und wieder ansteigende Formationen sichtbar.

Das, was die Geologie in den erwähnten Seismogrammen als Platte bezeichnet, nimmt in der Tiefe deutlich an Ausdehnung, d. h. auch an Volumen zu. Eine Volumenzunahme eines vorgegebenen Körpers ist laut Physik gleichbedeutend mit einer Abnahme der Dichte, des spezifischen Gewichtes (Dichte = Gewicht/Volumen). In der Tiefe sowohl an Volumen als auch gleichzeitig – lt. geologischer Hypothese – an Gewicht zunehmende ‚Platten' werden von der Geologie mit einem Aufstau erklärt. Abtauchende Platten würden sich wegen der Resistenz des mittleren Erdmantels vor diesem stauen und deformieren. „Die sichtbare Verdickung der Platte in den tomographischen Abbildungen – etwa der fünffachen Plattendicke entsprechend – ist zu groß, um einfach mit einem Vorgang erklärt zu werden außer dem ‚Wölben' (buckling)." (12) Ein ‚Mais-Sirup'-Modell mit Bildung eines deformierten Haufens herabfallenden Sirups auf einer festen Unterlage dient der Geologie zur Erklärung deformierter Platten im Erdmantel (12, 13). Mit Verbesserung der Modelle und Rechenleistungen gelang die Darstellung seismischer Profile von Subduktionszonen mit waagerechtem und sogar wieder ansteigendem Verlauf (stagnant slabs) (14). „Bis 1990 war wenig bekannt über subduzierte Platten in größeren Tiefen", und „... subduzierte Platten tendieren zum Stocken in der Übergangszone in einem Tiefenbereich von 400 bis 1 000 km ..."

(15), „... abtauchende Platten tendieren zum Abschwenken zu flacheren Winkeln und sogar zur Verflachung bis zur Subhorizontalen" (15).

Zu Stein erhärtete Lithosphäre, die äußerste Schale der Erdkugel, ‚schwimmt' deshalb oben, weil sie die geringste Dichte im Vergleich mit allen tiefer gelegenen Schichten des Erdmantels und des Erdkerns besitzt. Das spezifische Gewicht der Lithosphäre wird von der Geologie mit 2,7 g pro cm^3 für die kontinentale Oberkruste und mit 3,0 g pro cm^3 für die ozeanische Unterkruste angegeben (16). Für den oberen Erdmantel werden 3,3 g/cm^3 angegeben, für den mittleren 4,6 g/cm^3 und für den unteren 5,7 g/cm^3. Für den äußeren Erdkern werden 9,4 g/cm^3 und für den inneren bis zu 13,5 g/cm^3 berechnet (16).

Mit diesen Angaben wird evident, dass alle von der Geologie mittels Computer in den Untergrund gerechneten Platten eine Bewegung zeigen sollten, die den Gesetzen der Schwerkraft zuwiderläuft. Spezifisch leichtere Platten sollen in ein spezifisch deutlich schwereres Medium – den Erdmantel – abtauchen. Der Gewichtsunterschied zwischen kontinentaler Oberkruste und oberem Erdmantel beträgt fast 20 %! Geologen versuchen den Verstoß gegen die naturwissenschaftliche Gesetzmäßigkeit mit Korrekturhypothesen zu rechtfertigen. Sie sagen, die Lithosphärenplatten seien ‚kalt' und würden in den warmen Erdmantel eintauchen. Das ‚Kalte' sei schwerer als das ‚Warme'. Zitat: „Es scheint zunächst überraschend, dass ein aus basischem Material bestehendes Krustenstück nach unten in die ultrabasische Asthenosphäre sinkt. Dieses Krustenstück ist jedoch vergleichsweise kalt und besitzt somit eine höhere Dichte als das ultrabasische Material." (17, 18) Hier wird die Physik auf den Kopf gestellt. Es wird nochmals auf die oben angegebenen Messwerte hingewiesen. Abtauchende Platten sollen laut Geologie eine Dichtezunahme durch den mit der Tiefe zunehmenden Umgebungsdruck erfahren. Das spezifische Gewicht würde dadurch zunehmen (19). Umwandlungen in der kristallinen Struktur der Lithosphärenplatten seien dafür verantwortlich (20). Diese Aussage wird in der Geologie kontrovers diskutiert.

Die seismischen Profile von abtauchenden ‚Platten' geben keine Dynamik wieder – sie zeigen einen ‚Ist'-Zustand, einen statischen Befund. Was die mittels Seismik nachgewiesenen Zonen mit höherer P-Wellen-Geschwindigkeit – von der Geologie als ‚abtauchende Lithosphärenplatten' angesehen – tatsächlich zeigen und wie sie entstanden sind, wird in Kapitel 9.4 beschrieben. Es gibt Geologen, die der Plattentektonik zunehmend kritisch gegenüberstehen.

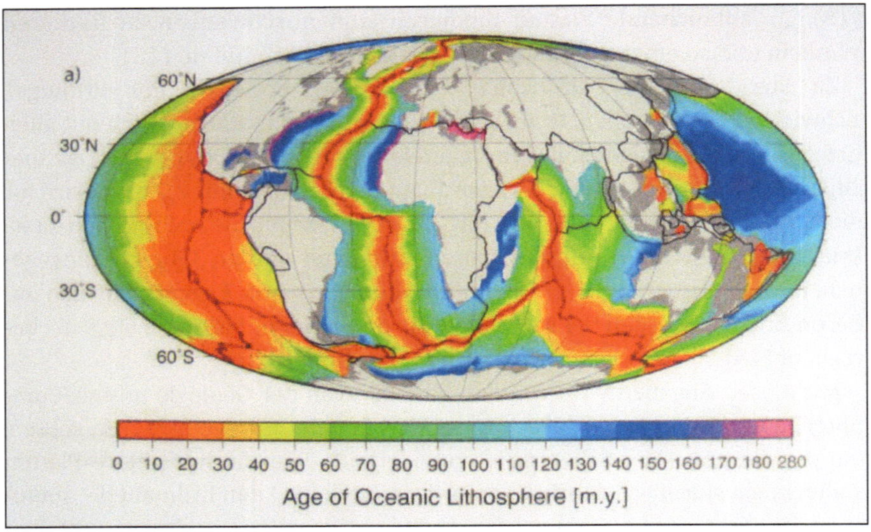

Abb. 7.11: Berechnete ‚Alterszonen' parallel der zentralen Riftzonen, zusammengefaßt als globale Isochronenkarte der Ozeanböden
(Abb.: nach R.D.Müller. Mit freundlicher Genehmigung)

Zitat: „Wie ozeanische Kruste in den dichteren Erdmantel hinuntergedrängt werden kann, ist nie zufriedenstellend erklärt worden. Eine Analyse der Subduktionsmechanik legt nahe, dass sie wahrscheinlich nie begonnen haben kann, ganz abgesehen davon nicht andauern kann." (21) (Übers.)

Eine Vielzahl weiterer Untersuchungen wurde durchgeführt, um die von Geologen gegenwärtig noch als unersetzlich betrachteten plattentektonischen Hypothesen abzusichern. Von großer Bedeutung sind GPS-Punkt-Messungen zur Registrierung horizontaler Bewegungsmuster.

Die Erde ist mit einem Netz von GPS-Fixpunkt-Stationen überzogen. Geringste relative Positionsänderungen im Millimeterbereich können mit dem GPS registriert werden. GPS-Fixpunkte wandern tatsächlich. Wanderungsrichtung und -geschwindigkeit der GPS-Messpunkte werden kontinuierlich aufgezeichnet. Geologen setzen deren Bewegungsmuster gleich mit einer entsprechenden Bewegung der gesamten Platte. Aus den jährlichen GPS-Fixpunkt-Verschiebungsstrecken wurden die ‚Alterszonen' (Isochronen) der ozeanischen Krusten berechnet (Abb. 7.11).

Den plattentektonischen Modellen zufolge werden die ozeanischen Platten in den zentralen Riftzonen neu gebildet und wandern von dort mit einer konstanten Geschwindigkeit zu den seitlichen Kontinentalrändern, wo sie durch Subduktion wieder ‚verschluckt' werden sollen. GPS-Fixpunkte in der Pazifischen Platte zeigen eine Verschiebung von 12 bis 15 cm pro Jahr. Damit wird für die äußeren Plattenanteile ein Alter von 120 bis 180 Millionen Geo-Jahren errechnet, proportional dem Abstand zwischen der zentralen Riftzone und dem äußeren Plattenrand. Der Vorgang erscheint vom Ablauf logisch und messbar durch die GPS-Messpunkt-Verschiebungen.

Das schlagkräftigste Argument für die plattentektonischen Hypothesen ist nach Überzeugung vieler Geologen die messbare Bewegung von GPS-Fixpunkten innerhalb der Platten.

Während GPS-Fixpunkte innerhalb der Platten eine deutliche Bewegung zeigen, sind im Bereich der zentralen Riftzone keine, über Subduktionszonen geringfügige, im Millimeterbereich liegende horizontale Positionsänderungen von GPS-Fixpunkten feststellbar. Letztere bewegen sich nicht synchron in Richtung der zu unterlaufenden Platte. Sie zeigen irreguläre Bewegungsmuster, teilweise entgegengesetzt der geforderten Richtung (22). Auch ohne störende Erdbeben lassen sich Verschiebungen von GPS-Fixpunkten messen, die den Forderungen der Plattentektonik zuwiderlaufen (22). Fragen treten auf, wenn bei nicht nachweisbarer Subduktion, bei nicht messbarem Seafloor Spreading, bei nicht modellkonformer Magmabewegung in der zentralen Riftzone, bei optimaler Verzahnung von vermuteten Gleitflächen in angenommenen Subduktionszonen und zusätzlicher Stufenbildung (Kap. 7.5.3) erklärt werden muss, warum sich die GPS-Fixpunkte dennoch bewegen. Es gibt eine alternative Erklärung für die GPS-Messpunkt-Bewegungen. Sie deckt sich nicht mit den Vorstellungen zu den plattentektonischen Hypothesen. Ihre Beschreibung erfolgt in Kapitel 9.4.

7.5.3 Weitere Unstimmigkeiten in den plattentektonischen Hypothesen

Dreidimensionale seismische Profile von Subduktionszonen widersprechen ebenfalls den plattentektonischen Hypothesen. Mit einer geeigneten Positionierung der Messsonden und umfangreichen Rechenoperationen gelingt es den Geowissenschaftlern, dreidimensionale seismische Profile von unterschiedlichen Gesteinsschichtungen der Lithosphäre zu erstellen. Ein subduzierter Anteil der Nazca-Platte wurde dreidimensional abgebildet (Abb. 7.12). Der Befund war überraschend. Die Gleitflächen einer abtauchenden Platte sollten, so die Meinung der Geologie, zum Gleiten entsprechend glatt sein. Geologen experimentieren mit Schmelzpunkterniedrigungen von Gesteinsproben durch Wassereinlagerungen und hohen Drücken, um die Gleitfähigkeit von Gesteinsschichten erklären zu können (1).
Das Überraschende an der dreidimensionalen Darstellung in Abb. 7.12 waren die sichtbar werdenden ausgeprägten Verzahnungen der vermuteten Gleitflächen. Darüber hinaus wurden zusätzliche Stufenbildungen nachgewiesen. Die Verzapfung der Grenzflächen ist als optimal zu bezeichnen. Gesteinszapfen verlaufen von der angeblich abtauchenden Platte in die oben liegende Kontinentalscholle hinein und ebenso von dort nach unten in die ‚abtauchende Platte'. Eine effektivere Subduktionsbremse, zusätzlich verstärkt durch eine Stufenbildung in den Gleitflächen, kann es nicht geben. Geologen erklären die in der ‚Subduktions'-Zone registrierten Erdbeben mit dem Abbrechen von Gesteinszapfen (2). Zitat: „Die Untersuchung gibt einen guten Eindruck davon, wie sich die untere Platte auf der schiefen Ebene voranquält." (2)

Wachsende Mengen geodätischer Daten und deren stetig zunehmende Präzision führten zur Aufgabe des Begriffes ‚Lithosphärenplatte'. Hypothetische Plattengrenzen können in vielen Fällen nicht bestätigt werden. „Es gibt signifikante Unterschiede zwischen den Modellen und den Messungen zu den meisten Plattengrenzen und in einigen Fällen von beachtlicher Entfernung von der Plattengrenze." (3) (Übers.)

Differierende Angaben zur Plattenanzahl und -ausdehnung finden ihre Erklärung in der fehlenden Rigidität der Platten. Die Rigidität, die Starrheit von Platten, ist laut plattentektonischem Modell zwingende Voraussetzung für die Messung von relativen Bewegungsmustern der Platten, d. h. für die behaupteten Lithosphärenplatten-Wanderungen. Gemessene Abstandsände-

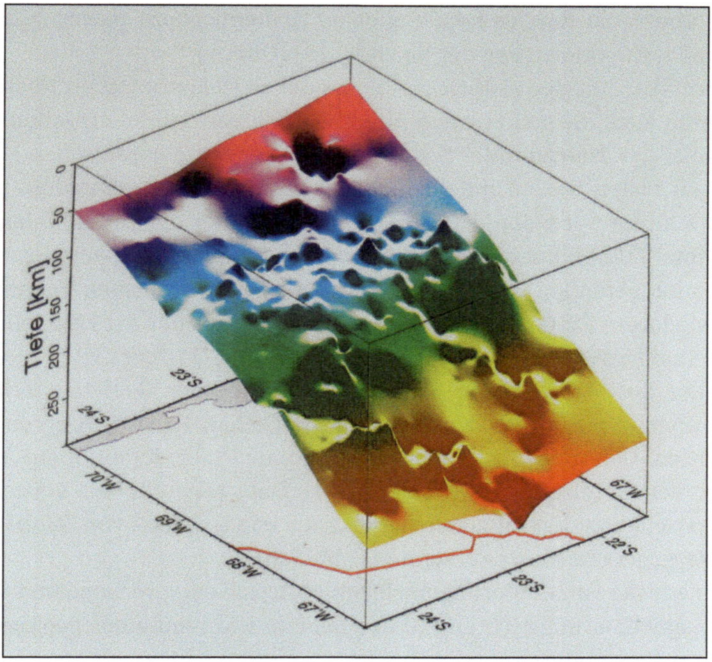

Abb. 7.12: 3-dimensionales seismisches Profil von einem subduzierten Abschnitt der Nazca-Platte.
(Abb.: Deutsches GeoForschungsZentrum GFZ. Mit freundlicher Genehmigung)

rungen zwischen den Abstandsgrenzen werden in unbekanntem Ausmaß von Längenänderungen der Platten selbst beeinflusst. „Es wird bestätigt, dass die modellhafte Annahme von starren Platten häufig nicht nur an den Plattengrenzen versagt, sondern auch in beachtlichen Entfernungen von den Grenzen." (4) (Übers.)

Lithosphärenplatten sollen sich dem Modell zufolge über eine semifluide Gleitschicht, die Asthenosphäre, über den Globus bewegen. Anhand geophysikalischer Daten konnte nachgewiesen werden, dass die postulierte Asthenosphäre unter den alten Kontinentalkernen nicht vorhanden ist und in Gebieten mit tektonischer Aktivität und hohem Wärmefluss als linsenförmige und unverbundene Struktur messbar ist. Zitat: „Viele geologische Lehrbücher enthalten farbenprächtige Bilder von einheitlich dünnen (ca. 150 km) Platten,

die sich über eine durchgehende, globale Asthenosphäre bewegen. Solche Bilder sind weit entfernt von der Realität." (5) (Übers.)
Nicht vereinbar mit der zeitlichen Abfolge der mittelozeanischen Rückenbildung waren auch die gemessenen Altersbefunde von Sedimentproben. Zitat: „Beiderseits der Zentral- oder Scheitelgräben der mittelozeanischen Rücken wurden an vielen Stellen unterschiedlich alte Sedimente gefunden. Dieses widerspricht der Spreading-Hypothese." (6) Das Alter der Ozeanböden wird mit maximal 200 Millionen Geo-Jahren berechnet. Man habe kein Gestein in den Ozeanen gefunden, das älter sei. Dieser modellkonformen Behauptung stehen wiederum Fakten entgegen. Zitat: „Jene, die solcher Art Feststellungen machen, sind entweder unwissend oder unehrlich." (7) (Übers.)

Das Alter der Meeresböden kann nach Meinung der Geowissenschaftler den riftzonenparallelen Wechseln der magnetischen Polarisierung entnommen werden. Den magnetisch markierten Zonen – per definitionem als Anwachsstreifen bezeichnet – wurde eine Zeitskala zugeteilt. Die vermuteten Anwachsstreifen in den Riftzonen lassen nach den Angaben von Strobach (8) das wiedergegebene Muster erkennen (Abb. 7.13).
Unterschiedliche Farbcodierungen einzelner Areale entsprechen einer veränderten Magnetisierungsrichtung dieser Gebiete während einer geologischen Zeitspanne. Ozeanbohrungen führten zu komplexen und zunehmend un- verstandenen Befunden. Nicht nur in der Horizontalen wurden wechselnde Magnetisierungen des Ozeanbodens gefunden, auch in der Vertikalen, weitab von Riftzonen und – in Kontinentalregionen (9). Zitat: „Das anfängliche, höchst einfache Seafloor-Spreading-Modell für den Ursprung der ozeanischen magnetischen Anomalien wurde widerlegt durch die Ozeanbohrungen." (9) (Übers.) „Angenommen, dass die Magnetstreifen-Zeitskala wahrscheinlich erdichtet ist, ist jede Übereinstimmung zwischen den davon abgeleiteten geschätzten Plattenbewegungen und den raumgeodätischen Daten entweder rein zufällig oder das Resultat einer voreingenommenen Interpretation." (9) (Übers.)

Erste plattentektonische Modellvorstellungen wurden mithilfe von Echolotuntersuchungen des Atlantikbodens entwickelt. Marie Tharpe und Bruce C. Heezen von der Columbia-Universität waren nach dem Zweiten Weltkrieg die ersten Wissenschaftler, die mit den bis dahin gesammelten Echolotwerten eine Reliefkarte des Meeresbodens erstellten (10). Die vorhandenen Daten

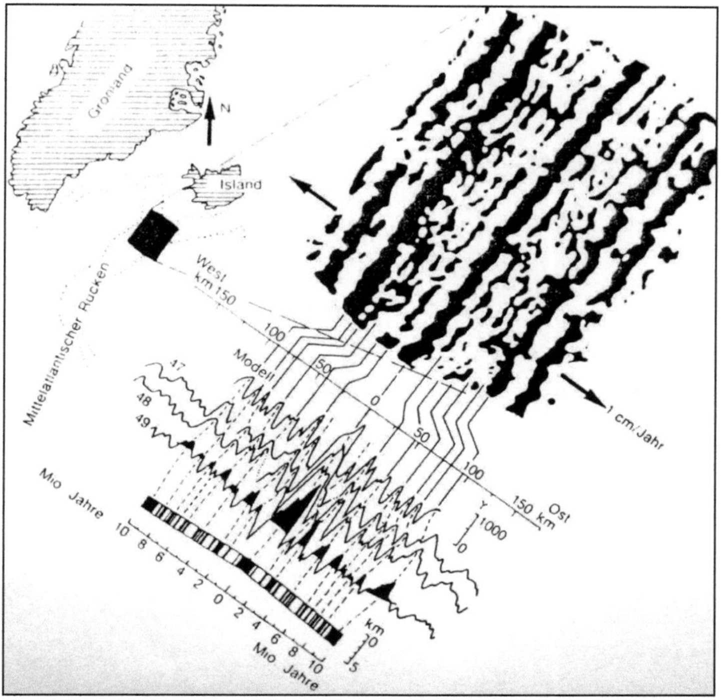

Abb. 7.13: ‚Krustenmodell', zur Darstellung einer wechselnden symmetrischen magnetischen Polarisierung des Meeresbodens beidseits der zentralen Riftzonen. (Abb.: nach Strobach. Mit freundlicher Genehmigung)

ermöglichten die Abgrenzung von Lithosphärenplatten und der 70 000 km langen subozeanischen Gebirgsketten, der Rifts.

Untersuchungen zum Meeresbodenprofil wurden mehr als zwei Jahrzehnte weiter geführt und präzisiert. Als einer der tatkräftigsten Wissenschaftler jener Zeit galt Maurice Doc Ewing (10). Nach 1978 standen zusätzlich die Laser-Messungen des Seasat-Satelliten zur Verfügung (10). Aus den Daten der acht Milliarden Einzelmessungen von Seasat berechnete der Geophysiker William Haxby am Lamont-Doherty-Institut 1982 eine Reliefkarte des Meeresbodens, die ausschließlich mit dem Parameter ‚Gravitation' erstellt wurde (10). Man sah den Meeresboden, „als ob jemand den Stöpsel herausgezogen hätte und das Wasser abgelaufen wäre" (10).

Abb. 7.14: Relief-Karte des Meeresbodens.

Aus: ‚The New Atlas of the Universe', 1984, von Patrick Moore. Mit freundlicher Genehmigung

Als 1983 die genaueren Reliefkarten des Meeresbodens zur Verfügung standen, hatten Geologen ihr Modell der Plattentektonik mithilfe der älteren Daten bereits fertiggestellt. Ergebnisse der weitergeführten Messungen waren mit den ursprünglichen Modellentwürfen und Überlegungen der Geologie nicht zu vereinbaren. An den Modellentwürfen mussten Änderungen vorgenommen werden.

Die detaillierte Karte des Meeresbodens ließ eine Vielzahl von Diskrepanzen zwischen den gemessenen, in der Karte wiedergegebenen Fakten und den hypothetischen Konstruktionen der Geologie offenkundig werden. Geologen verwenden weiter ihre individuellen Modellzeichnungen, so wie sie vor Jahrzehnten entworfen und bis heute in den geologischen Standardlehrbüchern zu finden sind (11, 12, 13, 14, 15, 16). Modellzeichnungen geben die hypothetischen Vorstellungen der Geologie zur Plattentektonik besser wieder als die auf Messungen beruhende Reliefkarte des Meeresbodens (Abb. 7.14). Anhand der Reliefkarte des Meeresbodens lässt sich zeigen,

- dass alle drei Riftzonen, die nordwestliche, die südwestliche und die pazifische, einen gemeinsamen Ursprungsort im Indischen Ozean besitzen;
- dass entgegen den geologischen Modellzeichnungen die beiderseits der zentralen Riftzonen postulierten Wälle aus einzelnen Basaltkegeln bestehen, die in parallelen Reihen angeordnet sind;
- dass die Anordnung der Basaltkegel auf den Riftflanken ein orthogonales geometrisches Grundmuster zeigt;
- dass entgegen den geologischen Modellvorgaben Plattenränder in vermuteten Subduktionszonen keinen bogenförmigen Verlauf nach unten zeigen;
- dass Plattenränder scharfkantig sind und steile, nahezu 90°-Böschungswinkel besitzen, vereinbar mit einem Plattenabbruch;
- dass Plattenanteile zu einem spitzen Winkel konvergieren müssten, um in der zugehörigen, geometrisch kongruenten Subduktionszone verschwinden zu können;
- dass viele Platten einen mehrfachen Richtungswechsel einzelner Areale innerhalb der Platte zeigen müssten, um dem lt. GPS vorgegebenen Bewegungsmuster folgen zu können (Abb. 6.5).

Der Reliefkarte des Meeresbodens kann weiter entnommen werden, dass sich die Längenmaße der Seafloor-Spreading-Zonen nicht annähernd mit denen der Subduktionszonen decken. Bildung und Vernichtung nicht deckungsgleicher Plattenanteile innerhalb einer Platte würden quer zur Bewegungsrichtung verlaufende Kräfte erfordern, um die erforderlichen Dehnungs- und Kompressionsbewegungen zu bewirken. Quer zur Spreizungsrichtung geforderte Kräfte sind weder nachweisbar noch von der Physik her plausibel. Die oberen Kilometer der Ozeanischen und Kontinentalen Platten sind ‚steinhart'. Spitzwinklig subduzierende Plattenfragmente und ein Wechsel der Subduktionsrichtung um 180° innerhalb ein und derselben steinharten Platte in einer linearen Anordnung können nur in einer hypothetischen Konstruktion Bestand haben. Diese Richtungswechsel werden für den Übergang vom Macquarie-Bogen zum Kermadec-Tonga-Graben und vom Letzteren zum Neue-Hebriden-Graben im Südwest-Teil der Pazifischen Platte angegeben.

Zur Diskrepanz zwischen neu gebildeter und subduzierter Plattenanteile teilt die Geologie mit, „dass die Verhältnisse nicht dergestalt seien, dass zu jedem neu gebildeten Plattenanteil ein entsprechendes abtauchendes Areal auf einer gegenüberliegenden Seite nachgewiesen werden könne" (17). Geologen nehmen an, dass die Menge neu gebildeter Kruste in etwa der in den Subduktionszonen vernichteten entspricht (18). Zitat: „Mithilfe der drei Arten von Grenzen (Anm.: an mittelozeanischen Rücken, an Subduktionszonen, an Transformstörungen) ist die individuelle Bewegung der Lithosphärenplatten erklärbar. Dabei ergeben sich aber geometrische Zwänge, da sich die Platten nicht völlig beliebig bewegen können und die Addition aller Bewegungen die Summe null ergeben muss. Global gesehen wird die Auseinanderdrift der Platten an den konstruktiven Rändern (Anm.: mittelozeanische Rücken) von der Aufeinander-zu-Bewegung an den destruktiven Rändern (Anm.: Subduktionszonen) kompensiert." (18) Eine Messung ergibt jedoch, dass an 74 000 km ‚Spreading-Zonen' auf beiden Seiten zwei Mal 74 000 km lange neue Kruste produziert wird, 9 000 km ‚Kollisionszone' bekannt sind und 43 000 km ‚Subduktionszonen' mit Krustenvernichtung dem gegenüberstehen. Daraus folgt, dass die ‚Subduktionszonen' nur ca. ein Drittel der Länge der Spreizungszonen besitzen (19). Die postulierte Krustenneubildung und -vernichtung im angegebenen Verhältnis der aktiven Zonen ist physikalisch unmöglich.

Der Glaube an plattendynamische Vorgänge blockiert zurzeit alle alternativen Vorschläge zur Entstehung der Großstrukturen. Geologen beschäftigen sich weniger mit der Frage, ob ihre Modelle zutreffend sind. Sie glauben an die Plattentektonik. Geologen erarbeiten Beweise und Lösungen zu der Frage, wie die Plattenbewegungen ablaufen sollen. Sie rechnen mit Rotationsraten von Platten um Euler-Pole (sphärische Geometrie), mit relativen Winkelgeschwindigkeiten zwischen den Platten, mit linearen Winkelgeschwindigkeiten zwischen Platten, mit Vektornotationen, mit Triple Junctions und weiteren theoretisch-mathematischen Konstruktionen, um sich ein globales System der Plattenbewegungen zu beschaffen (20). Mithilfe leistungsfähiger Computer hat die Geologie inzwischen alle Platten in den Untergrund rechnen können (21). Sie rechnet in ihre plattentektonischen Modelle eine Wissenschaftlichkeit hinein, die in der Realität keine Basis besitzt. Das plattentektonische Modell mit seinen Plattenneubildungen und -abbau funktioniert mithilfe der Computer im Modell, findet in der Realität aber keine Bestätigung, wie anhand von Daten belegt werden kann. Es läuft den bekannten physikalischen Gesetzen zuwider. Die von der Geologie angenommene Dynamik der Lithosphärenplatten existiert nicht – mehr.

Angesichts der Unvereinbarkeit aller tatsächlich gemessenen Werte mit den plattentektonischen Hypothesen und der eklatanten Verstöße gegen die Gesetze der Physik darf gefragt werden, warum die Geologie weiter an ihren Hypothesen festhält. Als Antwort möge das Zitat des Wissenschaftshistorikers Th. S. Kuhn dienen: „Die normale Wissenschaft unterdrückt zum Beispiel oft fundamentale Neuerungen, weil diese notwendigerweise ihre Grundpositionen erschüttern." (22)

7.6 Die Widerlegung der absoluten Zeitbestimmungsmethoden

Mit absoluten Zeitangaben sichern Geologen ihren imposanten Zeitrahmen von ca. 4,6 Milliarden Geo-Jahren. Zur Angabe von Absolutzeiten benutzen Geologen radiometrische und nicht radiometrische Methoden. Nicht-radiometrische Methoden beruhen z. B. auf dem Auszählen unterscheidbarer Schichtlagen in Eis- oder Sedimentablagerungen. Bei Hölzern werden die Dicken der jährlichen Wachstumsringe miteinander verglichen. Radiometrische Messmethoden haben die größte Bedeutung bei den Absolutzeitbestimmungen. Radiometrische Messmethoden erfordern Konzentrationsbestimmungen von radioaktiven Elementen und deren Zerfallsprodukten in den untersuchten Proben. Mit Kenntnis der elementspezifischen Halbwertszeit werden damit dann Absolutzeiten berechnet. Geologen zeigen kein Verständnis für eine fundamentale Kritik an ihren Absolutzeitbestimmungs-Methoden. Souverän verweisen sie auf die Daten millionenfacher Messungen an radioaktivem Probenmaterial. Für die Geologie sind Absolutzeitbestimmungen zuverlässig, wissenschaftlich abgesichert und mathematisch genau. In der Tat sind inzwischen exakte Konzentrationsbestimmungen radiogener Isotope in Probenmaterial möglich. Damit sollen ebenso präzise absolute Probenalter angegeben werden können. Das behaupten die Geowissenschaftler. Annähernd 100 Jahre sind vergangen seit der ersten Bestimmung radiogener Isotopenkonzentrationen in Mineralen und deren Verwendung zur Berechnung absoluter Probenalter.

Radiometrische Messmethoden konnten entwickelt werden, nachdem im ausgehenden 19. und zu Beginn des 20. Jahrhunderts die Radioaktivität und der Aufbau der Atomkerne verstanden wurden. Rutherford erkannte 1903 den Zerfall des Radiumatoms als Ursache der Radiostrahlung (1). Er definierte den Begriff der Halbwertszeit. Sie entspricht der Zeit, in der von einer definierten Ausgangsmenge eines radioaktiven Elementes die Hälfte zerfallen ist. Die Halbwertszeit zeigte sich als eine für jedes radioaktive Element kennzeichnende Konstante. Sie ergibt sich aus der Zerfallsgeschwindigkeit eines Elementes und ist ihr umgekehrt proportional. Somit gehört zu einer hohen Zerfallsgeschwindigkeit eine kleine Halbwertszeit, zu einer kleinen Zerfallsgeschwindigkeit eine lange Halbwertszeit.

Alle radioaktiven Elemente besitzen einen instabilen Atomkern. Diese Kerne zerfallen spontan in kleinere Einheiten und bilden dadurch neue und leichtere Elemente, die ‚Tochterelemente'. Radiometrische Messverfahren beruhen auf Konzentrationsmessungen radioaktiver Elemente und deren Zerfallsprodukten. Mit der bekannten Zerfallsgeschwindigkeit instabiler Atomkerne kann dann nach der radioaktiven Zerfallsgleichung ein Alter für die untersuchte Probe berechnet werden. Für Altersbestimmungen an Organismen wird überwiegend die Radiokarbon-Methode (C-14-Methode) benutzt. „Sie deckt den Altersbereich zwischen etwa 300 und 50 000 Jahren ab." (2) Mineralalter werden mit langlebigen Isotopen bestimmt. Das Uran-Blei-System wird dafür häufig verwandt. Damit berechnete Zeiten sollen geologischen Zeitspannen entsprechen, Millionen bis Milliarden Jahren. Absolutalter werden in Jahren angegeben (3).

Zum Verstehen radiometrischer Zeitberechnungen müssen die Begriffe ‚Element', ‚Atomkern', ‚Proton', ‚Neutron' und ‚Isotop' unterschieden werden können.

Atomkerne bestehen aus Protonen und Neutronen. Die Anzahl der Protonen im Kern definiert das Element. So besitzt das Element Uran 92 Protonen im Kern und erhält damit die Ordnungszahl 92. Die meisten Elemente können eine unterschiedliche Anzahl von Neutronen an den Kern anlagern. Dadurch entstehen die verschiedenen Isotope eines Elementes, z. B. die Uran-Isotope U-238 und U-235. Sie sind chemisch nicht unterscheidbar. Jedoch kann der geringe Gewichtsunterschied von drei Neutronen zwischen U-238 und U-235 genutzt werden, um diese Isotope zu trennen. Dazu lässt man die Schwerkraft auf diese Isotope in einer mobilen Phase aus Gas oder Flüssigkeit einwirken. Zur Beschleunigung dieser gravitativen Auftrennung werden leistungsstarke Zentrifugen eingesetzt. Neutronen und Protonen besitzen annnähernd die gleiche Masse. Als Masseneinheit für Protonen und Neutronen dient 1 AME (AME = Atommasseneinheit).

Radioaktive Isotope zerfallen spontan über mehrere Stufen bis zu den stabilen Endprodukten. Der stufenweise Zerfall wird als Zerfallsreihe bezeichnet. Das Ausgangselement ist das sogenannte Mutterelement; die Zerfallsprodukte werden Tochterelemente genannt. In der Radiometrie sind Uran-238 und -235 viel verwendete langlebige Isotope. Uran-238 zerfällt zum stabilen radiogenen Blei-Isotop-206, Uran-235 entsprechend zum Blei-Isotop-207. Ein drittes radiogenes Blei-Isotop, Blei-208, entsteht aus dem Zerfall des radioaktiven Thorium-232. Aus welchen radioaktiven Mutterelementen die radiogenen Tochterelemente entstanden sind, verraten Letztere somit durch die Anzahl ihrer Neutronen. Das häufigste Blei-Isotop ist Blei-204. Es entspricht als nicht radiogenes Blei dem natürlich vorkommenden Blei.

7.6.1 Die Widerlegung absoluter Altersangaben mittels langlebiger Isotope

Radiometrische Altersbestimmungen werden von Geochronologen durchgeführt. Bevor Geochronologen für einen geeigneten Stein, der eine radioaktive Zerfallsreihe inkorporiert haben muss, ein Alter berechnen können, müssen die Konzentrationen von Mutter- und Tochterelement in diesem Mineral bestimmt werden. Mit den bekannten Konzentrationen und Kenntnis der Halbwertszeiten lässt sich dann nach der mathematischen Zerfallsgleichung das Alter der Probe berechnen.

Für eine Altersangabe zu einem bestimmten Mineral, welches z. B. die radioaktive Zerfallsreihe Uran/Blei in seinem Kristallgitter eingeschlossen hat, ist somit die Kenntnis von den darin enthaltenen radiogenen Bleikonzentrationen und der noch vorhandenen Konzentration des Uran-Mutterelementes erforderlich. Je höher die gemessene radiogene Bleikonzentration in der Probe ist, desto länger wird die Zerfallszeit des Mutterelementes in diesem Mineral vermutet. Infolgedessen wird mithilfe des Zerfallsgesetzes und der bekannten Halbwertszeit des Mutterelementes ein Alter für das Mineral berechnet, das proportional der gemessenen radiogenen Bleikonzentration ist. Dieses berechnete Alter setzt voraus, dass die gesamte gemessene radiogene Bleikonzentration ausschließlich durch den Zerfall des Mutterelementes in der Probe selbst entstanden ist. Geochronologen nehmen an, dass diese Forderung bei all ihren Messungen erfüllt ist. Sie gehört zu den drei fundamentalen Voraussetzungen, die erfüllt sein müssen, wenn Absolutalter mithilfe radiometrischer Messungen berechnet werden sollen.

Die erste fundamentale Voraussetzung zur Berechnung von absoluten Alterswerten radioaktiver Minerale lautet somit: Bei der Bildung eines Steines muss ein tochterelementfreier Einbau des Mutterisotopes in dasjenige Kristallgefüge des Steines erfolgen, das später als Messprobe entnommen wird. Die zweite fundamentale Voraussetzung verlangt ein sogenanntes geschlossenes System für den radioaktiven Zerfall im Gestein. Die dritte fundamentale Voraussetzung für radiometrische Altersbestimmungen betrifft die Konstanz der Zerfallsraten während der gesamten vermuteten Zerfallszeit.

Zu den beiden ersten fundamentalen Voraussetzungen für radiometrische Altersangaben schreibt die Geologie, Zitat: „Eine Reihe von Mineralen enthält radioaktive Isotope. Methodisch bestimmt man in solchen Mineralen quantitativ das Atomverhältnis vom im Zerfall begriffenen Mutterisotop zu den bisher entstandenen Zerfallsprodukten. Mithilfe der bekannten Halbwertszeit ergibt sich daraus die Zeit in Jahren oder Jahrmillionen, die seit dem Einbau des Mutterisotops in das Mineral, d. h. seit der Kristallisation des letzteren, vergangen ist. Voraussetzung ist allerdings, dass bei der Kristallisation nur das radioaktive Mutterisotop und nicht schon Zerfallsprodukte in das Kristallgitter eingebaut werden. Ferner dürfen seit der Bildung des Minerals Isotope, die der betreffenden Zerfallsreihe angehören, weder hineinwandern oder entweichen: Das Mineral muss ein geschlossenes System bilden." (4) Für Zeitmessungen mit kosmogenen Radionukliden wie C-14 müssen „stationäre Gleichgewichte und bekannte oder bestimmbare Anfangsaktivitäten vorausgesetzt werden" (5).

Keine der drei erwähnten fundamentalen Voraussetzungen zur Berechnung von Absolutzeiten lässt sich beweisen. Sie werden von der Geologie als erfüllt angesehen. Somit beruhen alle radiometrischen Altersbestimmungen auf Annahmen. Wie groß ist die Wahrscheinlichkeit, dass die Annahmen der Geologie zutreffen? Nur davon ist abhängig, ob absolute Altersangaben relevant sind.

Zur ersten fundamentalen Voraussetzung für radiometrische Messungen, den tochterelementfreien Einbau des Mutterelementes in der untersuchten Mineralprobe, lassen sich folgende Überlegungen anstellen:

Der Zerfall einer definierten Menge von reinem Uran-238 in einem geschlossenen Reaktionsraum erlaubt die exakte Messung aller Zerfallsprodukte und damit die ebenso detaillierte zeitliche Rekonstruktion der radiometrischen Vergangenheit mit Angabe des Zerfallsbeginns – gleich Alter. Ein ‚Stein-Alter' ist damit noch nicht bestimmt. Zur Angabe eines absoluten Gesteinsalters ist ein weiterer Schritt erforderlich. Eine absolute Zeitbestimmung erfordert das Vorhandensein einer radioaktiven Zerfallsreihe in der Probe, zum Beispiel das System Uran/Blei. Das Mutterelement, zum Beispiel Uran-238, muss laut Zerfallsgesetz in Reinstform, frei von allen Zerfallsprodukten in der Gesteinsformation bei der Steinbildung fixiert werden. Eine Kontamination mit Tochterelementen während der Steinbildung würde bei der Berechnung des Absolutalters eine Zeit vortäuschen, die es real nicht gegeben hat. Dass diese fundamentale Voraussetzung in allen Fällen gegeben war, nehmen Geologen an. Sie nehmen dazu an, dass sich bei der Gesteinsbildung alle Tochterelemente vom Mutterelement trennen, mit der Begründung, dass die chemischen Verbindungen der Tochterelemente mit einer anderen Kristallgitterstruktur kristallisieren als die der Mutterelemente (6). Selbst in Zirkonium-Oxid-Einkristallen, die wegen ihrer Reinheit und Widerstandsfähigkeit gerne für radiometrische Altersbestimmungen benutzt werden, gibt es eine Fülle von Fremdatomen und Molekülen mit unterschiedlicher Kristallgitterstruktur. Sie gelangten als ‚Verunreinigung' in den sich bildenden Einkristall, ebenso wie das radioaktive Mutterelement und dessen Zerfallsprodukte, die Tochterelemente. Die Möglichkeit zu einer ‚Verunreinigung' von Untersuchungsproben mit radioaktiven Elementen während der Steinbildung ist eine unabdingbare Voraussetzung für deren spätere Verwendung als Probenmaterial.

In ‚natura' ist kein Vorgang bekannt, bei dem sich Mutterelemente all ihrer Zerfallsprodukte entledigen. Zitat: „Selbst der kleinste Zirkon enthält Fremdstoffe, die bei seinem Wachstum eingeschlossen wurden." (7)

Ein Mineral baut beim Auskristallisieren bevorzugt Moleküle seiner eigenen Art in das Kristallgitter ein. Das Mineral reinigt sich dabei von Fremdstoffen, jedoch nicht quantitativ. Technisch aufwendige und wiederholte Reaktionsschritte sind erforderlich, um im Labor und industriell aus einer Schmelze Kristalle einer bestimmten Verbindung in Reinstform zu erhalten. Geologen behaupten ihren zwingend erforderlichen Annahmen zufolge den Einbau von reinem Mutterelement in einem einzigen Schritt und quantitativ – bei der Steinbildung. Bruchteile von Prozenten an Verunreinigungen mit radiogenen Tochterelementen würden das errechnete ‚Alter' von Gestein um zig Millionen Jahre erhöhen. Die Glaubwürdigkeit absoluter Altersangaben hängt entscheidend davon ab, ob der Einbau eines Mutterelementes während der Steinbildung tatsächlich in Reinstform erfolgt ist, konform zu den Annahmen der Geologie.

Den Geologen ist die darin liegende Problematik der absoluten Zeitangaben bekannt. Die Zerfallsgleichung radiogener Isotope ($N = N_0 \times e^{-t}$) ist – Zitat: „... um einen additiven Term zu erweitern, sofern zum Zeitpunkt der Gesteinsbildung neben dem Mutter- auch schon Tochterisotope vorhanden gewesen sind. Je größer der Anteil des nicht radiogenen Tochterisotops anfangs war und je kleiner das Probenalter ist, desto ungenauer wird das zu bestimmende Alter." ... „Diese Modellannahmen sind in der Natur häufig nur annähernd erfüllt." (8) Woher will die Geochronologie wissen, wie hoch die Konzentration an Zerfallsprodukten in einer Gesteinsschmelze bei Bildung des Gesteins war? Es gibt keine Möglichkeit, die Anfangskonzentration der Zerfallsprodukte in einer Gesteinsprobe zu bestimmen. Eine Verbesserung der Messtechniken ist dafür ohne Bedeutung. Folglich muss die Geologie – gezwungenermaßen – annehmen, dass die Mutterelemente sich beim Einbau in die Probe aller Tochterelemente entledigen. Was ist dabei noch absolut?

Auch die zweite fundamentale Voraussetzung für eine Altersangabe mittels radiometrischer Absolutzeitbestimmung kann aufgrund neuer Daten nicht erfüllt werden. Vorausgesetzt werden muss, dass der radioaktive Zerfall in dem Probenmaterial während der gesamten vermuteten Zerfallszeit über Jahrmillionen in einem geschlossenen System erfolgte. ‚Geschlossene Systeme' sind den Beobachtungen zufolge nicht so ‚wasserdicht', wie gefordert wird. Viele Uranverbindungen sind wasserlöslich (9). Grundwasser kann sie an einer Stelle konzentrieren, an anderer Stelle auswaschen. Der natürliche fossile Kernreaktor in Gabun, Afrika, wird damit ursächlich erklärt (10). Probenentnahmen aus diesen Mineralen führen zu verfälschten ‚Altern'.

Dritte fundamentale Voraussetzung für radiometrische Altersbestimmungen ist die Konstanz der Zerfallsraten. Erkenntnisse der Kern- und Astrophysik bringen den radiologischen Zeitbestimmungen der Geologie Ungemach. Atomkerne zerfallen durch „unkontrollierten Beschuss mit kosmischen Neutronen und Protonen" (11). Neutrinos (12) reagieren nach heutigem Wissensstand kaum mit Atomkernen.

Zerfallsraten radioaktiver Atomkerne sind, wenn sie heute gemessen werden, konstant. Radioaktive Zerfallsraten gelten weltweit als äußerst konstant. Selten erfolgen offizielle Korrekturen. Erkenntnisse von Kernphysikern und Astrowissenschaftlern der letzten Jahrzehnte bringen jedoch den radiometrischen Zeitbestimmungsmethoden der Geologie weiteres Ungemach. Wie bei der Beschreibung der Spaltspurenmethode erwähnt wird, zerfallen Atomkerne durch „unkontrollierbaren Beschuss mit kosmischen Neutronen und Protonen" (11).

Weitere Fakten lassen sich anführen, die die absoluten geologischen Zeitbestimmungen in Zweifel ziehen. Eine hohe Urankonzentration in Uranerzlagern beschleunigt durch die Freisetzung eines hohen Neutronenflusses die Zerfallsrate, d. h., die Probe ‚altert' schneller. Zunehmende Konzentrationen freier Neutronen erhöhen nicht nur die Zerfallsraten radiogener Elemente. Sie führen auch zu veränderten Blei-Isotopen. Radiogene Blei-Isotope – Blei-206, -207 und nicht radiogenes natürliches Blei-204 – fangen freie Neutronen ein (Neutronen-Einfangreaktionen) (14). Durch diesen Neutronen-

Einfang entstehen aus Blei-204 ‚radiogene' Blei-Isotope und die radiogenen Blei-Isotope -206 und -207 werden zu Blei-208, dem Zerfallsendprodukt von Thorium-232 (14). Zitat: „Diese Umwandlung kann durch den Einfang von freien Neutronen erfolgen – atomare Partikel mit genug Energie, normales Blei in sogenanntes radiogenes Blei zu verwandeln." (14) (Übers.)Auf diese Art erhöhte radiogene Bleikonzentrationen führen unweigerlich zu hohen ‚Proben-Altern', wenn sie für die Berechnung absoluter Alter verwendet werden.

Der Bleigehalt von zwei der größten Uranerz-Minen der Welt – in Katanga und Kanada – wurde analysiert. Es wurde kein Blei-204 (das nicht radiogene, natürliche Blei) gefunden und praktisch kein Thorium-232, jedoch signifikante Mengen von Blei-208 (14) (Übers.). Blei-208 ist radiogenes Blei, das Endprodukt der Thorium-232-Zerfallsreihe. Den Befunden nach ist nahezu alles Thorium-232 zu Blei-208 zerfallen. Dazu müssten viele Halbwertszeiten verstrichen sein. Mit einer Halbwertszeit von 13,9 Milliarden Jahren für Thorium-232 müsste ein Alter von mehreren Hundert Milliarden Jahren für die untersuchten Minerale gefordert werden, wenn die Geochronologie recht hat mit ihrer Forderung nach einem tochterelementfreien Einbau, nach einem ungestörten Zerfall in dem auskristallisierenden Mineral und einer konstanten Zerfallsrate. Sie fordert einen Zerfall des Mutterelementes (Thorium-232) ausschließlich in dem datierten Mineral. Das gesamte Erdalter wird derzeit mit ca. 4,6 Milliarden Jahren angegeben, das Alter des gesamten Universums mit ca. 14 Milliarden Jahren. Fehlendes Blei-204, nahezu ausschließlich vorhandenes Blei-208 und praktisch kein Thorium-232 in den untersuchten Uranerz-Minen sind nur durch einen Neutronen-Einfang zu erklären. Das natürliche Blei-204 und die radiogenen Blei-Isotope -206, -207 – die Zerfallsprodukte von Uran-238 und -235 – wurden durch Neutronen-Einfang in Blei-208 umgewandelt. Dieses Beispiel zeigt, dass die von der Geochronologie gemessenen Isotopenkonzentrationen in extremen Ausmaßen auf Neutronen-Einfangreaktionen beruhen können und keine absoluten Zeiten widerspiegeln. Radioaktive Elemente und die Messung ihrer Zerfallsprodukte – die Basis heutiger radiometrischer Datierungen – werden dadurch für alle Absolutzeitberechnungen an den Rand der Bedeutungslosigkeit gedrängt.

Eine weitere allgegenwärtige physikalische Kraft, die Gravitation, beeinflusst die Zusammensetzung eines Minerals bei seiner Bildung in einer mobilen Phase. Der Einfluss der Gravitation erlangt dann Bedeutung, wenn Geochronologen dieses Mineral nach Mutter- und Tochterelementen auftrennen, um damit ein ‚Alter' zu berechnen. Erdkruste und -mantel bildeten sich aus geschmolzenem Gestein, dem Magma; Sedimente setzten sich aus einer mobilen wässrigen Phase ab. Während der Zeitspanne des flüssigen Aggregatzustandes waren – und sind – alle Moleküle den Auswirkungen der Gravitationskraft unterworfen. Unentwegt zieht die Gravitation schwerere Teilchen stärker nach unten als leichtere. Mutterelemente sind schwerer als deren Tochterelemente. Nach der Erstarrung zu Stein sind daher Mutterelemente mehr in tieferen Lagen, Tochterelemente mehr in höheren Lagen konzentriert. Proben aus höheren Schichten wird infolgedessen ein zu hohes ‚Alter' berechnet. Proben aus tieferen Schichten bekommen ein zu junges ‚Alter' zugeteilt. Durch diese gravitativ verursachte vertikale Auftrennung unterschiedlich schwerer Mutter- und Tochterelemente in einer mobilen Phase wurden die oberen Schichten der Erdkruste bereits vor der Verfestigung zu Stein ‚alt'.

Neben der direkten Konzentrationsbestimmung von Mutter- und Tochterelementen kann gelegentlich ein Umweg gegangen werden, um Aussagen über die vorhandenen Mengen an radioaktiven Isotopen in der Probe machen zu können. Dieser Umweg wird bei der sogenannten ‚Spaltspurenmethode' versucht: Beim Zerfall von Uran-238 verursachen die dabei entstehenden subatomaren Partikel wegen ihrer hohen Energien Zerfallsschäden im Kristall – die Spaltspuren. Die ausgezählten Spaltspuren im Kristall werden in Beziehung gesetzt zu den zerfallenen Uran-238-Atomen. Das Problem der Spaltspurenmethode liegt in der nicht gegebenen Deckungsgleichheit von sichtbaren Spaltspuren und zerfallenen Uran-238-Atomen. Wie bei allen anderen absoluten Zeitbestimmungsmethoden müssen auch hier Korrekturverfahren und umfangreiche Rechenoperationen herangezogen werden, um den vermuteten Uran-238-Gehalt der Probe näherungsweise bestimmen zu können. „Die Präzision der Spaltspurenalter wird von der geringen Genauigkeit der Halbwertszeit der spontanen Kernspaltung bestimmt, sofern nicht genau datierte Standards (monitors) verwendet werden (Zeta-Kalibration)." (15) Demzufolge sind in extraterrestrischen Mineralen infolge des unkontrollierbaren Beschusses mit kosmischen Neutronen und Protonen die dadurch ausgelösten Kernzerfälle störend. 10 cm unterhalb der Oberfläche sollen die Proben entnommen werden (15). Darüber hinaus verfälschen Temperatur- und Druckänderungen die Zählraten der Spaltspuren (15). Die ‚Zeitangaben' beruhen auf Annahmen und Wahrscheinlichkeiten – wie bei allen absoluten

Zeitbestimmungsmethoden. Eine auch der Spaltspurenmethode fehlende ‚Absolutheit' zeigt sich in der Formulierung, Zitat: „Spaltspuren unterscheiden sich unter dem Mikroskop (100- bis 600-fache Vergrößerung) von anderen durch ihre Länge, Geradheit und isotrope Verteilung. Um dies zu erkennen, ist allerdings große Erfahrung notwendig, weswegen unabhängige Zählungen durch zwei Personen empfohlen werden." (11) Geochronologen teilen mit – Zitat: „Größtes Problem ist, Spaltspurenalter geologisch nachvollziehbar zu interpretieren." (11)

Geochronologen haben heute keinen Einfluss mehr auf die fundamentalen Rahmenbedingungen radiometrischer Absolutzeitbestimmungen. Sie können und konnten keine offenen Systeme zu geschlossenen machen. Sie können und konnten den Einbau von Tochterelementen in einen auskristallisierenden Stein nicht verhindern. Sie können und konnten die Zunahme der Zerfallsrate radioaktiver Atomkerne durch Neutroneneinfang und ansteigenden Neutronenfluss nicht unterbinden. Sie können nicht die Auswirkungen der Gravitation auf die Bewegung von Elementen und Molekülen in einer flüssigen Phase rückgängig machen. Die Einhaltung aller fundamentalen Rahmenbedingungen wird von der Geochronologie für vergangene Millionen und Milliarden Geo-Jahre vorausgesetzt. Diese Zeitspannen – ob lang oder kurz – sind vorbei. Beeinflussbar ist nur die Präzision bei den Konzentrationsmessungen radiogener Isotope und der Bestimmung der Halbwertszeiten.

Geochronologen scheuen keine Mühen, die Genauigkeit bei ihren absoluten Altersangaben zu erhöhen. Sie führen umfangreiche Fehlerrechnungen zu den erhaltenen Resultaten durch, sie benutzen Korrekturfaktoren und verlangen zur „... Beurteilung, Behandlung und Interpretation von Datierungsergebnissen ein breites geochronologisches Basiswissen und Erfahrung mit der Handhabung von Daten" (16). Messgeräte und -techniken werden stetig verbessert. Geochronologen werden bald imstande sein, die Konzentration eines vermessenen Isotops in einer Probe bis auf das einzelne Atom genau anzugeben – und können dadurch nicht die geringste Verbesserung in der Genauigkeit ihrer absoluten Zeitangaben erreichen.

Die Unsicherheit bei der Angabe von Absolutalter wird nicht verursacht durch streuende Halbwertszeiten und unpräzise Nachweismethoden, die in den Anfangszeiten der Radiometrie ein Problem darstellten. Das entscheidende Kriterium für die Zuverlässigkeit einer absoluten Altersangabe sind die fundamentalen Annahmen für radiometrische Zeitbestimmungen. Zusätzliche Annahmen sind erforderlich, wenn Metamorphosealter von Gesteinen berechnet werden sollen, wie zum Beispiel mit der 87Rubidium/87Strontium-Methode. Dass auch ‚Metamorphose von Gestein' selbst eine Hypothese der Geologie ist, soll nur am Rande vermerkt werden. Mehrfache „Homogenisierungen der Isotopenverteilung" werden dazu angenommen, um mit der „Isochronen-Methode" (17), „Entwicklungsdiagrammen" (17) und weiteren umfangreichen Rechenoperationen auf der Basis dieser angenommenen neu eingestellten Isotopenverteilung absolute Zeitangaben machen zu können. „Diskordante Rb/Sr-Isotopenhäufigkeitsverhältnisse geschlossener Systeme werden standardmäßig mit der Isochronenmethode nach Nicolayson (1961) in wahre Modellalter umgedeutet." (17) Geochronologen entfalten eine überschießende Aktivität bei der Lösung von technischen und mathematischen Detailproblemen. Sie leben in der Illusion, dadurch die Genauigkeit ihrer absoluten Altersangaben verbessern zu können.

Das Herauslösen der wasserlöslichen Uranverbindungen aus Gesteinsmaterial, der unkontrollierbare Einbau von Tochterelementen neben den Mutterelementen bei der Steinbildung, die gravitative Auftrennung unterschiedlich schwerer Mutter- und Tochterelemente in einer flüssigen Phase und insbesondere der erhöhte Neutronenfluss in Uranerzlagern mit nachfolgender Erhöhung von Spaltungsraten und Neutronen-Einfangreaktionen veränderten die Konzentrationsverhältnisse der relevanten Isotope in einer Messprobe gravierend. Sie verliefen – und verlaufen – im Vergleich zum radioaktiven Zerfall ‚blitzschnell'. Mit keiner radiometrischen Absolutzeitbestimmungs-Methode lassen sich zuverlässige Zeitangaben erhalten. Einem erkalteten Stein kann weder visuell noch durch Messung radiogener Isotopenkonzentrationen ein Alter entnommen werden. Der Anteil der ‚normalen' Zerfallszeit am berechneten ‚Alter' des Steines kann nicht in Erfahrung gebracht werden. Dieser Stein kann vier Wochen, 100 000, 100 Millionen oder viele Milliarden Jahre alt sein. Wie weit die Geologie mit ihren radiometrischen Absolutzeitbestimmungen von der Realität entfernt ist, zeigen Altersbestimmungen an Basaltlaven auf Hawaii: Kalium-Argon-Datierungen ergaben Probenalter zwischen 160 Millionen und drei Milliarden Jahren. Da die tatsächliche Bildungszeit dieser Basaltlaven genau bekannt war, ermöglichten die Messungen den Geowissenschaftlern einen Zuverlässsigkeitstest für ihre radiometrischen Absolutzeitbestimmungs-Methoden: Eruption und Bildung des Basaltgesteins erfolgten exakt im Jahre 1801 – nach unserer Zeitrechnung (18).

7.6.2 Die Widerlegung der Radiokarbon-Methode

Ein weiteres radiometrisches Verfahren zur absoluten Altersbestimmung stellt die Radiokarbon-Methode dar. Mit dieser Methode werden kohlenstoffhaltigen Proben absolute Zeiten zugerechnet. Lebende Organismen nehmen durch den Stoffwechsel das CO_2-Molekül der Atmosphäre auf. Neben dem darin enthaltenen normalen Kohlenstoff (Kohlenstoff-Isotop ^{12}C) enthält es in sehr geringer Konzentration das radioaktive Kohlenstoffisotop ^{14}C (1). ^{14}C entsteht in geringer Konzentration aus atmosphärischem Stickstoff durch energiereiche Höhenstrahlung und Kernumwandlung. Das instabile ^{14}C zerfällt wieder zu Stickstoff. Die Zerfallsgeschwindigkeit von ^{14}C wird wie bei den instabilen Uranisotopen mit dem radioaktiven Zerfallsgesetz beschrieben (1). Das Kohlenstoffisotop ^{12}C besitzt einen stabilen Kern (1). Das Kohlenstoffisotop ^{12}C stellt mit Abstand den größten Anteil an allen vorkommenden Kohlenstoffverbindungen. Der Anteil des Isotops ^{14}C an der Gesamtmenge des atmosphärischen CO_2 ist gering. Das $^{14}C/^{12}C$-Atomzahlenverhältnis liegt bei 10^{-12} (1).

Mit einer physikalischen Halbwertszeit von 5730 +/- 40 Jahren und der gegenwärtigen Nachweisgrenze von ^{14}C mittels AMS (Accelerator mass spectrometer) (1) werden für ^{14}C-haltige Proben Absolutalter von wenigen Hundert Jahren bis zu ca. 50 000 Jahren berechnet (1). Der Radiokarbon-Methode lagen folgende – zwingend erforderliche – Annahmen von Libby (1949) (1) zugrunde:

Der ^{14}C-Wert in der Atmo- und Biosphäre ist eine zeitlich unveränderliche Größe.

Für die letzten 100 000 Jahre sei Konstanz zu fordern für die ^{14}C-Produktionsrate, für den Kohlendioxid- und Stickstoffgehalt der Atmosphäre, für die Kohlenstoffinhalte der terrestrischen Reservoire mit Atmosphäre, Biosphäre und Hydrosphäre sowie für die Austauschrate zwischen ihnen (1). Die erwähnten Annahmen werden als Fundamentalprinzip bezeichnet. Pflanzen assimilieren ^{14}C mit dem Kohlendioxid und bilden den Beginn einer Nahrungskette. Alle Organismen zeigen, so die Vorstellungen Libbys, das gleiche $^{14}C/^{12}C$-Verhältnis wie die Atmosphäre, solange sie leben und über einen aktiven Stoffwechsel verfügen. Mit dem Tod des Organismus sistiert der aktive Einbau von ^{14}C. Dessen Konzentration im Organismus nimmt danach gemäß dem Zerfallsgesetz ab. Bei gültigem Fundamentalprinzip lässt sich daraus nach Messung der verbliebenen ^{14}C-Konzentration direkt das Sterbealter des Organismus berechnen. Das Alter der organischen Probe entspricht dem berechneten ^{14}C-Alter (2).

Wenige Jahre nach Einführung der Radiokarbonmethode mussten die ^{14}C-Wissenschaftler das Fundamentalprinzip offiziell fallen lassen (3, 4). Es wurden gravierende Schwankungen im zeitlichen Verlauf der ^{14}C-Konzentrationen gemessen (4). Global konstante Verteilung von ^{14}C wurde 1949 nach der Vermessung verschiedener rezenter Holzproben aus aller Welt in ‚Science' behauptet und mit Daten untermauert (5). Dazu wurde bekannt, Zitat: „Die anfängliche Streuung der ^{14}C-Datierungen war so groß, dass genügend ‚richtige' Daten vorlagen oder durch statistische Tricks erzeugt werden konnten, um den Glauben an die Grundidee der ^{14}C-Methode bestätigen zu können. Widersprüchliche Datierungen wurden nie ernsthaft als Hinweis auf falsche Vorstellungen von der ^{14}C-Methode genommen, sondern immer als bedauerliche Ausnahmen beurteilt." Und weiter: „Libbys Beweis, dass gleichaltrige – in diesem Fall moderne – Proben ein gleiches ^{14}C-Alter aufweisen, beruhte auf einer unzulässigen statistischen Auswertung seiner Messergebnisse und war deshalb falsch." (5)

Nach Aufgabe des Fundamentalprinzips postulierten die ^{14}C-Wissenschaftler ein ‚Simultanitätsprinzip', um weiter mithilfe der ^{14}C-Methode Altersbestimmungen durchführen zu können. Das Simultanitätsprinzip fordert, dass sich die wechselhaften ^{14}C-Konzentrationen der Vergangenheit auf der ganzen Erde gleichförmig eingestellt hätten. Nachgewiesene Konzentrationsschwankungen sollten sich an allen Orten in gleichem Ausmaß und zu gleicher Zeit ereignet haben (Simultanitätsprinzip) (6). Bei Gültigkeit des Simultanitätsprinzips können die gemessenen ^{14}C-Alter keiner absoluten Zeitskala zugeordnet werden. Startkonzentrationen von ^{14}C beim Tod des Organismus sind nicht mehr feststellbar. ^{14}C-Alter wurden ‚schwimmend'. Es war ein Kalibriermaß erforderlich mit einer zuverlässigen absoluten Zeitskala, aus der die ^{14}C-Konzentrationen der vergangenen Jahrtausende entnommen werden konnten (6).

Das absolute Kalibriermaß sollte von der Dendrochronologie erstellt werden. Dendrochronologen versuchten, absolute Zeitskalen aufzustellen, indem sie die Ringbreitenmuster von Bäumen, beginnend in der Gegenwart, nach rückwärts in die Vergangenheit überlappend kombinierten (synchronisieren) (7). Wegen fehlender Hölzer konnte die Dendrochronologie nicht alle zuzuordnenden Zeiten mit den zugehörigen Ringdickensequenzen belegen. Mit zunehmender Zeitspanne steigt die Zahl der Sequenzlücken. Sequenzen mit fehlendem Anschluss sind ebenfalls „schwimmend". Zusätzlich steigt mit der Anzahl vorhandener Sequenzmuster die Zahl der Kombinationsmöglichkeiten. Dadurch sinkt die Wahrscheinlichkeit für eine sichere Zeitzuordnung (7).

Um die offenkundig gewordenen, oben erwähnten Schwankungen der C-14-Konzentrationen vergangener Zeiten bei der Berechnung absoluter Altersangaben berücksichtigen zu können, begannen Dendrochronologen im Jahre 1958 mit der Aufstellung einer mehrere Tausend Jahre umfassenden absoluten Zeitskala. Dazu vermaßen sie die jährlichen Ringdickenschwankungen der „Borstenkiefer". Es entstand die sogenannte amerikanische Borstenkiefer-Chronologie (8). Sequenzlücken versuchten sie durch ^{14}C-Datierung zu schließen. Ausgeprägte ^{14}C-Konzentrationsschwankungen in den einzelnen Jahresringen bei der Vermessung der amerikanischen Borstenkiefer-Chronologie bestätigten erneut die Ungültigkeit des Fundamentalprinzips. Streuende Messwerte der ^{14}C-Konzentrationen in den amerikanischen Borstenkiefer-Sequenzen wurden daraufhin zu einem Kalibriermaß vereinigt und zum Standard erklärt (9). Die erhaltene Kalibrierkurve spiegle die Schwankungen der ^{14}C-Konzentrationen der vergangenen 7 000 Jahre wider (8).

Die amerikanische Borstenkiefer-Chronologie – als absolutes Kalibriermaß für die ^{14}C-Konzentrationsschwankungen gedacht – wurde als Absolutmaß eingeführt, nachdem sie mit ^{14}C-Vordatierungen und statistischen Verfahren fertiggestellt werden konnte. Statistische Methoden und die ^{14}C-Vordatierung wurden von den Dendrochronologen benutzt, um Sequenzlücken zu überbrücken (10). Damit hat die Dendrochronologie ihren Anspruch als Hüterin einer absoluten Zeitskala eingebüßt. Europäische Eichenchronologien mussten zur Komplettierung auf der amerikanischen Borstenkiefer-Chronologie durch Sequenzmustervergleich (wiggle matching) abgestützt werden (11). Sie besitzen zwangsläufig die gleiche Unsicherheit wie ihr ‚Maßstab'.

Hartnäckig halten ^{14}C-Wissenschaftler auch nach der offiziellen Widerlegung des Fundamentalprinzips an dem Simultanitätsprinzip fest. Eine Aufgabe des Simultanitätsprinzips wäre gleichbedeutend mit dem Ende der Radiokarbonmethode. Bereits bei der Aufstellung der amerikanischen Borstenkiefer-Chronologie zeigte sich die Ungültigkeit auch des Simultanitätsprinzips. ^{14}C-Muster eines 1 000 Jahre alten neuseeländischen Kauri-Baumes zeigten gravierende Abweichungen zum amerikanischen Kalibriermaß (12). Das Simultanitätsprinzip fordert für gleiche Zeiten gleiche Schwankungen der ^{14}C-Konzentration, unabhängig vom Ort. In der Folgezeit wurde immer deutlicher, dass weder das Fundamentalprinzip noch das Simultanitätsprinzip gültig war. ^{14}C-Konzentrationsschwankungen differierten nicht nur von Ort zu Ort und mit der Zeit. Sie waren von derartigen Ausmaßen, dass eine einzelne Schwankung (wiggle) die Gesamtproduktion von ^{14}C in dem betreffenden Zeitabschnitt um das Mehrfache übertraf oder unterschritt (11).

In den letzten Jahren wurde die Bedeutung der Dynamik atmosphärischer und ozeanischer Strömungen mit intensivem und schnellem Austausch des ^{14}C-Isotopes erkannt (13). Produktion und Zerfall von ^{14}C – einst als konstant angenommen – spielen eine marginale Rolle bei den Schwankungen der gemessenen ^{14}C-Konzentrationen. Ausgeprägte ^{14}C-Schwankungen werden durch unkontrollierbare und umfangreiche Austauschvorgänge zwischen den ozeanischen Reservoiren und der Atmosphäre verursacht (13). Sich daraus ergebende Altersverschiebungen können viele Tausend Jahre betragen (14, 15). Weder für eine bestimmte Zeit noch für einen definierten Ort lassen sich die ehemaligen ^{14}C-Konzentrationen angeben. Damit ist die Radiokarbonmethode als Absolutzeitbestimmungsverfahren unbrauchbar. Relevante „absolute Altersangaben“ seitens der Radiokarbonmethode und der Dendrochronologie benötigen Zusatzhilfen: eine Vordatierung mit „sicheren“ archäologischen Funden.

Weitere Messungen belegen die Unzuverlässigkeit der Radiokarbonmethode. Innerhalb von Holzproben wurden ^{14}C-Wanderungen gemessen. Zur ^{14}C-Messung verwendete Jahrringe spiegeln kein Abbild der zugehörigen ^{14}C-Aktivitäten wider. Zitat: „Die Aussage, dass ein hölzerner Jahrring ausschließlich die atmosphärischen Isotopenverhältnisse abbilde, die während seines Entstehens geherrscht haben, beruht auf Spekulation. Der Sachverhalt ist auch deswegen nicht aufgeklärt, weil Dendrochronologen – statt diese Aussage systematisch zu überprüfen – sich auf ihre Gültigkeit stützen mussten, um die dringend benötigte Datierungshilfe durch die ^{14}C-Methode nicht infrage zu stellen.“ (16)

Aus Holz muss auf chemischem Wege die zur Messung herangezogene Zellulose herausgewaschen werden. Diese Prozedur generiert zusätzliche Kontaminationsfehler. Getrennte Messungen von extrahierter Huminsäure und dem fraglichen Holz aus dem Pleistozän erbrachten Datierungsdifferenzen von weit mehr als 10 000 Jahren (17, 18). „^{14}C-Untersuchungen von Hölzern werden wegen des komplexen Sachverhaltes und der Vielzahl möglicher Fehler bei der Behandlung und Messung von Spezialisten durchgeführt." (19)

Bei den Datierungsversuchen an Muscheln resultieren „im Vergleich zu gleichaltrigen und mit ihr vergesellschafteten Organismen, ... Altersunterschiede von bis zu 800 Jahren" (20, 21). „Ähnliche Probleme wie mit Muscheln gibt es für die anorganischen Anteile tierischer und menschlicher Knochen. Es zeigte sich schon sehr früh, dass oftmals völlig anomale Isotopenverhältnisse vorlagen, die auf den Austausch mit dem Grundwasser an der Fundstelle zurückgeführt wurden. Abweichungen von über 10 000 ^{14}C-Jahren sind keine Seltenheit." (22, 23) Zitat: „Die Daten an sich gleichaltriger Knochen streuen häufig ohne erkennbare Systematik um Jahrtausende. Zugleich schwanken diese aber auch mehr oder weniger systematisch innerhalb verschiedener Bereiche eines einzelnen Knochens." (24)

Bei der Verstoffwechslung von CO_2 findet in Organismen eine Fraktionierung der Kohlenstoffisotope statt. Sie bevorzugen das leichtere ^{12}C gegenüber dem ^{14}C. Das berechnete ^{14}C-Alter „... macht immerhin bis zu 800 Jahre zwischen anorganischen Muschelgehäusen und organischem Fett an sich gleichen Alters aus" (25). Dieses ist „... als Verletzung einer Fundamentalannahme der ^{14}C-Methode zu interpretieren" (25).

Nicht eine einzige Grundannahme zur Radiokarbonmethode konnte aufrechterhalten werden. Zitat: „Im Laufe der Zeit stellte sich ganz ‚offiziell' heraus, dass alle ursprünglich für unverzichtbar gehaltenen Voraussetzungen für die Anwendbarkeit der ^{14}C-Methode falsch sind. An dem Simultanitätsprinzip wurde jedoch hartnäckig festgehalten, weil andernfalls ein Konkurs der Methode ins Haus gestanden hätte." (26)

Bei Anwendung der Radiokarbonmethode kann nur der ‚Vordatierung' mittels historischer Vergleiche eine – nicht exakt angebbare – Wahrscheinlichkeit zuerkannt werden. Zitat: „Die Fundamente der ^{14}C-Methode sind so schwach, dass die Methode in sich zusammenbrechen müsste, wenn sie nicht durch Glauben und Hoffen aufrechterhalten würde." (27)

7.6.3 Die Widerlegung der absoluten Altersbestimmungen mittels Eisbohrkernen und Warven

Neben den beschriebenen radiometrischen Messverfahren werden periodisch sich wiederholende Ablagerungen von Schnee, mineralischen und organischen Sedimenten und die jahreszeitabhängige Rhythmik von Baumringdicken verwendet, um zu absoluten Altersangaben zu gelangen. Die Verwendung von Baumringdicken-Sequenzen zur Bestimmung absoluter Holzproben-Alter seitens der Dendrochronologie wurde im voranstehenden Kapitel erwähnt. Eisbohrkerne werden aus den Gletschern Grönlands und der Antarktis gewonnen.

Im Rahmen des ‚Greenland Ice Core Project' (GRIP) wurde ein Eisbohrkern aus dem Grönlandeis gehoben, dessen Gesamtlänge von der Eisoberfläche bis zum unterliegenden Fels 3028 m maß (1). Nachdem man sich auf ein Gesamtalter von 250 000 Jahre für den erbohrten Kern ‚geeinigt' hatte – anfänglich wurde von 300 000 Jahren ausgegangen –, wurden in dem oberen Abschnitt des Bohrkernes 13 000 ‚Jahrringe', oder 14.500 in der gleichen Publikation, durch Zählung ermittelt und die restlichen 237 000 oder 235.500 Jahre errechnet (1).

Mit mathematischen Modellen und weiteren Annahmen über beobachtbares Eisverhalten anderenorts wurde für den untersten Abschnitt, für die ältesten 100 000 Jahre, ein Zeitmaß von 1 mm/Jahr berechnet. Das mithilfe von Modellen auf ein Zeitmaß umgerechnete Längenmaß des Bohrkernes wird zur Angabe von absoluten Zeiten benutzt.

Der Eisbohrkern ließ im obersten Abschnitt eine Zonierung erkennen. Eine einzelne Schichtlage soll der Zeitdauer eines Jahres entsprechen. In tieferen Lagen, ab 13 000 ‚Jahre' abwärts, weist der Bohrkern eine glasklare, homogene Struktur auf. An einem kompletten Bohrkern kann daher kein Alter abgezählt werden, sein Alter muss mit Modellen – wie oben erwähnt – berechnet werden. Das berechnete Alter deckt sich danach mit der zuvor gemachten Altersannahme.

Aus diesem Vorgehen wird ersichtlich, dass die Geowissenschaften keine absoluten Zeiten präsentieren können, wenn sie die in Meter gemessenen Längen eines Eisbohrkernes angeben. Absolutzeitbestimmungen mittels Eiskernbohrungen beruhen wie alle anderen Methoden, die eine Absolutheit ihrer Altersangaben behaupten, auf Annahmen.

Auch für Warvenzählungen wird eine Jahresperiodik gefordert. Warven sind optisch unterscheidbare, geschichtete mineralische und/oder organische Ablagerungen auf dem Festland und in Gewässern. Die Abfolge der Schichten und die Zuordnung eines Jahres zu einer jeden Schichtlage ergibt eine Warvenchronologie. Geschichtete Tonlagen werden den abgeschmolzenen Gletschern der angenommenen Eiszeiten zugeschrieben.

Warvenchronologien sind ‚schwimmend' wie die Baumringsequenzen, d. h. von unbekanntem Absolutalter (2). Vorbild aller Warvenchronologien ist die schwedische für das Postglazial nach G. De Geer (1912) (3). De Geer sprach von geschichteten Bändertonen. Er nahm die jährliche Bildung einer Schichtlage durch die Eisschmelze in den Sommermonaten an und versuchte, die Schichtfolgen dieser Bändertone regional und überregional zu synchronisieren (4). Die Synchronisierungen wurden von vielen Wissenschaftlern abgelehnt, es wurde von ‚quite unreliable results' (ganz unzuverlässigen Resultaten) gesprochen (5). Eine Verknüpfung von Warvenschicht und Jahr wird von den Geowissenschaften weiter praktiziert.

Tonschichten der klassischen schwedischen Warvenchronologie variieren in der Schichtdicke bis zu mehreren Dezimetern. Es lassen sich weder regionale noch überregionale Synchronisationen herstellen (6). Nicht nur die Mächtigkeit der abgelagerten Tone in den Bändertonen ist unverständlich, auch die Ablagerung in Form von äolischen Tonen, von Löss, außerhalb von Vereisungsgebieten ist ungeklärt. Die Zuverlässigkeit von Bändertonchronologien ist geringer als die der Dendrochronologien. „Die Situation ist so schlecht, dass Bändertonchronologien aus gestückelten Sequenzen – wie die schwedische Warvenchronologie – tatsächlich wertlos sind." (7)

Den Eisbohrkernen und Warven kann keine Absolutzeit entnommen werden. ‚Absolute Altersangaben' mithilfe von Eisbohrkernen und Warven erfolgen auf der Grundlage von Annahmen und mathematisch-statistischen Modellkonstruktionen, ‚abgesichert' durch die Radiokarbon-Methode, die ihrerseits als absolute Altersbestimmungsmethode untauglich ist. Alle Grundvoraussetzungen der Radiokarbon-Methode wurden offiziell widerlegt. Die auf Konzentrationsmessungen beruhenden und mit dem radioaktiven Zerfallsgesetz berechneten absoluten Altersangaben der Geologie stützen sich ausnahmslos auf einen Glauben. Das höchste Sakrileg der Geowissenschaften, der geologische Zeitrahmen von 4,6 Milliarden Geo-Jahren, besitzt angesichts der widersprechenden Fakten keine Glaubwürdigkeit mehr. Es gibt zurzeit weltweit keine Messmethode, mit der relevante absolute Altersangaben erhalten werden können. Alle sogenannten absoluten Zeitangaben der Geowissenschaften sind fiktiv. Auf die fiktive Basis aller absoluten Altersbestimmungen in der Geologie verweisen auch die sogenannten ‚unlogischen Funde'. Sie werden im folgenden Kapitel besprochen.

7.7 ‚Unlogische' Funde

Als letztes Argument in der Reihe der Widerlegungen sollen die sogenannten ‚unlogischen Funde' erwähnt werden. ‚Unlogisch' werden Funde genannt, die unseren geschichtlichen Vorstellungen zuwiderlaufen, weil sie in ‚falschen' geologischen Schichten liegen. Alltägliche Gebrauchsgegenstände vergangener Zivilisationen, Hausrat, Werkzeuge, Waffen und künstlerisch anspruchsvolle metallene Schmuckstücke wurden in Hunderte Millionen Jahre alten geologischen Schichten gefunden. Nach der geologischen Zeitkala dürften sie in diesen alten geologischen Schichten nicht zu finden sein. Unsere Spezies soll sich erst vor wenigen Millionen Jahren aufgerichtet haben. Die von den Geowissenschaften praktizierte Verknüpfung einer geologischen Schichtung mit einer definierten Zeitepoche erzwingt die Annahme einer Gleichaltrigkeit von Eingeschlossenem und umschließender Schicht. Alles, was sich innerhalb einer Schicht befindet, muss vor der Schichtenbildung existent gewesen sein und wurde zeitgleich mit der Schichtbildung eingeschlossen. Das Mindestalter eingeschlossener Relikte entspricht somit dem Alter der umschließenden Schicht.

Geologen ignorieren ‚nicht zeitgerecht' abgelagerte Funde. Sie müssen sie leugnen. Jeder einzelne dieser Funde widerlegt die geologische Zeitskala als Ganzes. Geologen verkennen, dass die ‚unlogischen Funde' ein Faktum darstellen, ihre erdgeschichtlichen Modellkonstruktionen aber Hypothesen.

Unlogische Funde bedeuten das ‚Aus' für alle geologischen Zeitangaben. Auch dem Unkundigen wird der Widerspruch zwischen dem Alter dieser Funde und dem geologischen Zeitmaß deutlich. Folglich müssen diese Funde von den etablierten Wissenschaften ‚entwertet' werden. Dazu werden fossilierte menschliche Fußabdrücke mit einem geologischen Alter von mehreren Hundert Millionen Jahren verjüngt, indem sie den Hominiden und weiteren Vorfahren des modernen Menschen zugeordnet werden. Anthropologen lassen die Hominiden vor 20 bis 15 Millionen Jahren auftauchen (1). Schädel- und Knochenfragmente, die den modernen Menschen gleichen, werden als Fälschungen deklariert. Minenarbeiter würden für „gute Funde" gut bezahlt werden oder sich „nur einen Scherz erlauben". Gut erhaltene Skelette seien bestattete moderne Menschen und die alte geologische Schichtung, in der sie gefunden wurden, sei nachträglich durch Faltung an die Oberfläche gelangt ohne Zwischenraum (Oldoway Man). Grünlich eingefärbte Skelette (Moab Man) seien Überreste von prähistorischen Azurit-Bergarbeitern (Azurit = kupferhaltiges Mineral) und in der umschließenden alten Schichtung absichtlich oder unfallbedingt bestattet worden. Wenn an den Füßen von ‚Hominiden', deren geschichtliches Alter mit wenigen Millionen Jahren definiert wird, fossilierte Schuhabdrücke mit profilierten Schuhsohlen gefunden werden, lässt die Geologie uns wissen, das Profil der Schuhsohlen sei durch normale geologische Prozesse erklärbar. ‚Zeitmarken' an der Schuhsohle, wie ein zertretener versteinerter Trilobit (Meister Man) mit einem definierten geologischen Alter von 600 Millionen Jahren, können von der Geologie nicht akzeptiert werden (2). Trilobiten zählen zu den Leitfossilien des Kambriums. Mehr als 500 Millionen Jahre beträgt die Zeitdiskrepanz zwischen dem Alter der Hominiden-Funde und dem Kambrium. Offizielle Stellungnahmen bestehen aus Fälschungsvorwürfen und Schweigen. Geschwiegen wird auch, wenn Artefakte wie Hausrat, Waffen und Schmuck der geologischen Schichtung entsprechend aus denjenigen vergangenen Zeiten gefunden werden, die laut Geologie bereits weit vor dem Auftauchen der Dinosaurier verstrichen waren. Die Herstellung einer achtkarätigen Goldkette und eines eisernen Topfes, beides in einem kompakten Kohlenstück der Karbonzeit gefunden, stellen gewiss hohe Ansprüche an die Kunstfertigkeit der ‚Fälscher'. Eine Goldkette wurde 1891 von Mrs. S. W. Culp aus Morrisonville, Illinois, gefunden, als sie Kohle in ihren Küchenherd schaufelte und dabei ein kompaktes Kohlenstück zerbrach (3). Die dadurch freigelegte Goldkette mit einer Länge von zehn Inch steckte noch zur Hälfte fest in dem abgebrochenen Kohlenstück. Im zweiten Bruchstück war der Negativabdruck der Kette zu sehen, wie die Untersucher bestätigten (3). Der oben erwähnte eiserne Topf steckte in einem kompakten Kohlenblock, den zwei Arbeiter mit dem Schmiedehammer zerkleinern mussten, damit er durch die Ofenklappe geworfen werden konnte (4). Goldkette und Eisentopf sind lt. geologischer Zeitskala 300 Millionen Jahre alt, aus der Zeit des Karbon. Im ausgehenden 19. Jahrhundert wurde Kohle noch technisch unaufbereitet in grob zerkleinerter Form zum Heizen benutzt. Mechanisierung und Automatisierung des Kohlebergbaus beendeten die Ära der Fossilien liefernden Kohleverarbeitung. Der Bergmann nimmt heute seine abgebaute Kohle nicht mehr in die Hand. Abbau und Verladung der Kohle waren einmal Handarbeit. Auffallende Fossilien konnten dabei aussortiert werden. Auch heute enthält Kohle den gleichen Fossilienreichtum wie vor 100 Jahren. Der Paläontologie gehen unentwegt ‚Schätze' verloren.

Je offensichtlicher die Diskrepanz zwischen dem geologischen und dem offiziell erlaubten geschichtlichen Alter eines Fundes ist, desto mehr schwindet das Interesse der Wissenschaft an einer weiteren Untersuchung.

Zur Vermeidung polemisierender Diskussionen über die Authentizität eines unlogischen Fundes werden nachfolgend nur die Publikationen wiedergegeben, die den Stempel der Wissenschaftlichkeit tragen. Es sind diejenigen Funde, die von Geologen, Geophysikern und Archäologen selbst in ihren wissenschaftlichen Fachzeitschriften beschrieben wurden:

1. Ein menschlicher Backenzahn, aus der Schichtung des Eozäns, 30 Millionen Jahre alt (5).
2. Ein menschlicher Schädel, aus einer Braunkohlenschicht des Tertiär, 50 Millionen Jahre alt (6).
3. Ein versteinerter menschlicher Fußabdruck in Sandstein, 150 Millionen Jahre alt, aus dem Jura (7).
4. Versteinerte menschliche Fußabdrücke, in kohlehaltigem Sandstein, der Karbonzeit entsprechend, 300 Millionen Jahre alt (8).
5. Ein menschlicher Schädel mit weiteren Skelettknochen, mit zwei Pfeilspitzen aus Feuerstein, aus der unteren Silurzeit, 425 Millionen Jahre alt (9).
6. Ein versteinerter Schuhabdruck mit Profilsohle in Sandstein aus dem Tertiär, 15 Millionen Jahre alt (10).
7. Versteinerte menschliche Fußabdrücke, mit davor befindlichem versteinerten Abdruck von Pergamentrolle, aus dem Devon am Übergang zum Karbon, 345 Millionen Jahre alt (11).
8. Ein versteinerter Schuhabdruck mit handwerklichen und künstlerischen Auffälligkeiten, aus dem Ordovizium, 500 Millionen Jahre alt (12).

9. Eine Metallvase aus einer Zink-Silber-Legierung mit künstlerischen Verzierungen aus reinem Silber, bei Felssprengungen aus festem Stein freigelegt, 100 000 Jahre alt (13).
10. Ein Eisenwürfel mit zwei gegenüberliegenden Konvexflächen, aus Braunkohlenschicht, 60 Millionen Jahre alt, dem frühen Tertiär entsprechend (14).
11. Ein Nagel, in massivem Block aus Sandstein, nach geologischer Zeitrechnung 40 Millionen Jahre alt (15).
12. Ein Fingerhut aus Metall, in Steinkohleschicht, aus der Karbonzeit vor 350 Millionen Jahre (16).

Diese Liste lässt sich weiter fortführen. Noch umfangreicher sind die Funde, die in ‚nicht wissenschaftlichen' Zeitschriften publiziert wurden.

Alle erwähnten Funde stellen Fakten dar. Das Alter dieser Funde wurde von Geologen nach der offiziell gültigen geologischen Zeitskala bestimmt. Es gibt zwei alternative Lösungsmöglichkeiten zur Beseitigung der Diskrepanzen in den unlogischen zeitlichen Zuordnungen:

Erste Alternative: Die geologische Zeitskala ist zutreffend. Daraus folgt: Vor 500 Millionen Jahren liefen auch schon Menschen in Schuhen umher.

Zweite Alternative: Die geologische Zeitskala ist falsch. Daraus folgt: Alle gefundenen Überreste von Knochen unserer Art, Werkzeugen, Schmuck und Hausrat entsprechen unseren zeitlichen Vorstellungen über den Beginn antiker Hochkulturen und unserer Geschichtsschreibung. Da eine steinharte Schichtung im Normalfalle nicht älter sein kann als das eingeschlossene Relikt, sind die erwähnten geologischen Schichtungen vom Ordovizium bis zum Quartär maximal so alt wie die darin gefundenen Gegenstände. Die Unlogik besteht in der Zuordnung der Schichten entsprechend der geologischen Zeitskala. Logisch sind die Funde, sie sind ein Faktum. Daraus folgt weiter: Es gibt keine über viele Hundert Millionen Jahre verlaufenden geologischen Zeiträume vom Präkambrium bis zum Quartär. Gesteinsformationen, welche die ‚unlogischen Funde' einschließen, gehören zu unserer geschichtlichen Vergangenheit. Sie müssen sich laut Geologie und der Logik entsprechend zeitgleich mit den eingeschlossenen Funden gebildet haben. Es darf darüber diskutiert werden, wie weit wir unseren kulturellen Anfang in die Vergangenheit zurückverlegen wollen. Sicherlich einige Tausend Jahre oder 500 Millionen Jahre?

Mit dem Nachweis der unlogischen Funde in Sedimentschichtungen und harten Felsformationen wird die geologische Zeitskala vom Präkambrium bis zum Quartär ad absurdum geführt. Diese von der Geologie inzwischen auf mehrere Milliarden Jahre aufgeblasenen Zeiträume hat es nie gegeben.

Wie schnell Relikte versteinern und massiver Fels gebildet werden kann, wird in den Kapiteln 9.7 bis 9.11 beschrieben. Mit dem Wegfall von 600 Millionen Geo-Jahren und, wie später dargelegt wird, von einer bis drei Milliarden Geo-Jahren werden der Entwicklungsgeschichte des Lebens ebenso lange Zeiträume genommen.

In den voranstehenden Kapiteln wurde dargelegt, wie die Geologie denkt, arbeitet und ihre Modelle konstruiert. Nicht nur die geowissenschaftlichen Aussagen zur Vergangenheit und Zukunft der Erde sind hypothetisch. Auch die Modelle der Kosmologen und Astronomen zur Bildung der Erde, zur Entstehung unseres Sonnensystems, der Galaxien und des Universums bis zurück zum ‚Urknall' stellen ausnahmslos Hypothesen dar. Einigen wird mehr, anderen weniger Glauben geschenkt.

Mit der Bildung einer festen Erdkruste vor angenommenen ca. 4 Milliarden Geo-Jahren soll unsere geologische Vergangenheit begonnen haben. Das Ziel der geologischen Grundlagenforschung ist die chronologische Rekonstruktion der Erdvergangenheit. Mit den gegenwärtig zugänglichen Befunden versucht die Geologie eine logische Abfolge der Entwicklungsstadien aufzustellen. Alle ihre Überlegungen zur Erdvergangenheit sind nach eigenem Bekunden in hohem Maße hypothetisch. Verwunderung löst die Beharrlichkeit aus, mit der die Geologie ihre Hypothesen verteidigt. Sie tut dies trotz Kenntnis von Fakten, die ihre Hypothesen als unvereinbar mit den bekannten naturwissenschaftlichen Gesetzen aufdecken.

So konnte gezeigt werden, dass der Äonen umfassende geologische Zeitrahmen einen ‚Glauben' als Basis besitzt (17). Geologen glauben an die Konstanz der Rahmenbedingungen in der Vergangenheit bei der Angabe von Absolutzeiten (17). Geologen glauben an eine kontinuierliche Neubildung von Meeresboden und dessen Vernichtung in den Subduktionszonen. Durchgeführte Messungen widerlegen ein Seafloor Spreading und eine Subduktion (18, 19). Geologen glauben an ein Abtauchen der Erdkrustenplatten in den Erdmantel entgegen der Schwerkraft. Sie setzen dazu die physikalischen Gesetzmäßigkeiten mit neuen Hypothesen außer Kraft, die ihrerseits wieder gegen die Gesetze der Physik verstoßen (20). Geologen glauben, dass es in der Erdvergangenheit große globale Vereisungen gegeben hat, aber weisen nach, dass die für eiszeitlich gehaltenen Befunde eine flutungsbedingte Ablagerung fordern (21). Geologen glauben an die Bildung von Erdöl und Erdgas aus organischen Ausgangsmaterialien, aber weisen nach, dass ein derartiger Ablauf nicht möglich ist (22). Geologen glauben, dass Kohle aus Torf entstanden ist, aber weisen nach, dass die Grundsubstanz der Kohle nahezu quantitativ aus Holzresten besteht (23). Geologen glauben, dass die Zechsteinsalze durch Verdunstung von Meerwasser abgelagert wurden, und ignorieren die Messungen, die im Widerspruch zu ihrem Barrenmodell stehen (24). Geologen glauben an ihre hypothetische, Ewigkeiten umfassende Zeitskala und erklären die damit nicht zu vereinbarenden eigenen Befunde als unlogisch.

Alle Fakten ignorierend, entwirft die Geologie neue Hypothesen, lässt die Erdkruste mal hier und mal da absinken und wieder auftauchen, ‚schiebt' Platten mit Kontinenten über den Globus, lässt dabei Meere und neue Kontinente entstehen und schreibt die dafür erforderlichen gigantischen Kräfte einer der Erde innewohnenden Energie zu, die sie nicht nachweisen kann (25). Sie lehnt jeden bedeutsamen extraterrestrischen Einfluss ab und garantiert unsere Unantastbarkeit durch das Kleinrechnen von Wahrscheinlichkeiten.

Vor 300 Jahren begannen Geologen darüber zu diskutieren, ob die allenthalben zu beobachtenden Zerstörungen der Erdkruste auf einen katastrophistischen Hintergrund oder auf einen langsamen Wandel zurückzuführen seien. Dorthin muss zurückgegangen und erneut die Frage gestellt werden, was ursächlich für die Bildung der gegenwärtigen geologischen Formationen verantwortlich ist. Mit dem in den 300 Jahren gesammelten Datenmaterial aller Fachrichtungen kann diese Frage beantwortet werden. Antworten auf die fundamentalen Fragen der Geowissenschaften sind nicht in den Tiefen der Erde zu finden. Eindrucksvoll haben die Geowissenschaften selbst ihre aufgestellten Hypothesen mit Fakten widerlegt. Eindrucksvoll haben auch unsere Vorfahren die umwälzenden kosmischen Ereignisse der Vergangenheit überliefert. Gegenwärtig verhindern die Paradigmata der Geowissenschaften eine alternative Betrachtung der Erdvergangenheit. Die Alternative war für die Erde verheerend, für die jetzige wissenschaftliche geologische Grundlagenforschung wird sie es werden. Sie wird in den folgenden Kapiteln vorgestellt.

8. Die Kollisionstheorie

In den voranstehenden Kapiteln wurde beschrieben, wie Geowissenschaftler die gravierenden Zerstörungen der Erdkruste, als Diskordanzen bezeichnet, aktualistisch begründen. Die aktualistischen Erklärungen mit ‚Zeiten statt Gewalt' wurden widerlegt und dabei auf die Missachtung naturwissenschaftlicher Grundgesetze hingewiesen. Auch der ‚neptunistische' Erklärungsversuch der Diskordanzen vor ca. 200 Jahren konnte keine überzeugende Antwort geben. Wodurch sind die gravierenden Zerstörungen der Erdkruste entstanden? Die Antwort lautet: durch das, was die Geologie seit mehr als 150 Jahren mit einer unnachgiebigen Härte leugnet – durch kosmische Katastrophen.

Unbeeindruckt durch die Widersprüche in ihren Hypothesen verteidigen Geologen weiter ihr Grundprinzip allen Handelns: ‚Zeiten statt Gewalt'. Sie eliminieren die wissenschaftlichen Beiträge der eigenen Zunft, wenn damit fundamentale Aussagen der etablierten Geowissenschaften in Frage gestellt werden (1). Sie unterdrücken Fakten, die auf katastrophale Flutwellen hinweisen (Kap. 7.4). Sie schweigen zu den Relikten vergangener Zivilisationen in nach ihrer Meinung Jahrmillionen alten geologischen Schichten (Kap. 7.8). Sie ignorieren insbesondere beharrlich alle historischen Überlieferungen zu erdgeschichtlichen Katastrophen, gerade weil diese mit einer beeindruckenden Klarheit den geologischen Hypothesen widersprechen (2).

Vor 50 Jahren kämpften die etablierten Wissenschaften die entlarvenden Publikationen des Außenseiters I. Velikovsky nieder (3). 30 Jahre später wurde die Impacttheorie von Alvarez attackiert (4). Die Befunde von Alvarez erzwangen das offizielle Eingeständnis eines katastrophalen Impacts. Diesem Ereignis ordnete die Geologie daraufhin die Funktionen des Dinokillers und Platzschaffers für die Entwicklung der Säugetiere in einer ‚Tertiär-Zeit' zu.

Ein neuer Begriff, der ‚Neokatastrophismus', diente fortan als Garant einer der Zeit angepassten katastrophistischen Betrachtung der Erdvergangenheit. Katastrophen nach geologischem Verständnis lassen sich nicht mit dem allgemein üblichen Katastrophenbegriff vergleichen. Auch Katastrophen werden von der Geologie aktualistisch gerahmt und mit einem Zeitfaktor multipliziert. Dadurch ausgelöste „Massensterben erfolgten im Allgemeinen nicht auf einen Schlag, sondern hätten sich über mehrere Millionen Jahre erstreckt" (5).

In Anbetracht der sichtbaren massiven Zerstörungen der Erdkruste darf die naheliegende Schlussfolgerung gezogen werden, dass jenen eine ebenso heftige Ursache zugrunde liegt. Zu dieser Einsicht gelangten bereits die ehemaligen Sintflutgläubigen Dolomieux und Cuvier. Cuvier schrieb – Zitat: „Man glaubte lange, mit den gegenwärtigen Ursachen die einstigen Umwälzungen erklären zu können, gleich wie man in der politischen Geschichte die vormaligen Ereignisse leicht erklärt, wenn man mit den Leidenschaften und Triebkräften der Gegenwart vertraut ist. Wir werden indes bald sehen, dass das für die physische Geschichte leider nicht zutrifft; der Faden erscheint zerrissen, der Gang der Natur verändert, und keine der Kräfte, deren sie sich heutzutage bedient, würde zugereicht haben, die einstigen Wirkungen hervorzubringen." (6)

Nicht nur in der Geologie ist die Angst vor realen kosmischen Katastrophen, die dem Katastrophenverständnis der Allgemeinheit entsprechen, tief verwurzelt. Allen geologischen Katastrophentheorien ist gemeinsam, dass diese Ereignisse sehr weit in die Vergangenheit geschoben werden. Je größer die Geologie den Radius der potenziell gefährlich werdenden Himmelskörper wähnt, desto weiter positioniert sie deren Aktionen in ihrem Äonen überdeckenden hypothetischen Zeitrahmen in die Vergangenheit und fixiert sie dort durch die Angabe von absoluten Jahreszahlen.

Für die geforderten Massensterben im Ordovizium, Devon, Perm und Trias werden, dem Ausmaß der Schäden entsprechend, größere Himmelskörper als auslösende Ursachen angenommen (7). Am weitesten wurde die Kollision der Erde mit einem ‚marsgroßen' Himmelskörper in die Vergangenheit geschoben. Dieses Ereignis soll sich vor 4,5 Milliarden Geo-Jahren ereignet haben (8). Das schmerzt nicht mehr.

Der Gegenwart bedrohlich nahe kommt der vermutete Einschlag eines Asteroiden von ca. 10 km Durchmesser vor angeblich 65 Millionen Geo-Jahren auf der Halbinsel Yucatán. Er habe zum Aussterben der Dinosaurier geführt (9). In den Diskussionen über die Ursache dieses Massensterbens an der K/T-Grenze (Kreide/Tertiär-Grenze) konkurrieren Impacttheorie und Vulkanismus. Die Synthese beider im Sinne von Ursache und Folge ergäbe eine logische Erklärung für die globale Extinktion von Fauna und Flora in der damaligen Zeit.

Unruhe kommt auf, wenn behauptet wird, dass auch die rezenten Strukturen der Erdoberfläche kollisionsbedingt seien und der kollidierte Himmelskörper benannt werden könne. Der Widerstand gegen eine Kollisionstheorie wird erbittert, wenn als Kollisionspartner ein Mitglied unseres Sonnensystems angegeben wird. Unter dem vielstimmigen Protestgeschrei vernimmt man eine befreiende Heiterkeit, wenn ein Trabant des Planeten Saturn als verantwortlich für die größte geschichtlich überlieferte kosmische Katastrophe erwähnt wird. Eine derartige Aussage sei so absurd, dass sich jede weitere ernst zu nehmende Diskussion darüber erübrige. Es sei doch hinlänglich bekannt, dass Saturn und seine Monde jenseits von Jupiter die Sonne umkreisen. Diese Aussage ist zutreffend. Wenn die Umlaufbahnen von Erde, Saturn und seinen Monden nicht gestört werden, erscheinen Gedanken an eine Kollision zwischen diesen Planeten und Monden als abwegig. Bewegungen von Himmelskörpern um die Sonne werden mit dem Newton'schen Gravitationsgesetz und den Kepler'schen Gesetzen zur Planetenbewegung beschrieben. Es besteht eine Beziehung zwischen den Massen, den Bahnradien und den Umlaufgeschwindigkeiten der Himmelskörper. Nach einer Änderung der Umlaufgeschwindigkeit, des Bahnradius oder der Masse eines Himmelskörpers durch eine von außen einwirkende Kraft stellt sich eine neue Position mit veränderten Bahnparametern ein. Die neue Position im Sonnensystem gehorcht ebenso dem Newton'schen Gravitationsgesetz wie die vorbestehende.

Das Newton'sche Gravitationsgesetz beinhaltet kein Verbot einer äußeren Krafteinwirkung auf ein im Gleichgewicht befindliches Planetensystem. Das ‚Verbot' einer externen Gewalteinwirkung gehört zur geologischen Doktrin des Aktualismus und zu den Paradigmen der Kosmologie. Alle Himmelskörper unseres Sonnensystems sollen demnach von Anbeginn an mit der gleichen Konstanz ihre Bahnen um die Sonne ziehen, so wie sie heute zu beobachten ist. Eine aktualistische Betrachtung der Vergangenheit erlaubt keine bedeutsame Krafteinwirkung von ‚außen', es ‚darf' nach geologischem Glauben keine Positionswechsel von Himmelskörpern in einem Planetensystem geben. Weil es dem geologischen Denkschema zuwiderläuft, habe es folglich diese Ereignisse, die jedes Mal auf kosmische Katastrophen zurückgeführt werden müssten, nicht gegeben. Den gegenwärtigen – falschen – Vorstellungen der Kosmologie zur Entwicklung von Planetensystemen widersprechen eklatant die zahlreichen detaillierten schriftlichen Überlieferungen unserer Vorfahren (10).

Mit der Anmerkung ‚in geschichtlicher Zeit' wächst der Widerstand gegen eine Kollisionstheorie explosiv. Damit wird eine Toleranzgrenze überschritten. Eine Bedrohung wird erkennbar. Der beruhigende, Äonen umfassende geologische Zeitrahmen verliert seine Schutzfunktion.

Erdgeschichtliche Katastrophen lassen sich erkennen und einordnen. Die geowissenschaftlichen Forschungen der letzten Jahrzehnte erlauben deren Rekonstruktion. Sie bestätigen die Überlieferungen unserer Vorfahren. Nicht die Kombination der aktuellen geowissenschaftlichen Befunde mit den geschichtlichen Überlieferungen stellt das Problem dar. Eine emotionale Hürde, die Angst, lässt das Protestgeschrei laut werden und die Theorie von einer Kollision der Erde mit einem großen Himmelskörper in geschichtlicher Zeit kategorisch auf Ablehnung stoßen.

Der Einschlag eines Asteroiden oder Kometen mit einem Durchmesser von mehreren Kilometern kann den Bahnradius der Erde nicht merklich verändern. Dazu sind wesentlich größere Trabanten erforderlich. Diese geologisch und kosmologisch nicht ‚erlaubte' Alternative wird in den folgenden Kapiteln beschrieben.

8.1 Die Kollision der Erde mit einem großen Himmelskörper

Die Region ‚Indischer Ozean' zeigt am Meeresboden mehrere geologische Auffälligkeiten: lang gestreckte geradlinige Parallelstrukturen, den zentralen Ausgangspunkt der weltumspannenden Riftzonen, die weltweit stärkste lokale Abnahme der Schwerkraft, eine davon abhängige Dynamik des Meeresspiegels über dieser Region, die weltweit nur einmal vorkommende Erdkrusten-Verdopplung unter dem Himalaja und Tibet sowie ausgedehnte Streufelder von Tektiten auf den angrenzenden Kontinenten. Alle erwähnten geologischen Auffälligkeiten werden nachfolgend für den Nachweis einer Kollision zwischen Erde und einem großen Himmelskörper kombiniert.

Geologisch auffällige lineare Parallelstrukturen am Boden des Indischen Ozeans wurden sichtbar, als die ersten Reliefkarten des Meeresbodens bekannt wurden. Parallele, wie mit dem Lineal gezogene Strukturen lassen sich oberhalb des Antarktissockels nachweisen und nach Norden bis zum indischen Subkontinent verfolgen. Auf der Westseite enden sie im Arabischen Meer, auf der Ostseite im Golf von Bengalen. In die westliche Begrenzungslinie fügt sich exakt die Ostküste Madagaskars ein. Die östliche Begrenzungslinie der Parallelstrukturen wird vom östlichen indischen Rü-

Abb. 8.1: Region Indischer Ozean. Ausschnitt aus der Relief-Karte des Meeresbodens. Aus: ‚The New Atlas of the Universe', 1984, von Patrick Moore. Mit freundlicher Genehmigung

cken, der längsten nicht unterbrochenen linearen Formation am Meeresboden, gebildet (Abb. 8.1).

Die linearen Parallelstrukturen im Bereich des Indischen Ozeans erstrecken sich mit einer Breite von ca. 4 000 km mehr als 10 000 km nach NNO. Sie markieren einem geologischen Modell zufolge die hypothetische Wanderungsstrecke des indischen Kontinents von der Antarktis in die jetzige Position (Abb. 8.2).

Vor 180 Millionen Geo-Jahren soll die Wanderung begonnen haben. Vor 40 Millionen Geo-Jahren habe der indische Kontinent die eurasische Platte erreicht und damit begonnen, den Himalaja zu formen. Die linearen Parallelstrukturen begrenzen die sogenannte indische Platte.

Lang gestreckte lineare Parallelstrukturen sind nur im Bereich des Indischen Ozeans zu finden. Sie fügen sich nicht in das durch geschwungene Formationen, durch konkave und konvexe Linienführungen geprägte Relief des Meeresbodens ein. Sie wirken ‚fremd' und lassen sich nicht dem System der Transformstörungslinien zuordnen, wie aus der Reliefkarte ersichtlich ist. (Abb. 7.14) Transformstörungen schneiden die Riftzonen in regelmäßigen Abständen annähernd rechtwinklig. Auch im Indischen Ozean sind Transformstörungen in den Riftzonen sichtbar. Sie werden von Strukturen des Ozeanbodens überquert, die einen spitzen Winkel zum Zentralriss der Riftzonen bilden (Abb. 8.1). Diese die Riftzonen spitzwinklig schneidenden Strukturen besitzen die gleiche Ausrichtung wie die erwähnten linearen Parallelstrukturen nach NNO. Letztere werden im Norden durch die abrupt aufsteigende Südflanke des Himalajas begrenzt. Sie liegt exakt quer zu den nach NNO ausgerichteten Parallelstrukturen.

Nicht nur unter dem Indischen Ozean ist der Meeresboden einsehbar. Auf den Reliefkarten wurden die Ozeanböden mit ihren auffallenden Strukturen

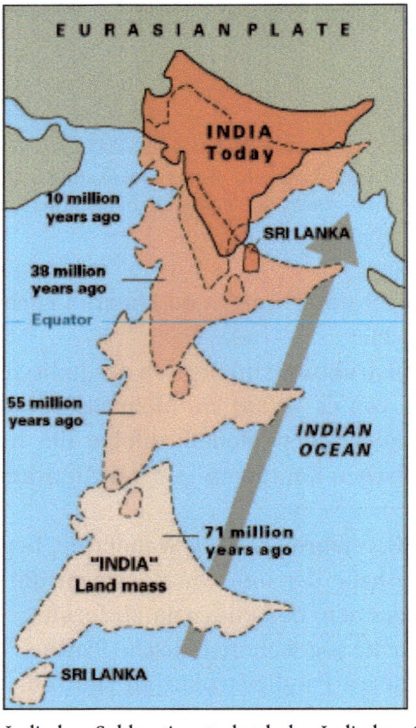

Abb. 8.2: Wanderung des Indischen Subkontinents durch den Indischen Ozean lt. einer geologischen Hypothese. (Quelle:USGS)

weltweit freigelegt (Abb. 7.14). Die markantesten Strukturen der Ozeanböden werden von den insgesamt 70 000 km langen Rifts gebildet. Drei unterscheidbare Riftketten zeigt der Meeresboden. Sie besitzen einen zentralen Ausgangspunkt im Indischen Ozean, östlich von Madagaskar. Viele Teilabschnitte dieser um den ganzen Erdball laufenden subozeanischen Gebirgszüge sind mit individuellen Namen versehen worden. Sternförmig breiten sich im Indischen Ozean östlich von Madagaskar das Nordwestliche (Mittelmeer-)Rift, das Südwestliche (Atlantik-)Rift und das Südöstliche (Pazifik-)Rift aus. Das nordwestlich verlaufende Rift unterquert zentral die arabische Halbinsel, dann das Mittelmeer und trifft mit einem Winkel von ca. 90° auf das Atlantikrift. Das Atlantikrift umrundet den südlichen Teil des afrikanischen Kontinents und gelangt über den Süd- und Nordatlantik ins Polarmeer. Das Pazifische Rift schwenkt in einem großen Bogen um Australien und Neuseeland, durchläuft den Südpazifik und unterquert den nordamerikanischen Kontinent. Die Unterquerung des nordamerikanischen Kontinents beginnt am Golf von Kalifornien. Sie endet oberhalb von Alaska. Der in gleicher Richtung verlaufende Hauptkamm der Rocky Mountains entspricht dem Scheitelbereich dieser Riftzone. Das Rift grenzt die Pazifische Platte ab. Letztere wirkt durch die zahlreichen Sea Mounts, Gyots und steilwandigen Grabenbrüche unruhig (Abb. 7.14).

Neben den beiden sichtbaren geologischen Auffälligkeiten auf der Reliefkarte des Meeresbodens – die nach NNO verlaufenden Parallelstrukturen und der zentrale Ausgangspunkt der drei Riftzonen unter dem Indischen Ozean – zeigt das über dieser Region gemessene Erdschwerefeld gravierende Abweichungen vom Durchschnittswert. Das Schwerefeld der Erde konnte in den letzten Jahren durch satellitengestützte Systeme vermessen werden. Daten zum Schwerefeld der Erde wurden unter maßgeblicher Beteiligung des Deutschen GeoForschungsZentrums GFZ erhalten. Die Gravitationsmessungen mit dem GFZ-1-Satelliten (Abb. 2.2) wurden durch die ‚CHAMP'- und ‚GRACE'-Missionen weitergeführt (Abb. 2.3 und 2.4). Mit den Messdaten errechneten Geophysiker ein Oberflächenprofil für die Erde, welches vom Rotationsellipsoid abweicht. Wegen seiner unregelmäßig geformten Oberfläche erhielt das Geoid den Namen ‚Kartoffel-Erde'. Es repräsentiert visuell die Schwerkraftdifferenzen im Erdmantel und in der Erdkruste (Kap. 2.3). Zur optischen Darstellung der Schwerefelddifferenzen war ein mathematischer Verstärkungsfaktor von 15×10^3 erforderlich (11). Das Profil des Erdschwerefeldes zeigt eine markante Anomalie: Im Bereich der Südspitze Indiens und Sri Lankas ist eine extreme Schwerkraft-Abnahme zu erkennen, die in ihrer Ausprägung weltweit einzigartig ist (Abb. 8.3). Diese Zone mit extrem erniedrigter Schwerkraft liegt exakt im Zentrum zuvor erwähnter Parallelstrukturen des Indischen Ozeans. Das Punctum minimum liegt auf der zentralen Längsachse dieser Strukturen. Im Tiefenquerprofil ist eine konkave Form erkennbar (Abb. 8.4). Ausgehend von den westlichen und östlichen Begrenzungslinien der Parallelstrukturen nimmt die Schwerkraft symmetrisch bis zum Zentrum ab.

Durch die kräftige Abnahme der Schwerkraft in Erdkruste und -mantel sinkt über dieser Anomalie im Bereich des Indischen Ozeans der Meeresspiegel unter das NN-Niveau. Der Indische Ozean zeigt in dieser Region eine Delle in der Wasseroberfläche bis zu -110 m (Abb. 8.5). Der Durchmesser dieser Wasserdelle von ca. 4 000 km entspricht der Ausdehnung der Schwerefeldanomalie und der Breite der Parallelstrukturen.

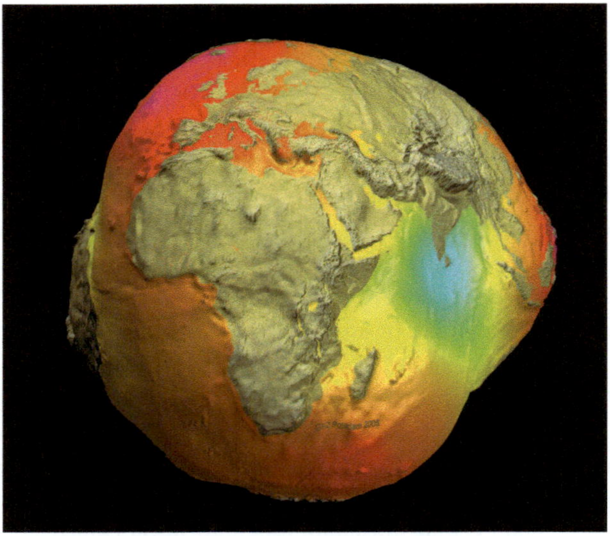

Abb. 8.3: Visualisierung der Schwerkraftunterschiede in Erdmantel und -Kruste. (Abb.: Deutsches GeoForschungsZentrum GFZ. Mit freundlicher Genehmigung)

Abb. 8.4: ‚Kartoffelerde' mit Konkav-Profil über der Kollisionsrinne in der Region Indischer Ozean
(Abb.: Deutsches GeoForschungsZentrum GFZ. Mit freundlicher Genehmigung)

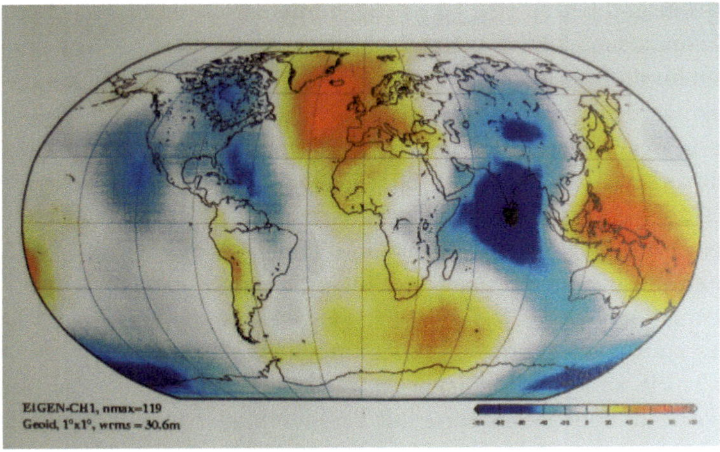

Abb. 8.5: Differenzen der Meerespiegelhöhen aufgrund regional unterschiedlicher Dichteverteilung in Erdmantel und -Kruste
(Abb.: Deutsches GeoForschungsZentrum GFZ. Mit freundlicher Genehmigung)

Fortgesetzte Messungen der Meeresspiegelhöhen in der erwähnten Region wiesen eine Dynamik nach. Meeresspiegel und Schwerkraft verändern sich dort stetig. Der Meeresspiegel steigt jährlich um ca. 10 cm. Den gemessenen jährlichen Meeresspiegelanstiegen liegt ein aktiver Prozess zugrunde. Denkbar sind gravitative Umschichtungen in dem als zähflüssig angenommenen Erdmantel und eine Expansion zuvor komprimierter Mantelschichten. Die gegenwärtige anomale Massenverteilung im Erdmantel unter dem südlichen indischen Kontinent kehrt zum Normalzustand zurück.

Weitere Messungen konnten nachweisen, dass dort nicht nur der Meeresspiegel kontinuierlich ansteigt. Im Bereich des indischen Kontinents hebt sich die gesamte Erdkruste, einschließlich des Himalajas, einschließlich der Wassermassen des Indischen Ozeans. Im Gebiet des Gravitationsminimums finden sich die größten Hebungen. Der Himalaja steigt jährlich ca. 5 mm. Wäre über dem Bereich der Gravitationsanomalie in den vergangenen Jahren ausschließlich der Meeresspiegel angestiegen, würden die Malediven bereits unter Wasser liegen. Der Aufstieg des Himalajas wird von der Geologie mit dem Vorrücken des untergetauchten indischen Kontinents erklärt.

Mit konstanten jährlichen Anstiegsraten von 10 cm ergibt sich für die gegenwärtige Wasserdelle von -100 m über der Schwerefeldanomalie in ca. 1 000 Jahren ein Niveauausgleich des Meeresspiegels auf NN. Eine analoge Extrapolation nach rückwärts, in die Vergangenheit, ergibt für die Zeit vor einigen Tausend Jahren eine beängstigend tiefe Delle und für die Zeit vor einigen Zehntausend Jahren ein unglaubhaftes Bild mit trocken liegendem Ozeanboden für diese Region. Aus den Extrapolationen in beide Richtungen kann gefolgert werden, dass die Schwerkraftanomalie in der Region des Indischen Ozeans in der jüngeren Erdvergangenheit entstanden sein muss. Das Alter der Schwerkraftanomalie kann mit einigen Tausend Jahren, aber nicht mit 100 000 oder Millionen Jahren angegeben werden.

Neben den geologisch auffälligen Formationen am Meeresboden unter dem Indischen Ozean und der damit deckungsgleichen extremen Schwerkrafterniedrigung über dieser Region werden als weitere markante Auffälligkeiten die Untersuchungsergebnisse an Silikatmineralien herangezogen, um die Kollisionstheorie zu belegen. Kosmische Einschläge auf der Erdoberfläche bewirken extrem hohe Druckwerte mit Veränderungen an den unmittelbar betroffenen Mineralen. Dabei entstehen sogenannte impactmodifizierte Silikate, die Tektite. Sie werden heute geochemisch untersucht. Impacts, gleichbedeutend mit Einschlägen von Himmelskörpern größerer Masse auf der Erdoberfläche, sind bei Geologen nicht gern gesehen. Zitat: „Das Bestreben der Geologie sei doch stets darauf gerichtet, das geschichtliche Werden eines Stücks Erdrinde in seinem kontinuierlichen Zusammenhang zu erkennen, wobei es ihr naturgemäß fernliegt, mit einem diese Kontinuität durchbrechenden Schlag aus dem Kosmos zu rechnen." (12) Das ist in der Tat ein Problem der Geologie, zumal bereits viele dieser Einschläge auf der Erde nachgewiesen wurden und jeder Einschlag die aktualistische Denkart der Geologie aufs Neue zerschlagen hat.

Zu den impactmodifizierten Silikaten zählen die beiden Minerale Coesit und Stishovit (13). Beide Minerale stellen Besonderheiten dar. Es sind Hochdruckmodifikationen von Siliziumoxid mit der Koordinationszahl 6. Natürlich vorkommende Minerale enthalten Silizium mit der Koordinationszahl 4. Ein Siliziumatom ist von vier Sauerstoffatomen umgeben. 1953 gelang im Labor unter Anwendung von hohem Druck und Temperatur die Darstellung der Hochdruckmodifikationen des Siliziums mit der Koordinationszahl 6. Einige Jahre später (1960) wurden diese Hochdruckmodifikationen von Silizium, Coesit und Stishovit als ‚natürliche' Minerale gefunden. Sie wurden in der Umgebung von vermuteten Einschlagkratern entdeckt. Es besteht Einigkeit darüber, dass Coesit und Stishovit bei Vulkanausbrüchen nicht gebildet werden können. Der dabei auftretende Druck bewirke keine Umwandlung von Silikaten der Erdkruste in solche mit der Koordinationszahl 6. In der Natur gefundene Hochdruckmodifikationen von Silizium wurden als Reaktionsprodukte bei Einschlägen massereicher Himmelskörper erkannt.

Nach anfänglichen Zweifeln an der kosmischen Genese der sechsfach koordinierten Silikate werden Coesit und Stishovit heute von der Geologie als Beweis für einen kosmischen Einschlag gefordert. Die im Zusammenhang mit der Kollisionstheorie von der Geologie geforderten impactmodifizierten Silikate für die Region Indischer Ozean wurden gefunden. Ganz Australien, Teile von Südostasien und darüber hinaus Nordamerika und Tschechien sind von Tektiten und Siliziumhochdruckmodifikationen bedeckt (14). Angesichts der wachsenden Anzahl gefundener hochdruckmodifizierter Silikate lässt die Geologie diese Minerale jetzt mithilfe der plattentektonischen Hypothesen entstehen (Kap. 10).

Geschockte Quarze, geschmolzene kleine Glaskügelchen und Fullerene werden ebenso zu den Impactindikatoren gezählt wie erhöhte Iridiumkonzentrationen. Geschockte Quarze sind Mineralien mit gekreuzten linearen Bruchstrukturen. Diese werden sichtbar nach dem Anschleifen. Kleine Glaskügelchen entstehen beim explosiven Zerstäuben von Granit und nachfolgender Abkühlung während des Falles durch die Atmosphäre. Fullerene sind käfigartige Kohlenstoffpartikel, die Edelgasisotope extraterrestrischen Ursprungs eingeschlossen haben. Asteroiden sollen Kernbestandteile größerer Himmelskörper darstellen, sie seien reich an Schwermetallen wie Iridium. Im Falle eines Impacts werden Iridiumstäube über weite Flächen der Erde verteilt. Die bekannten weltweiten Iridiumablagerungen in einer geologisch identischen Sedimentschichtung werden der Schichtlage entsprechend einem einzigen Impact zugeordnet. Der für die Iridiumablagerung verantwortliche Asteroideneinschlag auf der Halbinsel Yucatán vor angeblichen 65 Millionen Geo-Jahren hatte somit globale Auswirkungen.

Als weitere geologische Besonderheit der Region Indischer Ozean soll die weltweit nur einmal vorkommende, seismisch nachgewiesene komplette Erdkrustenverdopplung unter dem Himalaja und Tibet erwähnt werden. In der Breite deckt sich der untergeschobene Plattenanteil mit der entsprechenden Ausdehnung der oben beschriebenen Parallelstrukturen.

Alle erwähnten Auffälligkeiten in der Region Indischer Ozean – Parallelstrukturen, zentraler Ausgangspunkt aller drei Riftzonen, extreme Schwerkrafterniedrigung, Meeresspiegels-Dynamik, komplette Erdkrustenverdopplung und Streufelder von Tektiten – stellen geowissenschaftlich nachgewiesene Fakten dar. Von diesen Fakten sind die Theorien zu trennen, die zur Erklärung dieser auffälligen geologischen Befunde in der Region des Indischen Ozeans aufgestellt wurden.

Geologen erklären alle beschriebenen Auffälligkeiten mit ihren plattentektonischen Hypothesen. Der indische Kontinent habe sich vor 180 Millionen Geo-Jahren nach Zerfall des hypothetischen Riesenkontinents ‚Pangäa' vom hypothetischen Großkontinent ‚Gondwana' getrennt (15). Danach habe er der plattentektonischen Hypothese zufolge die Region Indischer Ozean in voller Länge, von der Antarktis bis zum Himalaja, ‚durchwandert'. Die NNO-Bewegung habe zur Unterschiebung der indischen Platte unter die eurasische geführt und die Bewegung dauere bis zum heutigen Tage an (16). Zitat: „Die Kollision zwischen Indien und Eurasien begann im frühen Tertiär. Indien raste mit knapp 20 cm pro Jahr in Asien hinein, eine Plattengeschwindigkeit, die heute nirgends erreicht wird." (17) Der indische Subkontinent habe sich nach

Abbruch des nördlichen Teiles unter die asiatische Platte geschoben und dabei den Himalaja und Tibet geformt (18). Das Vorrücken des indischen Kontinents gegen die eurasische Platte wird von der Geologie mit einem ‚Bulldozer' gleichen Verhalten beschrieben (19). Überraschend war der Befund, dass der ehemalige nördliche Anteil der indischen Unterkruste über mehrere Hundert Kilometer mittels Seismik als komplett untergeschoben geortet werden konnte. Zitat: „Seither dringt sie immer noch jährlich um etwa 5 cm vor. Insgesamt hat sie sich wie ein Bulldozer 1200 bis 2800 km tief in die asiatische Platte hineingebohrt und dabei nicht nur den Himalaja und die Hochebene von Tibet geschaffen, sondern auch riesige Gebiete von Indochina und vom östlichen China buchstäblich nach Osten und Südosten herausgequetscht." (19) Alle anderen kontinentalen Kollisionszonen zeigen eine Stauchung, aber kein komplettes Unterschieben mit Plattenverdopplung. Der ‚Bulldozer' muss mit einer gigantischen Kraft ausgestattet sein, um seine Arbeit verrichten zu können. Den Motor dieser Plattenbewegung wie auch den für alle anderen mobilen Platten hofft die Geologie in geeigneten mächtigen Magmaströmungen finden zu können. Es wurden jedoch trotz umfangreicher Messungen keine Magmaströmungen gefunden, die mit dem behaupteten weltweiten Erdplattentourismus vereinbar waren (20, 21). Wo sind die ‚Bulldozer'? Die Geologie sucht weiter, sie stellt neue Hypothesen auf.

Nach der Kollisionstheorie wird die Region Indischer Ozean mit ihren geologischen Auffälligkeiten und der ‚Wanderung' des indischen Kontinents als Einschlagzone ausgewiesen. Die Kollisionstheorie fordert für die Auffälligkeiten und das Vorrücken des indischen Subkontinents folgenden Ablauf: Ein großer Himmelskörper kollidierte in der Region des Indischen Ozeans oberhalb des Antarktissockels mit der Erde. Er bewegte sich in einer tangentialen Flugbahn in NNO-Richtung durch die Region des Indischen Ozeans bis in Äquatorhöhe. Die maximale Eintauchtiefe in den Erdkörper reichte bis unterhalb der Lithosphäre und in den oberen Erdmantel hinab. In Höhe des Äquators löste sich der Kontakt zwischen dem kollidierenden Himmelskörper und der Erde. Nördlich der Einschlagregion scherte die Lithosphäre in voller Schubbreite von ca. 3600 km ab. Das Unterschieben dieses abgescherten Lithosphärenteils unter den eurasischen Kontinent führte dort zur Plattenverdopplung mit zeitgleich verlaufender Hebung von Himalaja und Tibet. Die Kollision ereignete sich in geschichtlicher Zeit. Für die gigantischen Kräfte, die zur Abscherung und Unterschiebung der Lithosphäre erforderlich waren, wird als ‚Bulldozer' ein kollidierter Himmelskörper gefordert.

Sowohl die geologische Theorie der Plattenbewegung im Rahmen der plattentektonischen Modelle als auch die Kollisionstheorie beschreiben die NNO-Bewegung des indischen Subkontinents.

Geologen beschreiben das Vorrücken des indischen Subkontinents gegen die asiatische Platte aktualistisch. Der Vorgang erfordere viel Zeit, Millionen von Jahren. Das Vorrücken des indischen Kontinents sei ehemals mit „rasender" Geschwindigkeit erfolgt (17), jetzt aber abgebremst, und verlaufe sehr langsam und gewaltfrei durch ‚kalte' Umformung. Der Bulldozer bemühe sich unentwegt, die indische Platte weiter nach NNO zu verschieben. Demgegenüber bedingt die Kollisionstheorie vom Ablauf her einen sehr schnellen Vorgang, ein schlagartiges Ereignis mit den daraus resultierenden extremen Anstiegen von Druck- und Temperaturwerten.

Kollisionstheorie und geologische Version der Plattenwanderung im Rahmen der Plattentektonik decken sich in Bezug auf:

- die Bewegungsrichtung der indischen Platte nach NNO,
- die Verschiebungsbreite, die der Breite der nördlichen indischen Platte von ca. 3600 km entspricht,
- die Plattenverdopplung unter dem eurasischen Kontinent mit der Hebung von Himalaja und Tibet.

Kollisionstheorie und geologische Version decken sich nicht in Bezug auf:

- die Geschwindigkeit der Plattenbewegung und den dafür zuständigen ‚Motor'.

Da die Geschwindigkeit der Plattenbewegung durch die Art des ‚Motors' bestimmt wird, ist zu klären, wer den geeigneten Motor präsentieren kann. Von der Geologie wird eine effiziente Magmaunterströmung als Motor für den nach ihrer Meinung kontinuierlichen Vorschub des indischen Kontinents unter die eurasische Platte behauptet. Er benötige für seine Arbeit ‚Zeit statt Gewalt'. Der Motor der Kollisionstheorie wird in einem kollidierten Himmelskörper gesehen. Er benötigte für seine Arbeit ‚Gewalt statt Zeit'.

Mit diesen gegensätzlichen Forderungen von Kollisionstheorie und Geologie stehen sich wiederum unvereinbare Standpunkte gegenüber: der Katastrophismus und der Aktualismus. Welche Auffälligkeiten in der Region Indischer Ozean sind mit der geologischen, aktualistisch geprägten Theorie der Plattentektonik vereinbar und welche mit der Kollisionstheorie?

Für die geologische Version einer aktualistisch bewegten indischen Platte soll die Tatsache sprechen, dass die überwiegende Mehrheit der Geologen felsenfest daran glaubt.

Für die Kollisionstheorie und gegen die geologische Version spricht die exakte Linearität der parallelen Strukturen am Boden des Indischen Ozeans. Eine aktualistische Wanderung der indischen Platte über zig Millionen Jahre mit einer ‚Nullabweichung' von einer Geraden in Richtung NNO über 10 000 km ist mehr als unwahrscheinlich.

Für die Kollisionstheorie und gegen die geologische Version sprechen die geographische Lage und Ausdehnung der Gravitationsanomalie innerhalb der Parallelstrukturen, die geographische Deckung dieser beiden Anomalien. Eine Verschiebung von Lithosphärenplatten nach geologischer Denkart und die Unterschiebung im Bereich Himalaja-Tibet bieten keine Erklärung für die minimale Dichte und die markante Schwerkrafterniedrigung unter der Südspitze Indiens und Sri Lankas. Letztere ist vereinbar mit der Expansion dieser Region nach vorangehender Kompression mit extremer Temperaturerhöhung und der Aufschmelzung nach Druckabfall bei Kontaktlösung des Kollisionspartners.

Für die Kollisionstheorie und gegen die geologische Version der Plattenbewegung spricht das konkave, symmetrische Tiefenquerprofil der Gravitationsanomalie im Bereich des Indischen Ozeans mit seinen Minimalwerten im Zentrum (Abb. 8.4).

Für die Kollisionstheorie und gegen die geologische Theorie einer seit Millionen von Jahren verlaufenden Plattenbewegung spricht die gemessene Dynamik über der Schwerkraftanomalie im Indischen Ozean. Eine Extrapolation der jährlichen Änderungsraten des dortigen Meeresspiegels in die Vergangenheit findet nach einigen Tausend Jahren ein Ende. Die Schwerkraftanomalie kann nicht alt sein, keine Millionen Jahre.

Für die Kollisionstheorie und gegen die geologische Version sprechen die impactmodifizierten Silikate, die an den ‚richtigen' Stellen von der Geologie gefunden werden konnten (14). Plattenbewegungen nach den geologischen plattentektonischen Modellen erzeugen mit ihren aktualistischen Geschwindigkeiten keine ‚Streufelder' von Tektiten weit abseits der angenommenen Wanderungsstrecke des indischen Subkontinents, auch wenn Letzterer ‚gerast' sein soll (17).

Gegen eine Lithosphärenplatten-Verschiebung im Indischen Ozean nach geologischer Version spricht auch ihr fehlender Motor. Er wurde in geeigneten Magmaunterströmungen gesucht und nicht gefunden (20, 21). Der zuständige Motor der Kollisionstheorie kann dagegen identifiziert werden.

Die unterschiedlichen Standpunkte zwischen Geologie und Kollisionstheorie zur Unterschiebung des indischen Kontinents unter die eurasische Platte reduzieren sich einzig auf die Frage, wie dieser Vorgang abgelaufen ist oder – nach geologischem Glauben – noch abläuft. Geologen dürfen diesen Vorgang auch weiterhin als ‚Überschiebung' bezeichnen. Sie nehmen an, dass sich die eurasische Oberkruste auf der nach Norden unterschobenen indischen Unterkruste in einer rückläufigen, südwärts gerichteten Bewegung der indischen Plattenoberkruste überschoben und so den Himalaja hochgedrückt habe. Die Kollision zwischen dem indischen Kontinent und der eurasischen Platte lasse sich nicht in das normale Kollisionsschema mit zwei kollidierenden Kontinentalblöcken einordnen. Hier seien die Verhältnisse etwas ‚Besonderes', eine Überschiebung.

Der Motor für die nordwärts gerichtete Bewegung des indischen Kontinents sollte gesucht werden. Wer seinen Motor präsentieren kann, vermag auch den Ablauf der Unterschiebung und alle Folgereaktionen logisch darzulegen. Dieses erfolgt im anschließenden Kapitel.

8.2 Die Identifizierung des kollidierten Himmelskörpers

Im voranstehenden Kapitel wurde mit den Messdaten von Geologie und Geophysik gezeigt, dass die Auffälligkeiten in der Region des Indischen Ozeans – die linearen Parallelstrukturen am Meeresboden, die Gravitationsanomalie mit ihrer Dynamik, die gefundenen impactmodifizierten Silikate und die nachgewiesene Plattenverdopplung unter dem Himalaja und Tibet – besser mit einer Kollision eines großen Himmelskörpers vereinbar sind als mit einer aktualistischen Wanderung und Unterschiebung der indischen Platte;

dass der Mindestdurchmesser des kollidierten Himmelskörpers nach der Reliefkarte des Meeresbodens ca. 4 000 km betragen haben muss, entsprechend der Breite der linearen Parallelstrukturen.

Es mag der Einwand kommen, dass die Auffälligkeiten in der Region des Indischen Ozeans durch andere Ereignisse entstanden sein könnten. Auch die Geologie wäre damit gezwungen, ihre Theorien zur Bewegung und Unterschiebung des indischen Subkontinents aufzugeben. Sie argumentiert mit den gleichen Fakten, wie sie für die Kollisionstheorie in Anspruch genommen werden – mit den Seitenbegrenzungen der indischen Platte, deren Verdopplung unter dem Himalaja und Tibet und der Verschiebung in NNO-Richtung (22). Einzig die divergierenden Ansichten über die Geschwindigkeit und den Motor der abgelaufenen Plattenverdopplung sind unvereinbar zwischen Geologie und Kollisionstheorie, wie voranstehend beschrieben wurde. Da die Wanderung des indischen Subkontinents nur ein Teilaspekt der umfangreichen geologischen plattentektonischen Überlegungen mit all ihren weiteren Abhängigkeiten darstellt, würde der oben erwähnte Einwand das gesamte geologische Hypothesengebäude zusammenfallen lassen.

Der postulierte Impact im Rahmen der Kollisionstheorie muss Spuren hinterlassen haben. Diese sollten sich auf der Erde und an dem kollidierten Himmelskörper nachweisen lassen. Alle erwähnten Auffälligkeiten in der Region des Indischen Ozeans stellen Spuren dieser kosmischen Katastrophe auf der Erde dar. Folgeschäden an dem kollidierten Himmelskörper sollten dessen Auffinden ermöglichen.

Eine Suche nach dem kollidierten Himmelskörper innerhalb des Sonnensystems wird eher zum Erfolg führen als jenseits der Pluto-Bahn. Jenseits der Pluto-Bahn wird ein annähernd in der Ekliptik umlaufender Kometengürtel postuliert – der Kuiper-Gürtel (23). In noch größerer Entfernung und in sphärischer Anordnung wird die sogenannte Oort'sche Wolke angenommen (24). Kuiper-Gürtel und Oort'sche Wolke dienen den Astronomen und Kosmologen als Kometenquelle. Aus den Kometenkonzentrationen beider Regionen sollen gelegentlich Exemplare in das innere Sonnensystem vordringen. Kometen aus dem Kuiper-Gürtel werden als kurzperiodisch bezeichnet und laufen in der Ekliptik. Kometen aus der Oort'schen Wolke werden langperiodisch genannt, sie laufen außerhalb der Ekliptik. Ihr Durchmesser wird auf maximal wenige Hundert Kilometer geschätzt (23). Inzwischen wurden jenseits der Pluto-Bahn Himmelskörper entdeckt, deren Größe mit der von Pluto vergleichbar ist, und Pluto wurde der Planetenstatus aberkannt (25). Ein Himmelskörper mit einem Durchmesser von mehr als 4 000 km, wie er von der Kollisionstheorie gefordert wird, ist bis heute weder im Kuiper-Gürtel noch in der Oort'schen Wolke nachgewiesen worden.

Bisher wurden die Auswirkungen der Kollision auf die Erde beschrieben. Nach den Gesetzen von Reaktion und Gegenreaktion sind auch für den kollidierten Himmelskörper zwingend gravierende Änderungen und Schäden zu fordern:

- Der kollidierte Himmelskörper mit einem erforderlichen Durchmesser von mehr als 4 000 km muss während der tangentialen Kollision die Atmosphäre, den größten Teil des Indischen Ozeans, die Lithosphäre und Teile des Erdmantels aus der Kollisionszone mit sich fortgeführt haben. Ein Ausweichen der Materie im Frontbereich ist bei einer hohen Kollisionsgeschwindigkeit nicht möglich.
- Der kollidierte Himmelskörper muss zwei unterscheidbare Hälften zeigen, eine ‚Vorder'- und eine ‚Rückseite'. Die Vorderseite hatte direkten Kontakt mit dem Erdkörper, die Rückseite war die erdabgewandte Hälfte. Die Vorderseite war heiß, sie schmolz und bildete einen plasmaähnlichen Zustand, wie der entgegenstehende Erdmantel. Vorder- und Rückseite müssen sich strukturell, geologisch und geochemisch unterscheiden.
- Der kollidierte Himmelskörper sollte ein unerwartet hohes Wärmereservoir besitzen, das mit seinem Abstand zur Sonne nicht erklärt werden kann. Je weniger Zeit seit der Kollision vergangen ist, desto wärmer sollte der kollidierte Himmelskörper sein.

Auf dem kollidierten Himmelskörper stellten sich unausweichlich weitere Folgereaktionen ein. Sie schränken die Auswahl der potenziellen Kandidaten ein: Außer einem Durchmesser von ca. 4 000 km oder mehr – entsprechend der Breite der linearen Parallelstrukturen – muss der gesuchte Himmelskörper eine Atmosphäre aufweisen. Nach gegenwärtigem Kenntnisstand besitzen – von den großen Gasplaneten abgesehen – außer der Erde nur die Venus und der Saturnmond Titan eine bedeutsame Atmosphäre. Die Aussagen zur Atmosphäre des kollidierten Himmelskörpers lassen sich präzisieren:

- Die Atmosphäre muss aus der Erdatmosphäre ableitbar sein.
- Die Atmosphäre muss demzufolge überwiegend aus Stickstoff (N2) bestehen.

Mit den angeführten physikalischen, chemischen und geometrischen Daten kann der kollidierte Himmelskörper gefunden werden. Die Suche innerhalb des Sonnensystems beschränkt sich auf die terrestrischen Planeten und die größeren Monde der Gasplaneten. Merkur, Venus und Mars scheiden aus. Deren Oberflächenrelief und die Atmosphäre auf der Venus sind mit der abgelaufenen Kollision nicht vereinbar. Von den infrage kommenden Monden mit einem Durchmesser von mehr als 4 000 km – Ganymed 5400 km; Titan 5150 km; Kalisto 4820 km – besitzt nur der Saturnmond Titan eine Atmosphäre. Diese ist sehr dicht und, wie jetzt bekannt wurde, sehr hoch (26). Sie besteht aus Stickstoff (N2) mit wenigen Prozenten Methan und weiteren Kohlenwasserstoffen in Spuren.

Somit erfüllt der Saturnmond Titan alle Bedingungen für den ehemaligen Kollisionspartner, wie sie oben gefordert wurden. Der große Himmelskörper, der mit der Erde kollidierte, heißt Titan.

Titan kollidierte in geschichtlicher Zeit mit der Erde. Damit im Einklang stehende antike Überlieferungen werden am Ende dieses Kapitels besprochen. Beide Aussagen, die Kollision von Titan mit der Erde und die Positionierung dieses Ereignisses in unsere geschichtliche Vergangenheit, sind für die Bewohner des Planeten Erde im 21. Jahrhundert undenkbar. Diese Aussagen weichen so extrem von unserem zurzeit gültigen Weltbild ab, dass sie von der großen Mehrheit gerade wegen ihrer Extremität in die entgegengesetzte Richtung nicht akzeptiert werden können. Alle Hypothesen unserer gegenwärtigen wissenschaftlichen Grundlagenforschung schließen kosmische Katastrophen diesen Ausmaßes kategorisch aus. Die maximal tolerable Größe eines Impactkörpers liege bei einem Durchmesser von ca. 10 km (Yucatán) und ein derartiger Einschlag dürfe laut Statistik ohnehin nur alle 65 Millionen Geo-Jahre stattfinden. Befunde der Geologie, Geophysik und Kosmologie und die Berichte unserer Vorfahren demaskieren unser heutiges geologisches Weltbild.

Seit Langem weckt Titan die Neugier der Kosmologen. Der Trabant des ‚schönsten' aller Planeten ist von einer derart dichten Atmosphäre eingehüllt, dass vor der Landung der Huygens-Sonde nur wenig Information von seiner Oberfläche erhalten werden konnte. Es wurde viel spekuliert über die Beschaffenheit von Titans Oberfläche. Seine Atmosphäre sollte der irdischen

Uratmosphäre gleichen. Erste verwertbare Informationen von Titan wurden mit dem Weltraumteleskop Hubble (27) und den Sonden Voyager I und II erhalten. Letztere passierten Titan 1980 und 1981. Mit UV- und Infrarot-Detektoren und mit Radioinstrumenten konnten Informationen über Temperatur- und Druckverhältnisse gewonnen werden. Durch die spektroskopische Vermessung der Atmosphäre analysierte man deren chemische Zusammensetzung.

Mit den Ergebnissen der Voyager-Sonden entwickelten Planetenforscher wie Sagan (28) und weitere Wisssenschaftler in den 80er- und 90er-Jahren des letzten Jahrhunderts ein bizarres Bild von Titans Atmosphäre und Oberfläche (29). Es solle dort Ozeane aus Methan und Flüsse mit den kondensierten Kohlenwasserstoffen Methan und Ethan geben. Es solle „ein ewiger Regen" von Methan und Kohlenwasserstoffen niedergehen (30). In der oberen Atmosphäre würden sich durch ultraviolette und elektromagnetische Strahlung Kohlenwasserstoffe bilden, die sogenannten Titan-Thioline. Diese würden unentwegt auf die Oberfläche von Titan sinken und dort seit vier Milliarden Jahren einen bis zu 1 000 m hohen bräunlichen Niederschlag aufgeschichtet haben (30). Titan-Thioline sollen Vorstufen organischen Lebens darstellen. Damit war die Idee von den der Urerde ähnelnden Zuständen auf Titan geboren. Vorstellungen über Titans Atmosphäre, Oberflächenstrukturen und Thioline wurden entscheidend von C. Sagan entwickelt.

Eine Simulation der frühen Erdatmosphäre stößt im Labormaßstab schnell an ihre Grenzen und Sagan resümierte: „Wir brauchen eine wirkliche Welt, deren Atmosphäre noch immer wasserstoffreiche Gase besitzt. Mit anderen Worten, eine Welt, die der Erde ähnelt, eine Welt, in der die organismischen Bausteine des Lebens heute in großen Mengen gebildet werden, eine Welt, in der wir unsere eigene Entstehung verfolgen können. Im Sonnensystem gibt es nur eine solche Welt. Diese Welt heißt Titan, der große Saturnmond." (31) Zur Erkundung des Mondes wurde von der NASA 1999 das Sonden-Duo Cassini-Huygens auf die lange Reise geschickt.

Vor der Huygenslandung auf Titan waren folgende Daten bekannt: Die hohe und dichte Atmosphäre weist einen Druck bis zu 1,6 Bar auf. Sie besteht zu ca. 99 % aus Stickstoff. Ca. 1 % Methan wurden darin gemessen. Weitere Kohlenwasserstoffe wie Ethan, Propan und Acetylen wurden in Spuren nachgewiesen. Auch Helium ist in geringer Konzentration anwesend. Der Sauerstoff fehlt. Für die Temperatur der Atmosphäre wurden Werte zwischen -168° C

Abb. 8.6: Titan: mit dichter Atmosphäre
Foto: NASA (by Courtesy of NASA/JPL)

und -180°C angegeben. Auf den Satellitenfotos erschien die nördliche orangefarbene Hemisphäre heller als die südliche. Die beobachteten Farbveränderungen der Atmosphäre wurden einem periodischen jahreszeitlichen Wechsel zugeschrieben. Durch wiederholte Aufnahmen im Infrarot-Bereich konnte mit dem Hubble-Teleskop eine ‚helle' und eine ‚dunkle' Hälfte auf Titan nachgewiesen werden.
Da die Titan-Atmosphäre der irdischen Uratmosphäre gleichen soll, erhoffte man mit der Cassini-Huygens-Mission

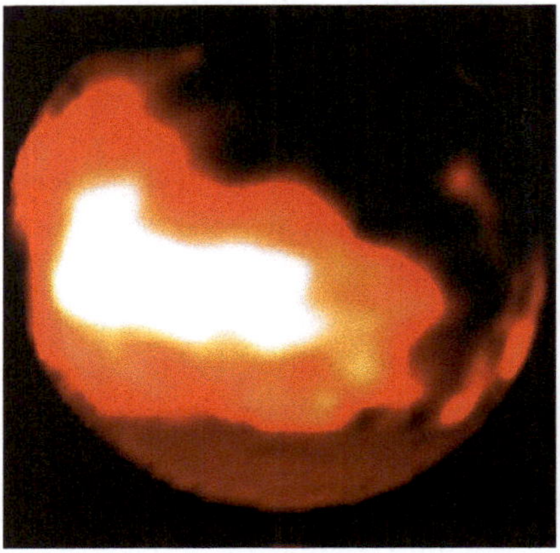

Abb. 8.7a: Titan: mit ‚heller' Hälfte.

Abb. 8.7b: Titan: mit ‚dunkler' Hälfte.
(Infrarot-Aufnahme durch das Hubble-Teleskop. (by Courtesy of NASA/JPL))

neue Erkenntnisse über die Anfänge des Lebens auf der Erde und insbesondere einen Blick auf die bisher verborgen gebliebene Oberfläche dieses Mondes. Die planmäßige Landung von Huygens auf Titan am 14.1.2005 stellt eine Meisterleistung aller Beteiligten dar. 500 MB Daten wurden von Huygens über Cassini zur Erde übermittelt.

Mit der Huygens-Mission wurden die älteren Daten weitgehend bestätigt und neue dazugewonnen. Bis zu 900 km ist die Atmosphäre hoch. Die darin beim Landeanflug von Huygens gemessenen Turbulenzen nehmen mit fallender Höhe ab. Mit 430 km pro Stunde bewegt sich die Atmosphäre in 120 km Höhe. 180 km pro Stunde sind es noch in 50 km Höhe und 25 km pro Stunde in 10 km Höhe (32). Die Winde in Titans Atmosphäre bewegen sich in Rotationsrichtung des Mondes. 95 bis 98 % der mächtigen Atmosphäre bestehen aus Stickstoff (N2), 2 bis 5 % aus Methan und weiteren organischen Verbindungen in Spuren.

Huygens fotografierte schneebedeckte Berge, dunkle Ebenen, „ein komplexes Netz" von Entwässerungskanälen, Bäche, Flüsse, Seenlandschaften, Inseln und Untiefen (32). Bach- und Flussbette waren leer, ebenso wie die Meeresbecken.

Nicht nachweisen konnte Huygens Titan-Thioline von 1 000 m Höhe, mit kondensierten Kohlenwasserstoffen gefüllte Seen und Bäche, Gebirgsformationen aus gefrorenem Methan und Niederschläge von weiteren Kohlenwasserstoffen. Erwartet worden war, dem geologischen und kosmologischen Dogma entsprechend, dass „... ständig Methan aus der dicken Atmosphäre auf die Oberfläche tröpfelt", dass „... statt Wasser allerdings Methan über den Saturnmond fließt" (32).

Exogeologen und Astronomen glauben, in Titans Atmosphäre und Oberfläche ein Abbild unserer Urerde erkennen zu können. Hinweise auf eine geologisch aktive Oberfläche werden mit der Geologie der Erdoberfläche verglichen (33). „Die exotische, leicht entzündliche Welt des Titan liefert uns aufschlussreiche Einblicke in die bislang verborgene Geschichte der jungen Erde." (34)

Es dauerte eine Weile, bis offiziell bekannt gegeben wurde, dass das fotografierte Eis auf Titan nicht Methaneis, sondern Wassereis mit wenigen Prozenten Methan war. Geologen ziehen mit ihrer aktualistischen Denkart nur aus Befunden der Gegenwart Rückschlüsse auf die Vergangenheit. Gegenwärtig soll die Oberfläche von Titan sehr kalt sein, -170° C. Folglich kann kein Wasser fließen und – dem geologischen Dogma entsprechend – niemals geflossen sein. Obwohl Wassereis bis an die Ränder der Bach- und Meeresbecken fotografiert und spektroskopisch nachgewiesen wurde, bleiben alle beteiligten Wissenschaftler bei ihren Aussagen, dass in den Flussbetten kondensiertes Methan geflossen und in den Meeren vorhanden gewesen sein müsse. Radar- und spektroskopische Messungen konnten 2008 in einem See auf Titan (Ontario Lacus) Ethan nachweisen (35).

Auch die nicht beobachteten Niederschläge führten nicht zur Aufgabe der vorgefassten Meinungen:

„Die Flussläufe und Seen auf dem Saturnmond sind den Angaben der Wissenschaftler zufolge offenbar derzeit ausgetrocknet, jedoch dürfte es noch vor kurzem Niederschläge gegeben haben." (36) „Es sieht aus, als habe es vor nicht langer Zeit geregnet. Nur handle es sich nicht um Erden-Regen, sondern um Methan-Niederschlag." (36) Und sogar, „... dass es offenbar niemals Wasser auf Titan gegeben hat " (37).

Konsens besteht bei den Wissenschaftlern darüber, dass „... es auf Titan offenbar auch einen Methankreislauf gibt, der dem Wasserkreislauf auf der Erde entspricht". (38) „Durchschnittlich dürften auf dem Saturnmond pro Jahr Niederschläge von einem Zentimeter Höhe fallen." – „Vermutlich würden auch Stürme und Methan-Regengüsse auftreten und für das weit verzweigte Netz von Tälern verantwortlich sein." – „In diesen Tälern müssten zumindest zeitweise bis zu 1600 Kubikmeter Flüssigkeit pro Sekunde durch Gräben geströmt sein." (38)

Wenig Interesse zeigt die Wissenschaft an Titans gigantischer Stickstoff-Atmosphäre. Stattdessen werden unentwegt Arbeiten publiziert, die sich mit dem darin zu 2 bis 5 % vorkommenden Methan befassen. Ein Methankreislauf soll für die Profilierung von Titans Oberfläche verantwortlich sein.

Das Oberflächenprofil von Titan wurde durch Radaraufnahmen der Cassini-Sonde aufgedeckt. Radarbilder der Cassini-Sonde „... zeigen scharfe Kontraste und vielfältige Strukturen. Sie bestätigen, dass die Oberfläche geologisch jung ist." (33) Das Fehlen einer größeren Zahl von Meteoritenkratern „... zeuge von einer regen geologischen Aktivität bis in die jüngste Vergangenheit" (33).

Bereits im Jahre 2004 – ein halbes Jahr vor der Landung von Huygens – zeigten die ersten Radaraufnahmen der Cassini-Sonde das nahezu vollständige Oberflächenrelief von Titan. Radarstrahlen durchdringen auch eine dichte Atmosphäre. Auf den ersten Radarbildern sichtbare Oberflächenmerkmale wurden nach Auswertungen von NASA-Wissenschaftlern für tektonische Strukturen, etwa Gräben und Krustenstörungen, gehalten (39). Die tektonischen Strukturen sollen für eine bedeutende geologische Aktivität sprechen und es wurden Überlegungen angestellt, wie sie entstanden sein könnten. Eigene Wärmequellen im Titanmond, wie z. B. radioaktive Minerale oder die Gezeitenkräfte von Saturn, wurden als mögliche Ursachen vorgeschlagen (39).

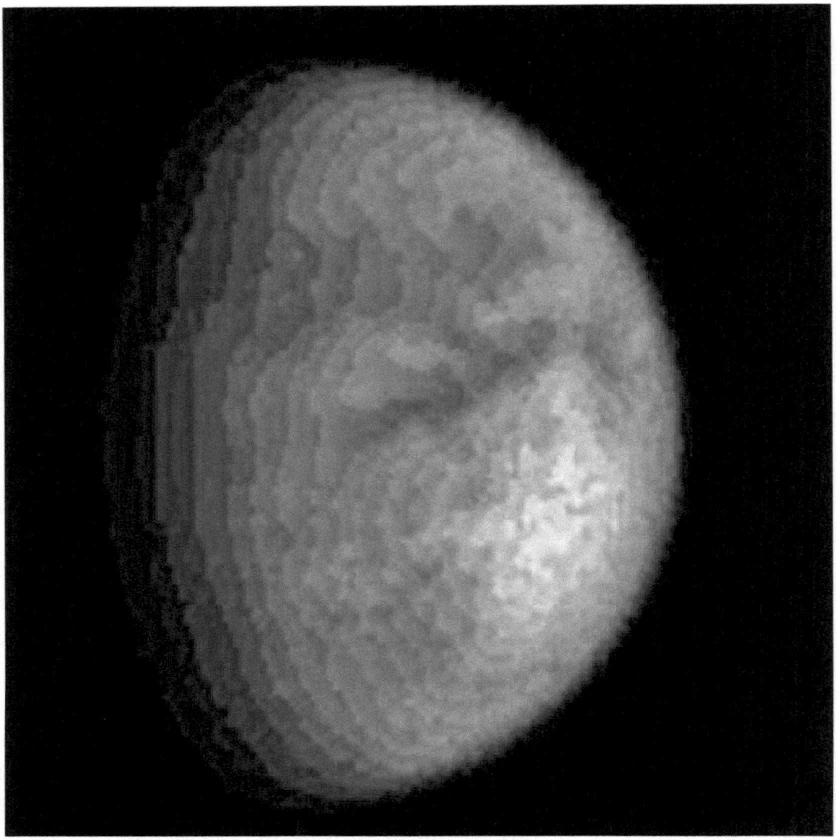

Abb. 8.8a: Titan: nach Radaraufnahme von Cassini am 22.6.2004; Courtesy NASA/ JPL. Die Aufnahme zeigt eine Schar parallel liegender, gürtelförmiger geologischer Strukturen. Die auffälligen Strukturen stellen Stauchungszonen dar.

Abb. 8.8b: Titan: nach Radaraufnahme von Cassini am 26.10.2004; Courtesy NASA/JPL.
Die Aufnahme zeigt eine Schar parallel liegender, konzentrischer Stauchungsringe.
Sie erstrecken sich bis zum ‚weißen Hochplateau', der ‚Xanadu'- Region auf Titan.

Was ist auf der Cassini-Radaraufnahme vom 22.6.2004 auf der Titan-Oberfläche (Abb. 8.8 a) erkennbar? Zunächst fallen die unterschiedlich hellen Mond-Hälften auf. Auch mit dem Hubble-Teleskop war eine helle und eine dunkle Mond-Hälfte sichtbar geworden (Abb. 8.7). Auf dem Radarbild von Titan erkennt man eine Schar annähernd parallel liegender gürtelförmiger Strukturen, die den ganzen Mondkörper umfassen. NASA-Wissenschaftler halten sie für die o. e. Gräben und Krustenstörungen (39). Diese ringförmigen tektonischen Strukturen scheinen in der dunklen Titan-Hälfte zu beginnen. In der helleren Mond-Hälfte (als ‚Xanadu' bezeichnet) werden sie zunehmend undeutlicher. Dass diese ringförmigen Strukturen tatsächlich den ganzen Mond umspannen, wird auf einer späteren Radaraufnahme vom 26.10.2004 sichtbar (Abb. 8.8 b). Diese Aufnahme erfolgte unter einem etwas veränderten Blickwinkel. Der helle Fleck – Xanadu – ist stärker in die Mitte gerückt und lässt sich daher besser von oben betrachten. Er ist von einer konzentrischen Schar der o. e. gürtelförmigen Strukturen umgeben. In den Abbildungen 8.8 a und 8.8 b sichtbare gürtelfömige Strukturen entsprechen Stauchungszonen in der Titan-Kruste. Massiv gestaucht wurde Titan bei der Kollision mit der Erde. Links in der Abb. 8.8 a befindet sich die ehemalige erdzugewandte und jetzt dunkle Kollisionsseite; rechts im Bild die hellere, während der Kollision erdabgewandte Titan-Hälfte. Hell blieb die ehemalige erdabgewandte Titan-Hälfte, weil die vermutete alte Eisschale nicht vollständig aufschmolz. Eine erneute Eisbildung auf der ‚kalten' Hälfte aus den zuvor verdampften Wassermassen ist auch denkbar.

Somit zeigt uns der Titanmond mit seinem gegenwärtigen Erscheinungsbild in beeindruckender Weise die Folgen der Kollision. Er zeigt uns die Kollisionsseite, die dunkle Hälfte. Er zeigt uns die Wucht der Kollision. Gigantische Druckwellen liefen durch Titan. Sie drückten den gesamten Mond zusammen, erkennbar an der großen Schar paralleler Stauchungsringe in der Kruste. Er zeigt uns mit seiner dichten stickstoffhaltigen Atmosphäre die entführten Anteile der damaligen Erdatmosphäre. Er zeigt uns mit den gemessenen Atmosphärenkonzentrationen von Methan und weiteren Kohlenwasserstoffen eine zur Erde analoge Synthese dieser Verbindungen.

Während des tangentialen Kollisionskontaktes wurde ein Teil der Erdatmosphäre im Bereich der Kollisionszone von Titan ‚aufgeladen', der größere Anteil jedoch wegen fehlender Ausweichmöglichkeit mit dem Wasser und der Materie von Erdmantel und -kruste als Plasma gebunden. Die sich gegenüberstehenden Kontaktseiten von Erde und Titan wurden infolge der extremen Druckwerte in einen plasmaähnlichen Zustand überführt. Nach der Kontaktlösung sanken die Druckwerte und Temperaturen auf der Erde und Titan wieder ab. Die Elemente formierten sich neu aus ihrem Plasmazustand.

Austretende Gase, überwiegend der mitgenommene Stickstoff aus der Erdatmosphäre, umgaben Titan und bildeten die uns heute bekannte dichte Titan-Atmosphäre. Die gegenwärtige dichte Stickstoffatmosphäre auf Titan stellt einen Restbestand der entführten Erdatmosphäre dar. Sauerstoff der Atmosphäre oxidierte Elemente des Titankörpers zu nicht flüchtigen Oxiden und vorhandenen Wasserstoff zu Wasser. Dass Titan bereits vor der Kollision von Eis bedeckt war, darf angenommen werden. Fast alle größeren Monde von Saturn und Jupiter sind mit Eis bedeckt. Das Wassereis auf Titan enthält auch Anteile vom Indischen Ozean. Durch die kollisionsbedingte extreme Temperaturerhöhung auf und im Titanmond schmolzen gewaltige Eismengen. Wasser führende Flüsse erodierten die sich langsam verfestigende Oberfläche von Titan und füllten Seen in tiefer gelegenen Regionen. Nach Abkühlung des Untergrundes ließen die Regen- und Schneefälle nach. Eis- und schneebedeckte Bergkuppen auf Titan wurden von Huygens in unmittelbarer Nachbarschaft des Landeplatzes fotografiert. Geologen können keine Seen und Flussläufe auf Titan erklären, in denen vor nicht langer Zeit Wasser geflossen sein soll. Sie fordern stattdessen Methan-, Äthan- und weitere kohlenwasserstoffhaltige Niederschläge und Flüsse, den aktuellen Minus-Temperaturen auf Titan und ihrer aktualistischen Denkweise entsprechend.

In der Erde und im Titanmond bildeten sich bei der Kollision durch Druckhydrierung auch Kohlenwasserstoffe. Umgangssprachlich werden dafür die Bezeichnungen Erdgas und Erdöl verwendet. Deren Konzentrationen waren abhhängig von den vorhandenen Mengen an Kohlenstoff und Wasserstoff. Auf dem hocherhitzten Titanmond kondensierte bei stetigem Temperaturabfall zunächst Wasser. Wärmebedingte Turbulenzen unter der gefrierenden Kruste verunreinigten das Eis mit Sand und Schlamm. Der weitere Temperaturabfall führte zur Kondensation der höher molekularen Kohlenwasserstoffe. Sie verunreinigten Niederschläge, Flüsse und Seen. Das spezifisch schwerere Wasser lagerte sich unterhalb von Kohlenwasserstoffen und auch unterhalb der gefrorenen, mit Sand verunreinigten Eisformationen ab. Methan besitzt von allen auf Titan nachgewiesenen Kohlenwasserstoffen die niedrigste Kondensationstemperatur (-161° C). Es verdampft in wärmeren Bereichen des zuvor hoch erhitzt gewesenen Titankörpers und kann daher in Spuren in seiner Atmosphäre nachgewiesen werden. Titans Oberfläche ist unter der mächtigen – von der Erde entführten – Stickstoffatmosphäre so weit abgekühlt, dass davon kein Wasser verdampfen kann. Es regnet nicht mehr. Flüsse und Seen haben ihr Wasser durch die poröse Eiskruste in den tiefen Untergrund abgegeben. Auch auf Titan erfolgen Schichtungen nach dem spezifischen Gewicht. Eis liegt auf Wasser und Kohlenwasserstoffe auf Eis. Flussbetten und Meeresbecken auf Titan werden leer bleiben.

Wie alt ist die Oberfläche, das fotografierte Profil von Titan? Wie alt sind die sichtbaren Strukturen und die Atmosphäre? Das Oberflächenrelief von Titan mit den markanten Stauchungsringen, mit schneebedeckten Bergen, Flussbetten und Meeresbecken, das Methan in der Atmosphäre, die weiteren organischen Verbindungen und die imposante Stickstoff-Atmosphäre mit wenigen Prozenten Kohlenwasserstoffen sind genauso alt wie die Strukturen der Erdoberfläche. Sie sind so alt wie der Himalaja, die Hochfläche von Tibet, die Anden, die Rocky Mountains, die Appalachen, die Alpen oder das Uralgebirge; sie sind so alt wie die Salzwasserozeane der Erde, so alt wie alle bekannten Sandsteinschichtungen mit den eingeschlossenen Fossilien, so alt wie die fossilierten Trilobiten, Ammoniten, Dinosaurier und Überreste von Homo sapiens, so alt wie die Steinkohle mit der darin gefundenen Goldkette und dem Hausrat. Erde und Titan erhielten ihr Oberflächenrelief durch die Kollision. Sie erfolgte in geschichtlicher Zeit, aber nicht auf der gegenwärtigen Umlaufbahn – dokumentiert durch schriftliche Überlieferungen.

Was steht der Kollisionstheorie entgegen? Die gegenwärtigen Bahnparameter aller Planeten und Monde in unserem Sonnensystem. Mehr als 1,4 Milliarden km von uns entfernt zieht Titan seine Bahnen um den Riesenplaneten Saturn. Natürlich ist bei dieser Konstellation keine Kollision zwischen Erde und Titan möglich – wenn die Bahnbewegungen dieser oder anderer Himmelskörper nicht gestört werden. Dass alle Bahnparameter von Anbeginn an im Wesentlichen unverändert geblieben sind, ergibt sich aus den Vorstellungen der modernen wissenschaftlichen Kosmologie über die Bildung von Planetensystemen. Alle Planeten sollen vor ca. 4,6 Milliarden Jahren aus Myriaden die Sonne umkreisenden Materiestückchen zu größeren Einheiten angewachsen sein. Das offizielle Dogma von unveränderlichen Bahnparametern konnte sich so nachhaltig etablieren, dass bereits Zweifel daran als abwegig empfunden werden.

Zweifel an der Konstanz planetarer Bahnparameter kommen auf, wenn den Hinweisen unserer Vorfahren nachgegangen wird. Ein Blick zurück in unsere geschichtliche Vergangenheit bringt Merkwürdiges ans Licht. Schriftliche Überlieferungen unserer Vorfahren zur erdgeschichtlichen Vergangenheit weichen in extremer Form von dem gegenwärtig gelehrten Weltbild ab. Unsere forschenden Wissenschaften, zu denen sich auch die Geologie zählt, benötigen keine geschichtliche Rückschau, um die geologische Erdvergangenheit zu rekonstruieren. In Zeiten der geologischen Vergangenheit sei der Mensch noch nicht präsent gewesen. Geologen glauben, „das geschichtliche Werden eines Stückes Erdrinde in seinem kontinuierlichen Zusammenhang“ (12) mit ihren modernen naturwissenschaftlichen Methoden erklären zu können. Altes gilt als überholt, und die neuesten Erkenntnisse kommen der ‚Wahrheit‘ stets am nächsten. Wenn sich Berührungspunkte zwischen Alt und Neu andeuten, die weit außerhalb der gegenwärtig gültigen Paradigmen liegen und das gesamte gegenwärtige Weltbild infrage stellen könnten, werden sie auf subtile Art unschädlich gemacht. Unangenehme Abschnitte unserer kosmologischen Vergangenheit, die verdrängten, wurden rigoros und quantitativ zu Mythen degradiert. Man lässt Planetengötter kämpfen und gibt alle Versuche, diesen Berichten einen realen Hintergrund zuzuschreiben, der Lächerlichkeit preis.

Vor 400 Jahren begann die Beobachtung kosmischer Objekte mit optischen Instrumenten. Das Prinzip des astronomischen Fernrohrs geht auf J. Kepler (1611) zurück (Kepler'sches Fernrohr). Fix- und Wandelsterne, die Sterne und Planeten, wurden im Fernrohr sichtbar. Zuvor waren die Planetenbahnen am Firmament bestimmt worden. Den zahlreichen antiken astronomischen Überlieferungen ist eine erhebliche Bedeutung für die damaligen Zeiten zu entnehmen. Mit optischen Instrumenten wurden in der Neuzeit im 17. und 18. Jahrhundert mehrere Monde und Details auf der Oberfläche der Planeten entdeckt.

Galilei sah 1610 das Ringsystem von Saturn, deutete es aber als begleitende Satelliten des Planeten. Huygens erkannte 1656 die Ringstruktur von Saturn. Cassini beobachtete 1675 ein Doppelringsystem um Saturn, dessen Teilung heute als Cassini-Teilung bekannt ist. Ein dreifaches Ringsystem durch eine Teilung des A-Ringes wurde von Encke 1837 beobachtet (Encke-Teilung). Eine vielfache Unterteilung des Ringsystems fotografierten die beiden Voyager-Sonden. Jupiter, der größte Planet des Sonnensystems, und der etwas kleinere Saturn waren der Antike bekannt. Die Römer benutzten die gleichen Namen, so wie sie heute üblich sind, Jupiter und Saturn. Bei den Griechen hießen sie Zeus und Cronos, bei den Ägyptern Isis und Osiris und im alten Babylon Tistrya und Pairiko. Nicht nur die Planeten waren der Antike bekannt, auch weitere Details sind in den alten Schriften überliefert – Fakten, die uns erst nach der Entwicklung der astronomischen Fernrohre bekannt geworden sind: das Ringsystem von Saturn mit seinen Aufteilungen.

Aeschylus berichtet: „Er (Zeus) selbst legte seinen betagten Vater Cronos in Ketten." (40) Die Saturnstatue am Kapitol in Rom hatte Bänder um ihre Füße und Macrobius (5. Jahrhundert) fragte: „Aber warum ist der Gott Saturn in Ketten?" (41) In der ägyptischen Legende wickelt Isis (Jupiter) Osiris (Saturn) ein. Die Ägypter nannten Osiris „die Eingewickelte" (42). Eine alte mit Gravuren versehene Holztafel aus Mexiko, aus der Zeit vor Kolumbus, zeigt die Familie der Planeten: Saturn ist darauf leicht erkennbar – an seinem Ring (Abb. 8.9) (43). Den Ureinwohnern von Neuseeland waren der Saturn und seine Ringe bekannt – vor dem Kontakt mit der ‚zivilisierten' Welt. Bei den Maoris auf Neuseeland (den Tuhoepeople) ist Saturn weiblich. „Parearau" wird der Planet dort genannt. Sie sagen: „Ihr Band umgibt sie ganz, deshalb wird sie Parearau genannt." (44) „Pare" bezeichnet ein Stirnband, „arau" bedeutet verwickelt (44). Im Zend-Avesta (Babylon) steht geschrieben: „But the bright and glorious Tistrya keeps Pairiko in bands, with twofold bands, with threefold bands, that cannot be overcome ..." (45) („Aber der leuchtende und prachtvolle Tistrya [Jupiter] hält Pairiko [Saturn] in Banden, mit zweifachen Banden, mit dreifachen Banden, die nicht überwunden werden können ...")

In der Neuzeit wurden 1656 die Ringe von Saturn entdeckt, das Doppelringsystem 1675 und das Dreifachringsystem 1837. Wie gelangten unsere antiken Vorfahren vor 5 000 Jahren in den Besitz dieser detaillierten astronomischen Daten? Versuche wurden unternommen, unseren Vorfahren die Benutzung optischer Instrumente zu unterstellen. Auch Mythen helfen hier zur Rettung unseres Weltbildes nicht weiter. Von den etablierten Wissenschaften ist keine offizielle Stellungnahme zu vernehmen.

Weitere Unstimmigkeiten zu unserem Geschichtsbild lassen sich anführen. Der Antike waren die gürtelförmigen Bänder des Jupiters bekannt. Taylor (1819) zitiert Proclus (410–85 A. D.): „That Jupiter the Demiurgus be said ... to have put his father Saturn in chains and also to have surrounded himself with bands ..." (Grazio) (46). („Es wird gesagt, dass Jupiter der Demiurgus

Abb. 8.9: Alte Holztafel aus Mexiko, aus der Zeit vor Kolumbus. Sie zeigt neun Planeten in heliozentrischer Anordnung. Leicht erkennbar ist Saturn durch das Ringsystem. (Universitäts-Bibliothek Tübingen. Mit freundlicher Genehmigung)

seinen Vater Saturn in Ketten gelegt und auch sich selbst mit Banden umgeben haben soll ..."). (Demiurgus: Begriff aus der griechischen Mythologie: ‚der oberste Verwalter', der ‚Chef von allem'.)

Antike Berichte zu Saturn, seinem Ringsystem, den Gürteln auf Jupiter und den Positionswechseln dieser Planeten und ihrer Monde sind Tausende Jahre alt (10). Sie sind niedergeschrieben in den alten Schriften der Römer, Griechen, Ägypter, Babylonier und von Ureinwohnern Mittelamerikas.

Jung sind die Theorien der Geowissenschaften. Ihre Überlegungen zur erdgeschichtlichen Vergangenheit sind ausnahmslos hypothetisch, was die Geologie nicht leugnet. Die präzisen antiken Aussagen unserer Vorfahren zu Saturn, seinen Ringen und den Gürteln auf Jupiter wurden von den modernen Wissenschaften zweifelsfrei bestätigt. Damit wurde nicht nur nachgewiesen, dass die Beobachtungen und Überlieferungen unserer antiken Vorfahren zutreffen – es wurden damit auch die Dogmen von unveränderlichen Bahnparametern widerlegt. Die überlieferten Beobachtungen müssen vor Ort erfolgt sein. Weder bessere Sichtverhältnisse vor 5 000 Jahren noch eine größere Sehkraft der damaligen Menschen noch die Unterstellung der Benutzung optischer Geräte können als Erklärungen für die überlieferten Beobachtungen akzeptiert werden. Ein dreifaches Ringsystem um Saturn lässt sich heute bei besten Sichtverhältnissen und mit einer optimalen Sehschärfe nicht ohne optische Hilfsmittel beobachten. Zur Unterscheidung eines dreifachen Ringsystems um Saturn sind astronomische Fernrohre erforderlich. Aus den präzisen antiken Überlieferungen ist eine ehemalige enge Nachbarschaft der Bahnradien von Erde, Saturn und Jupiter zu folgern. Weitere detaillierte astronomische Daten sind uns aus der Antike überliefert. Viele beschreiben eine wiederholte Erdachsenkippung von 180°, ein Vertauschen von Nord und Süd. Erdachsenkippungen setzen ursächlich kosmische Katastrophen voraus. Eine alleinige Kippung der geographischen Erdachse um 180° hat keinen Wechsel des Sonnenauf- und -untergangsortes von Ost und West oder umgekehrt zur Folge. Mehrere dieser Wechsel wurden uns jedoch überliefert. Die antiken Formulierungen sind eindeutig.

Der magische Papyrus Harris spricht von einem kosmischen Aufruhr mit Feuer und Wasser, bei dem „der Süden zum Norden wird und die Erde sich vornüber neigt“ (47). Alte Pyramidentexte lauten: „Harakhte, sie geht im Westen auf.“ Harakhte hieß bei den Ägyptern die Sonne, die im Westen aufging (48). Es gibt nur eine Sonne in unserem Sonnensystem. Eine aufgehende Sonne ist identisch mit der untergehenden. Die Aussage der antiken Pyramidentexte ist eindeutig: Die eine Sonne – unsere – ging im Westen auf. Da ein Wechsel des Sonnenaufgangsortes von West nach Ost und umgekehrt bei zentraler Stellung der Sonne nur mit einer Erdachsenkippung von 180° erklärt werden kann, muss als weitere Folge eines derartigen Vorganges auch die Bewegung des nächtlichen Sternenhimmels ihre Richtung umkehren. Folgerichtig besagen in den Pyramiden gefundene Texte, dass „das Gestirn aufhörte, im Westen zu leben, und nun, als ein Neues, im Osten scheint“ (49). Für uns selbstverständlich aber trotzdem kein Naturgesetz und nicht konstant: „der Westen, der bei Sonnenuntergang liegt“ (50). Von griechischen Schriftstellern wird erwähnt, „dass Zeus die Bahnen der Sonne veränderte und sie im Osten aufgehen ließ und nicht im Westen“ (51). Gaius Julius Solinus (3. Jahrhundert) berichtet von den Völkern an der Südgrenze Ägyptens: „Die Einwohner dieses Landes sagen, sie hätten es von ihren Vorfahren, dass die Sonne jetzt untergeht, wo sie früher aufging“ (52). „Die Chinesen sagen, dass sich die Sterne erst von Osten nach Westen bewegen, seit eine neue Ordnung der Dinge zustande gekommen ist“ (53). Im Traktat Sanhedrin des Talmud heißt es: „Sieben Tage vor der Sintflut veränderte der Allerhöchste die ursprüngliche Ordnung und die Sonne ging im Westen auf und im Osten unter.“ (54)

Ein Teil der angeführten Zitate bezieht sich auf eine weitere kosmische Katastrophe (49). Sie ereignete sich nach der Kollision zwischen Erde und Titan und führte zu einem Wechsel des Sonnenaufgangsortes von West nach Ost – so wie wir ihn seitdem beobachten (55, 56). Nahbegegnungen zwischen Erde, Venus und Mars in geschichtlicher Zeit wurden von I. Velikovsky beschrieben. In den 40er- und 50er-Jahren des vergangenen Jahrhunderts suchte er in den Bibliotheken nach Hinweisen, um seine Theorie von den Nahbegegnungen zwischen Erde, Venus und Mars zu belegen. Die hier angegebenen historischen Zitate konnten seinen detaillierten und umfangreichen Quellenangaben entnommen werden. Kippungen der Erdachse erfolgten analog der Ausrichtung einer Kreiselachse. Eine Kippung der Erdachse um 180° durch die Kollision mit Titan ist anzunehmen. Titan drehte den Erdmantel über den festen Erdkern. Im Gegensatz zu einer später abgelaufenen Katastrophe – die Venus Passage ca. 1500 Jahre vor unserer Zeitrechnung – erfolgte ein direkter Kontakt zwischen Titan und Erde mit tangentialer Schubrichtung gegen NNO.

Viermal sollen Sonnenauf- und -untergang während der Zeitepoche der ägyptischen Geschichtsschreibung vertauscht worden sein, wenn die Berichte von Herodot und Plato zutreffen (57). Herodot berichtet von einem mehrfachen Wechsel des Sonnenaufgangsortes zwischen Ost und West. Dieser griechische Historiker (5. Jahrhundert vor Christus) gibt Berichte ägyptischer Priester wieder, die von einer langen prähistorischen Periode der ägyptischen Zivilisation sprechen. Während dieser prähistorischen Periode, so wird ihm mitgeteilt, „... sei die Sonne vier Mal an ihrem gewohnten Ort aufgegangen. Wo sie jetzt untergeht, dort sei sie zweimal aufgegangen, und wo sie jetzt aufgeht, sei sie zwei Mal untergegangen.“ (57) Plato schrieb in seinem Dialog ‚Der Staatsmann‘: „Ich meine den Wandel im Aufgang und Untergang der

Sonne und der anderen Himmelskörper, und wie sie in jener Zeit in der Himmelsrichtung unterzugehen pflegten, wo sie heute aufgehen, und wie sie dort aufgingen, wo sie heute untergehen ...", und weiter: „Zu gewissen Zeiten hat das Weltall seine gegenwärtige Kreisbewegung und zu anderen Zeiten dreht es sich in entgegengesetzter Richtung ... von allen Wandlungen, die sich am Himmel abspielen, ist diese Umkehrung die größte und umfassendste." (58) Jeder Wechsel des Sonnenauf- und -unterganges von Ost nach West und umgekehrt verlangte eine Kippung der Erdachse um 180° und jede Kippung eine kosmische Katastrophe. Diese Schlussfolgerung muss unseren gegenwärtigen Vorstellungen zur Erdvergangenheit entgegengestellt werden. Letztere beinhalten seit mehr als 100 Jahren die Begriffe Gleichförmigkeit, Stabilität und Ewigkeiten. Je jünger die geschichtlichen Überlieferungen sind, desto detaillierter und umfangreicher sind die Informationen. Die von uns als ‚geologisch' bezeichnete Vergangenheit der Erde kann aus unserer geschichtlichen Vergangenheit erklärt werden. Aktuelle geowissenschaftliche Befunde bestätigen die überlieferten Fakten unserer Vorfahren. Sie widerlegen die gegenwärtig dominierenden Paradigmen der Geologie.

Angesichts der Mitteilung von Herodot, dass die Sonne während der langen prähistorischen Periode der ägyptischen Zivilisation zweimal dort untergegangen sei, wo sie jetzt aufgeht, und zweimal dort aufgegangen sei, wo sie jetzt untergeht, stellt G. Hancock, ein alternativen Ideen nicht abgeneigter Autor, die Frage: „Wie ist das zu verstehen?" (59) Die Antwort lautet: So, wie es geschrieben steht – die Sonne ging während der erwähnten Periode der ägyptischen Zivilisation zwei Mal eine Zeit lang im Westen und zwei Mal eine Zeit lang im Osten auf. Diese Aussagen enthalten eine Brisanz. Sie sind vergleichbar mit einem Super-Gau für die fundamentalen Aussagen der modernen Wissenschaften und für unser Weltbild. Die eindeutigen antiken Formulierungen hindern unsere nach Wahrheit suchenden Wissenschaftler nicht daran, den Inhalt dieser Aussagen zu zerrechnen. Sie berufen sich auf Milankowitsch-Zyklen – eine hypothetische mathematische Rekonstruktion der Präzessionsschwankungen unserer Erdachse in den letzten 100 000 Jahren – und lassen Computer so lange arbeiten, bis die Rechnungen signalisieren, unsere Vorfahren könnten sich getäuscht haben (59). Ein Musterbeispiel für eine groteske Verdrehung von Fakten und deren Anpassung an unser gegenwärtiges Weltbild stellt der nachfolgend beschriebene Versuch dar, die oben erwähnten antiken Aussagen umzudeuten.

Der Mathematiker R. A. Schwaller de Lubicz sieht in den Mitteilungen der ägyptischen Priester – Zitat: „... den versteckten, leicht verzerrten (und möglicherweise unbeabsichtigten) Hinweis auf einen Zeitraum, nämlich auf die Zeit, die der Sonnenaufgang brauche, um sich am Tag des Frühlingsäquinoktiums vor dem Sternenhimmel durch anderthalb vollständige Kreise des Zodiakus zu verschieben" (59).

Mit Zodiakus wird ein sogenanntes Tierkreiszeichen bezeichnet. Ein Tierkreiszeichen entspricht einer Zeit von 2140 Jahren (60). Die zwölf Tierkreiszeichen à 2140 Jahren werden von der Position der Erdachse während eines vollen Präzessionskreises in ca. 25.680 Jahren durchlaufen. Anderthalb Umläufe entsprechen ca. 39 000 Jahren. Alle 13 000 Jahre wechselt der Aufgang der Frühlingssonne vom Tierkreiszeichen ‚Widder' zu ‚Waage' und umgekehrt. Die Positionen von ‚Widder' und ‚Waage' liegen sich gegenüber, in Position West und Ost. Es wird sodann die Schlussfolgerung gezogen, Zitat: „Über einen Zeitraum von 39 000 Jahren kann man in der Tat sagen, dass die Sonne „zweimal aufgegangen sei, wo sie jetzt untergeht", d. h. zu Zeiten Herodots in der ‚Waage' (und ebenfalls 13 000 bzw. 39 000 Jahre früher); und „wo sie jetzt aufgeht, sei sie zweimal untergegangen" – d. h. zu Zeiten Herodots im ‚Widder' (und ebenfalls 13 000 bzw. 39 000 Jahre früher)". Und weiter, Zitat: „Wenn Schwallers Interpretation zutrifft – und wir haben allen Grund zu dieser Annahme –, dann müssen Herodots priesterliche Informationen exakte Daten über die Präzession besessen haben, die mindestens 39 000 Jahre umfassen." – Zitat Ende (59)

Aus diesen mathematischen Überlegungen ließe sich auch folgern, dass die Ägypter auf eine eigene, dokumentierte geschichtliche Vergangenheit von mehr als 40 000 Jahren zurückblicken könnten.

Sicher ist – unabhängig von allen aktualistischen Überlegungen und Zeitjonglieren –, dass Erdenbewohner eine Sonne, die im Westen aufgeht, auch dann noch im Westen aufgehen sehen, wenn die Präzessionsachse der Erde ihre Richtung vom Tierkreiszeichen ‚Widder' zu ‚Waage' wechselt und umgekehrt. Sonnenauf- und -untergänge werden an Himmelsrichtungen fixiert und Letztere an auffallenden geographischen Strukturen. Sicherlich hätten sich unsere Vorfahren über die Gedankengänge unserer modernen wissenschaftlichen Grundlagenforscher amüsiert, wenn die mit den Positionswechseln von Sonnenauf- und -untergang verbundenen katastrophalen Ereignisse nicht wiederholt zum globalen Desaster geworden wären (61). Zitat von Plato: „Es ist um diese Zeit ein großes Austilgen von Tieren insgesamt, und nur ein kleiner Teil der Menschenrasse kommt davon." (61)

‚Das hätte keiner überleben können', so lautet der Einwand gegen die Kollisionstheorie. Die unmittelbare Konfrontation mit der beschriebenen Katastrophe war für alle höher entwickelten Kreaturen mit hoher Wahrscheinlichkeit tötlich. Ihre sterblichen Überreste werden als fossile Relikte in den geologischen Schichten vom Praekambrium bis zum Tertiär gefunden. Es darf sogar davon ausgegangen werden, dass die Erde nach dem Titan-Crash eine Zeit lang unbewohnbar war. Trotzdem bevölkern gegenwärtig etwa acht Milliarden Menschen und eine große, unbekannte Anzahl von Faunen- und Florenarten die Erde. Eine kleine Schar von Menschen muss die Katastrophe überlebt haben. Anderenfalls würde die Art ‚homo sapiens' nicht mehr existieren. Lebende Fossilien wie der Quastenflosser oder der von japanischen Fischern tot geborgene Ichthyosaurier beweisen ein Überleben von Arten. Untersuchungen von Molekularbiologen und umfangreiche historische Überlieferungen deuten an, wie der Fortbestand der Menschheit, der Fauna und Flora ermöglicht wurde.

Molekularbiologen berechneten für die jüngere Erdvergangenheit eine drastische Reduzierung der menschlichen Population. Die Menschen seien vor nicht langer Zeit fast ausgestorben. Es lasse sich ein sogenannter Flaschenhalseffekt für die jüngere Erdvergangenheit nachweisen. Eine kräftige Dezimierung der Individuenzahl mit anschließendem Wiederanstieg der Populationsgröße und Verarmung der genetischen Vielfalt (Homocygotie) wird als Flaschenhalseffekt (bottleneck effect) bezeichnet.

Genforscher vom ‚Human Genome Diversity Project' wiesen nach, dass die menschliche Population einst auf 1 000 bis maximal 2 000 Individuen geschrumpft war (62). Demgegenüber meinen andere Autoren, „dass es in der Human-Evolution keinen Flaschenhalseffekt gegeben haben kann, wie vermutet; vielmehr habe die Ausgangspopulation in der menschlichen Evolution aus mehr als tausend Individuen bestanden" (63). Diese tausend Individuen seien „der Ausgangspunkt der Evolution gewesen". Vor ca. 70 000 Jahren soll dieser Einschnitt erfolgt sein. Unabhängig davon, ob ein Rückgang auf 2 000 Individuen stattgefunden hat oder diese Anzahl der Ausgangspunkt der menschlichen Evolution war, bleibt das Faktum einer ehemals verschwindend kleinen Individuenzahl bestehen. Wesentlich zu hoch angesetzt sind die vermuteten 70 000 Jahre.

Historische Berichte von allen Kontinenten und Völkern beschreiben übereinstimmend Ereignisse, die uns heute unglaubwürdig erscheinen. Es werden nicht nur gigantische Flutungen beschrieben. Unverständlich bleiben auch Berichte über die Geschehnisse unmittelbar vor dem Eintreffen der Flutwellen. Übereinstimmend wird von Vorwarnungen und Rettungsaktionen gesprochen. Darin reiht sich auch die biblische Überlieferung von einer Sintflut, von Noah und seiner Arche ein. Mit einer hölzernen Arche allein ist eine Rettung schwer vorstellbar.

Eine komplette Weltbevölkerung lässt sich schwerlich evakuieren; eine Anzahl von 2 000 Individuen jedoch ohne großen Aufwand. Es soll und kann hier nicht geklärt werden, ob Rettungsaktionen stattgefunden haben, wie sie durchgeführt und von wem sie veranlasst wurden. Vor dem Hintergrund vieler gleichlautender historischer Berichte über Rettungsaktionen, des fehlenden Wissens über deren Organisatoren und der beharrlichen Weigerung der heutigen etablierten Wissenschaften, sich mit unerklärlichen Phänomenen auseinanderzusetzen, wird oftmals auf ‚Außerirdische' zurückgegriffen, um Unverstandenes zu deuten. In alter Literatur mehrfach erwähnte ‚Götter' mit beeindruckenden technischen Fähigkeiten scheinen dem Aussehen nach und in ihrem Verhalten mehr uns ähnlich gewesen zu sein als exotischen Lebewesen fremder Planeten.

Antike Aussagen zu unserer kosmischen Vergangenheit sind in der Gegenwart unerwünscht. Nicht zufällig fehlen in den offiziellen Schul- und Lehrbüchern Hinweise auf diese ausführlich dokumentierten geschichtlichen Katastrophen.

Geschichtlich überlieferte Positionswechsel von Jupiter, Saturn und deren Monden sind nur durch eine kosmische Katastrophe erklärbar. Durch dieses Geschehen gelangte Titan aus einer nahe liegenden Bahn auf Kollisionskurs zur Erde. Beobachtbar waren diese Ereignisse und die überlieferten Details zu den Planeten bei eng benachbarten Umlaufbahnen von Jupiter, Saturn und Erde. Ein Himmelskörper mit Kollisionskurs zur Erde nimmt keinen aktualistischen Kontakt auf. Er verursacht eine kurze und verheerende Reaktion, deren Auswirkungen vom Durchmesser, von der Geschwindigkeit und vom Einschlagwinkel abhängig sind. Der Erstkontakt zwischen Erde und Titan erfolgte oberhalb des Antarktissockels in der Region des Indischen Ozeans. Geschoben wurde der indische Kontinent von ‚hinten', in Richtung eurasische Platte. Geschoben wurde auf einer Breite von ca. 3600 km. Titan komprimierte während des Kontaktes mit der Erde die Lithosphäre und den oberen Erdmantel. Der Erdmantel wurde in NNO-Richtung über den inneren schweren und festen Erdkern gedreht, ermöglicht durch den flüssigen äußeren Erdkern. Unter Beibehaltung seiner Rotationsrichtung beschleunigte der sich weiter drehende Erdkern wieder den abgebremsten Erdmantel. Dieser Vorgang bewirkt eine Umkehr der Drehrichtung des Erdmantels. Zur Abscherung und Unterschiebung des indischen Subkontinents waren ‚titanische' Kräfte von ungeheurem Ausmaß erforderlich. Sie können mit keiner erdinneren Energie erklärt werden. Nur kosmische Kräfte vermögen die Erdkruste zu zerbrechen und die entstehenden Bruchstücke über den Globus zu schieben.

Unsere Vorfahren gaben detaillierte Hinweise auf dieses Ereignis. Der genaue Ablauf wurde voranstehend anhand der vorliegenden geophysikalischen Messdaten rekonstruiert. Auch die Folgen dieser Kollision lassen sich mit Kenntnis des Ablaufes logisch erklären. Sie lösen die ‚Rätsel' der Geologie und die ‚Geheimnisse' von Titan.

9. Die Folgen der Kollision

In den nachfolgenden Kapiteln werden die wichtigsten Veränderungen auf und in der Erde beschrieben, die durch die Kollision verursacht wurden. Sie entsprechen einer Kaskade schnell aufeinanderfolgender Ereignisse, einer sich zwingend einstellenden Abfolge vernichtender Katastrophen.

Alle bedeutsamen Kollisionsfolgen lassen sich aus bekannten Daten ableiten. Aus der Reliefkarte des Meeresbodens kann der Einschlagwinkel von Titan und damit die Kollisionsrichtung entnommen werden. Ebenso lässt sich die Einschlagbreite ausmessen. Mit den Maßen der Einschlagbreite und dem Durchmesser von Titan ergibt sich die Einschlagtiefe. Eine Kontaktdauer von wenigen Minuten bis zu einer halben Stunde kann aus den in der Gegenwart beobachteten Geschwindigkeiten kosmischer Körper gefolgert werden.

Der Durchmesser von Titan und die übertragenen Energien übertrafen diejenigen des vermuteten Impactkörpers an der K/T-Grenze um Dimensionen. Computersimulationen verdeutlichten die Auswirkungen des K/T-Impacts und weiterer Himmelskörper unterschiedlicher Größe. Weltenbrand, Vulkanismus, eine staubhaltige Atmosphäre mit nachfolgender globaler Abkühlung und ein umfangreiches Artensterben sind die vermuteten Folgen dieser simulierten Ereignisse. Simulationen dieser Einschläge beinhalten annähernd senkrechte Einfallswinkel. Derartige Vorgänge benötigen bis zum aufgeschütteten Kraterwall Sekunden bis wenige Minuten. Große Himmelskörper durchschlagen die harte Lithosphäre. Wäre Titan als zentraler Impact mit einem 90°-Einfallswinkel mit der Erde kollidiert, wäre die Erdkugel fraktioniert worden. Der Kontakt zwischen Erde und Titan verlief tangential, vergleichbar mit einem ‚Streifschuss' (Abb. 9.1 a-h).

Eine tangentiale Kollision dehnt das bei jedem Impact entstehende Vakuum der Atmosphäre auch in der Horizontalen aus, produziert ein Mehrfaches an Auswurfmaterial und zeigt insbesondere eine unvermeidbare Hebelwirkung an dem Kollisionspartner. Diese Folgen des Titan-Impacts lassen sich am Erdkörper nachweisen (Kap. 8). Sie erklären die Ursachen und Bildungsweise derjenigen geologischen Formationen, die seit Jahrhunderten Gegenstand geowissenschaftlicher Dispute sind. Geowissenschaftler wähnen sich mit ihren Überlegungen in einem Milliarden Jahre umfassenden Zeitrahmen. Sie betrachten die Erdvergangenheit aktualistisch. Wie viele Tage erforderlich waren, um die Lithosphäre so zu formen, wie wir sie heute kennen, wird in den folgenden Kapiteln gezeigt. Diese Betrachtung der Erdvergangenheit ist eine katastrophistische.

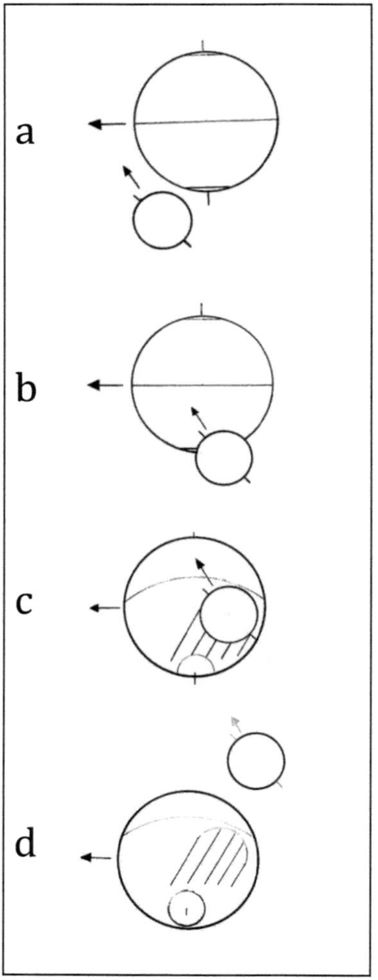

Abb. 9.1 a-d: Kollision zwischen Erde und Titan: Frontalansicht; Bildung der linearen Parallelstrukturen in der Region Indischer Ozean.

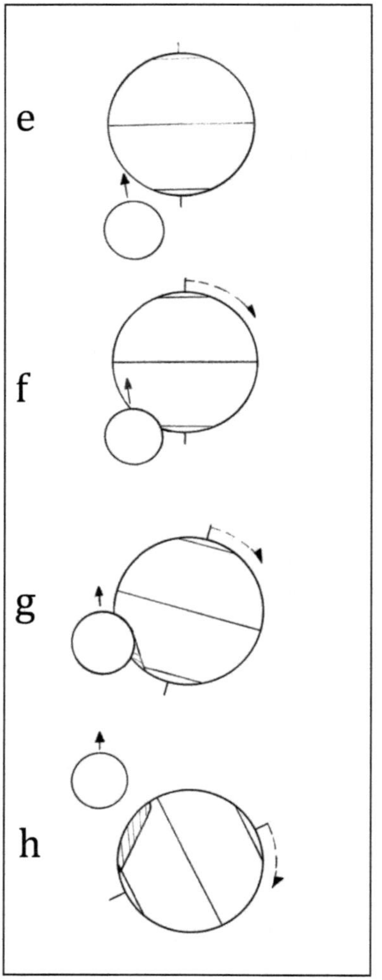

Abb. 9.1 e-h: Kollision zwischen Erde und Titan: Seitenansicht; Kippung der Erdachse durch tangentiale Kollision

9.1 Hitzewelle, Druckwellen und Orkane

Die Kollision zwischen Erde und Titan löste ungeheure Hitze- und Druckwellen aus. Sie nahmen ihren Anfang von der Kollisionszone in der Region des Indischen Ozeans und liefen konzentrisch um den Erdball. Auf viele Tausend Grad Celsius stieg die Temperatur der Atmosphäre in der Nahzone an (1). Dort vernichtete die Hitzestrahlung Fauna und Flora. Austretende Lava aus Bruchspalten der Erdkruste und Tausenden Vulkanen setzte die gesammte Welt in Brand. Stunden später wurden die weltweit brennenden Wälder von gigantischen Flutwellen zusammengeschoben und übereinandergeworfen (Kap. 9.5). Verkohlte Holzreste wurden auf der Nord- und Südhalbkugel als ‚Fusit' in der Steinkohle nachgewiesen. Der in Steinkohlen häufig vorkommende Fusit lässt sich mikroskopisch der Holzkohle zuordnen (2). Geologen erklären die weltweit vorkommenden Fusitlagen in der Steinkohle zutreffend mit fossilen Waldbränden (3).

Der Hitzewelle folgten Druckwellen. Sie liefen durch die Atmosphäre und durch den Erdkörper. Mit Geschwindigkeiten von 5 bis 13 km/sec liefen die auf den Erdkörper übertragenen Druckkräfte als Erdbebenwellen durch die Erde (4). Sie hoben die Meeresböden an – heute noch erkennbar an den Riftzonen –, teilten dort die Ozeane und beschleunigten die Wassermassen über die angehobenen Flanken zu gigantischen Flutwellen, die alle bis dahin verschonten Kreaturen unter sich begruben (Kap. 9.5).

Nach dem Durchgang von Titan durch die Erdatmosphäre, durch die Lithosphäre und den Erdmantel war ein ausgedehntes Vakuum im Bereich der Kollisionszone entstanden. Es erstreckte sich über der Region des Indischen Ozeans von der Antarktis bis zum Äquator. Die Atmosphäre im Bereich der Kollisionszone war bis zu ihrer Obergrenze, bis zum Übergang ins Weltall evakuiert. Der Substanzdefekt im Erdkörper reichte bis über 1 000 km nach unten, bis in den Erdmantel hinein (Abb. 9.1 a-h). Dieses ausgedehnte Vakuum von 8 000 bis 10 000 km Länge, mehr als 5 000 km Breite und 1 000 km Tiefe über der Region ‚Indischer Ozean' ließ nicht nur explosionsartig die Gase der Erdkruste und des Erdmantels austreten. Es führte durch den rückwärtigen Druckabfall zur evakuierten Kollisionszone auch zum Stopp der konzentrisch von dort fortlaufenden atmosphärischen Druckwellen. Nach der Explosion der Atmosphäre implodierte das entstandene ausgedehnte Vakuum über der Region ‚Indischer Ozean'. Als sogenannte ‚Druckumkehrzone' wird die ehemalige, sich schnell ausdehnende Zone der Druckumkehr zwischen Explosions- und Implosionsbewegung der Atmosphäre bezeichnet. Die Strömungen in der Erdatmosphäre kehrten ihre Richtung um. Große Anteile der globalen Atmosphäre wurden konzentrisch in das entstandene Vakuum über der Region ‚Indischer Ozean' hineingezogen, ungebremst mit Geschwindigkeiten von vielen Tausend Kilometern pro Stunde. Der atmosphärische Druckabfall führte weltweit schlagartig zu einem dramatischen Temperatursturz. Durch den konzentrischen Luftabzug in Richtung Kollisionszone wurde das dortige Vakuum vorübergehend als extreme ‚Niederdruckzone' auf die gegenüberliegende Seite der Erdkugel verlagert (Abb. 9.2 a bis d).

In Kollisionsrichtung nach NNO wurde die Atmosphäre höher verdichtet als in den seitlichen und rückwärtigen Bereichen der Kollisionszone. Der Abzug höher verdichteter Atmosphäre aus NNO zur evakuierten Region ‚Indischer Ozean' benötigte daher mehr Zeit. Infolgedessen kamen die nördlichen Anteile der Druckumkehrzone langsamer in Richtung Nordpolarregion voran als die seitlichen und südlichen. Letztere umrundeten die Erdkugel schneller. Sie gewannen einen Zeitvorsprung gegenüber den nördlichen Anteilen. Das Zusammentreffen dieser weltumlaufenden Druckumkehrzonen erfolgte daher nicht exakt diametral zur Kollisionszone – zwischen Äquator und Nordpol auf der gegenüberliegenden Seite des Globus. Die Druckumkehrzonen liefen über einer Region zwischen Kanada-Alaska und dem nördlichen Sibirien zusammen – näher zur Kollisionszone gelegen (Abb. 9.2 d). Dort stellten sich durch den allseitigen Luftabzug in der Endphase der Verlagerung des kollisionsbedingten Vakuums kurzzeitig und schlagartig die tiefsten Druckwerte mit unmittelbar folgendem Temperatursturz ein. Dort starben Mammuts und weitere ‚Eiszeittiere' innerhalb von Sekunden.

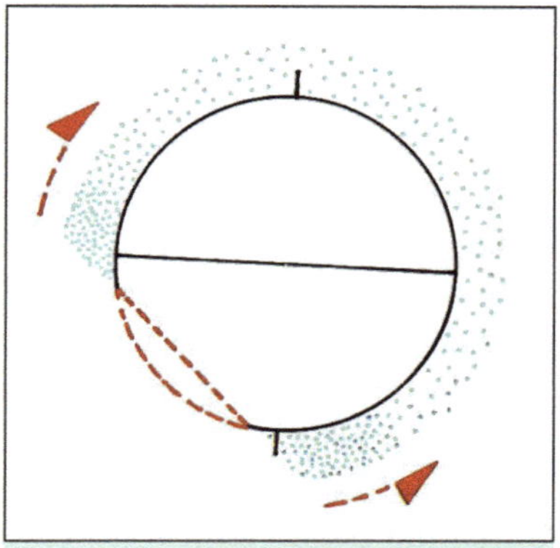

Abb. 9.2a: Kollisionsbedingte Verschiebungen der Erdatmosphäre: Konzentrische Ausdehnung der primären Druckwelle: Explosionsdruckwelle mit Kompression der Atmosphäre und Evakuierung der Kollisionszone (Atmosphäre überhöht dargestellt)

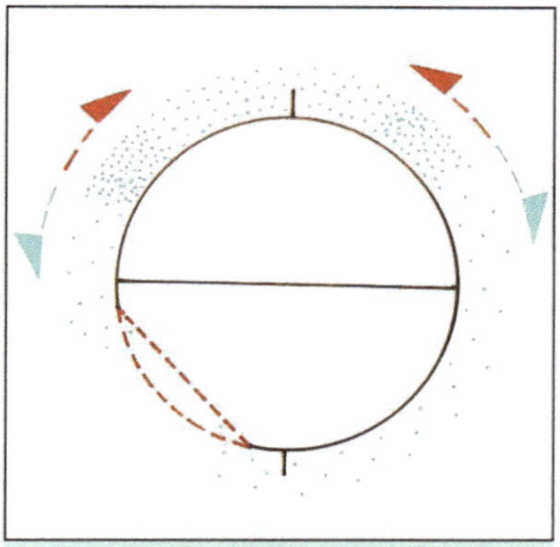

Abb. 9.2b: Weiterlaufen der primären konzentrischen Druckwelle. Rückwärtiger Druckabfall durch Abzug der Atmosphäre in das entstandene Vakuum. Implosion des Vakuums mit Richtungsumkehr der Atmosphärenbewegung. Bildung der konzentrischen Druckumkehrzone.

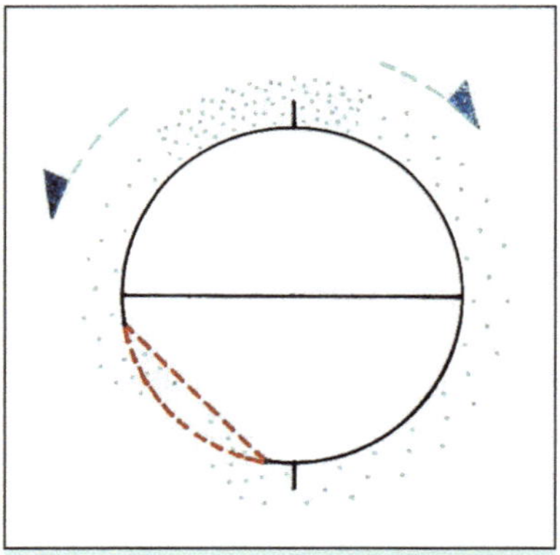

Abb. 9.2c: Erlahmen der primären Druckwelle durch weitere Atmosphären- Verlagerung zur evakuierten Kollisionszone. Verzögertes Vorrücken der nördlichen Druckumkehrzone infolge der höheren Verdichtung der Atmosphäre in Kollisionsrichtung.

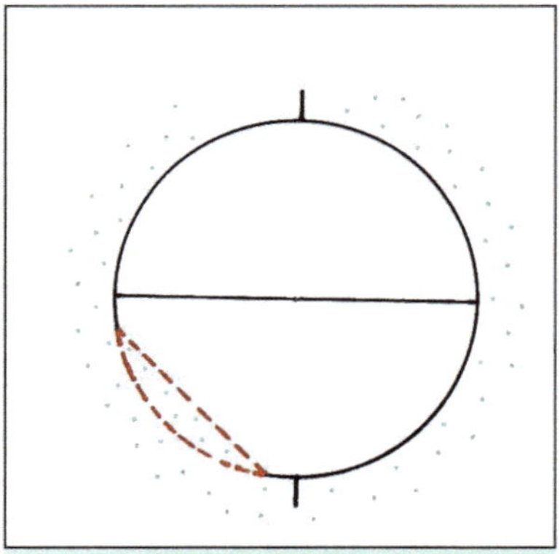

Abb. 9.2d: Ausgeprägter atmosphärischer Druckabfall auf der nördlichen Hemisphäre durch Verlagerung des Vakuums der Kollisionszone: extremes Niederdruckgebiet in Richtung Nordpolarregion.

9.2 Das Massensterben der Mammuts und weiterer ‚Eiszeit-Tiere'

Mammuts gehörten zur Familie der Elefanten (1). Sie besaßen lange Stoßzähne, ein zotteliges Wollfell und dünne Haare, die bis zum Boden reichten (2). Die ersten wissenschaftlichen Beschreibungen zu unversehrten Mammutfunden wurden im 18. Jahrhundert bekannt (3). Mit der Exploration Alaskas, des nördlichen Sibiriens und der Entdeckung der Sibirischen Inseln des Nordpolarmeeres im 19. Jahrhundert wuchs die Zahl der dokumentierten und wissenschaftlich untersuchten Mammutfunde (4). Es sind weitere Funde im 20. Jahrhundert bekannt geworden. Durch die tiefen Temperaturen mit Permafrostböden waren die freigelegten Mammuts oftmals unversehrt geblieben. Es wird berichtet, dass das Fleisch dieser Tiere von Schlittenhunden und Wölfen ohne Folgeschäden gefressen wurde (3). Frostkonservierung setzt vom Sterbezeitpunkt bis zum Auffinden der Mammuts ununterbrochene Minustemperaturen voraus (5). Der Todeszeitpunkt der Mammuts wird offiziell an das Ende der postulierten letzten Eiszeit gelegt, 10 000 bis 12 000 Jahre vor unserer Zeit (6).

Zusammen mit den Mammuts wurden weitere, in der Polarregion jetzt ausgestorbene, dauerfrostkonservierte Tierarten gefunden: unter anderem Nashörner, Flusspferde, Bisons, Höhlenlöwen, Säbelzahntiger, Pferde und Kamele (4, 7). Diese im Eis konservierten Tierarten werden als ‚typische Eiszeit-Tiere' bezeichnet (8).

Zur Bergung eingefrorener Mammuts benutzt man heute technisches Hilfsgerät. Das Fernsehen ist vor Ort und stellt die Aktion publikumswirksam dar. Die unversehrten Tiere werden digital vermessen, konserviert und weiteren wissenschaftlichen Untersuchungen zugänglich gemacht. Es müsste doch möglich sein, mit unseren modernen wissenschaftlichen Methoden festzustellen, warum das Mammut gestorben ist.

Zur Verkürzung der Wartezeiten bis zum Vorliegen aussagekräftiger Befunde zu den Todesursachen der Mammuts kann das Studium von älteren Publikationen zu diesem Thema empfohlen werden.

Im 18. und 19. Jahrhundert wurden von Forschern wie Ljachow, Wrangel und Erman detaillierte Beschreibungen über Mammutfunde wiedergegeben (9, 10, 11). Sie führten Sektionen an den Tierkadavern durch und beschrieben das Umfeld der Fundorte. Ihre vor Ort gesammelten Befunde erklären die gegenwärtige hartnäckige Ignoranz ihrer Berichte durch die Repräsentanten der heute maßgeblichen Lehrmeinungen.

Für unsere Schulwissenschaften bleibt das plötzliche Verschwinden der Mammuts ein Rätsel.

Das Spektrum ihrer Antworten zu den Ursachen des Aussterbens reicht von ‚unbekannt' bis ‚ausgerottet durch starke Bejagung' (12). In den Diskussionen und wissenschaftlichen Beiträgen der vergangenen Jahrzehnte zum Thema ‚Mammut' tauchen drei Fragenkomplexe auf:

- Wie konnten Mammuts und andere ‚Eiszeit-Tiere' in Regionen leben, die in ihrer heutigen Beschaffenheit als absolut lebensfeindlich für diese Tiere bezeichnet werden müssen?
- Warum sind die Mammuts ausgestorben?
- Wie sind die Mammuts ausgestorben?

Folgende Fakten wurden dazu von den Wissenschaftlern des 19. und frühen 20. Jahrhunderts zusammengetragen:

1. Nahezu alle unversehrten Mammuts wurden – und werden – in gefrorenem Zustand gefunden (2, 3).
2. Es wurden Mammuts mit zerschmetterten Knochen gefunden, liegend, auf Knien und stehend (13).
3. Es wurden Mammuts gefunden, die stehend im Flussbett angefroren waren (14, 15).
4. Es wurden stehende Mammuts mit weit geöffneten und unversehrten Augen gefunden (16).
5. Es wurden Mammuts mit unzerkautem frischen Futter im Maul gefunden. Das Futter bestand aus Löwenzahn, Gräsern und Zweigen von Lärchen und verschiedenen Laubbäumen (17).
6. Es wurden Mammuts aller Altersklassen gefunden, einschließlich Embryos (18).
7. Alle Mammuts machten einen wohlgenährten Eindruck (14).
8. Untersuchungen von Magen- und Darminhalt der Mammuts belegten als Hauptfutterquelle Blätter verschiedener Laubhölzer, lange Gräser und verschiedene andere Grünpflanzen (17).

9. In den Lungen und Atemwegen der Mammuts wurden Flugasche und Löss, zum Teil stark eisenhaltig, nachgewiesen (17).
10. Die Untersuchungen der roten Blutkörperchen und Blutkapillaren wiesen auf einen Tod durch Ersticken hin (17).

Beeindruckend sind die Mengen gefundener Knochen von Mammuts und weiteren ‚Eiszeit-Tieren'. Je näher man zur Küste des Nordpolarmeeres kommt, desto zahlreicher werden die Funde (19). Nach Untersuchungen von N. K. Vereschchagin werden allein im nordostsibirischen Tiefland zwischen den Flüssen Lana und Kolyma und auf dem vorgelagerten Kontinentalschelf 700 000 Tonnen fossiler Mammutstoßzähne vermutet (20). Mit einem durchschnittlichen Gewicht von ca. 30 kg je Stoßzahn und zwei Stoßzähnen je Mammut ergibt sich daraus rechnerisch eine Zahl von mehr als elf Millionen Mammuts, die zur Produktion dieser Stoßzähne gelebt haben müssen. Jahrtausendelang wurde fossiles Elfenbein als Ausgangsmaterial für kunstvolle Schnitzereien exportiert.

Für Fragen nach den Überlebenschancen ehemaliger riesiger Herden von Mammuts, Bisons, Pferden und weiteren Huftieren im Permafrostgebiet des nördlichen Sibiriens ist heute die Paläontologie zuständig. Sie kann wie die Geologie zu allen Problemen detaillierte Angaben machen. Es sei die Frage erlaubt: Wie viel Schnee musste ein Mammut fressen, um nicht zu verhungern? Wie viel Eis musste es schlecken, um nicht zu verdursten? Durch die zunehmende Einsicht, dass keine der o. g. Tierarten unter den heutigen Bedingungen in der nordsibirischen Tundra überleben kann, wird eine alljährliche Massentierwanderung in den Süden vorgeschlagen. ‚Eiszeit-Tiere', Mammuts, Flusspferde, Bisons, Löwen und Pferde, sollen den Ausführungen einer Hypothese der Paläontologen zufolge jedes Jahr mehrere Tausend Kilometer in wärmere südliche Regionen gewandert sein. Im Frühjahr ging es die gleiche Strecke zurück in den Norden, um jedes Mal festzustellen, dass es dort nichts Fressbares für sie gab. Was mögen sie dort gesucht haben?

Es muss weiter gefragt werden, wie diese Tiere die Inseln des Polarmeeres erreichten. Auf den Neusibirischen und den Ljachow-Inseln im Polarmeer wurden Berge von 250 bis 300 Fuß Höhe aus Bäumen und zersplitterten Holzresten, vermengt mit gefrorenem Schlamm und Unmengen Knochen von Mammuts, Elefanten, Nashörnern, Büffeln und Pferden, gefunden, die jeder Kalkulation trotzen (21). Die Knochen dieser Tiere waren vielfach zerschmettert, die

Gelenke exartikuliert (ausgekugelt). Es fanden sich daran noch Haut-, Sehnen- und Fleischreste (22). Die Funde in Alaska und Sibirien gleichen sich (23).

Alle Weichteile eines Tierkadavers verschwinden innerhalb eines Jahres auch ohne Mitwirkung von Raubtieren und Aasfressern, wenn sie nicht gefroren sind. Knochen und Stoßzähne von Elefanten zerfallen bei unbedeckter Lage innerhalb weniger Jahrzehnte (24). Der Zustand gefrorener Mammuts, der Tierknochen und Knochenfragmente erlaubt seit ihrem Einfrieren keine Zeiten mit Temperaturen über dem Gefrierpunkt. Alle Kadaver und deren Überreste müssen unmittelbar vor dem Einfrieren ihre vorgefundene Beschaffenheit erhalten haben. Millionen und Abermillionen von Stoßzähnen und Knochen mit anhängendem Fleisch, Sehnen- und Hautstücken können sich nicht über viele Jahre in einer Warmzeit vor dem endgültigen Einfrieren angesammelt haben. Sie hätten sich in wenigen Jahren zersetzt. Eine natürliche Absterberate kann nicht den Tod von 10 bis 20 Millionen Mammuts und einer großen Schar weiterer ‚Eiszeit-Tiere' innerhalb dieser Zeitspanne und insbesondere nicht in dem vorgefundenen Zustand erklären.

Wie die Funde zeigen, wurden die Kadaver plötzlich eingefroren. Viele wurden vorher zerrissen, zerschlagen, mit Schlamm, Vulkanasche und dem teilweise angekohlten Holz ganzer Wälder vermengt und zu mehreren Hundert Fuß hohen Bergen aufgetürmt (9).

Funde von steinernen Artefakten wie Speerspitzen (Yuma-Speerspitzen) in diesen zusammengeballten Massen belegen die Anwesenheit von Menschen zur Zeit der abgelaufenen Katastrophe (7). Sei starben zusammen mit den Millionen Tieren, mit der Vernichtung der damals riesigen Wälder Nordsibiriens und der Polarregion. Analysen der Holzarten und Untersuchungen an Magen- und Darmtrakt von Mammuts und weiteren Säugetieren lassen auf einen ehemaligen artenreichen Mischwaldbestand im Verbreitungsgebiet dieser Tierarten schließen (25). Dort wachsen heute in einer baum- und strauchlosen, unwirtlichen Einöde während weniger Wochen im Jahr nur Flechten und Moose.

Die Vernichtung der Fauna und Flora in einer 5 000 km breiten Zone in Nordsibirien und Alaska war ein plötzlich ablaufendes Ereignis. Wenn für weidende Tiere keine Zeit mehr bleibt, im Maul befindliches Futter zu schlucken oder fallen zu lassen, bevor sie schockgefroren werden, dann muss die Zeit für das Ableben dieser Tiere in Sekunden gezählt werden.

Es ist keine konventionelle erdgebundene Katastrophe denkbar, die derartig ausgedehnte und intensive Schäden bewirken könnte, wie sie im Zusammenhang mit dem Mammutsterben beobachtet werden. Es sei jedem Paläontologen freigestellt, für das Aussterben eine nicht katastrophistische Ursache anzunehmen. In diesem Falle müsste er den Begriff der ‚Katastrophe' neu definieren.

Ein Impact, der Einschlag eines Meteoriten, löscht in Abhängigkeit von seiner Größe und Geschwindigkeit das Leben in einem Umkreis bis zu mehreren Tausend Kilometern aus. Kein Mammut wird dabei stehen bleiben, mit frischem Futter im Maul, mit offenen Augen, mit den Füßen am Boden und im Flussbett angefroren. So schnell sind sie zu Eis erstarrt, dass sie beim Sterben nicht mehr zu Boden sinken konnten. Geologen haben die Existenz von stehenden, toten Mammuts lange angezweifelt. Diese Art des Sterbens passt nicht in ihr Denkschema. Sie versuchten das Problem geologisch zu lösen. Das tote, liegende Mammut sei durch eine Drehung der Bodenplatte um 90° aufgestellt worden. Funde von im Flussbett stehend angefrorenen Mammuts ließ die Hypothese der postmortalen 90°-Kippung toter Mammuts auch für Laien unglaubwürdig erscheinen. Mit der allgemeinen Erfahrung, dass tote Tiere sich nach dem Ableben nicht mehr hinstellen, und der Annahme, dass zum damaligen Zeitpunkt niemand zugegen war, der sie hätte aufstellen können, kommen wir zur anfänglichen Aussage zurück. Mammuts sind stehend gestorben. In Sekunden erfolgte die Schockgefrierung, sie verhinderte ein Zusammensinken der Tiere. Es blieb den Tieren keine Zeit, die Augen vor dem Vereisen der Tränenflüssigkeit zu schließen. Die beste Antwort der Geologie und Paläontologie zum Aussterben der Mammuts lautet: ‚unbekannt'. Als häufigste Antwort wird genannt: ‚starke Bejagung' (26).

Eine Jagd auf ‚Eiszeit-Tiere' durch die damaligen Bewohner dieser Regionen muss angenommen werden. In Höhlenzeichnungen werden Jagdszenen dokumentiert. An Höhlenwände gemalte Tierarten ähneln den Populationen, die in unserer Zeit über die afrikanischen Savannen laufen. Die Jäger stellten sich unbekleidet dar. Von uns werden sie heute in eine ‚Eiszeit' gemalt mit heroischen Jagdszenen, mit Kämpfen zwischen mächtigen Mammuts und abgehärteten, kälteresistenten Vertretern von Homo sapiens, die mit halb bedeckter Brust im dichten Schneetreiben ihre Speere in das Mammut schleudern (27).

Frühere Bewohner Sibiriens sollen Behausungen und Zäune aus Mammutstoßzähnen und Knochen anderer großer Säugetiere errichtet haben (28). Auf eine ungezügelte Fresssucht lassen die Mengen gefundener Knochen schließen. Welche martialischen Jagdsitten praktizierten die Ureinwohner Sibiriens? Wie vermochten sie Tierherden mit Millionen von Individuen innerhalb einer kurzen Zeit abzuschlachten? Von uns der ‚Steinzeit' zugeordnete fellbekleidete und robuste Mammutjäger konnten keine Mammuts durch den Schnee jagen, keine Nashörner töten und nicht mit dem Höhlenlöwen kämpfen. Diese ‚Eiszeit-Tiere' waren durch das Eis umgekommen und mit ihnen die Jäger aus der Zeit der Mammuts. Generationen später sammelten Jäger der ‚Steinzeit' die Reste dieser Fauna, die beim Abtauen von Eis und Schnee in den Sommermonaten freigelegt wurden. Sie verwendeten das Holz der ehemaligen Wälder, um sich an dem Feuer zu wärmen, und jagten die Tiere, die heute in diesen Regionen leben.

Paläontologen werden mit weiteren Unstimmigkeiten konfrontiert. Nach den Aussagen der zuständigen Wissenschaften wird es wärmer, wenn eine ‚Eiszeit' zu Ende geht. Das sei vor ca. 10 000 Jahren der Fall gewesen. Typische ‚Eiszeit-Tiere' sollen am Ende dieser ‚Eiszeit' ausgestorben sein, in einer Zeit, die sich durch einen üppiger werdenden Pflanzenwuchs auszeichnen sollte (29). Diese Unlogik wird von vielen nicht akzeptiert. Eine weitere Hypothese zum Thema Massensterben der Eiszeittiere wurde aufgestellt. Danach hätten sich die armen Tiere infolge der nun üppiger werdenden Vegetation zu Tode gefressen. Wer mag ihnen das verübeln? Mussten sie doch 10 000 Jahre in „stoischer" Gelassenheit während der ganzen ‚Eiszeit' darauf warten (30).

Stehend gestorbene Mammuts verlangen außer einer nur Sekunden dauernden Gewalteinwirkung und einem ebenso schnellen Temperatursturz zu extremen Minustemperaturen einen weiteren entscheidenden Faktor für das plötzliche Ableben: einen akuten Sauerstoffmangel mit Tod durch Ersticken. Eindrucksvoll bestätigten die Sektionen an den geborgenen Kadavern einen Erstickungstod und die Inhalation eisenhaltiger Flugasche. Es fehlten Hinweise auf einen längeren Todeskampf.

In Kapitel 8 wurde die Kollision der Erde mit dem Saturnmond Titan beschrieben. Alle offiziell nicht verstandenen Beobachtungen zum Aussterben der Mammuts lassen sich logisch als Folgen dieser Kollision erklären. Dazu zählen der Sekundentod, das schnelle Einfrieren, die zerbrochenen Glieder, der eisenhaltige Staub in den Atemwegen und die bei vielen Mammuts gefundenen Anzeichen des Erstickungstodes. Die merkwürdigen Todesumstände der ‚Eiszeit-Tiere', die geographische Lage der von der Katastrophe betroffenen Regionen Sibiriens und das Ausmaß der Schäden werden durch die unausweichlichen

Folgen der Kollision erklärt. Ca. 5 000 km beträgt die Breite dieser Todeszone im nördlichen Sibirien. Sie lag exakt in der ‚Schusslinie' von Titan. Zur Klärung der Todesumstände sind die Reaktionen der Erdatmosphäre während und unmittelbar nach der Kollision von entscheidender Bedeutung.

In Kapitel 9.1 wurden Entstehung und Verlauf der atmosphärischen Druckwellen erklärt. Es wurde dargelegt, dass das im Bereich der Kollisionszone entstandene Vakuum die primäre Druckwelle zum Erliegen brachte. Die Luftmassen kehrten ihre Bewegungsrichtung um und näherten sich mit hoher Geschwindigkeit der evakuierten Kollisionszone. Diese Auswirkungen erfassten die Erdatmosphäre weltweit. Wenn die evakuierte Kollisionszone in ihrer ganzen Länge von ca. 8 000 bis 10 000 km plötzlich und ohne Kompression der Luftmassen in NNO-Richtung entstanden wäre, hätte das umgelagerte ‚Niederdruckgebiet' diametral zur Kollisionszone gelegen. Es hätte sich auf der gegenüberliegenden Seite der Erdkugel exakt zwischen Äquator und Nordpol eingestellt (Abb. 9.2 a bis d). Wie in Kapitel 9.1 erklärt, wurde durch das verzögerte Vorrücken der nördlichen Druckumkehrzone das verlagerte ‚Niederdruckgebiet' von der gegenüberliegenden Seite der Erdkugel über den Nordpol und weiter in Richtung Sibirien gezogen.

Ungebremst stürzte das bei der Kollision entstandene Auswurfmaterial über der nach Sibirien verlagerten, weitgehend evakuierten und kalten ‚Niederdruckzone' zur Erde. Es enthielt steinige Fragmente, eisenhaltige Flugasche und Eis. Das Eis bildete sich aus demWasser des Indischen Ozeans. Auch von Titan kann Eis in großem Umfang über Sibirien zur Erde gestürzt sein. Beim Absturz über Sibirien kondensierte das Wasser, gefror zu Eis und begrub die Eiszeittiere. Die steinigen Fragmente und Flugaschen entstammten der Erdkruste. Ein nicht unbedeutender Anteil des Auswurfmaterials muss in orbitale Bahnen katapultiert worden sein. Anhand von Tektiten konnte die Geologie ausgedehnte Streufelder von Meteoriteneinschlägen in der Nachbarschaft der Kollisionszone nachweisen (31).

Mammuts und ‚Eiszeit-Tiere' starben durch einen Sekundentod. Sie inhalierten während ihrer Schockgefrierung in der weitgehend evakuierten Region den feinen, eisenhaltigen Staub. Der Sauerstoffmangel ließ sie in wenigen Sekunden ersticken. Die in Sekundenbruchteilen entstandene extreme Kälte mit Temperaturen von weit unterhalb -100° C nahm ihnen die Beweglichkeit und fixierte sie auf der Stelle. Sie starben im Stehen. Niederprasselnde Eisbrocken zerschlugen danach ihre Knochen. Alle gefundenen ‚Eiszeit-Tiere' sind umgekommen und begraben worden durch die Materie, der sie ihren Namen verdanken. Ihre Artverwandten leben heute in den Savannen Afrikas.

Die aktualistische Denkart der Geologie verbietet einen abrupten und weitreichenden Klimawandel, so wie er sich aus den Befunden zu den ‚Eiszeit-Tieren' ergibt (32). Das Eingeständnis eines plötzlichen Klimawandels provoziert die Frage, womit die Geologie den abrupten, in Sekunden eingetretenen Wechsel von üppigem Pflanzenwuchs innerhalb des Nordpolarkreises zu der heutigen baum- und strauchlosen, vereisten Tundra erklären will. Kein ‚Eiszeit-Tier' konnte in einer Eiszeitregion leben (33). ‚Eiszeit-Tiere' sahen nur ein Mal in ihrem Leben Eis. Dieses fiel von oben herab und erschlug sie. Mit Kenntnis des Kollisionsablaufes wird verständlich, warum das bröselige und eisenhaltige Eis, in dem und unter dem die Mammuts gefunden wurden, aus den katapultierten Wassermassen des Indischen Ozeans und der möglichen Eisschale von Titan kondensierte. Flutwellen, die sich nach der Kollision über den angehobenen Riftflanken (Kap. 9.4) in Bewegung setzten, erreichten das nördliche Sibirien mit einer mehrstündigen Verzögerung. Sie lagerten ihre Schlammfracht auf dem Eis ab.

Eine innerhalb von Sekunden eingetretene Katastrophe beendete die Existenz der Tiere und der Pflanzenwelt in den nördlichen Polarregionen. Die Ignoranz der Paläontologen und Geologen gegenüber den wissenschaftlichen Untersuchungen ihrer eigenen Kollegen aus dem 19. und frühen 20. Jahrhundert nimmt groteske Züge an. Sie lassen Millionen von Mammuts durch ‚Steinzeitjäger' abschlachten, um das Massensterben zu erklären. Sie lassen Millionen Mammuts sich zu Tode fressen, um die Unlogik in ihrem Denkansatz zu übergehen.

9.3 Die Kollisionszone

Die Kollisionszone entspricht derjenigen Region auf der Erdkugel, die von Titan während des Kontaktes mit der Erde durchquert wurde. Sie beginnt am Antarktissockel südlich von Afrika, dem Aufsetzpunkt von Titan. Geradlinig verläuft sie nach NNO über den Äquator, den Himalaja, Tibet und China bis nach Nordsibirien in Richtung der Halbinsel Taimyr. Titan tauchte auf der südlichen Hemisphäre in den Erdkörper ein und löste den Erdkontakt in Höhe des Äquators (Abb. 9.3a).

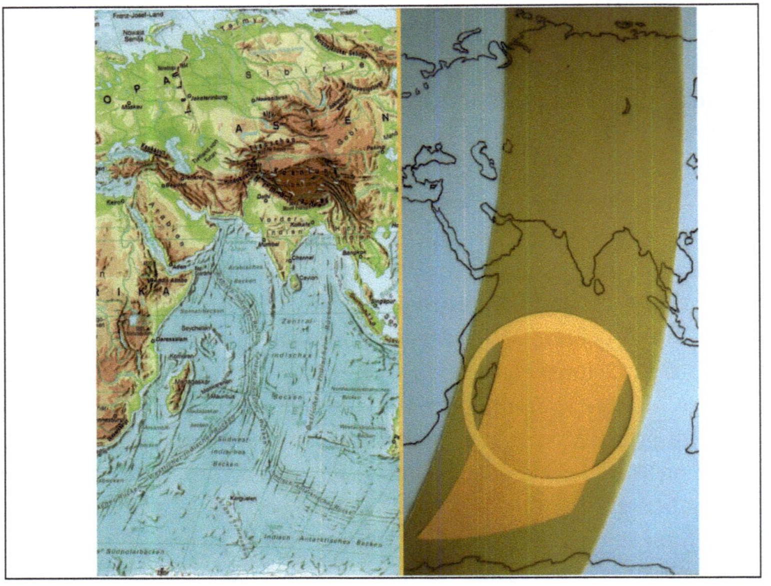

Abb. 9.3a: Projektion der Kollisionszone mit Kollisionsrinne auf die geographische Erdkarte (geographische Karte nach: © Cornelsen Verlag, Berlin. Mit freundlicher Genehmigung).

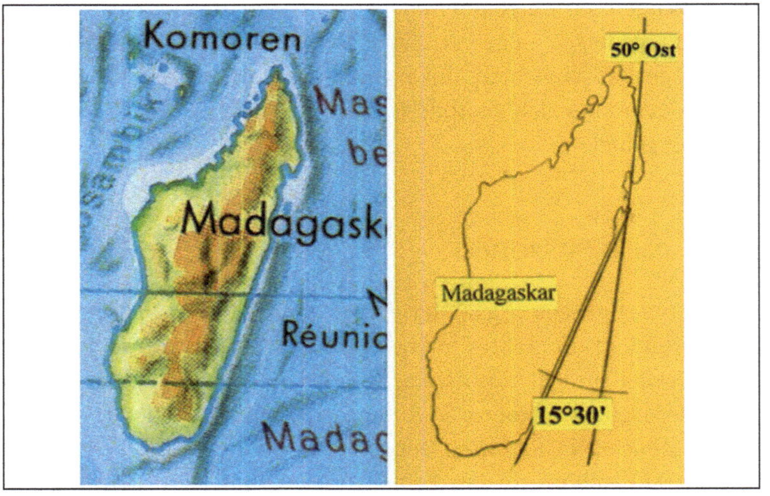

Abb. 9.3b: Kollisionsrichtung von Titan parallel zur Ostküste Madagaskars. Kollisionswinkel zur geographischen Erdachse 15°30min, gemessen am zugehörigen Längengrad: Länge Ost 50° (geographische Karte nach: © Cornelsen Verlag, Berlin. Mit freundlicher Genehmigung).

Auf der Reliefkarte des Meeresbodens sind die Kollisionsspuren sichtbar. Sie ermöglichen die Angabe der Kollisionsrichtung, der Einschlagbreite und -tiefe. Innerhalb der Kollisionszone wurde durch den direkten Kontakt zwischen Erde und Titan eine Kollisionsrinne in den Erdkörper geschlagen, vom Antarktissockel bis zum Äquator. Titan evakuierte die Kollisionszone einschließlich der Kollisionsrinne von den obersten Schichten der Atmosphäre bis tief nach unten in den Erdmantel. Für Titan muss ebenfalls ein Substanzverlust an der erdzugewandten Kontaktseite angenommen werden. Am Boden des Indischen Ozeans geben lineare Parallelstrukturen die Kollisionsrichtung an. Sie markieren auf der Südhalbkugel die Seitenbegrenzungen der in den Erdkörper gefrästen ehemaligen Kollisionsrinne und auf der Nordhalbkugel die Abscherzonen der indischen Lithosphärenplatte. Diese wurde von Titan nördlich der Kollisionsrinne aus der harten Kugelschale der Erde abgeschert und in Kollisionsrichtung unter den eurasischen Kontinentalsockel geschoben. Geologen sprechen in diesem Zusammenhang von einer indischen und eurasischen Platte. Erdkrustenplatten entstanden während der Kollision, als die harte Lithosphärenschale durch den Druckanstieg im Erdkörper zersplitterte. Auf der Reliefkarte des Meeresbodens ist die westliche Begrenzung der Parallelstrukturen vom Antarktissockel bis in das Arabische Meer zu verfolgen. In die Verlaufsrichtung der westlich begrenzenden Parallelstrukturen fügt sich exakt die Ostküste Madagaskars ein. Titan schnitt einen ehemaligen östlichen Inselteil ab (Abb. 9.3 b). Die östliche Begrenzung der Parallelstrukturen wird südlich des Broken-Ridge-Plateaus sichtbar und endet im Golf von Bengalen (Abb. 9.3 a). Dort gehören die Andamanen-Inseln zum nördlichen Abschnitt der östlichen Parallelstrukturen. Die Abscherzonen nördlich des Äquators werden von der Geologie als westliche und östliche Begrenzungen des nördlichen Anteils der indisch-australischen Platte angesehen.

Auf der Reliefkarte des Meeresbodens sichtbare lineare Parallelstrukturen der westlichen und östlichen Abscherzonen bestehen aus basaltischen Schmelzen. Sie drangen während und nach der Abscherung des nördlich vom Äquator gelegenen Lithosphärenfragmentes aus den Bruchspalten an die Oberfläche. Einen weiteren Lithosphärenbruch innerhalb der indischen Platte durch eine Abscherung während der Kollision zeigt die jetzige Inselkette der Malediven, Lakkadiven und Amindiven an. Diese Inselgruppen bildeten sich während der Kollision und wurden auf dem herausquellenden Basaltrücken so weit angehoben, dass sie heute aus dem Indischen Ozean herausragen (Abb. 9.3 a). Durch den enormen Druck auf die Südwestflanke Indiens während der Lithosphärenabscherung erhielt das südliche Indien seine jetzige ‚Abknickung' nach Osten.

Ca. 8 000 km war die ausgeschlagene Kollisionsrinne lang. Die ehemalige Breite kann dem Abstand zwischen der abgeschnittenen Ostküste Madagaskars und der ebenfalls abgetrennten Westflanke des Broken-Ridge-Plateaus entnommen werden. Nach der Reliefkarte des Meeresbodens ergeben sich 4100 km; nach einer Messung am Geo-Globus 4300 km. Für die geometrische Projektion der Kreisquerschnitte von Erde und Titan wird ein Wert von 3600 km als Einschlagbreite genommen (Abb. 9.4). Dieser Wert ergibt sich aus geographischen Schulatlanten und aus Hinweisen, die in Kapitel 10 erörtert werden. Mit den Maßen zur Kollisionsrinnenbreite – 3600 km – und den bekannten Durchmessern von Titan und Erde – 5150 km und 12.756 km – können Angaben zur ehemaligen Tiefe der Kollisionsrinne gemacht werden. Aus einer maßstäblichen geometrischen Projektion der Kreisquerschnitte von Erde und Titan lässt sich mit einer Einschlagbreite von 3600 km eine Eindringtiefe von ca. 1 000 km entnehmen. Eine 1 000 km tiefe Kerbe im Erdkörper reichte bis in den Bereich des mittleren Erdmantels hinab (Abb. 9.4). Weder für Titan noch für den Erdkörper lassen sich Aussagen über die Mächtigkeit von Kruste und Mantel vor der Kollision machen. Beide Himmelskörper zeigten an den Kontaktseiten durch die extreme Druckerhöhung und Plasmabildung eine Volumenreduktion. Die tatsächliche Eintauchtiefe muss sich nicht mit dem theoretischen Wert der geometrischen Projektion decken.

Der Ort der maximalen Eintauchtiefe von Titan lag östlich von Madagaskar, dort wo am Meeresboden der gemeinsame Ausgangspunkt der drei Riftzonen erkennbar ist. Letztere entsprechen drei fortgeleiteten Hauptdruckzonen. Mit einem Radius von 2575 km gelangte die nördliche Hemisphäre von Titan bis in die Region oberhalb des Äquators (Abb. 9.3 a). Die Kollisionsrichtung weicht von der gegenwärtigen geographischen Erdachse um 15° 30' nach NNO ab (Abb. 9.3 b). Die von Titan angeschnittene Ostküste Madagaskars zeigt mit einem Winkel von 15° 30' zur Erdachse die Kollisionsrichtung an (Abb. 9.3 b). Mit den heute beobachtbaren Geschwindigkeiten kosmischer Körper kann eine Kontaktzeit von wenigen Minuten bis zu einer halben Stunde angenommen werden.

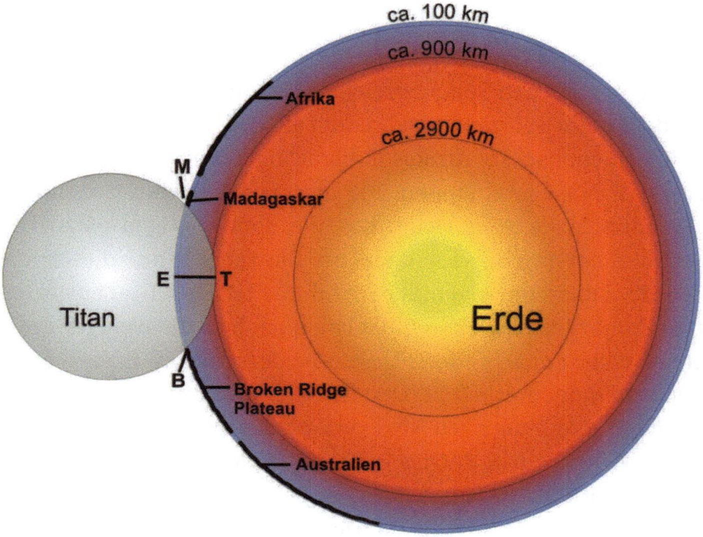

Abb. 9.4: Maßstäbliche Projektion der Kreisquerschnitte von Titan und Erde auf die Kollisionsrinne mit Bestimmung der Einschlagtiefe.

Die annähernd erdachsenparallele nach NNO verlaufende Geschwindigkeitskomponente von Titan muss hoch gewesen sein. Eine Verkleinerung dieser Geschwindigkeitskomponente hätte zu einer mehr äquatorparallelen Kollisionszone geführt. Durch die nach Osten abgelenkte Kollisionsrichtung stiegen die Druckwerte im Erdkörper östlich der Kollisionsrinne mehr an als auf der Westseite. Die exorbitante Druckerhöhung im Erdkörper ließ während der Kollision die harte steinige Kugelschale zerspringen. Diese besteht unter den Ozeanen aus Basalt und in kontinentalen Regionen aus Granit. Der Pazifische Ozeanboden zerbrach in viele kleine Plattenfragmente, zeigte eine weiter reichende Aufschmelzung als der Atlantikboden und einen Bruch zwischen den ozeanischen Basaltböden und den Kontinentalsockeln. Alle gegenwärtig als Plattengrenzen definierten Zonen sind direkte Folgen der Kollision.

Folgeschäden der Kollision zeigten sich in unmittelbarer Nähe zur Kollisionszone und global durch die Fortleitung der Druckwellen. Zu den lokalen Folgen zählten die Druckerhöhung in den direkt an die Kollisionsrinne angrenzenden Regionen und die Reaktionen zwischen dem Wasser der Ozeane und dem offen liegenden Erdmantel. Das westlich der Kollisionsrinne und der nordwestlichen Riftzone gelegene Ostafrika wurde gestaucht. In die entstandene tiefe Kollisionsrinne in der Region des jetzigen Indischen Ozeans floss hoch erhitztes Magma aus den Seitenbereichen der flüssig gewordenen Erdkruste und aus dem tiefer gelegenen Erdmantel ein. Der Magmaabfluss unter dem östlichen Kontinentalsockel Afrikas in Richtung Kollisionsrinne ließ den Ostteil Afrikas zur Rinne hin abkippen. Die massiv gestauchte, angehobene und dann aufgeschmolzene Zone Ostafrikas, die dem heutigen ostafrikanischen Grabensystem entspricht, sank dabei ab. Die Scheitellinie dieser Stauchungszone wurde dabei zum eigentlichen Tal des jetzigen Grabensystems. Wie bei allen ‚Grabenbrüchen' weltweit blieben auch hier die weniger erhitzten und damit schneller erstarrenden Flanken beiderseits des Tales als angehobene Gebirgsformationen erhalten. Der Ostteil Madagaskars wurde abgeschnitten. Die jetzige geradlinig nach NNO verlaufende Ostküste Madagaskars zeigt den gleichen Winkel zur Erdachse wie die Kollisionsrichtung von Titan. Die ursprüngliche Größe dieser Insel ist nicht bekannt. Zum Kontinentalsockel Afrikas gehören auch die Seychellen. Der granitische Kontinentalsockel Afrikas ist dort während des schmelzflüssigen Zustandes weit nach Osten in Richtung Kollisionsrinne gezogen worden. Denkbar ist auch ein Absinken des Kontinentalsockels von Ostafrika durch den Magmaabfluss zur Kollisionsrinne. Zwischen Afrika und der Inselgruppe der Seychellen konnte keine subozeanische Basaltkruste nachgewiesen werden (1).

In Kollisionsrichtung stellten sich die höchsten Druckwerte ein. Nördlich der Kollisionsrinne konnte die entgegenstehende Lithosphäre dem anhaltenden Druck nach NNO während der Kollision nicht standhalten. Ein ca. 3600 km breites Lithosphärensegment wurde aus seinem festen Krustenverband abgeschert und mit hoher Geschwindigkeit unter den eurasischen Kontinentalsockel katapultiert. Durch diesen Vorgang entstanden der Himalaja und Tibet – in wenigen Stunden.

Nach Kontaktlösung füllte sich die ausgeschlagene Kerbe im Erdkörper mit seitlich einfließendem Magma bis zum Niveauausgleich mit der oberen Lithosphäre. Am längsten dauerte der Zufluss dünnflüssiger Magmen aus den Bereichen der drei Hauptdruckzonen. Verantwortlich für die heute noch messbare markante Schwerkrafterniedrigung in der Region des Indischen Ozeans ist die Expansion der dortigen hoch erhitzten und geschmolzenen tieferen Lithosphäre und des oberen Erdmantels nach Lösung des Titan Kontaktes (Abb. 8.3 und 8.4). Auch der Zufluss höher gelegener Magmen aus Erdkruste und -mantel reduzierten dort das spezifische Gewicht.

Auf der havarierten Erde kamen die Wassermassen der Ozeane in Bewegung. Die verbliebenen Wassermassen des Indischen Ozeans flossen in die klaffende, über 1 000 km tiefe Kerbe des Erdkörpers. Aus dem südlichen Atlantik und Pazifik strömte Wasser zur Kollisionsrinne im Indischen Ozean. Zusätzlich beschleunigte die Riftzonenbildung mit Hebung der Riftflanken den Wasserrücklauf zur Kollisionsrinne (Kap. 9.4). An den Seitenwänden der Kollisionsrinne reagierte das hoch erhitzte Magma mit dem Wasser explosiv. Nachströmendes Magma verhinderte zunächst die Bildung fester Oberflächen. Der unentwegte explosive Kontakt zwischen Magma und Millionen Kubikkilometern Wasser zerstäubte die tief liegenden und seitlich in die Rinne einfließenden Anteile von Erdmantel und -kruste. Schwermetalle erreichten mit den einsetzenden Niederschlägen alle Regionen der Erde. Weltweite Iridiumablagerungen, die von der Geologie mit dem Impact an der KT-Grenze in Verbindung gebracht werden, können dem Erdmantel entstammen. Der KT-Impact selbst muss zeitlich dem Kollisionsereignis zugeordnet werden. Unaufhaltsam verkochten die Ozeane in der Kollisionsrinne, kondensierten abseits der überhitzten Regionen und flossen erneut in die als ‚Durchlauferhitzer' fungierende Kollisionsrinne des Indischen Ozeans. Es wurde dunkel auf der Erde, während es Ozeane regnete.

Bei der anzunehmenden hohen Kollisionsgeschwindigkeit besaßen weder die Atmosphäre noch das Wasser noch die feste Materie im Bereich der Kollisionszone eine Ausweichmöglichkeit. Druck- und Temperaturanstiege in der Kollisionsfront waren astronomisch. Unter diesen extremen Bedingungen wird Materie in einen Plasmazustand überführt. Elektronenhüllen der Moleküle werden zerstört und mit ansteigenden Druckwerten von den Atomkernen getrennt. Eine ausgeprägte Volumenverminderung ist die Folge. Bei weiter ansteigenden Druckwerten laufen diejenigen Reaktionen an, die Kernphysiker in Beschleunigeranlagen beobachten. Atomkerne werden mit großer Kraft aufeinandergedrückt. In der Folge entstehen durch diese Kernreaktionen radioaktive Zerfallsprodukte, neue Elemente entsprechend der Anzahl der im Kern verbleibenden Atome.

Mehrere Hauptdruckzonen leiteten die von Titan auf den Erdkörper übertragenen Drücke um den ganzen Erdball. Sie ließen die Kollision zu einer vernichtenden globalen Katastrophe anwachsen.

Alle Hauptdruckzonen hatten ihren Ursprung in der Kollisionsrinne im Indischen Ozean. Neben der größten Druckwelle in Kollisonsrichtung nach

NNO, die zur Abscherung der Lithosphäre im Frontabschnitt und deren Unterschiebung unter den eurasischen Kontinentalsockel mit Bildung von Himalaja und Tibet führte, nahmen drei weitere Hauptdruckzonen ihren Anfang in der Kollisionsrinne im Indischen Ozean. Es sind die bekannten, bereits erwähnten Riftzonen – die nordwestliche, die atlantische und die pazifische. Beim Unterlaufen der mächtigeren granitischen Kontinentalsockel bildeten sich über den Hauptdruckzonen Gebirge, Plutone und Vulkane. Ein Charakteristikum aller subozeanischen Riftzonen ist die nahezu exakte geometrische Anordnung der Zehntausenden Basaltkegel auf den Riftflanken. Hebung und Aufschmelzung der subozeanischen Hauptdruckzonen führten zur Bildung des typischen Riftzonenmusters. Sie wird im folgenden Kapitel beschrieben.

9.4 Die Bildung der Riftzonen

Riftzonen sind lang gestreckte, bis zu 3 000 m hohe submarine Gebirgszüge (1). Sie wurden in Kapitel 6 beschrieben. Mit einer Gesamtlänge von ca. 70 000 km stellen sie das größte zusammenhängende Gebirgssystem der Erde dar. Das Ausmaß dieser die Erdkugel der Länge nach zweimal umspannenden Gebirgsketten begann sich abzuzeichnen, als im 19. Jahrhundert die ersten transatlantischen Telefonkabel verlegt wurden (2).

In den 50er-Jahren des 20. Jahrhunderts spielten die bekannt werdenden Konturen der subozeanischen Riftzonen eine entscheidende Rolle bei der Aufstellung der plattentektonischen Hypothesen (Kap. 6). Das Zentrum der Riftzonen, der Scheitelbereich, wird tief eingeschnitten vom Zentralriss. Geologen bezeichnen dessen Talboden als Rift Valley. Der Zentralriss teilt die Riftzonen in Längsrichtung in zwei annähernd gleiche Hälften, die Riftflanken. Geologen nennen die zum Zentralriss senkrecht verlaufenden Quereinrisse der Riftflanken Transformstörungen (Kap. 6). Sie fordern in ihren plattentektonischen Hypothesen einen beständigen Magmaaustritt in der zentralen Riftzone. Der plattentektonischen Hypothese zufolge sollen sich dadurch im Rift Valley neue magmatische Anwachsstreifen bilden und die beidseits am Zentralriss angrenzenden Erdkrustenplatten seitlich fortgeschoben werden. Sie sollen an weiter entfernten Plattenrändern in den Erdmantel abtauchen und diesem einverleibt werden (Kap. 6). Geologen bezeichnen die von ihnen angenommenen Vorgänge des Auseinanderschiebens der Erdkrustenplatten als ‚Seafloor Spreading' und deren Untertauchen an Plattengrenzen als ‚Subduktion'. Die plattentektonischen Modelle wurden in Kapitel 6 beschrieben.

Eindrucksvoll sind die zusammenhängenden Riftzonen in ihrer weltumspannenden Ausdehnung auf der Reliefkarte des Meeresbodens zu sehen (Abb. 7.14) (3). Dieser Karte lässt sich entnehmen, dass drei gleichartig strukturierte Riftzonen vom Zentrum der Kollisionsrinne im Indischen Ozean sternförmig fortlaufen. Riftzonen entsprechen fortgeleiteten Maximal-Druckwellen aus der ehemaligen Kollisionsrinne im Indischen Ozean (Abb. 9.5).

Riftzonen zeigen ein filigranes geometrisches Grundmuster. Ihre gleiche geometrische Grundstruktur lässt auf einen für alle Riftzonen gültigen gleichartigen Entstehungsprozess schließen. Geologen zeichnen in ihren Lehrbüchern und Publikationen immer noch zum Zentralriss parallel verlaufende ‚Wälle' (4). Diese sollen ‚Anwachsstreifen' verkörpern (5). Die Reliefkarte des Meeresbodens zeigt parallel zum Zentralriss in Reihen angeordnete Einzelkegel. Auf die Diskrepanz zwischen den geologischen Aussagen und den Befunden in der Reliefkarte des Meeresbodens wurde in Kapitel 7.5 hingewiesen. Weder mit geologischen Überlegungen zu ‚Anwachsstreifen' noch mit ‚Wällen' lässt sich die Bildung der in Reihen aufgestellten Basaltkegel der Riftzonen erklären.

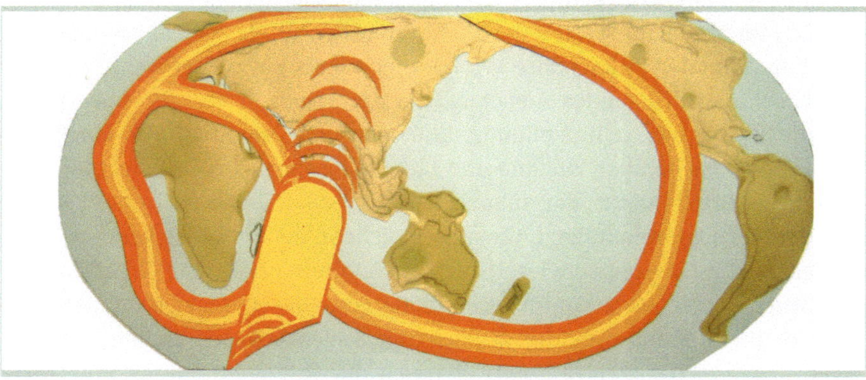

Abb. 9.5: Riftzonen als weltumfassende Strukturen. Die drei Riftzonen der Erde besitzen einen gemeinsamen Ausgangspunkt in der Kollisionsrinne im Indischen Ozean. Sie entsprechen drei aus dem Indischen Ozean fortgeleiteten Maximal- Druckwellen beim Einschlag von Titan.

Riftzonen zeigen ihr charakteristisches geometrisches Grundmuster nur in den Basaltdecken am Boden der Ozeane. Riftzonen sind nicht zwingend an einen basaltischen Meeresboden gebunden. Einige Streckenabschnitte unterqueren kontinentale Plattenanteile. Der Länge nach und zentral unterquert die Nordwestliche Riftzone die Arabische Halbinsel und durchquert das Mittelmeer in Längsrichtung von Ost nach West. Auf den Flanken der die Arabische Halbinsel zentral unterquerten nordwestlichen Druckwelle liegen die Basaltböden des Roten Meeres und des Persischen Golfes. Sie lassen das basaltbodentypische Bruchmuster erkennen. Geologen definierten mit den erkennbaren, die Arabische Halbinsel umfassenden Riftstrukturlinien eine ‚arabische Platte'. Auf der Südflanke der nordwestlichen Riftzone liegen die Staaten des nördlichen Afrikas: Ägypten, Libyen, Tunesien, Algerien und Marokko. Auf der Nordflanke dieser Riftzone liegen die Länder Türkei, Griechenland, die Balkanstaaten, Italien, die Alpenländer und die südlichen Regionen von Deutschland sowie Frankreich, Spanien und Portugal. Sie gehören zum eurasischen Kontinentalsockel. Während die nordwestliche Riftzone sowohl submarine als auch kontinentale Bereiche unterquert, verläuft die atlantische Riftzone ausschließlich unter Ozeanen. Sie umrundet den afrikanischen Kontinent im südlichen Atlantik und gelangt über den Nordatlantik ins Polarmeer.

Die pazifische Riftzone läuft auf der Höhe von Mexiko – exakt an der südlichen Öffnung des Golfes von Kalifornien – unter den nordamerikanischen Kontinent. Dem Scheitel dieser Riftzone entspricht dort der Hauptkamm der Rocky Mountains im Westen der USA, Kanadas und Alaskas. Beim Unterqueren kontinentaler Lithosphäre erfolgten ebenfalls ein weitgehendes, bis zur Oberfläche vordringendes Aufschmelzen der Lithosphäre, eine Aufwölbung der Erdkruste mit Gebirgsbildung, Einrissen und Durchtritt von Magma an die Erdoberfläche über Vulkane und Lithosphärenbrüche. Das sichtbare mosaikartige Bruchmuster der subozeanischen Basaltböden ist in der wesentlich dickeren kontinentalen Lithosphäre nicht so deutlich zu erkennen. Neuere seismische Messungen wiesen auch in kontinentaler Kruste ein orthogonales Bruchmuster nach. Kontinentale Plattenanteile zeigten sich bei der Kollision deutlich stabiler als die weniger mächtigen subozeanischen Basaltdecken. Letztere besitzen im Zentralbereich der Riftzonen zurzeit eine Dicke von ca. 6 km. Kontinentalsockel zeigen eine Mächtigkeit von 30 bis 60, nach neueren Messungen bis zu mehreren Hundert Kilometern.

Die Riftzonenbildung löste Prozesse aus, die unter dem Begriff ‚Gebirgsbildung' bekannt sind. Eine Gebirgsbildung läuft an – und nur dann –, wenn die feste Lithosphäre in einen fließfähigen, d. h. geschmolzenen Aggregatzustand überführt wird und zeitgleich vertikale und horizontale Kräfte einwirken. Dazu sind extreme, katastrophale Druck- und Temperaturerhöhungen erforderlich. Sie werden nur ermöglicht durch Katastrophen kosmischen Ausmaßes. Alle gegenwärtigen Gebirge weltweit entstanden durch eine einzige kosmische Katastrophe – durch die Kollision zwischen Erde und Titan. Somit dauerte die Bildung aller gegenwärtigen weltweiten Gebirgsmassive Stunden, Tage und wenige Wochen. Sie kam zum Erliegen nach Abkühlung und Erstarrung der Erdkruste. Eine ‚Kaltformung' von Gebirgen fordern die geologischen Hypothesen zur Gebirgsbildung im Rahmen der aktualistischen Unendlichkeitsdoktrin. Dafür sollen Millionen und Milliarden Jahre erforderlich sein.

Riftzonen markieren den Verlauf der drei noch erkennbaren Hauptdruckzonen, die von der Kollisionsrinne im Indischen Ozean fortgeleitet wurden. Sie entsprechen ehemaligen Druckwellen-Maxima. Eine vierte Hauptdruckzone, diejenige mit den größten Druckwerten, verlief in Kollisionsrichtung und führte zur Abscherung des nördlich der Kollisionsrinne gelegenen Lithosphärensegmentes. Das Lithosphärensegment wurde zusammen mit dem indischen Kontinent unter die eurasische Platte katapultiert. Dabei entstanden der Himalaja und Tibet. Riftzonen stellen mit ihrer charakteristischen geometrischen Struktur die abgeheilten Narben der harten Erdschale dar. Die vorangehenden Wunden, die Brüche in den Basaltdecken, sind wieder verschlossen. Sie traten in unmittelbarem Zusammenhang mit der Kollision auf. Ein anhaltendes Seafloor Spreading, wie es von der Geologie gefordert wird, existiert nicht mehr.

Druckzonen zeigen generell im Querschnitt einen konvexbogigen Verlauf. Maximale Druckwerte entstehen in den Scheitelbereichen. Zur Seite hin flacht die Druckkurve ab. Diese aus der Physik bekannten Fakten lassen sich auf Riftzonen übertragen. Sie gelten für alle betrachteten Schnittebenen der Druckwellen, für die Ebene des Meeresbodens und für das Druckprofil im Längs- und Querschnitt (Abb. 9.6 a bis c).

Wenn die geometrischen Maße und die Kollisionsrichtung von Titan berücksichtigt werden, lässt sich die Entstehung der einheitlichen geometrischen Grundstruktur der subozeanischen Riftzonen ableiten. Der vordere Abschnitt einer Hauptdruckzone, der ‚Kopf' einer fortgeleiteten Druckwelle,

Abb. 9.6a: Druckwellenkopf im Querprofil. Bildung des Riftzonen-Längsbruches.Er wurde zum so genannten ‚rift valley'

Abb. 9.6b: Druckwellenkopf im Längsprofil. Bildung der Riftzonen-Querbrüche. Sie entsprechen den so genannten geologischen Transform-Störungslinien.

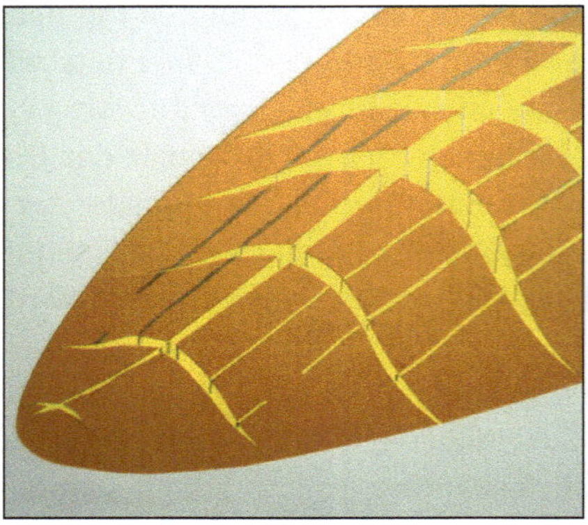

Abb. 9.6c: Kombination von Druckwellen Quer- und Längsprofil zum vollständigen Bruchmuster über dem Druckwellenkopf. Bildung des rechtwinkligen Bruchmusters im basaltischen Meeresboden: des ‚orthogonal fracture pattern'.

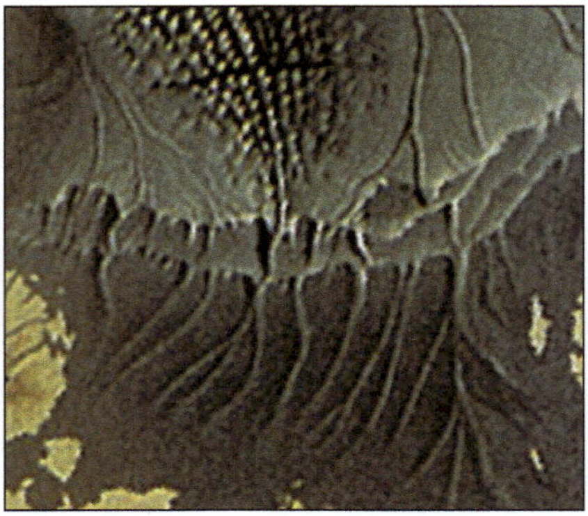

Abb. 9.7: Druckwellenkopf der Atlantischen Riftzone im Nordpolarmeer auf der Relief-Karte des Meeresbodens. Er entspricht dem sichtbaren Ende der Atlantischen Maximaldruckwelle. Relief-Karte aus: ‚The New Atlas of the Universe', 1984, von Patrick Moore. Mit freundlicher Genehmigung

ist auf der Reliefkarte des Meeresbodens im Nordpolarmeer zu sehen. Er entspricht dem sichtbaren Ende der transatlantischen Riftzone. Detaillierte Hinweise auf den eigentlichen Bruchverlauf der Basaltdecke lassen sich daraus entnehmen (Abb. 9.7).

Am Druckwellenkopf des Atlantik-Rifts im Nordpolarmeer ist der Übergang vom unbeschädigten Basaltboden zum charakteristischen Bild der voll ausgebildeten Riftzone sichtbar (Abb. 9.7). Über der herannahenden Druckwelle aus dem Erdinneren begann sich der Basaltboden unter den Ozeanen zu heben. Entsprechend der Ausbreitungsgeschwindigkeit von Erdbebenwellen betrug die Geschwindigkeit der Druckwellen mehrere Kilometer pro Sekunde (6). Der steinharte Basaltboden wurde von der Druckwelle aufgeladen. Er hielt der schnell zunehmenden konvexbogigen Verformung durch die unterlaufenden Druckwellen nicht stand. Von oben beginnend brach die harte Kruste bis zur Unterkante der Lithosphäre. Der Bruchspalt bildete sich schnell, in Sekunden. Anschließend folgte die Aufschmelzphase. Eine wenige Kilometer dicke, harte Basaltkruste des Meeresbodens mag über eine Breite von 4 000 bis 5 000 km im Scheitelpunkt des Druckwellenmaximums eine Hebung von einigen Hundert Metern tolerieren, ohne zu brechen. Der weitere schnelle Druckanstieg ließ im Scheitelbereich, wie im Querprofil gezeigt (Abb. 9.6 a), den Ozeanboden innerhalb von Sekunden in Richtung des Druckwellenverlaufes aufbrechen. Auslösend war die schnelle konvexbogige Verformung der Lithosphäre, wie im Querschnittprofil gezeigt (Abb. 9.6 a). Verstärkt durch den auflastenden Wasserdruck und das Eigengewicht der Lithosphäre, begannen die jetzt getrennten steinernen Bodenplatten rechtwinklig zum Zentralriss zu brechen, von medial nach lateral. Auslösend war die konvexbogige Verformung der Basaltdecke in Laufrichtung der Druckwelle mit entsprechender Hebung des Ozeanbodens, wie im Längsschnittprofil gezeigt (Abb. 9.6 b). Dieses war der Startpunkt für die Bildung der Riftzonenquerbrüche. Sie werden von der Geologie als Transformstörungen bezeichnet. Dabei entstandene 10 bis 100 km breite Segmentstreifen zerfielen ihrerseits schnell weiter durch Längs- und Querbrüche, gefördert durch ihr Eigengewicht und die aufliegenden Wassermassen. Es entstand ein schollenartiges, annähernd rechtwinkliges Mosaikbruchmuster des basaltischen Meeresbodens. Gebildet wurde es über dem Druckwellenkopf mit seiner schnellen zweifachen konvexbogigen Aufwölbung der harten Basaltdecke, in Quer- und Längsrichtung zum Druckwellenverlauf (Abb. 9.6 c). Das Eigengewicht der steinernen Platten, verstärkt durch die auflastenden Wassermassen, beschleunigte die Bruchbildung. Die Dicke der brechenden Basaltkruste bestimmte die Kantenlängen der entstehenden Mosaikfragmente. Alle Einrisse des Meeresbodens mit nachfolgender Plattenfragmentierung – der zentrale Längsriss, die Transformstörungen und die weiteren Querbrüche der einzelnen Segmente – waren von bruchtypischen Charakteristika begleitet: Sie dauerten Sekunden, begannen an der Oberseite der Basaltdecken und liefen von dort in die Tiefe bis zur Untergrenze der Lithosphäre, mit einem unbeschreiblichen Geräuschpegel.

Der von oben auf die Plattenfragmente einwirkende Gegendruck durch das auflastende Wasser gewährleistete den Erhalt der geordneten Mosaikstruktur. Die Plattenfragmente blieben am Entstehungsort liegen. Ein fehlender Gegendruck hätte eine chaotische Ablagerung zur Folge gehabt. Im Gegensatz zu den schnellen Bruchvorgängen der subozeanischen Bodenplatten in den Riftzonen von oben nach unten zeigen Vulkane ein umgekehrtes Verhalten. Nach einem langsamen Vordringen der Aufschmelzzone von unten nach oben bis dicht unterhalb der oberen Lithosphärenschichten werden die letzten Meter der oben aufliegenden Lithosphäre abgesprengt (7).

In den Basaltböden der Ozeane war nach dem Unterlaufen des Druckwellenkopfes wie oben beschrieben ein netzförmiges geometrisches Bruchmuster entstanden. Kreuzende Bruchlinien der Längs- und Querbrüche trennten die Basaltdecke in Zigtausende annähernd rechtwinklige Mosaikstückchen auf. Ihre Kantenlängen entsprachen dem Abstand zweier benachbarter Basaltkegel der rezenten Riftzonen (Abb. 9.8 a, b). Diese Basaltkegel, ca. 100 000 sind auf der Reliefkarte am Meeresboden zählbar, entstanden über den Kreuzungspunkten der Bruchlinien (Abb. 9.9 a, b).

Bruchlinienkreuzungen stellten präformierte Austrittsorte für das unter hohem Druck stehende Magma dar. Über jedem Bruchlinienkreuzungspunkt wuchs ein Magma speiender basaltischer Ergusskegel. Diese Entstehungsweise erklärt das markante orthogonale geometrische Grundmuster aller ozeanischen Riftzonen. Von der Geologie wird es als ‚orthogonal fracture pattern' bezeichnet. Gleichzeitig verlaufende pendelnde Flutwellen legten ihre gewaltigen Schlammfrachten auf den frisch ausgeflossenen Lavafeldern ab. Probebohrungen im Meeresboden zeigten in der Vertikalen mehrere Wechsel von Erguss- und Sedimentgestein.

Abb. 9.8a: Bruchmuster in der Riftzonenflanke. Ausschnitt aus der Relief-Karte des Meeresbodens: Südpazifik. Relief-Karte aus: ‚The New Atlas of the Universe', 1984, von Patrick Moore. Mit freundlicher Genehmigung

Abb. 9.8b: Bruchmuster in der Riftzonenflanke. Ausschnitt aus der Relief-Karte des Meeresbodens: Nordpazifik. Relief-Karte aus: ‚The New Atlasof the Universe', 1984, von Patrick Moore. Mit freundlicher Genehmigung

Abb. 9.9a: Bruchlinienkreuzung von Längs- und Querbruch im basaltischen Meeresboden als präformierter Austrittsort für das unter hohem Druck stehende Magma.

Abb. 9.9b: Bildung der geometrisch angeordneten Basaltkegel über allen Bruchlinienkreuzungen der Riftflanken als Folge des ‚orthogonal fracture pattern'.

Das Netz der geometrisch ausgerichteten Bruchlinienkreuzungen breitete sich vom Zentralriss nach lateral aus. Das sichtbare Bruchmuster endet an den Rändern der stabileren Kontinentalsockel. Neuere seismische Untersuchungen haben analoge Bruchmuster in angrenzenden Kontinentalsockeln nachgewiesen (8). Damit unvereinbar sind plattentektonische Hypothesen, das Seafloor Spreading und die Subduktion. Seismische Untersuchungen der den Riftzonen benachbarten Kontinentalsockel deckten weitere Details auf.

Für die atlantischen und pazifischen Kontinentalränder beschreibt die Geologie eine unterschiedliche Struktur. Im Atlantikbereich bestätigen seismische Messungen eine feste Verbindung zwischen ozeanischer Basaltdecke und Kontinentalsockel. Geologen bezeichnen diese Kontinentalränder als ‚passiv', als ‚atlantischen Typ' (9).

Im pazifischen Raum bestätigen seismische Messungen eine Plattengrenze zwischen Kontinent- und Ozeanboden. Der Ozeanboden – so die Geologie – werde dort unter die kontinentale Platte subduziert. Es handle sich um aktive Kontinentalränder. Geologen bezeichnen sie als ‚pazifischen Typ' (9).

Feste atlantische Kontinentalränder verdanken ihre Existenz, ihr ‚Weiterbestehen', einer für einen Bruch unzureichenden Druckwelle. Sie schuf dort eine Riftzone, den atlantischen Rücken, hob den Meeresboden jedoch nicht ausreichend an, um die Verbindung zwischen dem ozeanischen Basaltboden und den Kontinentalsockeln brechen zu lassen.

Pazifische Kontinentalränder mit ihren messbaren Plattengrenzen zwischen Pazifikboden und Kontinentalsockel verdanken ihre Existenz einer für ihren Bruch ausreichenden Druckwelle. Diese Druckwelle schuf die pazifische Riftzone und zerbrach die Verbindung zwischen dem ozeanischen Basaltboden und Kontinentalsockel. Pazifische Kontinentalränder zeigen neben den Brüchen zwischen Kontinent und Ozeanboden eine weitere geologische Besonderheit. Dort beschreibt die Geologie die sogenannten ‚Subduktionszonen' der plattentektonischen Hypothese. Die Bildung der ‚Subduktionszonen' steht in direktem ursächlichen und zeitlichen Zusammenhang mit der Entstehung der Riftzonen.

Mit großem Rechenaufwand stellten Seismologen mittels seismischer Tomogramme Zonen unterschiedlicher P-Wellen-Geschwindigkeit in Erdkruste und -mantel dar. Je höher die P-Wellen-Geschwindigkeit in einer geologischen Formation gemessen wird, desto größer ist deren Dichte (siehe auch Kap. 2). Anhand einer abgestuften Farbskala werden Zonen unterschiedlicher P-Wellen-Geschwindigkeit in den Tomogrammen kenntlich gemacht. ‚Blau' steht für hohe, ‚rot' für geringe P-Wellen-Geschwindigkeit. Intensive Farbunterschiede und somit Dichteschwankungen zeigen die Tomogramme aus dem pazifischen Raum, insbesondere dort, wo der Pazifikboden (die sogenannte geologische pazifische Platte) an Kontinentalsockel und Kontinente grenzt. Geologen bezeichnen diese Übergangszonen zwischen Ozeanboden und Kontinent entsprechend der plattentektonischen Hypothese als Subduktionszonen, in denen die Erdkruste in einem dynamischen Prozess in den Erdmantel abtauchen soll (Kap. 6).

Was stellen diese ‚Subduktionszonen' dar? Genau das, was Seismologen berechnen: Zonen mit deutlich höherer Dichte, als dem Durchschnittswert entspricht. Letzterer wird in den seismischen Tomogrammen oft mit der Farbe ‚Gelb' belegt. ‚Subduktionszonen', so wie sie in vielen seismischen Profilen von den Geowissenschaften gezeigt werden, stellen somit weltweit Magmaverdichtungszonen dar. Als Verdichtungszonen sind sie direkte Folgen der Kollision zwischen Erde und Titan. Fortgeleitete Maximaldruckwellen aus der Kollisionsrinne im Indischen Ozean schoben das Magma des Erdmantels und die aufgeschmolzenen Anteile der Ozeanböden von der Scheitelzone der Druckwellen zur Seite fort. Die pazifische Druckwelle bewirkte infolge ihres höheren Druckgradienten eine weiterreichende Aufschmelzung des Meeresbodens als die atlantische. Der ursprüngliche Verlauf dieser Maximaldruckwellen zeigt sich heute noch an der geographischen Lage der subozeanischen Riftzonen. Magma flutete zu beiden Seiten von den Scheitelbereichen der Riftzonen und oberhalb der Kollisionsrinne aus dem Indischen Ozean gegen resistente geologische Strukturen. Nicht aufgeschmolzene granitische Formationen, Kontinente und deren Sockel, stellten für Magma und Druckwellen Resistenzen dar. Davor gelegene Regionen in Erdkruste und Erdmantel wurden durch Druckwellen und nachrückendes Magma verdichtet. Magma lief gegen den jetzt noch bruchstückhaft vorhandenen Kontinentalsockel von Südostasien bis Nordaustralien. Magma driftete zwischen Indonesien und Nordaustralien nach Osten und ließ dabei den sogenannten Banda-Arc-Komplex entstehen. Diese Formation ist mit den Schmelzdurchbrüchen in der Karibik (karibische Platte) und Patagonien (Scotia-Platte) vergleichbar (Kap. 19.9). Magma flutete gegen die Sockel Süd- und Mittelamerikas. Magmaverdichtungszonen sind an allen während der Kollision ‚fest' gebliebenen geologischen Formationen nachzuweisen, bis in den Erdmantel hinabreichend. Alle nachgewiesenen Verdichtungszonen im pazifischen Raum entstanden durch seitliche und/oder aufsteigende Magmadrift, ausgelöst durch die pazifische Druckwelle. Diese Entstehungsweise erklärt die in vielen seismischen Tomogrammen sichtbaren Kaliberschwankungen ‚subduzierender Platten', deren Mächtigkeit unterhalb von Kontinentalsockel in Höhe des mittleren Erdmantels, die horizontalen Verläufe und die zunehmende Verdichtung der ‚Platten' in Richtung zur oberen Erdkruste. Nicht aufgeschmolzene, hoch liegende Erdkruste bot dem aufwärts treibenden Magma den erforderlichen Widerstand zur Verdichtung. In einigen Tomogrammen ist zu erkennen, wie Magma zwischen resistenten Strukturen in eine nach oben führende Sackgasse getrieben und unter einer unnachgiebigen festen Erdkruste hochgradig verdichtet wurde (10). Auch die sogenannte Farallon-Platte unter Nordamerika stellt eine Verdichtungszone dar (11). Sie verläuft parallel zur Ostflanke der pazifischen Riftzone, die in Höhe des Golfs von Kalifornien unter den nordamerikanischen Kontinent läuft. Ein seismisches Profil vom Erdmantel unter Nordamerika machte die sogenannte Farallonplatte sichtbar. „Ein bemerkenswertes Charakteristikum der tomographischen Abbildung des mittleren Erdmantels ist der lange Gürtel hoher Geschwindigkeit, der sich in Nord-Süd-Richtung unter den Kontinenten von Nord- und Südamerika ausdehnt. Er wird für den subduzierten Überrest der Farallon-Platte gehalten." (12) „Der schräg nach Osten abtauchende kühle Bereich (blau) wird als Überrest subduzierter ozeanischer Lithosphäre der Farallon-Platte interpretiert, die über einen Zeitraum von etwa 100 Milllionen Jahren unter die nordamerikanische Platte subduziert wurde." (13) Geologen bezeichnen diese Zonen höherer Dichte als Subduktionszonen. Dort würden in einem dynamischen Prozess Erdkrustenplatten in den Erdmantel absinken und sich auflösen. Geologen glauben, dass diese Zonen ‚kalt' sind. Gemessen werden kann die P-Wellen-Geschwindigkeit in Erdkruste und -mantel. Sie korreliert mit der Dichte der betrachteten Region. Dass aus gemessenen seismischen Dichteprofilen Rückschlüsse auf deren Temperaturen gezogen werden, ist in der Geologie üblich. Die Behauptungen der Geologen, seismisch dichte Formationen seien kalt, seismisch weniger dichte Formationen heiß, entspringen einzig den plattentektonischen Hypothesen. Temperaturbestimmungen an ‚abtauchenden Platten' sind technisch nicht möglich.

Nachgewiesen ist die höhere P-Wellen-Geschwindigkeit in den o. e. Verdichtungszonen. Diese Zonen sind dichter als benachbarte Regionen, weil sie komprimiert wurden. Von ‚oben' kann keine geologische Formation aus eigener Kraft und auch nicht mit geologischen Hypothesen zum Abtauchen in den tieferen Erdmantel gezwungen werden, wenn sie ein geringeres spezifisches Gewicht besitzt als die tiefer liegenden Schichten. Der Blick muss von unten nach oben gewendet werden. Aus der Tiefe der Erde liefen die fortgeleiteten Druckwellen nach oben gegen nicht aufgeschmolzene resistente Strukturen. Weil Zonen mit höherer P-Wellen-Geschwindigkeit nach der Kollisionstheorie durch Kompression entstanden, sind sie heißer als die benachbarten Regionen. Das erklärt auch das Vorhandensein von Vulkanen über diesen Zonen. Nicht nur die sichtbaren Reliefs der Gebirge und Ozeanböden stellen Kollisionsfolgen dar. Auch alle seismischen Profile von Zonen höherer P-Wellen-Geschwindigkeit in der tieferen Erdkruste und im Erdmantel zeigen als Verdichtungszonen die Folgen der Titan-Kollision – den Nachhall der gigantischen Druckwellen.

Schwer getroffen hat es alle Regionen östlich der Kollisionsrinne. Der alte, zuvor existierende Basaltboden über der östlichen Flanke des Pazifik-Rifts wurde quantitativ aufgeschmolzen und aus westlicher Richtung gegen den südamerikanischen Kontinent gespült – innerhalb von Stunden bis wenigen Tagen. In der Folge wurde der Westteil Südamerikas komprimiert und angehoben, der Ostteil kippte ab. Anden und Kordilleren stiegen nach partiellem Aufschmelzen der Küstenzone durch den Druck des anflutenden Magmas auf ihre rezente Höhe bis zu 6 000 m über NN. Ein neuer Pazifikboden bildete sich nach Abkühlung der Basaltmagmen. In Kapitel 9.3 wurde die Ursache des höheren Druckanstieges im pazifischen Raum besprochen. Auch alle bekannten Lithosphärenplatten, große und kleine, entstanden zeitgleich mit den und durch die aus der Kollisionsrinne fortgeleiteten Druckwellen im Erdkörper.

Auf der Reliefkarte des Meeresbodens sind unterschiedliche Längen für die einzelnen Segmente der Riftzonen erkennbar. Ein Riftzonensegment ist ein Teilabschnitt der Riftflanke, der durch zwei Transformstörungslinien begrenzt wird. Viele Riftzonensegmente zeigen einen Versatz in der zentralen Riftzone (Abb. 9.10).

Bei geradlinigem Verlauf der Riftzonen sind die Längenunterschiede der Segmente gering. Sie weichen auf beiden Seiten des Zentralrisses nur geringfügig von der Mittellinie ab. Geringfügige Segmentlängenunterschiede bei geradlinigem Verlauf der Riftzone sind Folgen einer ehemaligen individuellen Segmentkontraktionsgeschwindigkeit. Sie war von Bedeutung in der ersten Abkühlphase der weitgehend geschmolzenen Basaltdecken. Kontraktion heißt ‚Zusammenziehen'. Die Kontraktion beruhte auf der Abkühlung der in Teilen

Abb. 9.10: Geringer stufenförmiger Versatz der Riftzonensegmente in der zentralen Riftzone bei geradlinigem Verlauf (links im Bild). Übergang zur Rechtsabweichung des Druckwellenkopfes mit ausgeprägtem stufenförmigen Versatz der zentralen Riftzone infolge des ‚Nachspringens' (rechts im Bild).

aufgeschmolzenen Riftflanken. Analog dem Abschrecken einer glühend heißen mineralischen Schmelze mittels Wasser kontrahierten sich die mit Keramik vergleichbaren Basaltdecken der Meeresböden. Oberflächennahe Schichten des Basaltbodens erfuhren durch das zurückflutende Wasser der abgedrängten Ozeane einen Temperatursturz von mehreren Hundert Grad Celsius.

Temperaturabhängige Längenänderungen von Festkörpern werden mit dem stoffspezifischen Wärmeausdehnungskoeffizienten „α" beschrieben (14). Basalt kann mit Keramik verglichen werden. Er stellt eine erstarrte Silikatschmelze dar. Der Längenausdehnungskoeffizient α für Keramik pro Meter und Grad Celsius ist gering. Für Porzellan, eine industriell hergestellte Keramik, beträgt $\alpha = 3 \times 10^{-6} \times grad^{-1}$ (15). Der Längenausdehnungskoeffizient α ist eine Stoffkonstante. Er ist gültig für die Längenzunahme eines Körpers bei Temperaturerhöhung ebenso wie für die Längenabnahme bei Temperaturerniedrigung. Bei Betrachtung von Festkörpern ist der Längenausdehnungskoeffizient für alle drei Raumrichtungen zu beachten.

Formel: $\Delta L = \alpha \cdot L_0 \cdot \Delta t$

Die angegebene Formel gibt die temperaturabhängigen Längenänderungen (Δ L) von Festkörpern wieder. Die Längenänderung (Δ L) eines Festkörpers ist proportional seiner Ausgangslänge (L_0) bei 0° C und der erfolgenden Temperaturänderung (Δ t), einer Temperaturerhöhung oder -erniedringung. Beispielhaft sollen die temperaturabhängigen Bewegungen einer 2 000 km breiten Riftflanke berechnet werden. 3 000 bis 4 000 km beträgt die Gesamtbreite der sichtbaren atlantischen Riftzone. Mithilfe der oben angegebenen Formel lässt sich für eine Riftflanke bei Abkühlung um 1° C eine Verkürzung von 6 m berechnen. Eine Verkürzung von 5,4 km ergibt sich bei Abkühlung des geschmolzenen Basaltbodens von 900° C auf 0° C. Der Abstand zwischen zwei gegenüberliegenden Riftflanken vergrößert sich dabei um 10,8 km. Mit einer willkürlich angenommenen gegenwärtigen jährlichen Abkühlungsrate von einem tausendstel Grad Celsius kontrahiert sich eine Riftflanke in diesem Zeitraum um 6 mm nach lateral. Werden beide Riftflanken berücksichtigt, ergibt sich eine Spreizungsrate für das Rift Valley von ca. 1,2 cm/Jahr. In dieser Größenordnung bewegen sich die GPS-Messpunkte zu beiden Seiten der zentralen Riftzone im Nordatlantik. „Der nördliche mittelatlantische Rücken zieht sich durch das Polarmeer mit Spreizungsraten unter 1,5 cm/Jahr." (16). Geologen kombinieren die Bewegungen der GPS-Messpunkte ausschließlich mit einer Wanderung starrer Lithosphärenplatten. Alternativ kann die Bewegung der GPS-Messpunkte mit einer temperaturabhängigen Plattenkontraktion erklärt werden.

Während bei geradlinigem Riftzonenverlauf nur geringfügige Segmentlängen-Unterschiede beobachtet werden, zeigen sich im Kurvenbereich der Riftzonen deutliche Unterschiede in den Segmentlängen. Das Seitwärtsspringen der zentralen Segment-Enden, der stufenförmige Versatz der Riftzone bei kurvenförmigem Verlauf, erklärt sich durch die Bruchmechanik von Festkörpern. Unmittelbar nach dem Unterlaufen der Druckwelle begann die Hebung der harten Basaltdecke. Sie dauerte an, während der Druckwellenkopf bereits weitergelaufen und bei bogenförmigem Verlauf von der ursprünglichen Richtung seitlich abgewichen war. Beim Überschreiten der Streckgrenze brach die Basaltdecke über dem Scheitelbereich der durchgelaufenen Druckwelle. Die Bruchlinie muss jedoch dem Druckwellenkopf folgen. Wie in Abb. 9.11 a gezeigt, erfolgte der Bruch quer zu den Segmenten, weil diagonale oder bogenförmige Bruchverläufe in einem vorgegebenen Segment nur mit einer längeren Bruchlinie möglich sind (Abb. 9.11 b, c). Sie erfordern eine deutlich größere Kraft als ein Querbruch. Der frühzeitiger erfolgte Querbruch verhinderte somit diagonale und bogenförmige Segmentbrüche. Durch eine fortgesetzte Seitenabweichung des Druckwellenkopfes von der ursprünglichen Verlaufsrichtung sanken dort die Druckwerte so stark ab, dass kein Bruch mehr erfolgte. Die Bruchlinie musste dem Druckwellenscheitel folgen und machte dieses aus den oben angegebenen Gründen mit einem abrupten Seitenversatz und einem Querbruch (Abb. 9.11 a). Je stärker der Druckwellenkopf von sei-

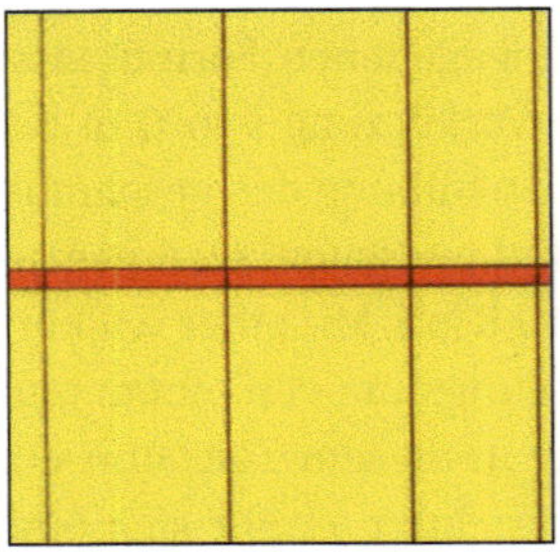

Abb. 9.11a:
Segmentbruch: quer

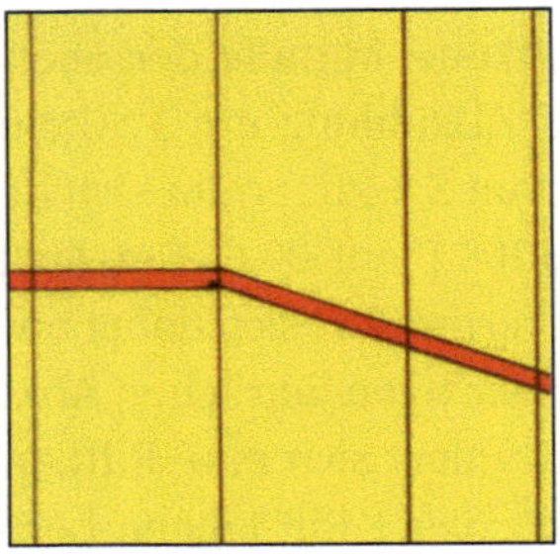

Abb. 9.11b:
Segmentbruch: diagonal

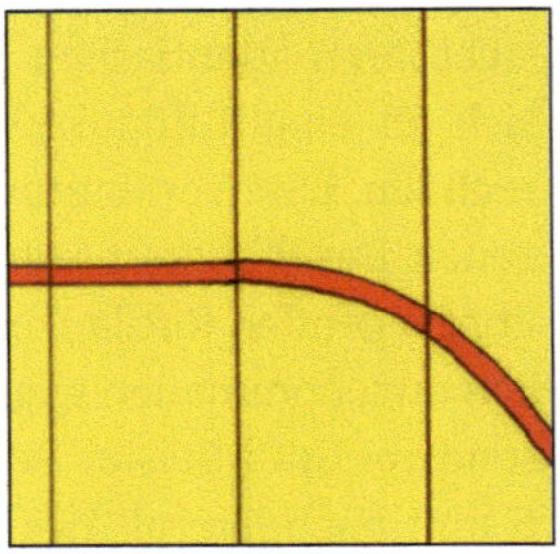

Abb. 9.11c:
Segmentbruch: bogenförmig

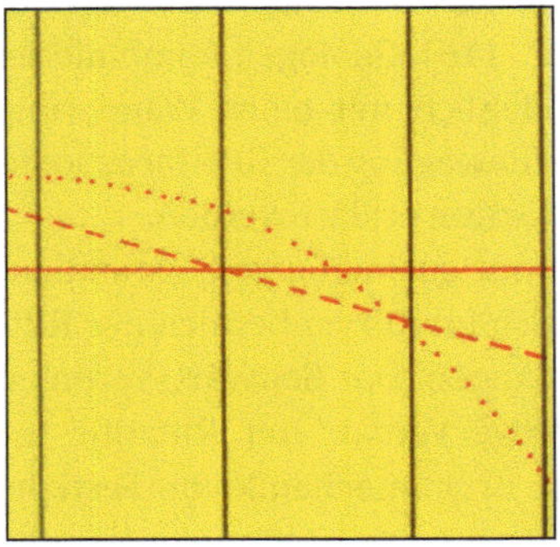

Abb. 9.11d:
Segmentbrüche: Längenvergleich von quer-, diagonal- und bogenförmigen Brüchen

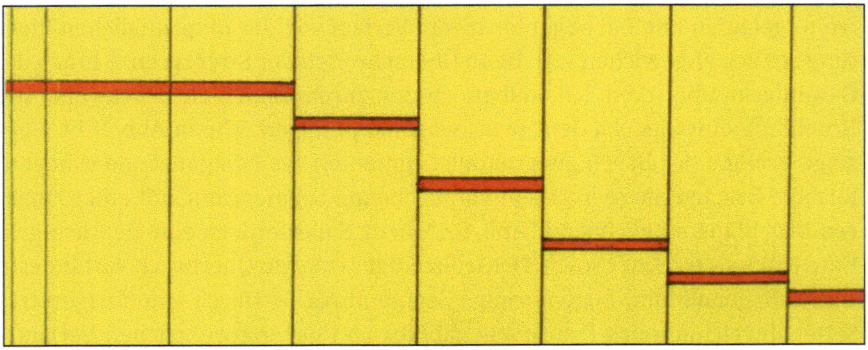

Abb. 9.11e: Die Bruchlinie der zentralen Riftzone mußte dem Druckwellenkopf folgen. Bei seiner Abweichung von einer Geraden erfolgte ein ‚Nachspringen' der Bruchlinie mit den bruchmechanisch begünstigten Querbrüchen. Der Querbruch erfordert aufgrund seiner geringeren Länge weniger Kraft als ein diagonal- oder bogenförmiger Bruch. Er kommt einem diagonal- oder bogen-förmigen Bruch zuvor.

ner ursprünglichen Laufrichtung abwich, desto ausgeprägter wurde somit der stufenförmige Versatz der Riftzone.

Woher nehmen die Lithosphärenplatten den postulierten, anhand der GPS-Punktwanderungen in Zentimetern messbaren ‚jährlichen Zuwachs'? Riftzonen wurden im Zentralbereich durch die Druckwellen um viele Hundert Meter angehoben. In der Abkühlphase sank und sinkt der Magmaspiegel im Scheitelbereich wieder ab. Darauf weisen die Stufen an den Flanken der den Zentralriss begrenzenden Basaltkegel hin. Nach der Erstarrung auch des Rift Valleys darf ein weiteres Absinken des dortigen Magmaspiegels angenommen werden. Die verfestigten Flanken beidseits des Rift Valleys senken sich mit. Dadurch wird von den verfestigten Flanken beidseits des Rift Valleys eine Druckspannung in der Riftzone aufgebaut, die nach medial, zum Scheitel der Riftzone gerichtet ist. Diese nach medial gerichtete Druckspannung und das Absinken des Rift Valleys einschließlich der angrenzenden Flanken wurden von der Geologie gemessen. Beide Effekte verstärken sich mit zunehmender Annäherung an den Zentralriss (17). Extremer kann der Widerspruch zwischen Seafloor-Spreading-Hypothese und Fakten nicht demonstriert werden, denn lt. geologischer Hypothese sollen und müssten sich die zentralen Riftzonenbereiche heben. Das messbare Absinken von zentraler Riftzone und -flanken infolge anhaltenden Druck- und Temperaturabfalls führt zu seitwärts gerichteten Verschiebungen der GPS-Messpunkte. Eine abkühlungsbedingte anhaltende Riftflankenkontraktion zieht die GPS-Messpunkte vom Zentralbereich der Riftzonen nach lateral. Von den Geowissenschaften wird dieser Vorgang als ‚Plattenwanderung' fehlgedeutet. Die abkühlungsbedingte Kontraktion der Riftflanken reduziert die nach medial gerichtete Druckspannung in der zentralen Riftzone, ohne dass es dort zu größeren Einrissen der Basaltdecke im Sinne des Seafloor Spreading kommt. GPS-Messpunktwanderungen zeigen dabei das Ausmaß und die Richtung der Flankenkontraktion an (Abb. 9.12).

Ob es nach beendetem Absinken der zentralen Riftzonen und -flanken, nach einem Niveauausgleich zwischen Riftzone und Ozeanboden, zu einem Seafloor Spreading mit größeren Einrissen innerhalb des Rift valleys kommt, bleibt abzuwarten. Die nach lateral gerichtete Kontraktion der Riftflanken infolge der nicht zu verhindernden weiteren Abkühlung wird andauern. Sie lässt die GPS-Messpunkte wandern. Ihre Bewegung erfolgt aus den oben dargelegten Gründen stets in Richtung der Plattenkontraktion, von zentral nach lateral, von den ehemals heißeren und länger aufgeschmolzen Zentren der

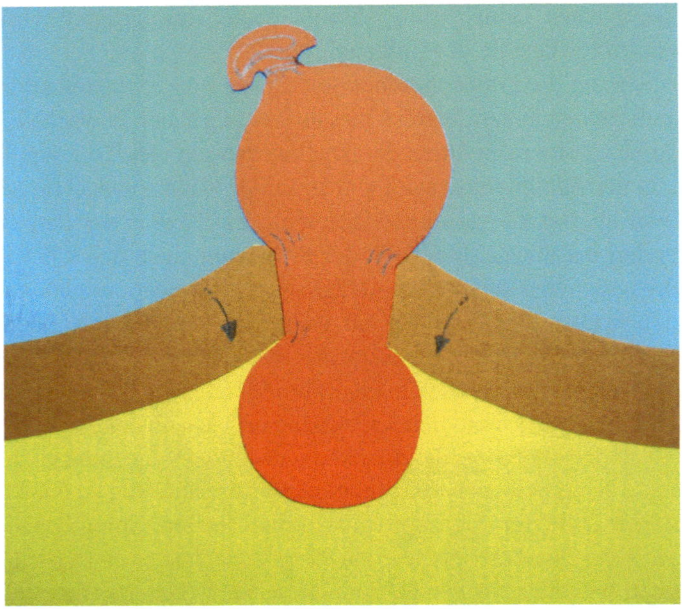

Abb. 9.12: Die Abb. zeigt das Schicksal der Seafloor Spreading Hypothese. ‚Seafloor spreading' nach geologischer Hypothese: Riftzone mit Flanken und rift valley sollen aufsteigen, die Flanken durch Divergenz eine seitwärts gerichtete Extensionsspannung zeigen.
Gemessen wurde: Riftzone mit Flanken und rift valley sinken. Dadurch Kompressionsspannung zum rift valley gerichtet. Daraus folgt: kein Seafloor spreading, Konvergenz statt Divergenz im Zentrum der Riftzonen.

Riftzonen zu den kälteren Flankenbereichen an den Kontinentalrändern. Von dort erfolgte die Erstarrung der Riftflanken in Richtung Zentralriss. Als letzte Zone verfestigte sich das Rift Valley. Geologen glauben unerschütterlich an eine GPS-Messpunktwanderung im Sinne ihrer plattentektonischen Hypothesen (Kap. 6). Sie sehen darin den wichtigsten Beweis für die Plattentektonik. Durch eine kontinuierliche Plattenneubildung im Bereich der zentralen Riftzone und dem Untertauchen in der Subduktionszone bewege sich laut Geologie jede Platte mit einer Geschwindigkeit zur Subduktionszone, die mit den Bewegungen der GPS-Punkte messbar sei. Eine druckwellenbedingte Riftzonenbildung, wie die Kollisionstheorie sie fordert, produziert keinen Absolutzuwachs an Meeresboden, erfordert demzufolge keine ‚Subduktions-

Abb. 9.13: Wasserrückfluß auf die angehobenen Zentralbereiche der Riftzonen. Aufladung mit Schlammfracht aus abgeprengtem Zentralriss und Magma-Eruptionen der Riftflanken. Mehrmalige Schaukelflutungen zwischen zentralen Riftzonen und aufsteigenden kontinentalen Gebirgsmassiven.

zonen' und benötigt auch keinen ‚Motor' für hypothetische Plattenbewegungen. Damit entfällt die Suche nach abtauchenden Lithosphärenplatten. Die seismisch nachgewiesenen Zonen mit hoher Verdichtung an Kontinenten und Kontinentalsockel, von Geologen als Subduktionszonen bezeichnet, geben keine Dynamik wieder – sie zeigen uns statische Zustände.

Neben den zur plattentektonischen Hypothese gehörenden Begriffen Seafloor Spreading und Subduktion sind die sogenannten Transformstörungslinien sichtbare Strukturen aller Riftzonen.

Transformstörungen begrenzen Riftzonensegmente. Sowohl die Bildung der einzelnen Riftzonensegmente durch Bruchvorgänge während des Unterlaufens des Druckwellenkopfes als auch deren Flutung durch das zurücklaufende Wasser der ersten Flutwellen erfolgten zeitlich geringfügig versetzt (Abb. 9.13).

Dadurch verursachte unterschiedliche Kontraktionsgeschwindigkeiten der Segmente verhinderten zunächst ein dauerhaftes Zusammenwachsen im Bereich der Transformstörungslinien. Ein mehrmaliges Abscheren der dünnen Erstarrungszonen ist anzunehmen. Nach weitgehender Angleichung der Verkürzungsgeschwindigkeiten einzelner Segmente verschmolzen diese an den Flanken. Sie wurden aneinander fixiert. Heute ist eine relative Bewegung zwischen den durch Transformstörungen begrenzten Segmenten nicht mehr messbar. Selten werden Erdbeben in der Zone der Transformstörungslinien registriert. Diese lassen sich durch Differenzen in den Seitenspannungen längs der Transformstörungen erklären.

Nur nach vollständiger Abscherung der Seitenflanken geologischer Transformstörungen ist zu Beginn der Kontraktion eine individuelle, nach lateral ziehende Bewegung durch unterströmendes Magma möglich gewesen. Dieser Effekt endete für die einzelnen Segmente unverzüglich, als durch Erstarren des Gesteins eine feste Bindung zum Nachbarsegment entstand. Damit war das Seafloor Spreading, wie die Geologie es versteht, bereits beendet. Geologen glauben weiter an seitwärts gerichtete Magmaströmungen im Bereich der zentralen Riftzonen (18), können aber die gewünschten Strömungsrichtungen nicht nachweisen (19).

Extreme Druckwerte im Scheitelbereich der Riftzonen ließen dort die Basaltdecken quantitativ aufschmelzen. Heute sind diese Zonen ca. 20 bis 50 km breit und werden als Rift Valley bezeichnet. Deren Breite resultiert aus der explosiven Entfernung der dort zuvor vorhandenen Basaltdecke und dem Kontraktionsausmaß der lateralen Riftzonensegmente. Nach dem Druckabfall blieben die Zentralbereiche der Riftzonen und die Kollisionsrinne im Indischen Ozean eine Zeit lang offene Zonen in der Lithosphäre. Der Magmaausstoß reduzierte sich. Die Riftflanken mit den Zigtausenden aktiven Vulkanen senkten sich mit dem Druckabfall. Das Wasser konnte nach mehreren Anläufen bis zur zentralen Riftzone vordringen. Der kochende Magmaspiegel am Boden der zentralen Riftzonen senkte sich weiter. Das Wasser kühlte von lateral weitere Randzonen bis zu deren Erstarrung ab. In Stufenschritten erhielt auch das Rift Valley bei stetigem Niveauabfall des Magmaspiegels eine feste Kruste. Beidseits das Rift Valley begrenzende Reihen der bis zu 3 000 m hohen Basaltkegel zeigen in den unteren Partien einen stufenförmigen Abfall zur Ebene des Rifttales. Geologen betrachten die seitlichen Stufenränder an den Flanken dieser steil abfallenden Basaltkegel als ‚Beweis' für ein permanentes Anwachsen neuer Magmastreifen und ein dadurch erfolgendes Auseinanderschieben der festen Erdkrustenplatten (20). Seafloor Spreading nennt die Geologie diesen vermuteten Vorgang. Aus dem Rift Valley geborgene ‚Kissenlaven' – nach Meinung der Geologie das Baumaterial für die zukünftigen Ozeanböden – liegen bis zu mehreren Hundert Metern Höhe und mit nur schwacher Magnetisierung auf dem tiefen Talboden (21). Wie daraus einheitlich polarisierte Magnetstreifen und die von der plattentektonischen Hypothese geforderten Anwachsstreifen geformt werden können, werden Geologen mit neuen Hypothesen erklären.

Im Zentralbereich der Riftzonen sind die Basaltkegel höher als die auf den Riftflanken weiter lateral stehenden. Mehrere Ursachen sind dafür verantwortlich. Im Scheitelbereich waren die Druckwerte höher als in den Randzonen. Der Auswurf von Magma erfolgte zentral heftiger und länger. Pendelnde Flutwellen führten das austretende Magma seitlich fort (Kap. 9.5). In den Randbezirken der Ozeane erreichen die Sedimentablagerungen mehrere Kilometer Höhe. Zentral gelegene Basaltkegel wurden durch die abziehenden Flutwellen an der Basis tiefgründiger ausgewaschen. Geologen betrachten in ihrer aktualistischen Denkweise hohe Sedimentablagerungen als alt, niedrige als jung. Sie messen Zeit in Metern. Demnach seien – laut Geologie – die Randbereiche der Ozeane mit ihren hohen Sedimentablagerungen ‚alt', die Zentralbereiche der Riftzonen mit ihren niedrigen Sedimenthöhen ‚jung'. ‚Jung' gemessen werden die zentralen Bereiche der Riftzonen auch mit den sogenannten Absolutzeitbestimmungs-Methoden. Sedimente aus dem Zentralbereich der Riftzonen sind in der Tat jünger als die mehr lateral liegenden – Stunden und Tage. Der länger andauernde Magmaauftrieb und -auswurf im Bereich der zentralen Riftzonen ließ Magma aus immer größeren Tiefen des Erdmantels nach oben, an die Oberfläche der Ozeanböden steigen. Tiefere Zonen der Erdkruste und des Erdmantels besitzen gravitativ bedingt einen höheren Anteil an schwereren Elementen – somit auch an den schwereren radioaktiven Mutterelementen. Der Konzentrationsanstieg der schwereren radioaktiven Mutterelemente in höher gelegenen Zonen der zentralen Riftzonen infolge eines länger anhaltenden Magmaauftriebes verschob das Konzentrationsverhältnis im Vergleich zu den Tochterelementen zu ihren Gunsten. Diese verschobenen Konzentrationsverhältnisse von Mutter- zu Tochterelementen verleiten Geochronologen zu der falschen Schlussfolgerung eines ‚jungen' Ozeanbodens in Riftzonennähe und eines ‚älteren' weiter abseits der Riftzonen.

Auf den voranstehenden Seiten wurde dargelegt, dass alle Riftzonen durch einen gleichartigen Prozess entstanden sein müssen. Diese Schlussfolgerung wurde aus der gleichförmigen geometrischen Struktur der sichtbaren Riftzonen gezogen.

Im Indischen Ozean, in der Region, die durch den Kontakt mit Titan ihre harte Schale und Teile des Erdmantels verloren hatte, erfolgte die Riftzonenbildung analog zu den transozeanischen. Rifts bildeten sich in den Zonen der maximalen Druckwerte. Diese maximalen Druckanstiege bewirkten in der Folge ebenso maximale Temperaturanstiege. Dadurch wurde die Fließfähigkeit des Magmas in den Hauptdruckzonen stärker erhöht als in benachbarten Gebieten. Die anfangs im Indischen Ozean zur Kollisionsrinne hin offenen Enden der drei fortgeleiteten Riftzonen beteiligten sich an der Auffüllung der ausgeschlagenen Kerbe in Erdkruste und -mantel. Der Zufluss von Magma in Richtung Kollisionsrinne aus den drei Riftzonen mit ihren höheren Temperaturen und Drücken hielt länger an als der aus den benachbarten Regionen. Unter der sich verfestigenden dünnen Kruste floss Magma abwärts zum tiefsten Punkt der Kerbe im Erdkörper, dem gemeinsamen Knotenpunkt aller drei Riftzonen. Dort vereinigten sich die nordwestliche, die atlantische und die pazifische Riftzone. Gegen Ende der Defektauffüllung verringerte sich die Aufstiegsgeschwindigkeit des Magmas in der Kollisionsrinne des Indischen Ozeans und die Einrisse der noch dünnen Kruste wurden seltener. Das abgekühlte Ozeanbecken über der ehemaligen Kollisionsrinne konnte eine beständige Wasserbedeckung halten. Der nun auflastende Wasserdruck vermochte zunächst in den Randbezirken, danach im Zentrum der ehemaligen Kollisionsrinne den Gegendruck des langsamen und anhaltenden Magmaaufstieges eine Zeit lang zu kompensieren. Der weitere Magmazufluss aus den drei Hauptdruckzonen, der nordwestlichen, der atlantischen und der pazifischen Riftzone, wölbte den erstarrenden Basaltboden in der gleichen Art nach oben und der Gegendruck durch das aufliegende Wasser ließ ihn in gleicher Weise brechen wie durch die Frontpartien der transozeanischen Druckwellen.

Im Vergleich zu der transatlantischen und pazifischen Riftzone bildeten sich die Bruchmuster im Indischen Ozean langsam. Transozeanische Bruchmuster bildeten sich mit einer Geschwindigkeit von mehreren Kilometern pro

Sekunde, entsprechend der Ausbreitungsgeschwindigkeit von Erdbebenwellen. Bruchmuster innerhalb der Kollisionsrinne im Bereich des Indischen Ozeans bildeten sich während des Niveauausgleiches mit der Erdkruste. Dieser Vorgang kann mehrere Tage gedauert haben. Der Anschluss an die bereits vorhandenen zentralen Enden des nordwestlichen und pazifischen Rifts gelang nicht exakt (Abb. 8.1). Der dem Indischen Ozean zugewandte Ausgangspunkt des Atlantikrifts zeigt auf der Reliefkarte des Meeresbodens südöstlich des afrikanischen Kontinentalsockels eine zusammengeschobene Riftstruktur. Unter der anfänglich noch dünnen Kruste schob die durch Titan in Kollisionsrichtung beschleunigte Magmaströmung die Riftstruktur zusammen (Abb. 8.1). Denkbar ist auch eine ostwärts gerichtete Drehbewegung des afrikanischen Kontinents bei noch offener Kollisionsrinne.

Mehrfach wurden Flutwellen bei der Besprechung der Riftzonenbildung erwähnt. Druckabhängig wurde das Wasser des Indischen Ozeans während der Kollision im Frontbereich in einen plasmaähnlichen Zustand überführt, zerstrahlt und verdampft. Weiter abseits von Titan baute der übertragene Impuls Druckwellen auf, die auf allen Anrainerkontinenten – Afrika, Indien und Australien – diejenigen Geröllschichtungen schleuderten, die von den Geowissenschaften einer ‚Eiszeit' zugeschrieben und zur Konstruktion ihrer ‚permokarbonischen Vereisungs-Hypothese' herangezogen werden. Mit einer wesentlich größeren Wucht überrollten die seitlich von den Zentralrifts fortlaufenden und über die Riftflanken beschleunigten Flutwellen die Kontinente. Verlauf und Auswirkungen dieser Flutungen werden im nachfolgenden Kapitel beschrieben.

9.5 Die Flutwellen

Historische Flutwellen werden in Mythen und religiösen Schriften erwähnt. Mächtige Flutwellen mit einem erheblichen Zerstörungspotenzial werden als Sintflut bezeichnet. Historische Berichte über Flutwellen sind zahlreich, detailliert und beängstigend (1, 2, 3). Flutwellen sind Folgen von Katastrophen. Diese Katastrophen können in Anbetracht der durch die Flutwellen angerichteten Schäden nicht erdgebundenen Ursachen zugeordnet werden (Kap. 9.2). Sie fordern ein kosmisches Geschehen.

Zu Beginn der modernen geologischen Forschung wurden die beobachteten Zerstörungen geologischer Schichten als Sintflutfolgen interpretiert (4). In der Folgezeit wurde Sintflutgläubigkeit zunehmend mit Bibelgläubigkeit gleichgesetzt. Sintflutberichte aus der geschichtlichen Vergangenheit bedingen keine Zugehörigkeit zu einer religiösen Gemeinschaft. Sintflutberichte sind von allen Gegenden der Erde, von allen Kontinenten und von allen alten Völkern bekannt (5). Der Bibel entlehnte Passagen einer katastrophistischen Erdvergangenheit werden als störend für die moderne geologische Forschung erachtet. Die „letzten Vertreter" der Sintfluttheorie, die Gruppe der Katastrophisten, kapitulierten vor der aktualistischen Denkweise nach den Vorstellungen eines Ch. Lyell (6). Geologen haben alle Spuren kosmischer Einflussnahme in fernste Vergangenheiten verbannt.

Die Kollision zwischen Erde und Titan löste verheerende Flutwellen aus. Sie vernichteten nicht nur weitgehend das Leben auf dieser Erde. Sie zerschlagen alle Überlegungen der heutigen Geowissenschaften und Evolutionsbiologen zu Vergangenheit, Gegenwart und Zukunft unserer Erde mit ihrer Fauna und Flora.

Kollisionsbedingte Flutwellen gab es im Indischen Ozean, im Atlantik und im Pazifik. Im Indischen Ozean überrollten die verbliebenen Wassermassen in den Randbezirken die angrenzenden Kontinente. Intensiv betroffen war der heutige indische Subkontinent mit den nördlich angrenzenden Regionen. Der Ostteil des afrikanischen Kontinents, vom Kap im Süden bis zur Arabischen Halbinsel im Norden, wurde ebenso überflutet wie der Westen Australiens und die Regionen Birma, Malaysia und Indonesien.

Geologen verwendeten die nachgewiesenen Geröllablagerungen auf den östlichen Küstenzonen Afrikas, in Südindien und im Westen Australiens zur Konstruktion ihrer permokarbonischen Vereisungshypothese (7). Für Geolo-

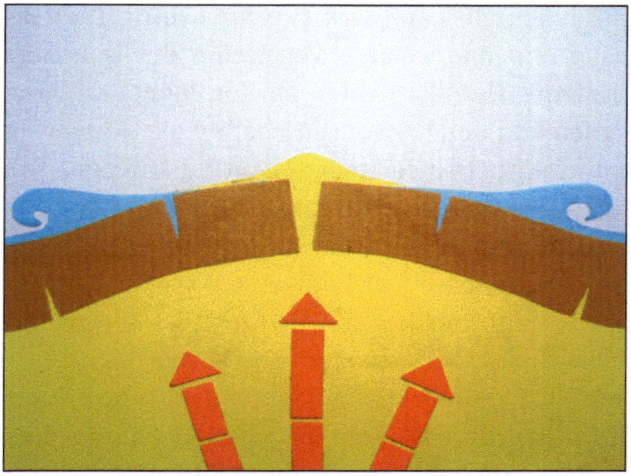

Abb. 9.14: Beschleunigung der Ozeanischen Wassermassen über den angehobenen Riftflanken. Flutung nach lateral, annähernd rechtwinklig vom Zentralriss fortlaufend. Dadurch kurzzeitig, wiederholt und weltweit Teilung der Ozeane über den Zentralbereichen von 40 000km Riftzone.Schematische Darstellung mit Druckwellenkopf im Querschnittprofil.

gen ist Geröll gleichbedeutend mit Moräne und Moräne gleichzusetzen mit Eiszeit. Schnell und effektiv erfolgt eine Geröllablagerung durch Flutwellen. Diese Art des Gerölltransportes ist für die Küstenregionen der erwähnten Kontinente naheliegend. Sie widerspricht dem aktualistischen Denkansatz durch ihren raschen Verlauf.

Vier Maximal-Druckwellen wurden von der Kollisionsrinne im Indischen Ozean fortgeleitet. Wie im voranstehenden Kapitel erklärt, entsprechen die subozeanischen Riftzonen diesen fortgeleiteten Maximal-Druckwellen. Durch den überwiegend subozeanischen Verlauf der Druckwellen wurden die Wassermassen der Ozeane weltweit in das Geschehen eingebunden. Sie reichten die kosmische Katastrophe mit fatalen Folgen weiter bis auf die entferntesten Kontinente. Der Meeresboden wölbte sich im Scheitelbereich der Druckwellen nach oben (Kap. 4). Über der Scheitellinie wurden die Ozeane geteilt. Die Wassermassen der Ozeane liefen auf beiden Seiten von den angehoben Flanken herab. Nach einer 2 000 bis 3 000 km langen Beschleunigungsstrecke stürzten die Fluten auf die Kontinente. Infolge ihrer langen Beschleunigungsstrecke besaßen die Flutwellen im Atlantik und Pazifik ein größeres Vernichtungspotenzial als im Indischen Ozean. Ihre Höhe muss in Kilometern gemessen werden (Abb. 9.14).

Die Flutwelle des Indischen Ozeans und die ersten Flutwellen aus dem Atlantik und Pazifik luden alles auf, was in ihrer Laufrichtung lag: Geröll vom Boden der Ozeane und die gesamte Vegetation der überrollten Regionen. Weltweit anzutreffende Geröllschichten an Kontinentalrändern und auf den Kontinenten werden von den Geowissenschaften als „Kambrium"-Schichtungen bezeichnet und mit einer Zeitspanne von 50 Millionen Geo-Jahren verknüpft (8). Für das Absetzen der „Kambrium"-Schichtungen kann eine Absolutzeit von einigen Minuten angegeben werden. In wenigen Minuten sank die gesamte mitgeführte steinige Fracht der ersten gigantischen Flutwellen bei deren Stillstand vor dem Rücklauf auf den festen Untergrund ab. Letzterer wird von der Geologie einem „Praekambrium" zugeordnet.

Im Gegensatz zu den „Kambrium"-Schichtungen in den Randbezirken von Atlantik und Pazifik wurde das „Kambrium" rund um den Indischen Ozean durch einen einzigen Wurf abgelagert. Die dafür verantwortliche Flutwelle verschwand beim Rücklauf zur Kollisionsrinne in den Tiefen der ausgeschlagenen Kerbe von Lithosphäre und Erdmantel. Rift-Flutwellen des Atlantiks und Pazifiks schaukelten mehrmals zwischen den angehobenen Riftzonen und den sich hebenden Gebirgsmassiven. Sie legten danach die weltweit schnell anwachsenden Konzentrationen der ausgeworfenen Magmen als Sandsteinschichtungen auf der zuerst abgesetzten Geröllschicht, dem „Kambrium", ab.

Die Startzeit der Rift-Flutwellen entsprach der Ankunftszeit der subozeanischen Druckwellen. Letztere liefen als Erdbebenwellen durch den Erdkörper. Schnelle P-Wellen zeigen Laufzeiten zwischen 5,6 und 11,3 km pro Sekunde, abhängig von der Konsistenz der durchquerten Bereiche. Das entspricht einer Geschwindigkeit zwischen 20 000 und 40 000 km pro Stunde. Innerhalb einer halben Stunde hatten die Druckwellen den Atlantik und Pazifik unterquert. Stunden vergingen, bis die auf den Riftflanken beschleunigten Flutwellen mehrere Tausend Kilometer entfernte Kontinente erreichten.

Riftzonen sind weltumspannend. Wie auf der Reliefkarte des Meeresbodens ersichtlich ist, durchqueren sie den Atlantik und Pazifik in ganzer Länge von der Antarktis bis zum Nordpolarmeer. Dementsprechend weltumspannend waren die Flutwellen. Sie ließen die Kollision zwischen Erde und Titan zu einer vernichtenden globalen Katatastrophe anwachsen. Anhand der geographischen Lage der zentralen Riftzonen lässt sich für jeden Kontinent und für jedes Land die Richtung angeben, aus der die Flutwellen heranrollten. Sie liefen zu beiden Seiten von der zentralen Riftzone fort, mit einem Winkel von ca. 90° zum durchgehenden Zentralriss. Als die Wassermassen des Nordatlantiks beschleunigt wurden, war die Hebung derjenigen kontinentalen Gebiete, die von der nordwestlich verlaufenden, das Mittelmeer unterquerenden Druckwelle tangiert wurden, bereits angelaufen. Die sich hebenden Gebirge der Alpenkette stellten die erste Barriere für die von Nordwesten eintreffenden Flutwellen dar.

In wenigen Tagen lagerten die wiederholten Überflutungen derjenigen Kontinente, die den Riftzonen benachbart waren, den größten Teil der geologischen, auf Sedimente bezogenen ‚Zeitskala' ab – ca. eine Milliarde Geo-Jahre. In den folgenden Monaten wurden durch die Auswirkungen der kollisionsbedingten Mondbahnexzentrizität die fehlenden ‚Millionen' bis zur Gegenwart ergänzt. Dieser Zusammenhang wird in Kapitel 9.7 erklärt.

Mit Kenntnis des katastrophistischen Hintergrundes lässt sich die Reihenfolge und Höhe der unterscheidbaren Sedimentschichten logisch erklären. Verständlich werden dadurch die Mächtigkeit der Kambriumschichtungen, die sich verändernde chemische Zusammensetzung der aufeinanderfolgenden Schichtlagen, der Artenwechsel der eingeschlossenen Fossilien, ihre ‚evolutionäre Höherentwicklung' zu den oberen Schichtfolgen und die Auswirkungen der gleichzeitig einsetzenden tektonischen Aktivitäten der Erdkruste.

Flutwellen einer einzigen kosmischen Katastrophe beendeten die Existenz des größten Teiles der zuvor vorhandenen Fauna und Flora. Geowissenschaftler glauben, aus der Ablagerungsfolge der fossilierten Überreste dieser Fauna und Flora auf ein wiederholtes Massensterben schließen zu können.

9.6 Massensterben

Fünf Massensterben globalen Umfanges in den letzten 600 Millionen Geo-Jahren werden von der Geologie beschrieben (1). Das erste Massensterben soll sich im späten Ordovizium vor 450 bis 440 Millionen Geo-Jahren ereignet haben, das zweite am Ende des Devon vor 370 bis 360 Millionen Geo-Jahren, das dritte am Ende des Perm vor 255 bis 250 Millionen Geo-Jahren, das vierte am Ende der Trias vor 200 Millionen Geo-Jahren und das fünfte am Ende der Kreidezeit vor 65 Millionen Geo-Jahren an der sogenannten K/T-Grenze, der Kreide/Tertiär-Grenze (1).

Alle Massensterben sollen mit einem hohen Verlust von Fauna und Flora verlaufen sein. Nicht nur einzelne Arten, komplette Gattungen und Familien wurden ausgelöscht. Evolutionsbiologen schätzen den rezenten Artenbestand auf 1 bis 10 % aller zuvor existierenden (1). Zeitweise muss die ‚natürliche Auslese' nach Ch. Darwin heftig zugelangt haben. Im Erdaltertum (Paläozoikum) und Erdmittelalter (Mesozoikum) soll es weitere Phasen des Aussterbens in großem Umfang gegeben haben. Einige Autoren vermuten eine Periodizität von ca. 26 Millionen Geo-Jahren (2).

Über die Ursachen der Massensterben „... sei viel nachgedacht und geschrieben worden" (2). Weder für das vermutete mehrfache umfangreiche Verschwinden von Arten noch für das vermehrte Auftauchen von ‚Leben im Kambrium' (die kambrische Explosion) gibt es eine schlüssige Erklärung (3). Viele Ursachen sind in Erwägung gezogen worden. Einige Autoren vermuten Klimaschwankungen, andere Vergletscherungen und Polvereisungen. Fallende Meeresspiegel und Trockenfallen von Schelfgebieten werden vorgeschlagen. Überflutungen und Inlandvereisungen, Saharavereisung, Konzentration von Organismen äquatorwärts im Zuge einer Vereisung mit anschließendem Aussterben, umfangreiche Oxidationen durch trockengefallene Schelfgebiete mit dadurch bedingtem Sauerstoffabfall in der Atmosphäre und schließlich der berühmte Asteroideneinschlag vor vermuteten 65 Millionen Geo-Jahren werden als mögliche Ursachen diskutiert. Ein globales Massensterben durch diesen Einschlag wird nicht mehr für wahrscheinlich gehalten (2, 4, 5).

Zwei Auffälligkeiten enthalten die amtlichen geologischen Zeitangaben zum Thema ‚Massensterben'. Massensterben ereigneten sich ausnahmslos gegen Ende einer geologischen Zeitepoche und die Sterbezeitpunkte erstreckten sich jeweils über eine Zeitspanne von fünf bis zehn Millionen Geo-Jahren.

Flutwellen waren verantwortlich für – das eine – Massensterben. Ihre Entstehung wurde im vorangehenden Kapitel beschrieben (Kap. 9.5). Auch die mächtigsten Flutwellen verringern in ihrer Umkehrzone die Laufgeschwindigkeit. Sie kommen zum Stillstand und die Wassermassen strömen in umgekehrter Richtung davon. Im Moment des Stillstandes sinken alle mitgeführten Bestandteile mit einem spezifischen Gewicht größer als 1 (Wasser hat das spezifische Gewicht = 1) nach unten. Die Schwerkraft schichtet die absinkenden Bestandteile nach ihrem Gewicht. Geröll sinkt schneller zu Boden als sandiges Sediment. Schalentiere ordnen sich unterhalb von Fischen und Säugetieren an. Pflanzenbestandteile sind oft schwimmfähig und lagern sich beim Rückzug des Wassers als letzte Schicht obenauf. Diese Art der Ablagerung gemäß der Schwerkraft entspricht unserer alltäglichen Erfahrung. Sie steht im Einklang mit den Gesetzen der Natur und darf als zutreffend angenommen werden.

Abgrenzbare Zonen fossilierter Organismen entstanden durch eine Ablagerung gemäß der Schwerkraft. Sie bewirkte eine weitere Unterteilung unterschiedlicher Arten in vertikaler Anordnung. Vertikale Schichtungen von Sediment und Organismen werden von der Geologie mit einer Zeitskala verknüpft. Eine Ablagerung von 1 000 m Sediment erfordere – so die Geologie – z. B. eine Milliarde Jahre. 1 000 m Sediment sind das Werk gewaltiger Flutwellen. Sie benötigten zur Ablagerung eine Absolutzeit, die wenigen Tagen entspricht.

Schwerkraftbedingt führte die Fraktionierung von Sediment und Organismen aus jeder schlammbeladenen Flutwelle somit zur Konzentrierung der klastischen Sedimente in den unteren und der Fossilien in den oberen Zonen der abgesetzten Sedimentschicht. Jede nachfolgende Flutwelle führte zur gleichartigen Verteilung von Sediment und Fossilien. Da verschiedene Fossilien auch ein unterschiedliches Gewicht besitzen, wurde während der Sedimentation die Fossilienkonzentration in weitere, unterscheidbare Zonen aufgetrennt. Dieses verleitet Geologen zur Annahme einer „Periodizität" der „Massensterben" (2).

Geologen und Paläontologen graben in fossilienführenden Schichten, in Zonen mit Millionen und Milliarden, mit billionenfachen Resten in Massen verstorbener Kreaturen und wähnen sich dort in Zeiten ehemaligen blühenden Lebens. Sie wähnen sich in Epochen massenhaften Sterbens in den darüber liegenden, nahezu fossilienfreien Schichten. Hohe Konzentrationen fossilierter Organismen in einer Sedimentschichtung setzt die Geologie mit Individuen- und Artenvielfalt gleich. Eine abrupte Konzentrationsabnahme in der Vertikalen nach oben beruhe auf einem ‚Massensterben' und zeige das Ende einer ‚Zeitepoche' an. Die darauf folgende, in der Vertikalen oben aufliegende hangende Schicht mit fehlender oder geringer Fossilienkonzentration sei bereits eine neue ‚Zeitepoche'. Sie sei gleichzusetzen mit einer entvölkerten Erde, mit einem zeitlichen „Leerraum", der sich wieder einmal nach einem „Massensterben" mit Leben fülle (1). Mit diesem Denkschema pervertieren Geowissenschaftler die Realität.

In einem intakten Ökosystem werden alle sterblichen Überreste von Organismen quantitativ verstoffwechselt. Es gibt keine Fossilisationen während Zeiten ‚blühenden Lebens'. Ein vitales Biotop, im Kleinen wie im Großen, hinterlässt keine Spuren organismischen Lebens in Massen (6). Fossilien und Katastrophe sind untrennbar miteinander verbunden. Fossilien sind Indikatoren für gigantische, kosmische Katastrophen, deren Wucht sowohl die eingeschlossenen Kreaturen tötete als auch das Einschlussmaterial produzierte.

Paläontologen messen Zeiten mit einem Längenmaß. Sie legen ihre Meter- und Bandmaße an die Seiten frei gegrabener Schichten, messen deren Höhen in Zentimeter und Meter und setzen die so bestimmten Längenmaße mit hypothetischen Zeitspannen gleich. Eine als Beispiel betrachtete Jura-Ablagerung von 500 m Höhe und einer ihr angedachten Zeitspanne von 70×10^6 Jahren (Jura-Epoche 70 Millionen Jahre) wäre, den aktualistischen Vorstellungen zufolge, alle 1 000 Jahre um 7 mm gewachsen. Fossilien beanspruchen durch ihre anatomischen Maße in einer Sedimentschicht eine Ablagerungshöhe von Bruchteilen eines Millimeters bis zu vielen Zentimetern. Kalkhaltige Überreste einer fossilierten Schnecke mit einem Durchmesser von wenigen Zentimetern entsprechen nach der geologischen Vorgehensweise, ein Längenmaß mit einem Zeitmaß gleichzusetzen, einer Zeit von vielen Tausend Jahren. Die Konzentrationsabnahme einer Fossilienart in einer vertikalen Schichtung kann daher nicht wie ‚abgeschnitten' erfolgen, nicht auf den Tag oder das Jahr genau angegeben werden. Sie erstreckt sich innerhalb einer geologischen Schicht über eine ‚Länge' von mehreren Durchmessern z. B. eines Schneckengehäuses, die gleichzusetzen sei mit einem absoluten Zeitmaß. Paläontologen sehen sich aus diesem Grunde nicht genötigt, von einem exakten Sterbezeitpunkt zu sprechen. Sie geben stattdessen Zeitspannen an, die viele Tausend und Millionen Jahre umfassen. Sie sehen sich nicht gezwungen,

Massensterben mit Katastrophen gleichzusetzen, so wie sie üblicherweise verstanden werden. Ein Massensterben mit einer Dauer von fünf bis zehn Millionen Jahren verliert seine Bedrohlichkeit.

Das Massensterben – ein Massensterben – fand vor der Fossilisation statt. Organismen starben in Massen durch Flutwellen (Kap. 9.5). Sie wurden mit den klastischen und chemischen Sedimenten zum Ablagerungsort transportiert und einzementiert. Fossilierte Hartteile sind reichlich zu finden. Fossilierte Weichteile werden zunehmend häufiger gefunden (7, 8). Deren Vorkommen bei den kalkhaltigen Überresten und insbesondere ihr Erhaltungszustand widersprechen der Annahme, dass Muschel- und Schneckengehäuse friedlich und langsam nach einem erfüllten Leben auf den Grund der Meere gesunken sind. Flugaschen und Lava bilden mit Wasser alkalische Lösungen. Kalkhaltige Verbindungen wie Gehäuse von Muscheln und Schnecken sind in alkalischer Lösung beständig. Weichteile werden darin aufgelöst. Vergleichbar mit der sog. Colliquationsnekrose proteinhaltiger Strukturen werden sie in alkalischer Lösung zerstört. Proteine bilden die Grundsubstanz aller Tierarten.

Aufgeschwemmte tote und lebende Organismen wurden durch die Kraft der Flutwellen zerrissen, zerschmettert und zerrieben. Sie wurden verkocht und aufgelöst. In günstigen Lagen erfolgte die erhaltende steinerne Konservierung auch der Weichteile. Im Schutz von Gebirgen, in Taleinschnitten und Gruben waren verletzliche Organismen der zerstörenden direkten Kraft der Flutwellen entzogen. Dort erfolgte nach kurzer Einschwemmstrecke die sofortige Verschüttung mit dem Schlamm der Flutwellen. An diesen Orten befinden sich heute die ergiebigen Fundstellen fossilierter Weichteile.

Weltweit sind lokale Häufungen fossilierter, weichteilhaltiger Organismen in topographisch geschützten Lagen bekannt. Eine Fülle gut erhaltener Fossilien beherbergt die Grube von Messel (7). Mit ihrem einzigartigen Reichtum an fossilierten Pflanzen und Tieren wurde sie von der UNESCO 1995 zum Weltnaturerbe der Menschheit erklärt (7).

Faunen und Floren der Grube Messel gehörten zu einem subtropisch bis tropischem Klima. Der vermutete ehemalige See wurde zu einem fossilen Sammelbecken, in welchem Landbewohner, Meerestiere und fliegende Kreaturen zusammen beerdigt wurden (7).

Acht Krokodilarten, Urpferdchen, ein Ameisenbär, Schuppentiere und Tapir, die heute in Südostasien und Südamerika beheimatet sind, sowie Vögel und

Fledermäuse in großer Zahl wurden gefunden (8). Analysen des Mageninhaltes der Fledermäuse erlaubten die Identifizierung der gefressenen Nachtfalter. „Warum ihr Erhaltungszustand, wie auch der vieler anderer Tiere, so unglaublich gut ist, weiß man nicht sicher." (8)

Alle in der steinernen geologischen Zeitskala auffindbaren fossilierten Arten, vom Präkambrium bis zum Tertiär, sind in den gleichen Stunden gestorben. Flutwellen späterer Katastrophen legten das ‚Quartär' mit rezenten Arten obenauf (9). Von Wurmartigen über Trilobiten, von gigantischen Dinosauriern bis zu Homo sapiens stellen die fossilierten Funde steinerne Zeugen derjenigen Arten dar, die gleichzeitig lebten, bis zur letzten Stunde vor der Kollision zwischen Titan und Erde. Sie repräsentieren keine Millionen und Milliarden von Jahren währenden stetigen evolutionären Entwicklungslinien, beginnend von unten, dem Präkambrium, bis nach oben, zum Tertiär und Quartär. Die steinerne geologische Zeitskala zeigt uns ein Massensterben, Überreste der Arten, die vor der beschriebenen Kollision die Erde bevölkerten. Flutwellenbedingte Ablagerungen des Quartärs enthalten nicht annähernd so viel klastisches und chemisches Sediment wie die kollisionsbedingten Schichtungen vom Kambrium bis zum Tertiär. Im Gegensatz zum Titan-Crash erfolgte bei der den quartären Ablagerungen zugrunde liegenden kosmischen Katastrophe kein Direktkontakt eines Himmelskörpers mit der Erde. Dazu überlieferte Berichte beschreiben eine gravitative Verschiebung und Hebung der ozeanischen Wassermassen. Deren Rückfluss führte zur Ablagerung der quartären Schichtungen (9).

Mehr als 300 000 fossile Arten wurden bis jetzt identifiziert (10). Auf 20 Millionen wird die Zahl der rezenten geschätzt. Ca. 1,5 Millionen sind katalogisiert (11). Viele rezente Arten existierten bereits vor der Kollision zwischen Erde und Titan. Wenn sie von der Paläontologie auch in versteinerter Form gefunden werden, bezeichnet man sie als lebende Fossilien (12, 13). Nach dieser paläontologischen Definition sind die Individuen der Art Homo sapiens als lebende Fossilien zu bezeichnen. Fossilierte Überreste unserer Art wurden und werden in allen geologischen Schichten gefunden, vom Kambrium bis zum Quartär (Kap. 7.7). Die Anzahl dokumentierter fossilierter Arten steigt stetig. Evolutionsbiologen diskutieren über deren scheinbare unterschiedliche Existenzspanne. Sie nehmen für alle Arten eine begrenzte Lebenszeitspanne an. Das sei aus dem vollständigen Verschwinden der zugehörigen fossilierten Überreste in der steinernen geologischen Zeitskala zu fordern. Evolutionsbiologen werden von der geologischen ‚Zeitskala' in die Irre geführt.

In Massen gestorbene Organismen und deren Überreste, umgekommen bei einer einzigen kosmischen Katastrophe – der Kollision zwischen Erde und Titan –, herangetragen durch schlammbeladene Flutwellen innerhalb von Stunden, abgesetzt und geschichtet entsprechend der Schwere in Minuten, verfestigt zu Stein in wenigen Tagen, dienten der Geologie zur Aufstellung einer geologischen Zeitskala. Zeiträume von Millionen und Milliarden Jahren habe die Bildung der stellenweise mehrere Kilometer hohen Sedimentschichten erfordert. Nachfolgend werden die dazu benötigten absoluten Zeitspannen von wenigen Stunden bis zu einigen Monaten beschrieben.

9.7 Sedimente und geologische Zeitskala

Nach geologischer Definition sind Sedimente Stoffe, die durch Verwitterung und Abtragung entstehen, durch Wasser und Wind transportiert werden und sich in Vertiefungen der Erdoberfläche wieder ablagern, wenn die Transportkräfte nicht mehr ausreichend sind (1). Geologen unterscheiden drei Sedimentgruppen:

- Klastische Sedimente: Sie stellen mengenmäßig die größte Gruppe dar. Alle steinigen Stoffe, Ton, Schluff, Sand, Kies und Geröll werden dazu gezählt.
- Chemische Sedimente: Niederschläge aus wässrigen Lösungen wie Kalk, Dolomit, Gips und weitere Salze.
- Biogene Sedimente: Sie sollen unter Beteiligung von Organismen gebildet worden sein. Geologen zählen Erdöl und Kohle zu den biogenen Sedimenten.

Geologen verwenden die vertikale Abfolge von Sedimentschichtungen als relative Zeitskala. Sie rechnen mit unendlich kleinen jährlichen Sedimentationsraten. Ablagerungen am Meeresboden der Tiefsee würden nur Bruchteile eines Millimeters pro Jahrtausend wachsen (2). Kilometerhohe Sedimentschichtungen sollen demnach Sedimentationszeiten von Milliarden Jahren erfordern, konform dem geologischen Unendlichkeitsdenken.

Nach Abschluss der Sedimentation, dem Absetzen der biogenen, chemischen und klastischen Stoffe, sei die Reifung, Festigung und Härtung dieser sedimentierten Ausgangsmaterialien erforderlich, um sie in den Zustand zu bringen, in dem sie heute gefunden werden. Aus sedimentierten klastischen Materialien, den Lockergesteinen, sollen harte Steine geformt werden. Aus chemischen Niederschlägen wie Kalk und Dolomit sollen Gebirge entstehen, aus biogenen Niederschlägen Erdöl und Kohle. Diagenese nennt die Geologie diese Prozesse der Reifung und Verfestigung der zuvor sedimentierten Ausgangsmaterialien (1). Als Fossilisation und Versteinerung bezeichnet sie die Diagenese von Organismen (3).

Für die diagenetische Umformung der unterschiedlichen Ausgangsmaterialien hat die Geologie individuelle hypothetische Bildungswege aufgestellt. Wiederum sollen dafür veranschlagte Zeiten Millionen von Jahren betragen.

Erdöle sollen durch biologischen und chemischen Umbau pflanzlicher und tierischer Ausgangsprodukte während eines viele Tausend bis Millionen Jahre dauernden Reifungsprozesses entstanden sein. Aus vielen Einzelschritten hat die Geologie ihre Erdölbildungs-Hypothese definiert (4).

Kohlen sollen in der nach ihnen benannten Karbonzeit vor mehr als 350 Millionen Geo-Jahren durch Vertorfung von Karbonwäldern entstanden sein (5).

Salze sollen sich in einem ca. 20 Millionen Geo-Jahre umfassenden Zeitraum gebildet haben, der mit Zechsteinzeit bezeichnet wird. Mit der sogenannten Barrentheorie wird die Bildung der Zechsteinsalze begründet (6).

In den Kapiteln 7.1 bis 7.3 wurden die geologischen Hypothesen zur Bildung von Erdöl, Kohle und Salzen widerlegt. Sie sind unvereinbar mit den gegenwärtig bekannten physikalisch-chemischen Gesetzen und den Erkenntnissen der Biowissenschaften.

Zu den unterschiedlichen Sandsteinformationen habe die Diagenese der klastischen Sedimente geführt. Sandsteine, mit und ohne eingeschlossene Fossilien, seien im Laufe vieler Millionen Jahre durch freigesetzte Kieselsäuren und Karbonate zu festem Gestein zementiert worden. Diese Vorgänge beschreibt die Geologie in ihren Hypothesen zur Mineralisation und Fossilisation.

Eklatant sind die Widersprüche zwischen den Forderungen der Geologie nach Millionen von Jahren dauernden Mineralisations- und Fossilisationszeiten einerseits und dem Zustand vieler Fossilienfunde andererseits. Während in geologischen Lehrbüchern die Fossilisation von Hartteilen wie Muschelschalen und Schneckengehäusen zum Regelfall zählt und ausführlich beschrieben wird, werden zunehmend Funde über versteinerte ,Weichteile' bekannt. In fossiliertem Zustand wurden gefunden: Gehirne von Kindern in einem Erhaltungszustand, als hätte man sie aus einer konservierenden Lösung des anatomischen Institutes gehoben, Darmzotten, Bakterienrasen auf Darmwänden und der Inhalt von Magen- und Darmtrakt in Fledermäusen, welcher die Identifizierung der gefressenen Nachtfalter ermöglichte (7). Komplett erhaltene schlafende Dinosaurier ebenso wie Krokodile, Vögel, Palmen und weitere Arten, die einem immergrünen subtropischen Regenwald zugeordnet werden können, wurden in heute gemäßigten Zonen in versteinerter Form gefunden (7). Viele Paläontologen änderten ihre Argumentation. Der Zustand versteinerter Weichteile und vollständig erhaltener empfindlicher Organe ist mit einer Millionen von Jahre dauernden Fossilisation nicht vereinbar. Weichteile mit ihren Feinstrukturen zerfallen nach dem Tod des Organismus bei Anwesenheit von Sauerstoff innerhalb von Stunden. Die Versteinerung dieser Funde erfolgte sehr schnell, innerhalb von Sekunden und Minuten, vollständig und unter sofortigem kompletten Luftabschluss. Eine Versteinerung unter diesen Bedingungen gewährleistete die Erhaltung von Weichteilen in dem Zustand, in dem sie gefunden werden. Entsprechende Funde sind von allen Teilen der Welt bekannt, von allen Kontinenten, von der Antarktis bis Spitzbergen. Das Einschlussmaterial besteht aus klastischen und chemischen Sedimenten. Klastische und chemische Sedimente bilden sich bei Vulkanausbrüchen, wenn Magma an die Erdoberfläche gelangt und mit Wasser in Kontakt tritt. Vulkanausbrüche sind Katastrophen. Demnach sind die gefundenen Fossilien innerhalb von Sekunden durch Katastrophen ums Leben gekommen. Reine Lava würde eingeschlossene Lebewesen verglühen lassen. Viel Wasser war erforderlich, um die Lava zu löschen und eine dem Zement ähnelnde Mischung zu erzeugen. Geologen sprechen von der Zementierung des Sandsteines (8). Sie teilen diesen Vorgängen Zeitspannen von Millionen Jahren zu. Versteinerte Weichteile belegen Sekunden dauernde Verschüttungszeiten. Sie widerlegen geologische Fossilisationshypothesen mit ihren Millionen von Jahren währenden Verläufen.

Geschichtete Sedimente besitzen nicht nur Bedeutung als Fundstätten versteinerter Organismen. Sedimentschichtfolgen sollen die relative geologische Zeitskala der letzten ein bis drei Milliarden Geo-Jahre repräsentieren. Mit den Messdaten der Geowissenschaften – nicht mit deren Hypothesen – lässt sich heute die Logik der Sedimentschichtfolgen rekonstruieren.

Nach geologischer Hypothese soll die geologische Zeitskala des Lebens per definitionem ca. eine Milliarde Jahre vor unserer Zeit begonnen haben. Der Beginn des Lebens wurde in den letzten Jahren wiederholt weiter in die Vergangenheit geschoben. Von einigen Autoren werden mehr als drei Milliarden Jahre gefordert (9). Wurmlöcher und den Bakterien zugeordnete Relikte in tief gelegenen Sedimentschichtungen, zwischen dem felsigen Untergrund und einer aufgelagerten Geröllschicht, sollen die ersten Anzeichen von Leben repräsentieren. Diese tief gelegenen Sedimentschichten wurden von der Geologie dem Präkambrium zugeteilt. Das Präkambrium erhielt die Unterteilung ‚Archaikum' (Erdurzeit) und ‚Proterozoikum'. Das Proterozoikum soll zwischen 1,2 Milliarden und 600 Millionen Geo-Jahre vor unserer Zeit vergangen sein. Einige Autoren legen den Beginn des Proterozoikums geringfügig weiter zurück in die Vergangenheit – 2,5 Milliarden Geo-Jahre vor unserer Zeit (10).

Auf dem Präkambrium liegt das Kambrium. Eine Kambriumschichtung ist charakterisiert durch ihren hohen Geröllanteil und eine zunehmende Konzentration versteinerter Organismen. Das ‚plötzliche' Erscheinen dieser Organismen im Kambrium wird von den Geowissenschaften als „kambrische Explosion" des Lebens bezeichnet (11). Geologen unterteilten die gebietsweise mächtigen Geröllagen in weitere Zonen. Sie sahen unterschiedliche Geröllzusammensetzungen und Leitfossilien als ausreichenden Grund dafür an, auf dem Kambrium eine Schichtung mit dem Namen Ordovizium und darauf folgend die Silur- und Devon-Schichtungen und -Zeiten zu definieren.

Dem Kambrium wurden 49 Millionen Geo-Jahre (544–495), dem Ordovizium 52 Millionen Geo-Jahre (495–443), der Silurzeit 26 Millionen Geo-Jahre (443–417) und dem Devon 63 Millionen Geo-Jahre (417–354) zugeordnet (10).

Auf dem Devon liegen vielerorts, auch für den Nichtgeologen erkenntlich, schwarz gefärbte Schichtlagen im Wechsel mit helleren. Dunkle Schichten enthalten Steinkohle. Helle Schichten bestehen aus Sandstein, bergmännisch als ‚taube' Schichten zwischen den Kohleflözen bezeichnet. Die vertikale Ausdehnung dieser Wechselschichtfolgen repräsentiert die Karbonzeit. Ihr wurden 64 Millionen Geo-Jahre zugeordnet (354–290). Es folgen auf den karbonzeitlichen Ablagerungen das Perm mit 39 Millionen Geo-Jahren (290–251), die Trias mit 45 Millionen Geo-Jahren (251–206), Jura mit 64 Millionen Geo-Jahren (206–142) und Kreide mit 77 Millionen Geo-Jahren (142–65) (10). Der modernen geowissenschaftlichen Forschung verdanken

Abb. 9.15a: Geologische Perioden (600 Millionen Geo-Jahre umfassend) als Teil der geologischen Zeitskala mit insgesamt 4 Milliarden Geo-Jahren.

Abb. 9.15b: Darstellung der letzten 3 Milliarden Geo-Jahre als quadratische Rasterfläche. Diese Zeitspanne wird von der Geologie für die Entwicklung des Lebens auf der Erde angegeben. Ein Loch, das mit einer handelsüblichen Stecknadel in diese Rasterfläche gestochen werden kann, entspricht flächenmäßig einer Zeitspanne von 100 000 Geo-Jahren. Nach dessen 10 000facher Vergrößerung ergibt sich die in Abb.9.15c dargestellte große Quadrat-Fläche.

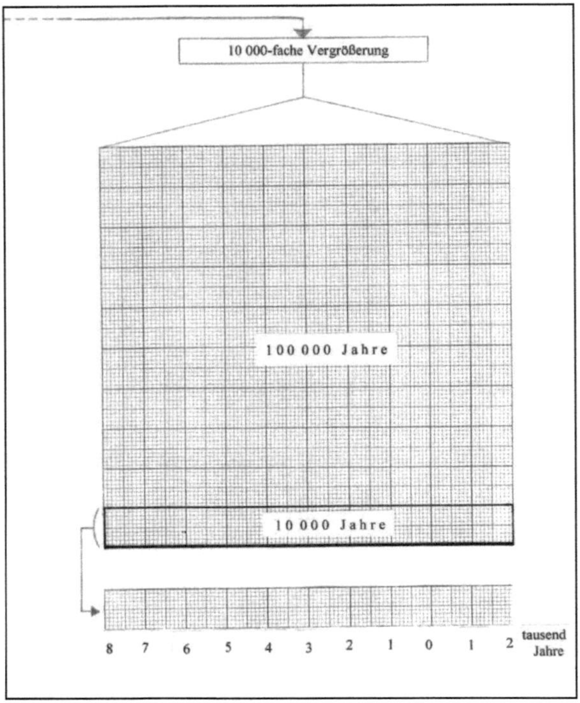

Abb. 9.15c: Darstellung der letzten 100 000 Geo-Jahre als Quadrat-Rasterfläche. Ein Zehntel dieser Zeitspanne wird offiziell unserer zivilisierten Vergangenheit zugeteilt.

wir die beeindruckende Genauigkeit bei den Zeitangaben. Inzwischen werden Zeitangaben mit einer Ziffer nach dem Komma bekannt gegeben.

Mit weltweiten Massensterben lässt die Geologie das Ordovizium, das Devon, das Perm, die Trias und die Kreidezeit beenden und bereinigt damit den Lebensraum für die Kreaturen der folgenden Zeitepochen (12).

Ein gewaltiger Meteoriteneinschlag habe die Kreidezeit vor 65 Millionen Geo-Jahren am Übergang zum Tertiär, der sogenannten K/T-Grenze, schlagartig beendet (12). Nach der vorangehenden ‚Dino-Zeit' habe sich im Tertiär die heute bekannte rezente Fauna und Flora entwickelt. Nochmals leidgeprüft durch mehrere Eiszeiten, sollen sich deren Restbestände nun in einer Quartärzeit befinden, einschließlich uns selbst.

Ca. eine Milliarde Geo-Jahre umfasst die oben angegebene ideale, in der Realität nicht überall flächendeckend und als vollständige Reihe vorkommende Schichtenfolge in ihrer Funktion als geologische Zeitskala.

Eine alternative Zeitskala, die sich aus der Kombination geowissenschaftlich erarbeiteter Fakten der letzten Jahrzehnte und den schriftlichen Überlieferungen alter Kulturen ableiten lässt, ergibt für die gleiche Zeitspanne – für eine Milliarde Geo-Jahre – einen Zeitumfang von einigen Wochen bis zu mehreren Monaten. Die Bildung kilometerhoher Sedimentablagerungen wird im Folgenden beschrieben.

Im Kapitel 9.5 wurden kilometerhohe Flutwellen beschrieben, die durch Hebung der Meeresböden bei der Riftzonenbildung beschleunigt wurden. Während und unmittelbar nach der Kollision zwischen Erde und Titan (Kap. 8) nahmen die Flutwellen in den Randzonen des Indischen Ozeans und die bei der Riftflankenhebung beschleunigten ersten atlantischen und pazifischen Wellen vorhandenes Geröll der Meeresböden und die gesamte Fauna und Flora in ihrer Laufrichtung mit. Abgelagert wurde die mitgeführte Fracht am Umkehrpunkt, beim Stillstand der Wellen vor ihrem Rücklauf. Nach den Gesetzen der Schwerkraft sinken dabei schwerere Stoffe schneller zu Boden als leichtere. Geröll sank schneller nach unten als Sand. Letzterer durchdrang die Lücken zwischen dem gröberen Material und füllte die Zwischenräume. Er gelangte bis zur untersten Schichtlage, zur Schichtsohle. Dort befanden sich, wie Versteinerungen zeigen, Gänge von wurmartigen Lebewesen. Die Würmer blieben unten bei der Flutung, weniger aus entwicklungsgeschichtlichen, evolutionstheoretischen Überlegungen als durch die Folgen der Katastrophe. Der Weg zu einer potenziellen evolutionären Höhereinstufung wurde ihnen verschüttet. Sie wurden von den Flutwellen überrollt und vom ‚Kambrium' begraben.

Holz schwimmt im und auf dem Wasser. Angeschwemmte Wälder schwimmen ebenfalls. Bäume mit anhängenden Wurzelballen werden schwerkraftbedingt im Wasser aufgerichtet. Blütenpollen und Pflanzenmaterial werden ebenso aufgeschwemmt wie tote Fische, Säugetiere und Vögel. An den Umkehrpunkten der Flutwellen sinken hartteilhaltige Tiere wie Trilobiten, Gonodonten, Muscheln und Schnecken schneller nach unten als Fische, Säugetiere, Vögel und Bäume. Damit war die ‚evolutionäre Rangfolge' für spätere Zeiten festgelegt.

Nachdem die ersten Flutwellen das Geröll der Ozeanböden an den Kontinentalhängen und auf den Kontinenten zu einem ‚Kambrium', ‚Ordovizium',

‚Silur' und ‚Devon' zusammengeschoben hatten, transportierten sie ansteigende Mengen neu gebildeter klastischer Sedimente. Diese entstanden am zentralen Riss im Scheitelbereich der durchgelaufenen Druckwellen – den Riftzonen – und über den Zehntausenden aktivierten Vulkanen auf den Riftflanken (Kap. 9.4). Der explosive Kontakt des Wassers mit dem mehr als 1 000° C heißen glutflüssigen Magma zerlegte die Basaltdecke und Anteile des Erdmantels zu feinkörniger Flugasche. Billionen Tonnen dieser silikathaltigen und mit Schwermetallverbindungen behafteten Flugaschen wurden mit dem Wasser und durch die Atmosphäre weltweit verfrachtet. Flutwellen verlagerten das Auswurfmaterial aus der Erdkruste und dem Erdmantel, die klastischen und neu entstandenen chemischen Sedimente mit jedem Vorstoß weiter von der Riftzone fort bis weit hinein auf die Kontinente.

Hoch ist der Anteil an Eisenverbindungen und Schwermetallen in der Erdkruste und im Erdmantel (13). Eisenverbindungen und weitere Schwermetalle wurden mit den ausgeworfenen klastischen Sedimenten durch das Wasser fortgeführt. Eisenoxide sind schwerer als Silikate. Eisenoxidhaltige Silikate sanken in jeder Flutwelle aus den angeschwemmten klastischen Sedimenten in die untersten Schichtzonen ab. Geologen definieren die der Karbonzeit aufliegenden Schichtungen als Permzeit. Sandsteinschichtungen der Permzeit werden unterteilt in ‚Rotliegendes' und ‚Zechsteinzeit' (14). Das ‚Rotliegende' als unterste Zone verrät durch seinen Namen die intensive rotbraune Färbung des Sandsteins. Es besitzt den höchsten Eisengehalt aller Sandsteinschichten, infolgedessen das höchste spezifische Gewicht und bildet konform mit den Gesetzen der Gravitation die unterste zusammenhängende Sandsteinschicht. Weitere aufgelagerte Schichten, der Trias zugeordnet, zeigen eine mit der Höhe abnehmende Färbung. Diese bunten Sandsteinlagen (Buntsandstein) werden durch den mit der Höhe abnehmenden Eisen- und Schwermetallgehalt heller.

Bereits die der Trias zugeordneten Sandsteinlagen zeigen einen nach oben zunehmenden Kalkanteil. Kalk ($CaCO_3$) bildete sich durch die Absorption des atmosphärischen Kohlendioxids in dem alkalischen calciumreichen Ozeanwasser. Über die mit ‚Muschelkalk' und ‚Keuper' bezeichneten Zonen der Trias definierten Geologen den Jura und darüber die Kreidezeit.

Der zunehmende Kalk- und abnehmende Schwermetallanteil beim Übergang zu höher gelegenen Schichten zeigt sich optisch in einer zunehmenden Weißfärbung des sedimentierten Materials. Von ‚unten nach oben' unterteilen

Geologen die Epoche des Jura in schwarzen Jura, braunen Jura und weißen Jura. Die ‚Kreidezeit' ist weiß. Silikate und färbende Schwermetallverbindungen waren bei der Bildung der weltweit vorkommenden Kreidefelsen infolge ihres höheren spezifischen Gewichtes bereits auf den Grund der Ozeane abgesunken. Sie werden in abnehmender Konzentration im Perm, Trias und Jura gefunden.

Abgesetzt hatten sich auch schwere Fossilien. Deren Konzentration nimmt umso mehr ab, je höher die Schichtung platziert ist. Kleinstfossilien, mikroskopisch kleine Foraminiferen und Radiolarien, lassen sich neben einzelnen versprengten schweren Fossilien bis in hoch gelegene Schichten von Kreidefelsen finden.

Hunderte von schmalen horizontal geschichteten Sedimentlagen lassen sich vielerorts finden. Untereinander zeigen die Einzellagen eine lockere Verbindung und können mechanisch von Hand getrennt werden. Mit den Flutwellen der Riftzonenbildung kann diese hohe Anzahl der Einzelschichtlagen nicht erklärt werden. Das Pendeln der ozeanischen Flutwellen zwischen den angehobenen Flanken der Riftzonen und den sich formenden Gebirgsmassiven der Kontinente konnte einige Male erfolgen. Weitere Schichtbildungen wurden durch die kollisionsbedingt exzentrisch gewordene Mondbahn verursacht. Durch die Kollision wurde die Erde aus ihrer Umlaufbahn gelenkt. Der Abstand zwischen Erde und Mond veränderte sich. Der gravitativ an die Erde gekoppelte Mond erhielt dadurch vorübergehend eine stark verformte, eine elliptische Umlaufbahn. Gegenwärtig entstehen durch die Gezeitenwirkung des Mondes Flutwellen von einigen Metern Höhe. Eine drastische Verkleinerung des Abstandes zur Erde im Perihel-Bereich konnte die Gezeitenwirkung vervielfachen. Im Perihel besitzt der Mond auf seiner Umlaufbahn den geringsten Abstand zur Erde. Flutwellenhöhen von mehr als 100 m konnten bei nahe stehendem Mond ein bis zwei Mal pro Tag ausgelöst werden. Sie lagerten Schicht auf Schicht ab, klastische und chemische Sedimente. Durch die wiederholten Flutungen infolge der Bahnexzentrizität des Mondes wurde die Schlammbelastung der Ozeane reduziert. Nach dem weitgehenden Ausfall der klastischen silikathaltigen Sedimente dauerten Bildung und Absatz des chemischen Sedimentes ‚Kalk' an. Das alkalisch gewordene Wasser der Ozeane absorbierte die hohen CO_2-Konzentrationen der Atmosphäre. Das in den Ozeanen im Überschuss vorhandene Calciumhydroxid, entstanden durch die Hydrolyse der geschmolzenen Silikatfragmente, wurde durch die Reaktion mit der atmosphärischen Kohlensäure bis zur Neutralisation als Kalk ($CaCO_3$) ausgefällt. Unvorstellbare Mengen Kalk fielen in den Ozeanen aus und wurden als Jura und Kreide in mächtigen Formationen abgelagert. Schneeweiße Kreidefelsen enthalten von der Basis bis zum Gipfel eine Vielzahl regelmäßiger, ebener Schichtfolgen aus dunklen, kiloschweren Feuersteinfragmenten. Geologen lassen die Kreidefelsen wie bei der Bildung der Kohlenflöze und Salzschichtungen periodische Vertikalschwingungen ausführen. Überflutungen während der Absinkphase hätten die Schichtlagerung der Feuersteine veranlasst. Die Kreidefelsen von Rügen hätten somit mehr als hundert Vertikalschwingungen innerhalb kurzer Zeit ausführen müssen. Geschichtete Kreidefelsen mit ihren horizontalen Feuersteinlagen sind wie alle sedimentierten Schichtungen durch Flutwellen entstanden. Der sogenannte Feuersteingürtel und die erratischen Blöcke auf dem nordosteuropäischen Festland markieren die Reichweite der Flutwellen einer späteren Katastrophe. Sie zerstörten Teile der gebirgigen Kalkformationen mit den Feuersteineinschlüssen und lagerten diese wie auch Findlinge aus granithaltigen Gebirgsformationen in ihrer Laufrichtung ab.

J. Woodward (1665–1722), ein Altvater der Geologie, seinerzeit Professor in London, von seinen Zeitgenossen als Anhänger der Sintfluttheorie betitelt, wird heute von der Geologie als Sintflut-Gläubiger, mehr im negativen Sinne, eingestuft. Zitat: „Er hätte weitere Ehrungen empfangen können", und: „... lange vor W. Smith zum ersten Stratigraphen werden können, wenn er nicht im Banne des biblischen Berichts alle Gesteine und Fossilien auf die Sintflut zurückgeführt und die Ordnung der Letzteren in den Schichten nicht erst sekundär auf den Wiederabsatz des aufgewühlten Materials gemäß der Schwere zurückgeführt hätte" (15). Prägnanter und umfassender lassen sich die Ansichten Woodwards über die Bildung der Sedimentschichtungen nicht beschreiben. Sie geben die abgelaufenen Prozesse exakt wieder.

Wie voranstehend dargelegt, ist die komplette geologische Zeitskala, eine Milliarde Geo-Jahre umfassend, vom Präkambrium bis zum Tertiär durch eine Serie schnell aufeinanderfolgender katastrophaler Flutwellen entstanden, ausgelöst durch eine einzige kosmische Katastrophe – durch die Kollision zwischen Erde und Titan. Das Lagerungsgesetz nach Steno gilt weiter (16). Im Abstand von wenigen Stunden legten Flutwellen ‚jüngere' auf ‚ältere' Schichten. Der Sedimentabsatz erfolgte gemäß der Schwere. Versteinerte Weichteile belegen Sekunden dauernde Verschüttungszeiten durch die Grundsubstanz des Sandsteins (Kap. 9.9). ‚Unlogische Funde' in diesen Schichtungen weisen auf die Unlogik der geologischen Zeitskala hin (Kap. 7.7).

Aus dem Voranstehenden ist zu folgern: Es gibt keine geologischen Zeitalter, basierend auf den weltweit vorkommenden Sedimentschichtfolgen. Es gibt kein Präkambrium, kein Kambrium, kein Ordovizium, kein Silur, kein Devon, kein Karbon, kein Perm, keine Trias, kein Jura, keine Kreide, kein Tertiär und auch kein Quartär. Es gibt keine Äonen währende dynamische Entwicklung der Erdkruste zu ihren jetzigen Oberflächenstrukturen. Dynamik entwickelte sich in der Vergangenheit nach massiver externer Gewalteinwirkung. Dafür verantwortlich waren kosmische Katastrophen. Den einzelnen geologischen Zeitepochen entsprechen Absolutzeiten von wenigen Stunden bis zu einigen Tagen. Die gesamte auf Sedimentschichtfolgen bezogene relative geologische Zeitskala von ein bis drei Milliarden Geo-Jahren benötigte zu ihrer Ablagerung eine Absolutzeit von Wochen bis wenigen Monaten.

In Sandstein und Kalk zementierte Fossilien, vom Präkambrium bis zum Tertiär, stellen eine Momentaufnahme des Lebens vor der Kollision dar. Sie geben einen unvollständigen, mehr qualitativen als quantitativen Überblick über die zu jener Zeit existierenden Lebensformen. Die Fossilisation erfolgte zeitgleich mit der Bildung der sie einschließenden Sedimente in einem Guss – innerhalb weniger Minuten. Fossilien in sedimentierten Schichtungen belegen katastrophale Ereignisse von unvorstellbaren Ausmaßen, einen Massentod innerhalb von Sekunden und Minuten. Zeiten blühenden Lebens sind frei von Fossilien. Das Quartär mit seinen Schichten und Relikten rezenter Fauna und Flora wurde durch kosmische Katastrophen dem Tertiär aufgelagert. Diese Katastrophen ereigneten sich nach der Kollision zwischen Erde und Titan (17). Weitere einschneidende Ereignisse älterer Epochen lassen sich zurzeit nicht aus Befunden rekonstruieren. Sie müssen angenommen werden. Die Kollisionsfolgen haben alle Spuren verwischt. Es gibt jedoch schriftliche historische Überlieferungen aus den Zeitepochen vor dem Titan-Crash. Sie stehen ebenfalls im Widerspruch zu unseren gegenwärtigen schulwissenschaftlichen Lehrmeinungen. Aus diesen Überlieferungen darf auf weitere heftige vergangene kosmische Katastrophen geschlossen werden (18, 19).

9.8 Die Bildung der Sedimentgrundsubstanzen

Klastische Sedimente, chemische Sedimente und Erdöl entstanden durch einen einzigen entscheidenden Reaktionsschritt: durch den Kontakt zwischen Wasser und Magma. Erdöl und Kohle werden von der Geologie zu den ‚biogenen' Sedimenten gezählt. Kohle wird zu Recht als biogenes Sediment bezeichnet, auch wenn der Sedimentationsablauf, so wie die Geologie ihn beschreibt, nicht mit den Erkenntnissen der Biologie vereinbar ist (Kap. 7.2).

Der ergiebige Kontakt zwischen Magma und Wasser wurde durch die Kollision zwischen Titan und Erde ermöglicht (Kap. 8). Bis zur Oberfläche aufgeschmolzene Basaltdecken in den zentralen Riftzonen, Auswurfkrater über den Kreuzungspunkten der subozeanischen Bruchspalten in den Riftflanken und die zahlreichen Brüche der kontinentalen Granitdecken ermöglichten weltweit die Reaktion des Wassers mit dem glutflüssigen Magma der Lithosphäre und des Erdmantels (Kap. 9.4). Die Reaktion zwischen Wasser und Magma lässt sich in mehrere Teilschritte zerlegen:

1. In einen explosiven Erstkontakt zwischen Wasser und Magma. Der größte Anteil der steinernen Fraktionen bildete sich durch diese Reaktion.
2. In eine explosiv verlaufende Hydrolysereaktion der geschmolzenen und zerstäubten Silikatfragmente. Aus den darin eingeschlossenen Metalloxiden bildeten sich die zugehörigen Hydroxide. Entsprechend ihrem prozentualen Anteil an der Erdkruste stellen die Alkali- und Erdalkalihydroxide die größte Fraktion. Silikatfragmente verwitterten dabei zu Ton – innerhalb von Sekunden.
3. In eine Freisetzung von Gasen aus dem druckentlasteten Magma. Sie glichen denen, die bei Vulkanausbrüchen nachgewiesen werden können. Mit Wasser bildeten sie Säuren.
4. In eine Reaktion zwischen den entstandenen Säuren und Laugen (Hydroxide) zu Salzen. Leichtlösliche Salze erhöhten den Salzgehalt der Ozeane. Schwerlösliche überschritten in dem alkalischen Milieu der Ozeane bereits in geringer Konzentration ihre Löslichkeitsgrenze und fielen unmittelbar nach ihrer Bildung in fester Form aus.
5. In eine Dehydrierung des Wassers und nachfolgende Hydrierung des freigesetzten Kohlendioxids. Es entstanden Kohlenwasserstoffe, die Erdöle und -gase.

Die Vielzahl unterschiedlicher Mineral- und Gesteinsformen beruht auf dem qualitativ und quantitativ variablen Ersatz der Metallionen in den fragmentierten silikatischen Grundgerüsten. Silikathaltige Minerale – die klastischen steinigen Fragmente – bilden Inselgitter-, Kettengitter-, Bandgitter-, Schichtgitter- und Gerüstgittertypen. Der prozentuale Anteil der einzelnen Gittertypen in diesen klastischen Sedimenten variiert über große Bereiche. Tabelle 9.1 gibt die wichtigsten Reaktionsprodukte an:

Klastische Sedimente	Chemische Sedimente
Flugasche (Löss)	NaCl (Steinsalz)
Tone	KCl (Sylvin)
Schluff	
Sand	$CaSO_4$ x 2 H_2O (Gips)
Kies	$CaSO_4$ x ½ H_2O(Anhydrid)
Geröll	$CaCO_3$ (Kalk, Kreide, Marmor)
	$CaMg(CO_3)_2$ (Dolomit)
	Erdöl
	Erdgas
Biogene Sedimente	Kohle

Auf die Sonderstellung der Kohle als einziges biogenes Sediment wurde hingewiesen. Kohle entstand durch die Inkohlung luftdicht verschlossener Holzportionen. Erdöl und -gas sind direkte Folgeprodukte der Reaktion zwischen Magma und Wasser (Kap. 9.3 und 9.4). Sie sind als chemische Sedimente zu bezeichnen (Kap. 9.12). Unter geeigneten Bedingungen kann Methan auch biogen bei der Zersetzung von Holz und anderen organischen Substanzen gebildet werden (1).

Geologen müssen die Bildung von zig Billionen Tonnen klastischer Sedimente wie Tone, Sand, Kies, Schutt und Geröll erklären. Sie sollen deren Umwandlung – gleich ‚Verwitterung' – zu den alumosilikathaltigen Tonmineralien Kaolinit, Montmorillonit, Illit und anderen aufzeigen. Nach Aussagen der Geologie verläuft die Hydrolyse der Silikatmineralien einschließlich des SiO2 (Quarz) in saurem Milieu (2). Diese Aussage deckt sich nicht mit den Erkenntnissen der chemischen Wissenschaften, der Zement verarbeitenden und der keramischen Industrie.

Geologen betrachten alle Vorgänge aktualistisch. Zig Millionen Jahre für die Abtragung und Verwitterung großer Gebirgsmassive, zig Millionen Jahre für deren Sedimentation, zig Millionen Jahre für deren Diagenese und Umformung zu neuen Gebirgen und zig Millionen Jahre für deren Auftauchen aus der Versenkung. Damit das alles nicht zu lange dauert, lässt die Geologie die Berge dieser Welt auf vielfache Weise zerbröseln. Sie zerkleinert die Felsen und Gebirge durch Wärme und Kälte, durch Salzsprengung und Schwelldruck von Tongestein, durch Wind und biologisch-physikalisch. Sie zersetzt sie durch chemische Verwitterung, durch Lösungsverwitterung, durch Kohlensäurenverwitterung, durch Rauchgasverwitterung, durch Oxidations- und biologisch-chemische Verwitterung (3).

Viele kalkhaltige Gesteine können durch die erwähnten geologischen Verwitterungsprozesse zerlegt werden. Der überwiegende Teil der weltweiten Gebirge und Mineralien, die harte kontinentale Granitdecke und noch härtere Basaltdecke der Ozeanböden bestehen aus einem Silikatgrundgerüst. Dessen Trümmerstücke bilden die Gruppe der klastischen Sedimente. Diese sind in Wasser unlöslich. Sie können durch mechanische und thermische Einwirkung in kleinere Einheiten zerlegt werden. Angesichts der ungeheuren Mengen vorhandener und benötigter steiniger klastischer Sedimente lässt die Geologie Felsen und Berge durch Hydratations- und hydrolytische Verwitterung und durch Ewigkeiten attackieren. Zitat: „Hydratation bedeutet Wassereinlagerung im Molekularbereich ... Es tritt zwischen den randlichen Ionen des Kristallgitters eine Schwächung der elektrostatischen Bindungskräfte ein, wodurch eine allmähliche Auflockerung der Gitterfestigkeit erfolgt. Anschließend setzen eine Abspaltung von Gitterfetzen sowie ein Aufreißen feinster Risse im Kristall ein, in die sofort weitere dipolare Wassermoleküle eindringen. Die Hydratation stößt derart immer weiter von außen nach innen vor und führt schließlich zum Zerfall des Kristalls." Und weiter: „... die Hydratation schreitet nach dem Prinzip der Selbstverstärkung fort und erfasst zunehmend weitere Gesteinsbereiche. Makroskopisch äußert sich dies im Zerfall der zunächst festen Gesteine, insbesondere der silikatischen. Die Hydratation bildet daher auch die erste Stufe der Silikatverwitterung." (4)

Geologen lassen die Zeit für sich arbeiten. Neben der Hydratation lassen sie steiniges Material durch Hydrolyse zerfallen. Zur Hydrolyseverwitterung teilen sie mit: „Silikatminerale unterliegen der Verwitterung durch Hydratation und Hydrolyse, wobei Letztere den Hauptanteil umfassen. Die Hydrolyse beruht auf der elektrolytischen Eigendissoziation des Wassers in H_3O^+- und OH-Ionen. Die kleinste Menge von aggressiven Hydronium-Ionen reicht indessen bei längerer Einwirkung aus, um intensive stoffliche Veränderung in den Silikatmineralien zu bewirken." (2)

Dann schreitet die Geologie zum Kernproblem, dem Zerfall der Silikatmineralien zu Tonmineralien, den Alumosilikaten, und behauptet – Zitat: „Sind die Kationen schließlich völlig ausgewaschen, ergreift die Hydrolyse den Kristallgitterrest aus Al_2O_3 und SiO_2." (2)

Diese Vorstellungen der Geowissenschaften zur Zerlegung kompakter Felsformationen finden nicht die Zustimmung der chemischen Wissenschaften. Wasser vermag zwar aus Schichtsilikaten, wie Tone sie darstellen, die löslichen Alkali- und Erdalkaliverbindungen als Ionen herauszulösen. Lösshaltige Böden sind dadurch fruchtbar. Wasser kann aber keine Silikate auflösen. Zur Löslichkeit und Beständigkeit von Silikatverbindungen teilen die chemischen Wissenschaften mit:

Quarz $(SiO_2)_n$ ist in Wasser und Säuren unlöslich. Nur Flusssäure (HF) und elementares Fluor (F_2) greifen die SiO_2-Bindung unter SiF_4-Bildung an. SiO_2 löst sich wenig durch längeres Kochen in alkalischer Lösung unter Bildung von kolloidalen, langkettigen Alkalisilikaten (5). Beim Ansäuern dieser Wasserglaslösungen kondensieren die Alkalisilikate wieder zu Polykieselsäuren, zu Ketten- und dreidimensionalen Strukturen (6). Diese Fakten stehen den Aussagen der Geologie diametral entgegen.

Geologen behaupten eine Auflockerung der Gitterfestigkeit durch Schwächung der elektrostatischen Bindungskräfte der randlichen Ionen. Siliziumatome sind in den Silikaten jedoch stets von vier Sauerstoffatomen tetraedisch umgeben. Tetraeder sind untereinander zu Ketten (Pyroxene), Bändern (Amphibole), Schichten (Glimmer) und dreidimensionalen Raumstrukturen (Feldspate) über Si-O-Si-Bindungen verknüpft. Diese Bindungen sind kovalent und nur lösbar durch starke Laugen.

Schnell lassen sich Silikatgrundgerüste durch das Aufschmelzen mit Calciumoxid und anderen starken Basen bei 1400° C zerlegen. Auf diese Weise wird Zement gebrannt. Im Normalfall sind diese Reaktionsbedingungen nicht gegeben. Sie werden erreicht in den Drehöfen der Zementindustrie und mit einem katastrophistischen Hintergrund.

Schnell läuft die hydrolytische Verwitterung von Gestein ab, wenn dessen Oberfläche extrem vergrößert wird, wenn sie in alkalischer Lösung stattfindet und die Reaktionstemperatur hoch ist. Geschmolzenes Gestein und Flugaschen besitzen eine unendlich große Oberfläche für den hydrolytischen Angriff alkalischer wässriger Lösungen bei hoher Reaktionstemperatur.

Flugaschen bildeten sich explosiv, ebenso wie die größten Mengen an Sanden, Kiesen und Geröllen. Letztere entstanden und entstehen auch über die von der Geologie angenommenen Wege der natürlichen Verwitterung. Ausgenommen ist die Verwitterung der Silikatgrundgerüste infolge Hydratation und Hydrolyse. Die Hauptmengen der ‚natürlich' verwitterten klastischen Sedimente bildeten sich während der Kollision und in der nachfolgenden Phase der Gebirgshebungen. Große Anteile der Lithosphäre und des Erdmantels wurden in die Atmosphäre geblasen. Heiße Felsformationen zersplitterten durch die wiederholte Bedeckung mit Wasser. Flugaschen verwitterten in Sekunden – durch die extrem vergrößerte Oberfläche, durch die hohen Temperaturen und durch die alkalischen Reaktionsbedingungen in den wässrigen Magmalösungen der Ozeane.

Voraussetzung für die Bildung der chemischen Sedimente war die extensive und schnelle Produktion der klastischen Sedimente. Nach der Zerstörung und dem Aufschmelzen der kompakten Silikatstrukturen von Erdkruste und -mantel konnten große Mengen eingeschlossener Alkali- und Erdalkali-Ionen aus den Bruchstücken herausgelöst und für chemische Reaktionen zur Verfügung gestellt werden. Salze stellen den größten Anteil aller chemischen Sedimente. Salze entstanden ausnahmslos durch Säure-Base-Reaktionen. Als Basen fungierten die bei der Hydrolyse aus den Silikatfragmenten freigesetzten Metallhydroxide. Säuren bildeten sich aus den im Magma vorhandenen Gasen. Eine Vielzahl von Gasen tritt bei vulkanischen Aktivitäten aus. H_2O, CO_2, HCl, SO_2, SO_3, CO, H_2S und HF bildeten die Hauptfraktionen (7). Sie lösten sich in dem vor Ort vorhandenen Wasser der Ozeane und reagierten zu Kohlensäure ($H_2O \cdot CO_2$), Salzsäure ($HCl \cdot H_2O$), Schwefelsäure (H_2SO_4) und weiteren Säuren.

Säure-Base-Reaktionen mit Salzbildung liefen umgehend an, als die Reaktionspartner in wässriger Lösung zusammengeführt wurden. Alkalihydroxide wie NaOH und KOH bildeten in Wasser mit Salzsäure (HCl) die löslichen Stein- und Kalisalze, NaCl und KCl. Analog entstanden mit Schwefel- und Kohlensäure die Calciumsalze $CaSO_4 \cdot 2H_2O$ (Gips), $CaCO_3$ (Kalk) und bei Anwesenheit von Magnesium das $CaMg(CO_3)_2$ (Dolomit). Letztere sind in Wasser schwer löslich. Sie fielen unmittelbar nach ihrer Bildung als Festsubstanzen aus und vergrößerten das Volumen der Sedimente.

Erdöle und -gase entstanden durch Druckhydrierung von CO_2, analog der technischen Kohlehydrierung zu Benzinen. Der zur Hydrierung erforderliche Wasserstoff spaltete sich aus dem Wasser ab. Dazu waren hohe Drücke und Temperaturen erforderlich. Diese konnten nur in geschlossenen Reaktionsräumen erreicht werden.

Lokale Konzentrationsschwankungen der Reaktionsprodukte und deren Ablagerungsmodus waren maßgeblich davon abhängig, ob die Reaktionszonen ein offenes oder ein geschlossenes System darstellten. ‚Offenes' System bedeutete einen anhaltend leichten Zutritt des Wassers und den Abtransport der Reaktionsprodukte. Ein ‚geschlossenes' System verhinderte die schnelle Verlagerung der Reaktionsprodukte.

Zwischen den beiden Extremzuständen – offene und geschlossene Reaktionszone – gab es alle denkbaren Übergänge mit Anteilen beider Formen. Das eine Extrem, die offene Reaktionszone, befand sich im Bereich der zentralen Riftzonen. Das andere Extrem mit geschlossenen Reaktionszonen lag im Bereich der äußeren Riftflanken, sowohl subozeanisch als auch kontinental.

Im Bereich der zentralen Riftzonen verhinderten die Aufschmelzung der Basaltdecken und der explosive Magmaaustritt die Bildung geschlossener Reaktionszonen. Klastisches Auswurfmaterial und die ausgefallenen Fraktionen der schwerlöslichen Salze wurden gewaltsam und wiederholt mit den Flutwellen über die Riftflanken fortgeführt. Aus diesen Materialien formten sich nach der diagenetischen Umwandlung Sandsteinformationen und Kalkgebirge. Alle leichtlöslichen Salze (NaCl, KCl und weitere) lösten sich in den Ozeanen.

Im Bereich der geschlossenen Reaktionszonen drangen Wassermassen tief in die sich von oben keilförmig öffnenden Bruchspalten der Erdkruste ein (Kap. 9.4.). Je 1 000 m Eindringtiefe müssen zu dem Druck an der unteren Keilspitze zusätzlich 100 Atm zum vorhandenen hydrostatischen Druck am Meeresboden addiert werden. Die Reaktionen in den geschlossenen Reaktionskammern und Spalten verliefen turbulent. Eingeschlossene Wassermassen waren der direkten Einwirkung der Flutwelle entzogen und wurden mit hohem Druck ins Magma gepresst. Hydrolysierte Verbindungen und freigesetzte Gase aus den magmatischen Silikatfragmenten blieben zunächst am

Reaktionsort in den Bruchspalten liegen. In den Bruchspalten überschritt die Konzentration der darin entstandenen Salze schnell die Löslichkeitsgrenze der schwerlöslichen, dann die der leichtlöslichen Verbindungen.

In den Bruchspalt vorgedrungene Wassermassen agierten wie ein Überdruckventil. Jedes Mal, wenn die steigenden Druckwerte in den Reaktionskammern, hervorgerufen durch die Verdampfung und Dehydrierung von Wasser und durch die Freisetzung von Gasen der Erdkruste, den Gegendruck der auflastenden Wassermassen überschritten, entleerte sich der Inhalt der Bruchspalten schwallartig zur Oberfläche. Wiederholte Expulsionen der Reaktionsprodukte führten zur Bildung der zahlreichen Salzschichten (Kap. 9.10).

Eine Begrenzung der Reaktionsräume ermöglichte in den tieferen Abschnitten der Reaktionskammern extreme Druck- und Temperaturanstiege mit Verdampfung und Dehydrierung von Wasser. An vielen Orten erfolgte eine Überschüttung der Bruchspalten mit mehrere Kilometer hohen Sedimentschichten. Sie ließ die Druck- und Temperaturwerte in den Reaktionskammern nochmals sprunghaft ansteigen. Parallel dazu erhöhten sie die Dehydrierungs- und Hydrierungsraten von Wasser und Kohlendioxid.

Während der schnellen Abkühlphase, die mit Stunden, wenigen Tagen und einigen Wochen angegeben werden kann, verfestigten sich zunächst die oberflächlichen Schichten der subozeanischen Basaltdecken. Von lateral nach zentral in Richtung zur Riftzone erfolgte die Neubildung der Ozeanböden. Die Bildung geschlossener Reaktionskammern in subozeanischen Basaltböden während der Abkühlphase ist wahrscheinlich.

Wasser der Ozeane agierte als Reaktionspartner des Magmas. Wasser bewirkte auch den Transport der gebildeten Reaktionsprodukte zu den Endlagerstätten. Flutwellen hatten freien Zugriff auf die Reaktionsprodukte in den offenen Reaktionszonen der zentralen Riftbereiche und einen periodischen Zutritt zu den geschlossenen Reaktionszonen in den Bruchspalten.

Synthetisierte leichtlösliche Salze aus offenen Reaktionszonen hatten den größten Anteil an der Umwandlung der zuvor existierenden Süßwasser- in die heutigen Salzwasserozeane. Klastische Sedimente und die schwerlöslichen Salzfraktionen Kalk, Dolomit und Gips wurden zu Stein. Die chemischen Sedimente Erdöl und -gas wurden in den Reaktionskammern der Lithosphäre teils luftdicht verschlossen, teils durch Luftzutritt in Asphalt umgewandelt oder in die Atmosphäre freigesetzt.

9.9 Die Diagenese der klastischen Sedimente

Diagenese heißt die Umwandlung der sedimentierten Lockergesteine zu hartem, kompaktem Gestein. Fossilisation wird die steinerne Konservierung von Organismen genannt (1).

Mit dem Begriff ‚Fossil' soll auf ein hohes Alter der gestorbenen und danach zu Stein gewordenen Organismen hingewiesen werden (fossa: Grube, lat. ausgegraben, d. h. uralt). Alle eingeschlossenen Organismen müssen bereits vor der Steinbildung existent gewesen sein. Bei der Fossilisation wurden sie in die sich bildende Gesteinsformation eingebaut. Eingeschlossene Relikte besitzen mindestens das Alter des umschließenden Steines. Dieses Faktum stellt die Geologie gelegentlich vor Probleme. Fundstücke der ‚Gegenwart', Schmuckstücke, alltägliche Gebrauchsgegenstände und profilierte Schuhsohlenabdrücke, eingeschlossen in viele Millionen Geo-Jahre alte feste Gesteinsformationen, wurden in großer Zahl aufgedeckt (Kap. 7.7).

Das Einschlussmaterial besteht aus wasserunlöslichen klastischen und schwerlöslichen chemischen Sedimenten. Es wurde durch Flutwellen innerhalb weniger Stunden zum Versteinerungsort transportiert (Kap. 9.5). Für die Sedimentation und Diagenese veranschlagt die Geologie jeweils Zeitspannen von vielen Millionen Geo-Jahren.

Zunehmende Mengen gefundener fossilierter Weichteile sind mit einer Millionen Jahre währenden Härtungsphase nicht vereinbar (Kap. 9.7). Die alternativ von der Geologie angebotene Aussperrung von Sauerstoff und Verschüttung bei Vulkanausbrüchen bedingt weltweite, gleichzeitig verlaufende Vulkantätigkeit und ebenso ausgedehnte Flutungen mit Wasser, um die Organismen zu zementieren. Fossilien werden in identischen Sedimentschichten der Meere und Kontinente gefunden, in allen Höhenlagen. Analoge Schichten bedingen nach geologischer Definition eine identische Bildungszeit. Bildung der Sedimentgrundsubstanzen, Transport und Diagenese verliefen mit geologischem Maßstab gemessen blitzschnell – nach geologischen Hypothesen in Millionen von Jahren.

Der Glaube an eine Jahrmillionen währende Abtragung von Gebirgsmassiven, an die ebenso lange Sedimentation der dabei entstehenden Verwitterungsrückstände und an die erneute Verfestigung dieser Lockergesteine zu festem Fels gehört zu den fundamentalen Überlegungen der Geologie. Unbezweifelbar werden Gebirge durch Verwitterungsprozesse angegriffen, gibt es

Schutthalden und sedimentierte Verwitterungsrückstände. Das daraus gefolgerte ‚Backen' neuer Gebirge ist Teil der zahlreichen geologischen Gebirgsbildungs-Hypothesen. Anstelle eines schnell verlaufenden Zusammenschmelzens der Verwitterungsrückstände zu neuen Bergen, analog dem Brennen von Ton zu Porzellan, lässt die Geologie ihre Berge durch Kaltformung wachsen. Verschiedene Reaktionswege wurden aufgestellt, um zur Konsistenz eines festen Steines zu gelangen. Diagenese nennt die Geologie diese vermuteten Prozesse (2). Sie widerspiegeln den Aktualismus in Reinstform. Beispielhaft sollen dazu einige Zitate der Geologie wiedergegeben werden.

Geo-Zitat: „In den Sanden und anderen Lockergesteinen zirkulierende Bergfeuchtigkeit löst beigemengtes Calciumcarbonat, Ton-Minerale und auch Silikate auf und scheidet das Gelöste als kristallines Bindemittel an anderer Stelle wieder aus. Dadurch werden die Porenräume verkleinert und Körner miteinander verkittet." (3)

Warum die genannten Substanzen sich an der einen Stelle auflösen sollen – dort neue Porenräume entstehen lassen würden – und sich an der anderen Stelle wieder ausscheiden sollen, wird nicht näher erklärt. Auf die Unlöslichkeit von Ton und Silikaten in Wasser weisen dagegen die chemischen Wissenschaften hin (4).

Geo-Zitat: „Diffusions- und Strömungsvorgänge in der Porenflüssigkeit können zu Stoffverschiebungen und -austauschvorgängen führen, bei denen es zur Bildung neuer, „authigener" (an Ort und Stelle entstandener) Minerale im Gestein kommt." (3)

Geo-Zitat: „Diese Pelite enthalten neben sehr kleinen Quarzkörnern verschiedene Ton-Minerale ... die druckempfindlich und chemisch relativ instabil sind. Sie verändern sich in der Tiefe und wandeln sich ineinander um. Bei dieser Umwandlung ... lösen sich die in diesen enthaltenen kleinen Quarzkörner teilweise auf, insbesondere dort, wo sie im Kontakt mit dem Ton-Mineral Illit stehen. Die derart freigesetzte Kieselsäure bewirkt das Kristall-Wachstum der Quarze in den (kieselig gebundenen) Sandsteinen und damit deren Zementierung." (3)

Quarz ist resistent gegen Lösungsversuche mit Wasser und Säuren außer Flusssäure (HF), berichten dagegen die chemischen Wissenschaften (4).

Bei der Sammelkristallisation vollziehe sich ein Wachstum der größeren Kristalle auf Kosten der kleineren. Geo-Zitat: „Durch alle diese Vorgänge entsteht schließlich aus einem lockeren Sediment ein festes, dichtes Gestein.“ (1,5) Wer mag da noch behaupten, eine Gebirgsbildung benötige keine Zeiten?

Das Abbinden der silikathaltigen klastischen Sedimente zu hartem und kompaktem Sandstein entsprach der Abbindereaktion von Zementmörtel. Sandstein ist ausgehärteter Zementmörtel. Unterschiedliche Härtegrade und Farbschattierungen des Sandsteines entstanden so wie heute bei der technischen Betonherstellung durch Variation von Druck und weiteren Zuschlägen wie Gips, Kalk und Schwermetallen. Alle weltweiten Sandsteinformationen wurden gegossen, so wie Beton zur Formgebung gegossen wird: aus einer wässrigen Aufschlämmung. Ein Vergleich von Sandstein mit Zementmörtel und Beton in Bezug auf Bildung, Transportverhalten, chemische Abbindereaktion und mechanische Eigenschaften bekräftigt diese Aussage.

Zur Herstellung von Zement werden Ton und Kalkstein im Verhältnis 1:3 auf 1400° C erhitzt (gebrannt). Das dabei aus dem Kalkstein gebildete Calciumoxid zerlegt als starke Base durch Hydrolyse das Silikatgerüst des Tones in kleinere Einheiten. Bei dieser Reaktion werden Calciumsilikate und -aluminate gebildet (6).

In Aluminaten ersetzen Aluminium-Atome an einigen Gitterpunkten im Kristall das Silizium. Chemisch stellt Zement eine Mischung aus Calciumalumosilikaten dar (6). Die kleinsten Moleküle bestehen aus Orthosilikat und Orthoaluminat. Zu feinem Pulver zermahlen – zur Vergrößerung der Oberflächen – kommt der gebrannte Zement in den Handel. Nach Zugabe von Wasser beginnt die Hydrolyse der Calciumbindungen. Mit Wasser angemachter Mörtel reagiert alkalisch durch die entstehenden Calciumhydroxidbasen ($Ca(OH)_2$). Durch Sand- und Kieszuschlag wird die Volumenkonstanz gewährleistet. Nach dem Aushärten ist Beton entstanden.

Sandstein besteht überwiegend aus klastischen Sedimenten und zu geringeren Teilen aus den schwerlöslichen chemischen Sedimenten Kalk (Calciumcarbonat) und Gips (Calciumsulfat). Schwermetalle färben Sandsteine ‚bunt‘ (7). Zu den klastischen Sedimenten zählen alle Silikatmineralien. Mit mehr als 40 % Anteil bilden die Plagioklase die größte Einzelfraktion aller natürlichen Mineralien (8). Plagioklase, gleichbedeutend mit Kalk-Natron-Feldspäten, bestehen aus einer Mischung zweier Alumosilikate, dem Natriumalumosilikat ($NaAlSi_3O_8$) (Albit) und dem Calciumalumosilikat ($CaAl_2Si_2O_8$) (Anorthit) (9). Sie sind Bestandteile der harten – ‚gebrannten‘ – Erdkruste. Wie oben erwähnt, stellt Zement eine Mischung aus Calciumalumosilikaten dar (6).

Sobald die Bestandteile der harten Erdkruste, Granite und Basalte, in kleinste Fragmente zerfallen, vergrößert sich deren Oberfläche drastisch und damit auch ihre Reaktivität gegenüber Wasser. Während gebrannter Zement zur Oberflächenvergrößerung fein gemahlen wird und bis zu seiner Verwendung sorgfältig vor Wasserkontakt geschützt werden muss, erfolgte die Zerlegung der silikatischen harten Erdkruste durch Aufschmelzungen und explosive Zerstäubung. Ohne ‚Zwischenlagerung' fielen die Fragmente als Flugaschen ins Wasser oder flossen als Magma in den Meeren aus. Unvermeidbar liefen dadurch die Reaktionen an, die nach Wasserzugabe an Zement ablaufen: Es entstand angemachter Zementmörtel in unvorstellbaren Mengen. Er liegt heute geschichtet durch Flutwellen und ausgehärtet in wenigen Tagen in den mächtigen, weltweiten Sandsteinformationen der Erde. Alles, was sich den Flutwellen in den Weg stellte, wurde in dem Sandstein, dem ‚Beton', einzementiert. Weitere Details verdeutlichen die Vergleichbarkeit von Sandstein und Beton:

Beton erhält als Füllstoff einen Sand- und Kieszuschlag (SiO_2). Sandstein enthält als Füllstoff kleine kristalline Quarzkörnchen (SiO_2) (Sand) (10). Beton kann mit geringen Anteilen Kalk vermischt werden, um die Härte zu reduzieren. Sandstein enthält einen variablen Kalkanteil. Dieser ist mitverantwortlich für die unterschiedliche Festigkeit und Witterungsbeständigkeit der verschiedenen Sandsteintypen.

Beton erhält zur Abbinderegulierung geringe Gipszusätze (3 %). Sandstein enthält Gipsverbindungen in unterschiedlichen Konzentrationen. Beton wird durch Druckerhöhung (Stampfen, Rütteln) verfestigt. Sandstein zeigt in tieferen Lagen mit wachsendem Auflagerungsdruck die größte Härte.

Angemachter Beton ‚altert' in überschüssigem Wasser, wenn er durch anhaltendes Rühren am Absetzen gehindert wird. Es bilden sich kleinkrümelige Konglomerate. Die Bindefähigkeit zu einem kompakten Block geht mit zunehmender Zeit verloren. Sandsteinschichten in oberen Lagen sind im Vergleich zu den unteren mehrere Tage später abgelegt worden. Sie sind beim Transport durch Flutwellen ‚gealtert' und lassen sich mit geringem Kraftaufwand zerdrücken. Sandstein enthält einen wechselnden Schwermetallgehalt. Dieser färbt konzentrationsabhängig die Sandsteine bunt. „Der viel verwendete Name Portlandzement beruht auf der äußeren Ähnlichkeit des in England fabrizierten Zements mit dem grüngrauen Portlandsandstein" (11).

Zwischen Zementmörtel und Sandstein gibt es nach Meinung der Geologie einen gravierenden Unterschied. In einem beachtlichen Ausmaß sollen die Abbindezeiten differieren. Das Bauhandwerk kalkuliert für Beton Abbindezeiten von einigen Stunden bis Tagen. Geologen behaupten Abbindezeiten von Millionen Jahren für das gleiche chemische Substrat, für ihren Sandstein.

9.10 Die Diagenese der chemischen Sedimente

Leichtlösliche Natrium- und Kaliumsalze und die schwerlöslichen Calciumverbindungen Kalk, Dolomit, Gips und Anhydrid bilden die Hauptfraktionen der chemischen Sedimente. Alle erwähnten chemischen Sedimente sind Salze, nicht nur die Kali- und Steinsalze. Sie entstehen bei der Reaktion von Säuren mit Basen. Kalk und Dolomit sind Salze der Kohlensäure (H_2CO_3), Gips und Anhydrid sind Salze der Schwefelsäure (H_2SO_4) (Kap. 3).

Kalk und Dolomit wurden durch Flutwellen zu mächtigen Anhäufungen zusammengeschoben und tektonisch gehoben (Jura, Kalk-Alpen). Geologen erklären die Bildung von Kalkstein mit einer viele Millionen Jahre andauernden Ausfällung von Kalk aus Süß- und Meerwasser. Sie glauben an eine biogene Genese der mächtigen weltweiten Kalkvorkommen (1). Klastische und chemische Sedimente sollen durch Ausfällung aus Wasser entstanden sein (2). Diese zutreffende und beruhigend wirkende Erklärung lässt die Turbulenzen der stattgefundenen Sedimentbildung und -ablagerung nicht erkennen (Kap. 9.4).

‚Beruhigend' sind auch die Vorstellungen der Geologen über die Bildung der Salzlagerstätten. Sie bezeichnen die abgelagerten Salze als Evaporite, d. h. entstanden durch Verdampfen von Wasser. Dieses sei in abgeschnürten Meeresbecken geschehen (3). In Kapitel 7.3 wurde die geologische Hypothese zur Bildung der Zechsteinsalze mit der Hypothese der Barrentheorie in der hypothetischen Zechsteinzeit vorgestellt. Geologische Bildungshypothesen zu den Salzlagern und dem Salzwasser der Ozeane beschreiben den Transport und die Ablagerung der Salze. Sie beantworten nicht die Frage, wie Salze entstanden sind (4).

In Kapitel 3 wurde die Bildung der Salze durch chemische Reaktionen erklärt. Chemische und klastische Sedimente entstanden durch den Kontakt zwischen Wasser und Magma. Sie wurden mit den Flutwellen aus den offenen

Reaktionszonen fortgeführt. In geschlossenen Reaktionszonen waren sie der direkten Einwirkung der Flutwellen entzogen. Nach Überschreitung ihrer Löslichkeitsgrenzen fielen die in der Erdkruste gebildeten Salze in den begrenzten Wasserreservoiren der Tiefe als Festsubstanzen aus. Ausgedehnte Salzlager bildeten sich durch die nachfolgend beschriebenen Reaktionsschritte. Das Wasser übernahm wiederum die Funktion des Transportmittels.

Vier Salzausscheidungszyklen liegen in dem Zechsteinbecken übereinander. Das Zechsteinbecken erstreckte sich vermutlich über große Teile Mitteleuropas (5). Ein kompletter Ausscheidungszyklus enthält Salzschichtungen in der Reihenfolge Kalk, Dolomit, Gips und Anhydrid, Stein-, Kali- und Magnesiumsalze (5). Der unterste, erste Zyklus beginnt mit einer Geröllschicht, dem Zechsteinkonglomerat (5). Die Abdeckung des ersten, zweiten und dritten kompletten Salzausscheidungszyklus erfolgte durch einen sogenannten ‚Letten', eine kalkhaltige Tonschicht (6). Auf dem obersten, vierten Ausscheidungszyklus fehlt vielmals die Kalium-Magnesium-Salzfraktion. Häufig werden Salzlager durch schwerlösliche, gipshaltige Sedimente (Gipshut) abgedeckt und so vor der weiteren Wassererosion geschützt (7).

‚Ältere' Steinsalzschichtungen bis zu einer Höhe von 500 m enthalten im Abstand von wenigen Zentimetern Wechselschichten aus Steinsalz und Anhydrid (8). Die spezielle Salztektonik vieler Salzlager mit Salzstöcken, -sätteln, -wällen und -pilzen wird später erklärt. Der geologische Erklärungsversuch zur Ablagerungsordnung der Salze wurde in Kapitel 7.3 widerlegt.

Ausgedehnte Salzlager entstanden durch den explosiven Auswurf übersättigter, siedend heißer wässriger Salzlösungen aus den Bruchspalten der Erdkruste.

Bruchspalten bildeten sich unmittelbar nach dem Durchlaufen der Kollisions-Druckwellen. Weltweit zersplitterte dabei die gesamte harte Erdkruste innerhalb einer halben Stunde. Entstanden die Bruchspalten wie beim Zechsteinmeer in einem Meeresboden, rückten bereits beim Aufreißen der Lithosphäre die oben aufliegenden Wassermassen in die sich öffnenden Spalten vor. In der Tiefe reagierte das Wasser heftig mit dem glutflüssigen Magma. Durch die Hydrolyse des Magmas bildeten sich Alkali- und Erdalkalilaugen. Diese reagierten mit den Gasen der Lithosphäre unter Salzbildung. Nach dem Eindringen des Wassers aus dem Zechsteinmeer in die kollisionsbedingten Bruchspalten der Lithosphäre konnte der auflastende hydrostatische Druck den Auswurf der in der Tiefe entstandenen Salzlösungen kurzzeitig verzögern. Dann kam es wiederholt zu explosiven Auswurfreaktionen durch den überhitzten Wasserdampf. Im rhythmischen Wechsel erfolgten der Auswurf der übersättigten, heißen Salzlösungen und die erneute Füllung der Bruchspalten durch das Wasser des darüber befindlichen Meeres. Die Wasserfüllung der Bruchspalten wirkte wie ein Überdruckventil. Kleine Mengen übersättigter Salzlösungen wurden in schneller Folge aus Bruchspalten geringerer Tiefe ausgeworfen. Große Mengen traten aus tiefen Bruchspalten aus – bei den kompletten Zechsteinzyklen vier Mal in der Folge. Salzaustritte erfolgten in das darüber befindliche Zechsteinmeer. Dessen Tiefe wird von der Geologie als gering angenommen. Geologen sprechen von flachen Meeresbuchten, um die postulierte mehrfache Austrocknung derselben im Rahmen ihrer Zechstein-Hypothese erklären zu können. Ein Maß für die Tiefe des einstigen Zechsteinmeeres stellt die abgelagerte gegenwärtige Sedimenthöhe dar. Diese erreicht eine nach Norden zunehmende Mächtigkeit von mehreren Tausend Metern.

Aus der Geometrie der Bruchspalten und der Höhe der auflastenden Wassermassen ergaben sich die Anzahl der Eruptionen und die ausgeworfenen Salzmengen. Einzelne Salzeruptionen dauerten Sekunden bis wenige Minuten. In den Intervallen sedimentierten aus den ausgeworfenen übersättigten Volumina die Salzfraktionen von Kalk- bis Kalisalz entsprechend der Schwere. Sie bildeten die Schichtfolgen der rezenten Salzlager.

Die erste ausgeworfene Salzfraktion legte sich im Zechsteinmeer auf den ursprünglichen Meeresboden ab. Dieser war von einer Geröllschicht bedeckt und noch nicht von der ersten ‚Kambrium-Welle' leer gefegt worden. Flutwellen erreichten die Regionen des Zechsteinmeeres mehrere Stunden nach dem Durchlaufen der Druckwellen. Zitat: „Insgesamt liegen vier Ausscheidungszyklen übereinander, die mit klastischen Sedimenten beginnen, Zechsteinkonglomerat an der Basis, bei den jüngeren folgen Tone" (5).

Mit jeder Eruption wurden auch Tone aus den Bruchspalten ausgetrieben. Tone bildeten sich im alkalischen Milieu durch die Hydrolyse des Magmas in der Tiefe der Bruchspalten. Sie benötigten aufgrund ihrer feinkörnigen Beschaffenheit – von der Geologie als Schwebefracht bezeichnet – die längsten Sedimentationszeiten und bildeten daher die oberste tonhaltige ‚Abdeckschicht' einer jeden Auswurffraktion (9). Sie entsprechen den abdeckenden ‚Letten' der geologischen Barrenhypothese (6).

Beendet wurde der rhythmische Auswurf der Salzfraktionen in das Zechsteinmeer durch die erste schlammbeladene Flutwelle. Sie deckte alle Bruchspalten mit einer mächtigen Sedimentschicht zu. Mit einer angenommenen Flutwellenlaufzeit von drei bis fünf Stunden für die Strecke von der nordatlantischen Riftzone bis zum Zechsteinmeer ist die Bildungszeit für die Salzlager abschätzbar. Sie entspricht der Laufzeit der ersten Flutwelle, drei bis fünf Stunden.

Salzstöcke von mehreren Hundert Metern Höhe in und unterhalb von Sedimentschichtungen lassen sich mit einer Salzsynthese von wenigen Stunden und durch das Eindringen von Wasser in Tausenden von kleinen und größeren Bruchspalten der Lithosphäre nicht ausreichend beschreiben. Zwei Faktoren erklären die Bildung und Mächtigkeit der weltweit vorkommenden Salzstöcke: der bereits erwähnte Eintritt von Meerwasser in die Bruchspalten und die Freisetzung von Hydratwasser in der erhitzten Lithosphäre. Für die obersten 16 km Erdkruste wurden 1,15 % Gewichtsanteile Wasser angegeben (10). Zum Vergleich: Das häufige Eisenoxid (Fe_2O_3) besitzt einen Anteil von 3,08 Gewichtsprozent an der Erdkruste (10). Hydratwasser ist im Normalzustand nicht als frei verfügbares Wasser in der Erdkruste vorhanden. Es ist chemisch gebunden. Als Beispiel diene die chemische Verbindung Calciumsulfat ($CaSO_4$). Sie bildet sich in wässriger Lösung aus Schwefelsäure und Calciumhydroxid durch die Säure-Base-Reaktion. Jedes Calciumsulfatmolekül bindet beim Ausfällen aus wässrigen Lösungen zwei Moleküle Wasser, das Hydratwasser: $CaSO_4 \cdot 2H_2O$. Diese Verbindung wird als Gips bezeichnet. Beim Erhitzen auf 128° C trennt sich das Wasser größtenteils wieder ab; es entsteht Anhydrid: $CaSO_4 \cdot ½\ H_2O$ und 1½ Moleküle freies Hydratwasser (11).

Der kollisionsbedingte extreme Temperaturanstieg in der Lithosphäre setzte schockartig zig Billionen Tonnen Hydratwasser frei. Dieses reagierte mit den stark alkalischen Aufschmelzungen der Erdkruste unter Salzbildung, wie sie oben erklärt wurde. Übersättigte Salzlösungen wurden mit hohem Druck aus dem Gestein der Lithosphäre in die offenen Bruchspalten gepresst.

Insbesondere stellte das Verhalten des Hydratwassers im Reaktionszyklus von Hydrolyse und Salzbildung einen weiteren maßgeblichen Faktor bei der Bildung der zig Billionen Tonnen Salze dar. Das freigesetzte Hydratwasser wurde zunächst bei der Hydrolyse der Alkali- und Erdalkali-Oxide des Magmas verbraucht und bei der anschließenden Säure-Base-Reaktion wieder freigesetzt. Es unterhielt auch nach Verschüttung der Bruchspalten mit mächtigen Sedimentschichten ununterbrochen den Reaktionszyklus von Hydrolyse und Salzbildung gemäß folgender Reaktionsschritte:

$CaO + [H_2O] = Ca(OH)_2$ (Hydrolyse mit Verbrauch von Wasser)
$Ca(OH)_2 + CO_2 = CaCO_3 + [H_2O]$ (Salzbildung/Kalk mit Freisetzung von Wasser)
$Na_2O + [H_2O] = 2\,Na(OH)$ (Hydrolyse mit Verbrauch von Wasser)
$NaOH + HCl = NaCl + [H_2O]$ (Salzbildung/Steinsalz mit Freisetzung von Wasser)

Das bei der Salzbildung wieder freigesetzte Wasser konnte erneut die Hydrolyse weiterer Metalloxide aus dem Magma starten und so die erforderlichen Hydroxide für die anschließenden Säure-Base-Reaktionen bereitstellen. Zur Aufrechterhaltung des Reaktionszyklus war keine zusätzliche Wasserzufuhr von außen erforderlich. Der Prozess verlief autark, solange die Temperatur in der Erdkruste ausreichend hoch war, die Rückbindung des Hydratwassers zu verhindern und solange ausreichend hydrolisierbares Magma zugegen war. Der autarke Reaktionszyklus verursachte das Aufsteigen der Salzstöcke infolge der anhaltenden Salzbildung auch nach dem Verschluss der Bruchspalten. Die räumlichen Gegebenheiten gestatteten kein Austreiben und Verdampfen des Wassers aus den Bruchspalten. Zur Herausnahme aus dem kontinuierlich ablaufenden Reaktionszyklus in der Erdkruste hätte es bis zur Erdoberfläche vordringen und dort verdampfen müssen. Beendet wurde die Salzbildung nach Abkühlung der Lithosphäre. Geschmolzene Anteile der Erdkruste erstarrten wieder zu hartem Gestein, zu Granit und Basalt. Freies Wasser wurde wieder als Hydratwasser fixiert. Freies, überschüssiges salzhaltiges Wasser lässt sich bis in große Tiefen in Spalten der harten Erdkruste finden – zur Verwunderung der Geologen (12, 13).

Eine weitere Möglichkeit, freies Hydratwasser aus dem Reaktionszyklus von Hydrolyse und Salzbildung zu entfernen, bestand in der Dehydrierung des Wassers zu Wasserstoff und Sauerstoff.

Die Dehydrierung des Wassers verlangte hohe Temperaturen. Der entstandene Wasserstoff hydrierte das Kohlendioxid (CO_2) zu den Kohlenwasserstoffen (14). Kohlendioxid wird bei Temperaturanstieg aus Carbonaten freigesetzt (15).

Unterirdische Salzlager zeigen häufig markante Formen. Sie wurden durch seismische Messungen erkennbar. Bekannte Profile unterirdischer Salzlager werden von der Geologie in Salzkissen, -sättel, -stöcke und -rücken unterteilt und zusammenfassend als Salzauftriebtypen bezeichnet (16). Salzauftriebtypen zeigen eine nach oben gerichtete Kraft an. Geologen führen die mit „echter Salztektonik" bezeichneten Bewegungsmuster salzhaltiger Schichten auf mehrere Ursachen zurück (16).

Bei einer guten Fließfähigkeit fester Salze sollen aufliegende Sedimentschichten den Auflagerungsdruck vergrößern. Temperaturerhöhung verbessere die Fließfähigkeit fester Salzformationen. Mit der Höhe abnehmender Seitendruck bewirke eine horizontale Ausdehnung der Salzlagen und die Bildung der typischen Pilz- und Sattelformationen (16). Auch diese Aussagen sind zutreffend.

Seismische Querschnittprofile von Salzstöcken lassen eine ausgeprägte Verformung der tieferen benachbarten Sedimentschichtungen erkennen (17). Teilweise wurden die benachbarten Schichtungen durch die aufgestiegenen Salzstöcke um bis zu 90° nach oben abgewinkelt und bis in die oberen Schichtlagen ‚mitgezogen' (17). Tiefere Schichtlagen zeigen wenige Brüche, die oberen mehr. Eine extreme Verformung fester Sand- und Kalksteinschichten von annähernd 90° ohne Bruch bereitet der Geologie keine Probleme. Sie verbiegt die härtesten und mächtigsten Formationen mit dem Faktor ‚Zeit'. Für den Ablauf der typischen Salzstocktektonik mit Bildung von Salzpilzen und -sätteln können der Geologie längere Zeitspannen zugestanden werden.

Durch den anhaltend aktiven Reaktionszyklus des Hydratwassers, auch nach Abdeckung der Bruchspalten mit hohen Sedimentschichten, wurde unentwegt weiter Salz gebildet. Der Prozess kam zum Erliegen nach Abkühlung der Reaktionszonen mit der Rückbindung des Hydratwassers und der drastischen Verkleinerung der Reaktionsoberflächen beim Erstarren des Magmas. Dieser Vorgang kann Wochen und Monate gedauert haben.

In der frühen und schnellen Aufstiegsphase der Salzstockformationen, in den ersten Stunden und Tagen nach der Bedeckung mit mächtigen Sedimentschichten, wurden die aufliegenden, nicht ausgehärteten Sedimentschichtungen ohne Bruch verformt, nach oben und zur Seite geschoben. In der späteren und langsamen Aufstiegsphase, nach Tagen und Wochen, bewirkten die unter Druck weiter aufsteigenden Salzformationen zunehmend den Bruch der bereits weitgehend durchgehärteten aufgelagerten Sedimentschichten. Geologische Vorstellungen zu den Abbindezeiten von Sedimentschichtungen wurden auf den vorangehenden Seiten erörtert.

Hochtemperaturmodifikationen von Salzen, wie sie die Anhydride in den sedimentierten Salzschichten darstellen, erfordern zu ihrer Bildung eine Erwärmung auf 42° C, 72° C (18) und 128° C (11). Dazu wäre die Ausfällung dieser Salze aus einem ebenso warmen Zechsteinmeer erforderlich gewesen. Dieser auch für Laien als nicht plausibel einstufbare Vorgang zwingt die Geologie dazu, mit einer Kontinentversenkung für die erforderlichen Temperaturen zu sorgen. Sie versenkt die gesamte Zechsteinregion, das heutige Westeuropa, in die Tiefe der Erdkruste, um die für eine Anhydridbildung erforderlichen Temperaturen zu erreichen. Danach sei die Region wieder aufgetaucht, teilt die Geologie mit.

Anhydride bildeten sich ohne ‚Kontinentversenkung': Während der schnellen Sedimentation der in großen Mengen ausgeworfenen, siedend heißen, stark übersättigten Salzlösungen konnten sich Anhydride teilweise einer Hydratation zu Gips entziehen. Sie werden in den gegenwärtigen Salzfraktionen gefunden. Diese Art der Salzlagerbildung erklärt auch die vorgefundenen Diskrepanzen zwischen den Salzkonzentrationen der Salzlager und der Weltmeere. Im Vergleich zu den Salzkonzentrationen der Meere sind in den Salzlagern die leichtlöslichen Salze vermindert, die schwerlöslichen zu hoch angereichert. Leichtlösliche Salze, insbesondere Kalium- und Magnesiumsalze, lösten sich nach dem Auswurf ihrer übersättigten Lösungen trotz schneller Sedimentation teilweise wieder in dem umgebenden Zechsteinmeer, die schwerlöslichen jedoch nicht.

Das Festhalten der Geowissenschaften an der Zechsteinsalzhypothese veranlasste sie zur Kombination tief liegender Salzformationen mit einem ariden, d. h. trockenen, wüstenhaften Klima in der Erdvergangenheit. Beispielhaft dafür steht der Begriff „Wüste Mittelmeer". Probebohrungen der ‚Glomar Challenger' im Mittelmeer deckten in 3600 m Tiefe ausgedehnte Salzablagerungen auf. Neben Steinsalz wurden wie bei den Zechsteinsalzen Anhydridschichten gefunden. Diese benötigten zu ihrer Bildung Temperaturen von mehr als 42° C. Damit war die geologische Konstruktion „Wüste Mittelmeer" geboren. Sie hatte weitere Fehlschlüsse zur Folge wie die Annahme früherer Meeresspiegeldifferenzen zwischen Atlantik und Mittelmeer von mehr als 1500 m (19).

Die nordwestlich verlaufende, das Mittelmeer durchquerende Riftzone ließ wie die atlantische und pazifische den Basaltboden des Mittelmeeres aufschmelzen. Es wurden die gleichen klastischen, chemischen und biogenen Sedimente gebildet wie in den ozeanischen Riftzonen. Von der ‚Glomar Challenger'-Besatzung geborgene Steinsalze aus riesigen Salzlagern in 3600 m Tiefe belegen – analog zum Zechsteinmeer – die Existenz des Mittelmeeres zum Zeitpunkt der Salzbildung, d. h. während der Kollision. Durch die Nordverschiebung des afrikanischen Kontinents – nach dessen allseitiger Herauslösung aus der festen harten Erdkruste durch die vollständig umlaufenden Riftzonen – wurden die Riftzonenstrukturen des Mittelmeeres weitgehend zusammengeschoben. Die zugehörigen Salze können heute noch in den Tiefen des Mittelmeeres gefunden werden.

Salzseen sind Relikte ehemaliger Bruchspalten der Lithosphäre. Ein See wurde zum ‚Salzsee', wenn der Bruch in der Granitplatte bis zur Magmazone reichte und eine Verschüttung mit Sediment ausblieb oder mit wenig Sediment erfolgte. Eine Tallage des ehemaligen Bruchspaltes begünstigte durch Zufluss von Oberflächenwasser die Ausbildung eines Sees, angefüllt mit Salzen bis hinab in mehrere Tausend Meter Tiefe. Das Tote Meer und die hoch gelegenen Salzseen Südamerikas sind Beispiele für salzige Bruchspaltenseen. Tiefbohrungen im Toten Meer bis 6 000 m konnten keine feste mineralische Bodenplatte nachweisen. Ein abgekühlter verfestigter Untergrund muss angenommen werden. Wie bei den Salzstöcken reichen die Salzablagerungen bis in die Magmazone nach unten. Seen, die durch Einbruchtektonik infolge Druckabfalls unterhalb der Granitdecke unmittelbar nach Unterlaufen der Druckwellen entstanden, wie die oberitalienischen Seen und der Baikalsee, besitzen keine Verbindung zur Salzbildungszone der Lithosphäre. Sie besitzen daher eine Süßwasserfüllung.

9.11 Die Diagenese von Kalk

Kalk gehört zur Gruppe der oben erörterten chemischen Sedimente. Wegen seiner großen geologischen und wirtschaftlichen Bedeutung soll seine Diagenese in diesem Kapitel ausführlicher beschrieben werden. Viele Felsen, Steilküsten in England, Frankreich, Dänemark und Deutschland, Gebirge wie der Schweizer Jura und die Kalkalpen bestehen aus Calciumcarbonat (Kalk).

Calciumcarbonat ist die chemische Grundsubstanz von Marmor, Kalkstein und Kreide. Letztere unterscheiden sich durch ihre strukturelle Beschaffenheit. Diese wird durch Druckverhältnisse während ihrer Bildung bestimmt. Marmor benötigt für seine Bildung die höchsten Drücke. Kalkstein liegt unter der weißen Kreide. Er ist in wechselndem Ausmaß tonhaltig. Kreide enthält mit zunehmender Höhe abnehmende Tonbeimengungen. Schreibkreide ist schneeweiß. Kalk- und Kreideablagerungen sind reich an Fossilien. Mikroskopisch kleine Organismen, die nanoplanktischen Coccolithophorida, Bryozoen, Foraminiferen und Ostracoden sind bis in die obersten Schichtlagen der Schreibkreide nachweisbar (1). Aus dem Vorhandensein der erwähnten fossilierten planktonischen Kleinstlebewesen und deren Bruchstücken in den Kalksedimenten folgert die Geologie eine organismische Genese aller weltweit vorkommenden Kalkgebirgsformationen. Zitat: „Damit offenbaren sich die Steilküsten Rügens, naher dänischer Inseln (Møn), von Dover (Südengland) und der gegenüberliegenden Normandie (Frankreich) als organismischen Ursprungs.“ (1)

In den Kalkablagerungen sind Feuersteine zu finden. Zitat: „Nicht selten findet man in der Schreibkreide Rügens auch Feuersteine. Sie bestehen vorwiegend aus Siliziumdioxid und verdanken ihre Existenz einer aus dem Sediment aufsteigenden Porenwasserströmung; der Hauptteil des SiO2 dürfte wohl von Diatomeen und Radiolarien abstammen, auch Schwämme waren beteiligt.“ (1) Geologen müssen auch für die Bildung der Feuersteine eine biogene Genese folgern, wenn sie eine ebensolche für die gesamten Kreideformationen angeben. Feuersteine liegen nicht nur selten, sondern regelmäßig in schmalen Zonen von 50 bis 80 cm Abstand in den Kreideformationen der erwähnten Steilküsten (Abb. 9.16 a bis c).

Kalk entstand in den Tagen und Wochen nach der Kollision in zunehmender Konzentration durch die Reaktion des aus dem Magma freigesetzten Calciums mit CO_2. Er fiel als amorphes Calciumcarbonat aus. Nicht kristalline Verbindungen werden als amorph bezeichnet (2). Sedimentierter Kalk enthält in den untersten Schichten einen hohen Tonanteil – die Reste des klastischen Auswurfmaterials. Nach dem Absetzen der tonhaltigen Fraktionen dauerten Bildung und Ausfällung von Kalk an, bis die Konzentrationen des Calciumhydroxids im Meer und das CO_2 in der Atmosphäre auf unbedeutende Mengen abgefallen waren. Das Wasser war neutralisiert, es stellte sich ein pH-Wert von 7 ein. Die zuletzt ausgefallenen Kalkfraktionen waren nahezu

Abb.9.16a: Kreidefelsen der Insel Rügen

Abb. 9.16b: Geschichtete Zonen aus Feuersteinen und Kalk. Abb.: Insel Rügen

Abb. 9.16c: Kiloschwere Feuersteine in regelmäßiger zonaler Schichtung. Abb.: Insel Rügen

tonfrei und schneeweiß. Sie schlossen beim Absetzen die mikroskopisch kleinen Reste der nanoplanktischen Meeresorganismen ein.

Flutwellen schoben an ihren Umkehrpunkten weltweit die ausgefallenen Kalkmassen zusammen. Sie legten Schicht auf Schicht, mit den im Meer vorhandenen Organismen, von Nanoplankton bis zu Ichthyosauriern. Bei der Riftzonenbildung wurde die Erdkruste zerbrochen und im Zentralbereich abgesprengt.

Zig Billionen Tonnen Silikate, Flugaschen, Sand, Kies und grobklastische Fragmente wurden in die Atmosphäre geblasen. Sie fielen ins Wasser, kühlten schockartig ab und wurden mit jeder Flutwelle weiter von der zentralen Riftzone fortgetragen. Größere geschmolzene Silikatfragmente formen sich bei schneller Abkühlung zu amorphen Silikaten um. Amorphe Quarzfragmente, zuvor Bestandteil der festen Lithosphäre, liegen als kiloschwere Feuersteine $(SiO_2)n$ in waagerechten Schichten in den Kalkformationen der Erde. Sie sedimentierten aus den kalkschlammhaltigen Flutwellen. Deren Anzahl deckt sich mit der Zahl der unterscheidbaren Schichtlagen. Flutwellen späterer Katastrophen zerstörten einen Großteil der weltweiten Kalkformationen. Sie trugen die wasserunlöslichen Bestandteile derselben – die Feuersteine – bis weit auf die Kontinente und lagerten sie als ‚Feuersteingürtel' ab. Aus dem Verlauf der Ablagerungszonen lässt sich die Reichweite der zugehörigen Flutwellen entnehmen. Aus der Staffelung der einzelnen Zonen ergibt sich die Anzahl der stattgefundenen Flutungen. Geologen glauben diesbezüglich an Eiszeiten und an den Transport dieser Feuersteine wie auch der Findlinge durch wandernde Gletscher. Kalkfelsen sind von relativ weicher Konsistenz. Sie sind auch in geringem Maße wasserlöslich. Kalkfelsen, die dem Meerwasser ausgesetzt sind, zeigen einen natürlichen Schwund. Sie werden langsam aber unaufhaltsam zerstört werden.

Eine größere Widerstandsfähigkeit gegenüber Wasser zeigt der Dolomit. In dem Calciumsalz ‚Dolomit' ist im Vergleich zu ‚Kalk' zusätzlich Magnesium enthalten. In der Geologie sei die Entstehung von Dolomit umstritten (3). Eine für alle Sedimente geforderte unmittelbare Ausfällung aus dem Meerwasser erkläre nicht die chemische Zusammensetzung des Dolomits: $CaMg(CO_3)_2$. Etwa die Hälfte der Calciumatome ist im Dolomit im Vergleich zu Kalk ($CaCO_3$) durch Magnesium ersetzt. Meerwasser enthält für die Bildung von Dolomit eine erheblich zu niedrige Magnesiumkonzentration. Neue Hypothesen wurden aufgestellt, um die ‚Dolomitisierung' des Kalks zu erklären.

Geologen lassen uns wissen – Zitat: „Sekundärdolomite entstehen durch Dolomitisierung nach der Diagenese, wobei die Zufuhr des Magnesiums durch Porenlösungen in die Kalke erfolgt, und zwar meist terrestrisch. Ferner kann durch aufsteigende Lösungen aus dem Untergrund, von Spalten im Kalkstein ausgehend, eine begrenzte spätmetasomatische Dolomitisierung eintreten." (4) Dolomit bildete sich so wie alle anderen Salze: Durch Hydrolyse der aufgeschmolzenen Lithosphäre bildeten sich die Calcium- und Magnesiumhydroxide. Diese Laugen reagierten mit Kohlensäure zum schwerlöslichen Dolomit.

9.12 Die Bildung von Erdöl und Erdgas

Kenntnisse über die Herkunft des Erdöls und der Erdgase gehören zum Allgemeinwissen. Erdöl sei vor langer Zeit aus organischem Material gebildet worden, aus den Resten abgestorbener Pflanzen und Tierkadaver. Diese Vorstellungen über die Erdölentstehung basieren auf einer hypothetischen Konstruktion der Geowissenschaften. In Kapitel 7.1 wurde die geologische Version der Erdölentstehung beschrieben und widerlegt. Die Widerlegung der geologischen Erdölbildungs-Hypothese beruht auf geowissenschaftlichen und thermodynamischen Berechnungen (1). Kenney und Mitarbeiter von der Russischen Akademie der Wissenschaften in Moskau konnten nachweisen, dass die Erdöl- und Erdgasbildung aus organischen Ausgangsmaterialien aufgrund thermodynamischer Berechnungen nur bis zum einfachsten Kohlenwasserstoff, dem Methan, führen kann (1). Auf geowissenschaftlichen Experimenten beruht auch der Nachweis der Erdölbildung aus anorganischen Verbindungen (1). Hohe Drücke und Temperaturen sind für die Synthese von Erdöl und -gas erforderlich. Dazu benötigte Ausgangsmaterialien, Wasserstoff aus Wasser, Kohlendioxid aus Carbonaten und die Eisenoxide, stellen Bestandteile der Erdkruste dar. Kenney und Mitarbeiter konnten mithilfe der genannten Verbindungen eine Mischung von zehn verschiedenen Erdölkomponenten synthetisieren (1).

Geologen lehren weiter die Erdölbildung aus abgestorbenen Organismen. Sie zählen Erdöl und Erdgas zu den biogenen Sedimenten (2). Mehrfach wurde in vorangehenden Kapiteln die Bildung von Erdöl im Zusammenhang mit der Entstehung der chemischen Sedimente erwähnt. Erdöl ist ein chemisches

Sediment. Die Ausgangsmaterialien waren anorganisch: Carbonate, Wasser und Eisenoxide als Katalysator. Erdöl und -gas entstanden durch Druckhydrierung von CO_2. Sie bildeten sich zeitgleich mit den Salzen. Salzbildung und -ablagerung wurden in Kapitel 9.10 beschrieben.

Erdöl entstand in einer unvermeidbaren Folgereaktion nach der Kollision zwischen Erde und Titan. Der Kontakt zwischen Erde und Titan führte zur weitgehenden Zerstörung der alten Erdkruste. Fortgeleitete Druckwellen sprengten die harte steinige Kugelschale der Erde. Sie ließen die sogenannten Lithosphärenplatten mit all denjenigen Strukturen entstehen, deren Bildung und Zustand heute von der Geologie unter dem Begriff ‚Tektonik' zusammengefasst werden. Die Lithosphäre wurde umgeschichtet, erhielt ihre diskordanten Lagen und schmolz – abhängig von Dicke, Temperatur- und Druckwerten – in Teilen oder ganz auf. Aus Tausenden von Bruchspalten und Vulkanen trat Magma aus.

So wie auch heute noch bei Vulkanausbrüchen zu beobachten ist, wurden die in Erdkruste und -mantel vorhandenen und bei Temperaturanstieg sich bildenden Gase ausgetrieben: Wasserstoff, Helium, Radon, Kohlendioxid und -monoxid, Stickstoff, Wasser, Schwefeloxide und Kohlenwasserstoffe wie Methan und Äthan.

Durch den schlagartigen Druck- und Temperaturanstieg im Erdkörper wurde das Hydratwasser der Lithosphäre freigesetzt. In Regionen mit extremen Temperaturanstiegen, im Bereich der Hauptdruckzonen (Kap. 9.4), zersetzte sich das Wasser in Sauerstoff (O_2) und Wasserstoff (H_2). Ebenfalls zerfielen Carbonate (kalkhaltige Minerale) zu Kohlenstoff (C), Kohlendioxid (CO_2) und Kohlenmonoxid (CO). Alle Gase bewegten sich in Richtung abnehmender Drücke zur Erdoberfläche. Die gesamte Lithosphäre gaste aus. Wenn die zuvor erwähnten Verbindungen bei den beschriebenen hohen Drücken und Temperaturen vermischt werden, lassen sich chemische Reaktionen untereinander nicht verhindern. In der Erdkruste entstand die gesamte Palette aller denkbaren chemischen Reaktionsprodukte. Je nach lokal vorhandenen Reaktionsbedingungen und Elementen variierte die qualitative und quantitative Zusammensetzung der gebildeten Produkte. Unabwendbar wurden auch Kohlenstoff enthaltende Verbindungen durch den anwesenden Wasserstoff zu Kohlenwasserstoffen hydriert, bekannt unter den Namen Erdöl und Erdgas. Die einfachste Kohlenwasserstoffverbindung innerhalb der Erdöl- und Erdgasfraktion, das Methan (CH_4), ist auch die stabilste. Methan war das Ausgangssubstrat für alle höhermolekularen Kohlenwasserstoffe bis hin zu den Schwerölen und Asphalt.

Diese ‚organischen' Syntheseprodukte gasten zusammen mit den zuvor genannten weiteren Verbindungen an der Erdoberfläche aus. Beendet wurde die Ausgasung mit dem Eintreffen der ersten Flutwellen. Sie lagerten ihre mitgeführte Schlammfracht, Hunderte Meter hoch, in den Auslaufzonen ab und verschütteten so alle gasenden Lecks der Erdkruste. Erdöle und -gase wurden luftdicht versiegelt. Sie sammelten sich in Kammern und Spalten, gebildet durch die angelaufenen tektonischen Verwerfungen. Über Bruchspalten tief in die Lithosphäre eingedrungene Wassermassen und freigesetztes Hydratwasser reagierten heftig mit dem heißen Magma. Salze und Kohlenwasserstoffe bildeten sich dabei gleichzeitig: Kohlenwasserstoffe durch Hydrierung von Kohlenstoff (C), Salze aus den alkalischen Hydrolyseprodukten des Magmas und den säurebildenden Gasen wie HCl und CO_2. Salzlösungen und Kohlenwasserstoffe wurden auch gemeinsam aus dem Gestein gepresst. Aus den genannten Gründen werden Erdöl und Erdgas häufig in Verbindung mit salzhaltigem Wasser und Salzstöcken gefunden.

Nutzbare Erdöllagerstätten werden vor der Erdölförderung mithilfe seismischer Messmethoden untersucht. Dabei zeigen sich häufig wiederkehrende, gleichartige Lagertypen. Sie lassen sich vier verschiedenen Erdöllagertypen zuordnen (3): Dem Salzstock- und Antiklinaltyp, dem Transgressionstyp und dem Verwerfungstyp. Salzstock- und Antiklinaltypen ließen durch den Salzaufstieg im teilverfestigten Sediment seitliche Hohlräume für die Sammlung von Erdöl, Erdgas und Salzwasser entstehen. Transgressionstypen entstanden durch die Verschüttung gefluteter Bruchspalten mit einer mächtigen Schlammschicht. Erdöllager vom Verwerfungstyp entstanden durch Lithosphären- und Sedimentschichtenbruch mit vertikalem Versatz der entgegenstehenden Bruchstücke. Scherkräfte an den Bruchflächen hoben dabei bereits gehärtete Sedimentlagen an. Dieses führte zur Entstehung von Spalten und Kammern mit erniedrigten Drücken zwischen den gehobenen Sedimentlagen. In den entstandenen Spalten sammelten sich die Kohlenwasserstoffe und salzhaltigen Gewässer. Die jetzigen Erdölspeicher dienten als Sammel- und Reaktionsräume während der Erdölsynthese. Alle erwähnten Erdöllagertypen zeigen eine ausgeprägte – für ihre Konservierung erforderliche – tektonische Verriegelung. Diese schützt das dort auffindbare Erdöl und -gas vor der zerstörenden Wirkung des Sauerstoffs. Auch in kompaktem Gestein bildete sich Erdöl. Hohe Drücke und Temperaturen führten zur Freisetzung von Hydratwasser, zum Zerfall der Carbonate zu Kohlendioxid und zur Zersetzung des Wassers in Wasserstoff und Sauerstoff im Gestein. Katalysatoren in Form von Schwermetallen waren in unbegrenzten Mengen vor Ort. Eine Zerstörung der kompakten Gesteinsformation ermöglichte die Ausgasung der gebildeten Kohlenwasserstoffe. War ein Entweichen nicht möglich, blieben die Erdöl- und -gasfraktionen in den Poren des Gesteins gefangen. Ölhaltiges Gestein – bekannt unter den Namen ‚Ölschiefer' und ‚Stinkschiefer' (4), gast an Bruchflächen die in seinen Poren gespeicherten Kohlenwasserstoffe aus. Bei einem hohen Druckgradienten kann Erdöl aus porösem Gestein in die Speicherkammern hineingepresst werden.

Das Vorkommen von Kohlenwasserstoffen in und auch unter kompakten Granitformationen wird durch die o. e. anorganische Drucksynthese von Erdöl und Erdgas verständlich (5). Geologische Hypothesen mit der Annahme einer organismischen Entstehung des Erdöls können hier keine Erklärung bieten. Der Name ‚Petroleum' (Fels-Öl) ist die richtige Bezeichnung für alle in der Erdkruste gefundenen Kohlenwasserstoffe.

Das regelmäßige Vorkommen salzhaltiger Gewässer in Verbindung mit Erdöllagerstätten wird von der Geologie in Übereinstimmung mit ihren Hypothesen erklärt. Zitat: „Das mit dem Erdöl verbundene Wasser habe manche typischen Eigenschaften, die es von normalem Grundwasser unterscheiden. Es sei salzhaltig, weil es zumeist einmal Meerwasser war!" (6) So sagt die Geologie. Diese Aussage ist nicht falsch, auch wenn die Geologie über die Funktion des Meerwassers bei der Bildung von Erdöl andere Vorstellungen entwickelt hat, die den abgelaufenen Ereignissen nicht entsprechen.

Geologen betrachten Spuren von Chlorophyll und Häm im Erdöl als Beweis für dessen organismische Genese (4). Chlorophyll ist Bestandteil der Pflanzen (Blattgrün). Häm ist Bestandteil des Blutfarbstoffes (Hämoglobin). Pflanzenreste und Tierkadaver sind nicht nur vereinzelt mit dem Meerwasser in die Bruchspalten gelangt. Geringe Anteile davon können als komplexe organische Verbindungen in vielen Erdölfraktionen neben Chlorophyll und Häm nachgewiesen werden.

Im Gegensatz zur geologischen Hypothese einer organismischen Bildung aller Erdöl- und Erdgasvorkommen – die nach thermodynamischen Berechnungen nicht möglich ist – stellen die technischen Verfahren zur anorganischen Synthese dieser Kohlenwasserstoffe altbekannte und bewährte Methoden dar.

Vor ca. 100 Jahren ließ F. Bergius das Hochdruckhydrierverfahren von Kohle zur Herstellung synthetischer Benzine patentieren (Bergius-Pier-Verfahren, 1913) (7). Dabei wird Wasserstoff an Kohlenstoff angelagert. Je nach gewählten Druck- und Temperaturbedingungen werden die verschiedensten Kohlenwasserstoffe erhalten. Großtechnisch wurde die Druckhydrierung zur Benzingewinnung von der ‚Badischen Anilin & Soda-Fabrik' durchgeführt.

Ein weiteres, großtechnisch genutztes Verfahren stellt die Fischer-Tropsch-Synthese dar (Fischer-Tropsch-Verfahren, 1925) (8). Aus Kohlenmonoxid (CO) werden mit verschiedenen Katalysatoren (Schwermetalle), Druck- und Temperatur-Werten die gewünschten Kohlenwasserstoffe erhalten. „Bei denselben Stoffen kann durch Verwendung verschiedener Katalysatoren nicht nur die Reaktionsgeschwindigkeit, sondern auch die Reaktionsrichtung gesteuert werden." (9) „So wurde das Fischer-Tropsch-Verfahren eine neue Rohstoffquelle für die weiterverarbeitende chemische Industrie, die aus den aliphatischen, völlig schwefelfreien Primärprodukten die verschiedenartigsten Gebrauchsstoffe herstellt, z. B. Treibgas, Benzine, Heizöle, Schmieröle ..." (9)

Alle erforderlichen Ausgangsstoffe und Bedingungen für die großtechnischen Synthesen von Erdölprodukten nach dem ‚Bergius-Pier'- und ‚Fischer-Tropsch'-Verfahren sind in unbegrenzten Mengen auch in der Erdkruste und im Erdmantel vorhanden: Kohlenstoff, CO2, CO, Wasser, hohe Temperaturen, Druck und Katalysatoren in Form von Schwermetallen. Überzeugend hat die Industrie mit der Synthese der verschiedensten Kohlenwasserstoffverbindungen mittels Druckhydrierung die Möglichkeit einer anorganischen Bildung dieser Verbindungen demonstriert. Viele Millionen Tonnen Benzine und Schmieröle wurden in großen Industrieanlagen synthetisiert. Zurzeit hat die Herstellung von Benzinen und Schmierölen aus Kohle gegenüber dem billigeren Erdöl an Bedeutung verloren.

Erdöl und -gas können überall dort vermutet werden, wo in der Erdkruste das chemische Element Kohlenstsoff (C) vorhanden ist und dieses in Gegenwart von Schwermetallen bei hohem Druck und hoher Temperatur mit Wasser in Kontakt tritt. Das Element Kohlenstoff (C) ist innerhalb der Erdkruste in der Kohle (Braun- und Steinkohle) und in Carbonaten (kalkhaltige Minerale) vorhanden. Für die Erdölsynthese ist es zunächst unerheblich, in welcher

Form das Element Kohlenstoff (C) vorliegt. Aus Kohlenstoff bilden sich bei hohen Temperaturen mit Sauerstoff die Oxide Kohlendioxid und -monoxid, CO_2 und CO. In Gegenwart von Wasser entsteht bei den gegebenen Reaktionsbedingungen innerhalb der Erdkruste auch der Wasserstoff für die Hydrierung.

Kohlenstoff, Kohlendioxid, Kohlenmonoxid und Wasser sind wie bei den großtechnischen Benzinsynthesen die entscheidenden Ausgangsstoffe für die Erdölsynthese gewesen. Durch Variationen von Druck, Temperatur und Katalysatoren entand daraus die gesamte Palette der bekannten Erdöle und -gase.

Viele Erdöllagerstätten wurden in den vergangenen Jahrtausenden mechanisch zerstört. Erdbeben ließen Speicherkammern und ölhaltige feste Felsformationen brechen. Leichtflüchtige Gase – Methan und Edelgase – konnten austreten und treten weiter aus. Unter geeigneten Bedingungen wird austretendes Methangas als Methanhydrat gebunden. Unermessliche Methangasmengen sind bereits ausgetreten. Unermesslich sind die noch gespeicherten Mengen. Weidende Viehherden und die Zersetzung organischer Rückstände produzieren ebenfalls messbare Methankonzentrationen. Deren prozentualer Anteil an der seit Jahrtausenden andauernden weltweiten Ausgasung von Methan wird gegenwärtig kontrovers diskutiert.

9.13 Die Bildung der Kohlen

In Kapitel 7.2 wurde die geologische Version der Kohlebildung vorgestellt. Es konnte gezeigt werden, dass die geologischen Erklärungen zur Genese der Kohlenflöze den wissenschaftlichen Erkenntnissen der Biologie zuwiderlaufen. Die geologische Version der Kohlebildung verlangt zusätzliche periodische Vertikalschwingungen für die Regionen, in denen heute Kohle gefunden wird. Mit einer exakten zeitlichen Koordination von Absenkung, Aufstieg und Überflutung dieser Regionen zur Schaffung der aufeinanderfolgenden ‚üppigen Sumpfwaldvegetationen' solle die Basis für neue Flözlagen gelegt worden sein. Für jede neue Flözlage sei ein kompletter Zyklus einer geologischen Vertikalschwingung der Erdkruste zu fordern, für ergiebige Kohlelagerstätten 100 und mehr Schwingungen des Erdbodens, entsprechend der Anzahl übereinander liegender Flözlagen. Im Donez-Becken liegen bis zu 300 Flözlagen übereinander (1).

Die Hebung der Riftzonen löste verheerende Flutwellen aus (Kap. 9.4). Weitere hohe Flutwellen verursachte der Mond durch seine exzentrisch gewordene Umlaufbahn (Kap. 9.7). Beidseits des Zentralrisses nahmen die ersten Riftzonenflutwellen alles mit, was in ihrer Laufrichtung dem Wasserdruck nicht standhalten konnte. Mitgeführte Geröllmassen sedimentierten zur geologischen ‚Kambrium'-Schichtung, zu ‚Ordovizium', ‚Silur' und ‚Perm' (Kap. 9.7). Darüber lagerten sich in den Umkehrzonen der Flutwellen die ersten Holzfraktionen der angeschwemmten Wälder ab. Die gesamte Vegetation, einschließlich ihres humösen Untergrundes, wurde abgehoben und in den Auslaufzonen der Flutwellen konzentriert. Holz besitzt ein spezifisches Gewicht kleiner als 1, d. h., es schwimmt im Wasser. Diesem Tatbestand verdanken wir die zahlreichen übereinandergeschichteten Flözlagen der Steinkohle. Das Holz der Wälder wurde am Wellenauslauf in Portionen abgesetzt. Dem Meer zugewandte Fraktionen des schwimmenden Holzes wurden von der abziehenden Welle mitgenommen. Beim erneuten Anfluten des Wassers blieb jedes Mal die an vorderster Front schwimmende Holzfraktion auf der zuvor abgesetzten frischen Sedimentschicht liegen. In den Auslaufzonen deckte die folgende Welle das abgelagerte Holz mit einer neuen Schlammschicht zu. Diese Schlammschichten bildeten die tauben Sandsteinschichten zwischen den einzelnen Flözlagen. Darin finden sich die gleichen Fossilien wie in den kohlefreien Sandsteinschichtungen (2). Die Anzahl übereinanderliegender Flözlagen entspricht der Anzahl der stattgefundenen Flutungen. Deren große Zahl erklärt sich aus der damaligen extremen Mondbahn-Exzentrizität (Kap. 9.7).

In allen Steinkohlenflözen werden Fusitstreifen gefunden. Fusit besitzt die Struktur von Holzkohle. Weltweit brannten die Wälder, als sie durch Flutwellen zerschlagen, in deren Auslaufzonen konzentriert und umgehend mit Sediment abgedeckt wurden. Der Luftabschluss in Stein- und Braunkohlenlager war perfekt und bezüglich des Alters der dort abgelagerten Kohlen nimmt die Geologie an – Zitat: „In der Grube Geiseltal bei Halle sind die Blätter sogar noch grün, wenn man sie in frisch aufgespalteten Kohlestücken findet; man hat Chlorophyll darin nachgewiesen. Diese grünen Blätter sind rund 60 Millionen Jahre alt! Allerdings werden sie an der Luft sofort braun." (3)

Zeitgleich mit der Beschleunigung der Riftzonenflutwellen begann weltweit die Hebung der Gebirge. Deren Höhe resultierte aus der Kombination vertikaler und horizontaler Druckwerte, den hebenden und schiebenden Kräften während der Gebirgsbildung. Gebirgsbildungen verliefen in Stunden und wenigen Tagen, so lange, wie das Magma sich im fließfähigen, d. h. glutflüssigen Zustand befand. Nicht aufgeschmolzene Anteile der Lithosphäre zerbrachen, wurden emporgehoben, steil gestellt, gekippt und umgedreht. Geologen fordern dafür eine Kaltformung und zig Millionen Jahre. Geologen setzen ein hohes Gebirge gleich mit ‚jung' und ein niedriges mit ‚alt' (4). Steigende Gebirge stellten nach wenigen Stunden Barrieren für die Flutwellen dar. Vor den in Hebung befindlichen Gebirgen und in Talmulden bildeten sich weltweit die ergiebigen Steinkohlenlager.

Frühzeitig eintreffende Wassermassen vermochten bereits vorhandene und weiter ansteigende Gebirgsformationen geringer Höhe zu überwinden. Sie lagerten ihre Fracht – Sedimente und Holz – in Talsenken ab, die uns heute wegen ihrer Höhenlage als unerreichbar für Flutwellen erscheinen. Zur Erklärung hoch liegender Kohlenlager nehmen Geologen die Existenz ehemaliger Seen in diesen Regionen an, die im Rahmen der variszischen Gebirgsbildungshypothese in vielen Millionen Jahren in diese Höhen getragen worden seien (5). Während dieser Zeiten habe sich vor Ort in diesen Seen mit der bereits erwähnten üppigen Sumpfwaldflora ebenfalls Kohle gebildet (5). Geologen bezeichnen diese nach ihrer Meinung in den dortigen Seen gebildeten Kohlen als ‚limnische Kohlen' (5). Kohlen der ehemaligen vermuteten Küstenzonen nennen sie ‚paralische Kohlen' (5).

Geologen betrachten Steinkohlen als Endprodukt einer Inkohlungsreihe. Ausgangsmaterial für die Kohlebildung sei der Torf, entstanden durch ‚Vertorfung einer üppigen Sumpfwaldflora', gefolgt von den unterschiedlichen Braunkohlentypen steigenden Inkohlungsgrades, bis zu den Steinkohlen und dem Anthrazit (6). Im voranstehenden Kapitel 7.2 wurde darauf hingewiesen, dass der ‚Torf' in dieser Reihe fehlplatziert ist. Torf ist für die Bildung von Kohlen ohne jede Bedeutung. Kohlen lassen sich makroskopisch und mikroskopisch in Braun- und Steinkohlen unterteilen. Der Inkohlungsgrad, d. h. die Reifung der Kohle und damit ihr Kohlenstoffgehalt, ist ein Unterscheidungskriterium. Braunkohlen gelten als ‚jung', Steinkohlen als ‚alt'. Eine fundiertere Zeitzuordnung lässt sich durch die mikroskopische Untersuchung der Holzzellstruktur durchführen. Holzzellen (Macerale) fossiler Floren, wie die der heute nicht mehr existierenden Siegel- und Schuppenbäume der ‚Karbonzeit', lassen sich von denen der rezenten Arten mikroskopisch unterscheiden. Steinkohlen enthalten überwiegend Zellen ausgestorbener Floren. Sie werden der Karbonzeit – 350 Millionen Geo-Jahre vor unserer Zeit – zugerechnet.

Ein oben aufliegendes Braunkohlenflöz besitzt als hangende Schicht ein relativ jüngeres Alter. Braunkohlenflöze wurden durch wenige Flutwellen abgelagert. Sie entstanden durch eine weitere kosmische Katastrophe, die sich nach dem Titan-Crash ereignete (Kap. 8). Der Inkohlungsgrad alleine ist für eine Altersbestimmung nicht ausreichend. Der Inkohlungsgrad wird laut Geologie beeinflusst durch Zeit, Temperatur und Druck. Zur Altersbestimmung von Kohlen können auch die darin enthaltenen Einschlüsse verwandt werden. Nicht nur Braunkohle enthält bis in die untersten Schichten hinabreichend eine Fülle von Gebrauchsgegenständen, die auf eine Anwesenheit von Homo sapiens zur Zeit der Flözbildung hinweisen (7, 8, 9). Auch in Steinkohlen der Karbonzeit wurden auf Homo sapiens hinweisende Schmuck- und Gebrauchsgegenstände gefunden (7, 8, 9). Diese Fakten werden aus nachvollziehbaren Gründen in keinem geologischen Lehrbuch erwähnt. Geologen bezeichnen diese Fakten als ‚unlogische Funde' (Kapitel 7.7).

Steinkohlen mit Holzzellen ausgestorbener Bäume sind älter als Braunkohlen mit Holzzellen rezenter Arten. Das Absolutalter der ‚karbonischen' Steinkohlen deckt sich mit dem Alter der darin gefundenen Artefakte, auch mit denen von Homo sapiens.

Der Inkohlungsprozess von Steinkohlen erfordert laut Geologie äonenlange Zeitspannen. Ein Köhler benötigt für die Inkohlung seines Meilers zu Holzkohle einige Tage. Druck- und Temperaturbedingungen zur Zeit der Steinkohlenbildung bewirkten Inkohlungszeiten von sehr kurzer Dauer. Gleiche Inkohlungsgrade wurden innerhalb gefalteter Flözlagen zwischen nicht gebrochenen tauben Schichten gefunden. Kohlefreie Sandsteinlagen in einem Kohlelager werden als ‚taube' Schichten bezeichnet. Gleiche Inkohlungsgrade bedingen eine bereits beendete Inkohlung während der Auffaltung dieser Flöze. Bruchfrei gefaltet werden kann ein Flöz mit seiner tauben bedeckenden und unterliegenden Sandsteinschichtung nur so lange, wie die Sandsteinschichtung nicht durchgehärtet ist. Dafür können einige Tage kalkuliert werden. Eine nicht abgeschlossene Inkohlung bei Faltungsbeginn hätte in den Faltenmulden einen höheren Inkohlungsgrad zeigen müssen als in den höher liegenden Sattelzonen. Dort sind Temperaturen und Druck vermindert (10). Nach diesen Befunden erfolgten die Inkohlung der Steinkohlen und die tektonische Hebung der Flöze innerhalb einer Zeitspanne von wenigen Tagen. Höhere Inkohlungsgrade und Härte der Steinkohle im Vergleich zur Braunkohle beruhen auf den größeren Druck- und Temperaturwerten während ihrer kurzen Bildungsphase.

Aus allen Kohle fördernden Ländern sind brennende Kohlenflöze bekannt. In China liegen die größten Kohlevorkommen der Welt. Dort gibt es die höchste Anzahl brennender Flöze. Als Ursache der Flözbrände werden viele Möglichkeiten diskutiert. Flözbrände sind so lange bekannt, wie es Kohlebergbau gibt. Sauerstoff fördert die Flözbrände. Es gibt brennende Flöze in großen Tiefen und in Gebieten, die noch nie betreten wurden. Die Wälder der Karbonzeit wurden brennend zugedeckt. Eine große Biomasse, auf einen Haufen geworfen, erhitzt sich ebenfalls bis zur Selbstentzündung. Kohleflöze schwelen seit ihrer Entstehung, nicht Millionen, nicht Hunderttausende, aber einige Tausend Jahre.

Während Flutwellen die Kohlenflöze übereinanderlegten und die Sedimenthöhen in den Randzonen der Ozeane und auf den Kontinenten weiter ansteigen ließen, begann die Temperatur in den zentralen Riftzonen zu fallen. Die Basaltdecken erstarrten – von lateral nach medial. In diese Zeit fällt die Bildung der sogenannten Magnetstreifenmuster der Ozeanböden parallel zu den zentralen Riftzonen. Sie wird im folgenden Kapitel beschrieben.

9.14 Erdmagnetisches Feld, Magnetstreifen und Erdachsenschwankungen

Das erdmagnetische Feld ist eine Komposition aus dem inneren Magnetfeld, dem äußeren Magnetfeld und lokalen Anomalien (1). Das innere Feld besitzt einen Anteil von 98 % (1). Sein Ursprung wird im Grenzbereich zwischen innerem Erdmantel und äußerem Erdkern vermutet (2). Erdmantel und -kern besitzen unterschiedliche Rotationsgeschwindigkeiten (3, 4). Der Erdmantel erfährt gegenüber dem Erdkern eine permanente Verzögerung. Sie beruht auf den rotationshemmenden Kräften der mobilen Massen an der Erdoberfläche, den Strömungen in den Ozeanen und in der Atmosphäre. Aktivitäten der Sonnenoberfläche beeinflussen ebenfalls die Rotationsgeschwindigkeit der Erde (1). Das im Erdinneren erzeugte Magnetfeld besitzt einen magnetischen Nord- und Südpol. Per definitionem treten magnetische Feldlinien am Nordpol eines Magneten aus und an seinem Südpol ein (5). Der magnetische Südpol liegt somit in der Arktis, dem Eintrittsort der Magnetfeldlinien; der magnetische Nordpol in der Antarktis, dem Austrittsort des Erdmagnetfeldes. Die Verbindungslinie beider Magnetpole bildet die magnetische Dipolachse der Erde (1). Diese deckt sich nicht mit der geographischen Drehachse der Erde (1). Pro Jahr verschiebt sich der Magnetpol der nördlichen Hemisphäre um mehrere Kilometer entgegen der Drehrichtung der Erde nach Westen (6) und die Magnetfeldstärke nimmt langsam ab (6). Westwärts gerichtete Verschiebungen des Magnetpoles erklären sich durch die permanente Bremswirkung des langsamer rotierenden Erdmantels auf den Erdkern. Wissenschaftler vermuten, dass in absehbarer Zeit das Erdmagnetfeld verschwunden sein wird und sich schnell ein neues mit entgegengesetzter Polung aufbaut (6).

Das äußere Magnetfeld mit 2 %-Anteil wird durch die Aktivitäten der Sonne aufgebaut. Es entsteht durch Ionenströme der Ionosphäre in einem tageszeitlichen Rhythmus. Dabei entstehende Magnetstürme beeinflussen den Funkverkehr. Lokale Anomalien des Magnetfeldes entstehen durch eine unterschiedlich ausgeprägte Magnetisierung von Gesteinen. Diese Steine enthalten hohe Konzentrationen von Eisenverbindungen.

Ausgedehnte magnetische Anomalien werden in den subozeanischen Basaltdecken beidseits der zentralen Riftzonen gemessen. Sie zeigen Areale mit sprunghaft wechselnder Magnetisierung (Abb. 6.4). Geologen betrachten diese Magnetstreifenmuster zum einen als Beweis für ihre plattentektonischen Hypothesen, zum anderen als Hinweis auf eine mehrfach erfolgte Umpolung des erdmagnetischen Feldes in der Erdvergangenheit. Die plattentektonische Hypothese fordert die kontinuierliche Neubildung der subozeanischen Basaltdecken durch Anwachsstreifen parallel der zentralen Riftzonen (7). Austretendes Magma erhalte beim Erstarren eine Magnetisierung entsprechend der Ausrichtung des vorhandenen Magnetfeldes. Seitlich fortgeschobene Plattenteile hätten dadurch seit vielen Millionen Jahren ihr charakteristisches Magnetstreifenmuster erhalten.

Eine tatsächliche mehrfache Umpolung des irdischen Magnetfeldes in der fernen Vergangenheit war lange umstritten. Zum Nachweis muss die geographische Ausrichtung der eisenhaltigen Minerale in der untersuchten Basaltprobe bestimmt werden. Magnetstreifenmuster in den Basaltdecken wurden zunächst durch Magnetsonden bestimmt, mit denen Magnetfeldstärken kleiner oder größer als das gegenwärtige feststellbar waren. Als ‚Nulllinie' wurde die Stärke des gegenwärtigen Magnetfeldes gewählt. Alle kleiner gemessenen

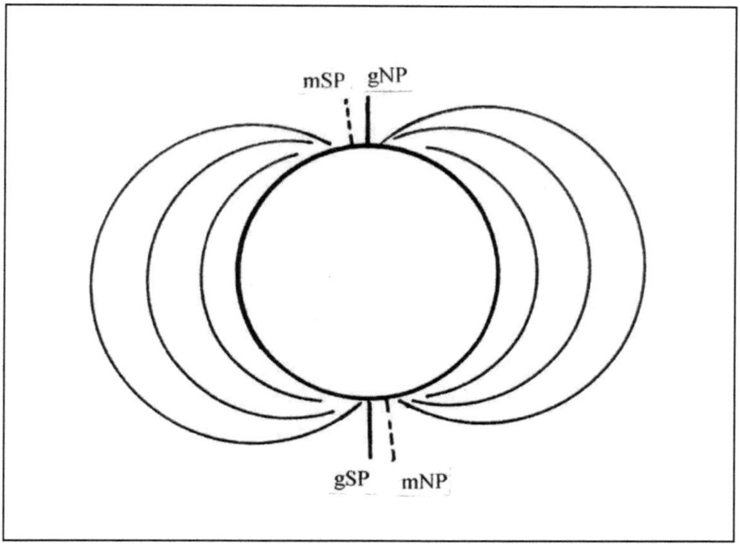

Abb. 9.17: Das Erdmagnetfeld. Per Definitionem wird der Austrittsort von Magnetfeldlinien als magnetischer Nordpol, der Eintrittsort als magnetischer Südpol bezeichnet. Die Magnetfeldlinien des irdischen Magnetfeldes treten auf der nördlichen Hemisphäre ein, auf der südlichen aus. Der magnetische Nordpol liegt infolgedessen am geographischen Südpol, der magnetische Südpol am geographischen Nordpol.

Werte wurden als Umpolung, alle größer gemessenen als Verstärkung des rezenten Magnetfeldes gewertet. Neuere Untersuchungen belegen eine tatsächliche Umpolung des erdmagnetischen Feldes in der Vergangenheit (8). Unabhängig davon, ob das bestehende Magnetfeld in der Vergangenheit wiederholt verstärkt, abgeschwächt oder tatsächlich umgepolt wurde, bleibt das Faktum einer sprunghaft wechselnden, stellenweise angedeutet parallel der zentralen Riftzonen verlaufenden Magnetisierung bestehen. Der streifenförmige Verlauf zeigt vielfache Unterbrechungen (7).

Wenn sich eisenhaltige Kristalle beim Abkühlen einer Schmelze oder beim Sedimentieren nach dem am Ort vorhandenen Magnetfeld ausrichten, wird die Richtung eines Magnetfeldes im festen Gestein fixiert. Diese ferromagnetischen Eigenschaften eines Minerals beruhen auf eisenhaltigen Verbindungen wie Fe_3O_4 (Magnetit) und FeS (Magnetkies). Basaltböden der Ozeane besitzen einen hohen Eisenmineralgehalt. Beim Abkühlen der Basaltschmelze wurde der sog. Curie-Punkt unterschritten. Er entspricht einem engen Temperaturbereich, oberhalb dessen eine bestehende Magnetisierung eines Minerals temperaturbedingt verschwindet. Unterhalb dieses Temperaturbereiches erfolgt beim Abkühlen die Fixierung der eisenhaltigen Verbindungen durch die zunehmenden Bindungskräfte in dem sich bildenden Kristallverband. Die zuvor erfolgte Ausrichtung der ferromagnetischen Minerale entsprechend dem anwesenden Magnetfeld bleibt dabei im festen Kristallverband erhalten.

Geologen teilen die Ozeanböden mithilfe der Magnetstreifenmuster in parallel zur zentralen Riftzone liegende Zeitzonen ein. Diese sollen durch ‚Anwachsstreifen' in den zentralen Riftzonen entstanden sein. Zonen gleichen Alters werden als Isochronen bezeichnet (7). Aus der Wanderungsgeschwindigkeit der GPS-Messpunkte und den Abständen zwischen der zentralen Riftzone und den Subduktionszonen ergeben sich für diese Zeitzonen Altersangaben mit absoluten Zeitwerten in der Größenordnung von Millionen Jahren. Zentrale Riftzonen erhalten das Alter ‚0', am äußersten Rande liegende Plattenteile ein Alter von maximal 180 Millionen Jahren. Die Berechnung ‚des Alters' erfolgt nach der Formel: Geschwindigkeit = Weg/Zeit (v = s/t). Geschwindigkeit (v) = Bewegung der GPS-Messpunkte in Zentimeter pro Jahr. Weg (s) = Abstand der GPS-Messpunkte zur zentralen Riftzone in Kilometern. Zeit (t) = Angabe in Jahren.

Isochronen-Karten der Ozeanböden geben die Summe aller Zeitzonen wieder (7). Sie werden als exakt lineare, der zentralen Riftzone parallel liegende Bezirke eingezeichnet und entsprechen ebenso exakt den Forderungen aus den plattentektonischen Hypothesen. Sie stellen eine mittels Computerunterstützung berechnete ideale Abbildung der plattentektonischen Hypothese dar (Abb. 7.11).

Informativ ist die Betrachtung der tatsächlich gemessenen Magnetfeldvariationen im Bereich der Riftzonen. In Abb. 7.13 wurden die magnetischen Anomalien im Gebiet des Reykjanes-Rückens wiedergegeben. Beispielhaft wird aus drei gemessenen Querschnittprofilen ein theoretisches Profil mithilfe des ‚Krustenmodells' berechnet (7).

Schwarze Zonen entsprechen der heutigen Magnetfeldausrichtung. Sie werden als positive Anomalie bezeichnet. Weiße Zonen zeigen negative Anomalien an. Ihre Magnetisierung ist schwächer als die rezente der zentralen Riftzonen. Gemessene positive und negative Magnetfeldanomalien zeigen sich teils als durchlaufende, teils als unterbrochene Bereiche. Es sind zahlreiche inselförmige Zonen erkennbar. Es finden sich ineinander verschachtelte und verbundene Bezirke verschiedener Isochronenbereiche. Was wird in welche Richtung verschoben?

Nicht nachvollziehbar ist, wie durch ein Auseinanderschieben oder ein Auseinanderziehen die in Abb. 7.13 (7) wiedergegebenen idealen Anwachsstreifen entstanden sind. Mit den gemessenen Magnetfeldanomalien lassen sich weder ein Auseinanderschieben noch ein Auseinanderziehen von Krustenplatten erklären. Das gilt umso mehr, wenn eine Zeitgleichheit für vertikale, der zentralen Riftzone parallele Linien berücksichtigt werden muss, so wie es die plattentektonische Hypothese fordert. Rückenparallele und symmetrische Anwachsstreifen gehören zum plattentektonischen Modell der Geologen. Wie es um Parallelität und Symmetrie in der Realität bestellt ist, geben die gemessenen Magnetfeldvariationen des Nordatlantiks östlich, nordöstlich und nördlich von Island wieder. Mit welchem mathematisch-geologischen Begradigungsmodell daraus eine hypothesenkonforme Abbildung konstruiert wird, bleibt abzuwarten.

Im Krustenmodell ist der Übergang von Messwerten zur Hypothese berechnet und dargestellt. Die Peakwerte der einzelnen Messprofile, deren ‚Nichtdeckungsgrad' im Bereich von Millionen Jahren liegt, werden zielstrebig zusammengeführt (7). Daraus wird ein theoretisches Profil berechnet (7). Dieses entspricht den Zielvorgaben der Geologie, zeigt die geforderte Symmetrie, durchgehende Streifen wechselnder Magnetisierung und erhält eine lineare Zeitskala mit absoluten Zeitangaben zugeteilt. Nach Umrechnung aller Messwerte in durchgehende, parallel ausgerichtete Linien soll das erhaltene Idealprofil in der Isochronen-Karte die postulierten Anwachsstreifen der plattentektonischen Hypothesen ‚beweisen'.

Die Entstehung der Magnetstreifenmuster im Ozeanboden bedarf einer anderen Erklärung. Ein Verstehen der Magnetstreifenbildung setzt Kenntnisse über die Ursache des inneren Erdmagnetfeldes voraus. Viele Vermutungen zur Entstehung des irdischen Magnetfeldes sind geäußert worden. Konsens besteht darüber, dass sein Ursprung in einer Grenzzone zwischen Erdmantel und -kern zu suchen ist. Der Nachweis unterschiedlicher Rotationsgeschwindigkeiten von Erdkern und -mantel bestärkte die in diese Richtung weisenden Vermutungen. Gegenüber dem Erdkern wird der Erdmantel in seiner Rotation gebremst. Der Erdkern rotiert geringfügig schneller als

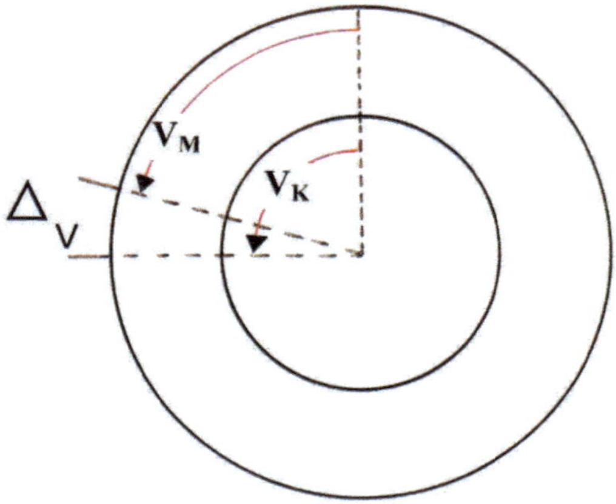

Abb. 9.18: Unterschiedliche Rotationsgeschwindigkeiten von Erdkern und -Mantel. Die Differenz der Winkelgeschwindigkeiten von Erdkern und -Mantel beträgt gegenwärtig 0,15°/ Jahr. Der Erdmantel rotiert langsamer als der Erdkern. Abb. nicht maßstäblich.

ΔV: Geschwindigkeitsdifferenz der Drehwinkel
Vm: Rotationsgeschwindigkeit des Erdmantels
Vk: Rotationsgeschwindigkeit des Erdkernes

---

der Erdmantel (4) (Abb. 9.18). Voraussetzung dafür ist die seismisch nachgewiesene flüssige Übergangszone zwischen Kern und Mantel. Erdkern und Erdmantel stellen somit zwei eigenständige Kreiselsysteme dar, die über Reibungskräfte eine Kopplung aufweisen.

Drei Achsen sind für das Verständnis des inneren irdischen Magnetfeldes zu berücksichtigen:

- Die Drehachse des Erdmantels – sie entspricht der geographischen Drehachse der Erde.
- Die Drehachse des Erdkernes – deren Ausrichtung sich weder mit der Drehachse des Erdmantels decken noch mit der Magnetachse der Erde identisch sein muss.
- Die Magnetachse der Erde – deren Richtung stets aus der relativen Stellung der Drehachsen von Erdkern und -mantel resultiert. Sie wird durch die Dipolachse des Erdmagnetfeldes angezeigt.

Auf der Erde würde kein bedeutsames Magnetfeld mit Dipol-Charakter vorhanden sein, wenn keine Rotationsgeschwindigkeits-Differenz zwischen Erdmantel und -kern vorhanden wäre. Durch die unterschiedlichen Rotationsgeschwindigkeiten von Erdkern und -mantel, durch die Auswirkungen der Coriolis-Kraft und durch Konvektionsströmungen werden im flüssigen Übergangsbereich zwischen Erdkern und -mantel elektrisch geladene Teilchen bewegt. Diese Ionenbewegungen sind gleichzusetzen mit elektrischen Strömen. Deren Summe lässt das rezente dipolare Erdmagnetfeld entstehen. Coriolis-Kräfte bewirken in Abhängigkeit von der Drehrichtung die Links- oder Rechtsabweichung von einer radialen Bewegung. So bekommen aus einem Waschbecken ablaufendes Wasser und großräumige Strömungen der Atmosphäre durch die Coriolis-Kraft eine Drehrichtung aufgezwungen. „Körper, die sich in einem rotierenden System relativ zu ihm bewegen, erfahren Trägheitskräfte, die als Coriolis-Kräfte bezeichnet werden." (9)

Die Richtung der magnetischen Achse ergibt sich aus der relativen Position der Drehachsen von Erdmantel und Erdkern. Eine Störung dieser Achsenlagen verursacht eine sofortige Verlagerung der Magnetachse durch die Richtungsänderung des Ionenflusses in der Zone zwischen äußerem Erdkern und innerem Erdmantel. Rotationsgeschwindigkeit und -richtung werden vektoriell kombiniert. Stärke und Polung des dipolaren Erdmagnetfeldes ergeben sich aus Größe und Richtung der relativen Geschwindigkeitsvektoren von Erdkern und -mantel. Eine Vektorumkehr ist gleichbedeutend mit einer Umpolung des Magnetfeldes (Abb. 9.19 a bis e). Dafür verantwortlich ist die Umkehr des Ionenflusses in der Grenzzone zwischen Erdkern und -mantel.

Auf der Existenz bewegter Ladungen in einem quasi homogenen Medium beruht das Modell des erdmagnetischen Feldes, des ‚Geo-Dynamos' am Kernforschungszentrum Karlsruhe (6). Das Karlsruher Modell eines Geodynamos weist erstmalig experimentell die Entstehung des Erdmagnetfeldes nach. Zwischen Erdmantel und -kern rotierende elektrisch leitende Flüssigkeiten wurden in dem Experimentaufbau durch Drallerzeuger und geschmolzenes Natrium simuliert. Bereits geringe Teilchenströme erzeugten ein sich selbst stabilisierendes Magnetfeld analog dem irdischen (6).

Die Ursache des Erdmagnetfeldes erklärt sich somit aus dem gerichteten Ionenfluss in der Überganszone zwischen Erdkern und -mantel, angetrieben durch die unterschiedlichen Rotationsgeschwindigkeiten von Kern und Mantel, durch Coriolis-Kräfte und Konvektionsströme. Erdmantel und -kern können nicht in Teilen einer Änderung oder Umkehr ihrer Rotation unterliegen. Erdmantel und -kern rotieren als individuelle kompakte Einheiten, selbst wenn abgrenzbare Bezirke von Kern und innerem Mantel unterschiedliche Strömungsmuster aufweisen. Letztere können für Inhomogenitäten des inneren Erdmagnetfeldes verantwortlich sein.

Wie bei einem konventionellen Dynamo kann der ‚Geo-Dynamo' Erde durch die Einwirkung einer äußeren Kraft ein schwächeres, ein stärkeres und ein umgepoltes Magnetfeld erzeugen. Dazu ist eine Verkleinerung, eine Vergrößerung oder eine Umkehr des Geschwindigkeitsvektors von Erdkern oder -mantel erforderlich. Diese allgemeine Feststellung gilt auch für die in der Vergangenheit erfolgten abrupten Magnetfeldwechsel. Geologen negieren den Eingriff äußerer Kräfte mit katastrophistischem Hintergrund auf die Bewegung der Erde, insbesondere die von kosmischen Ausmaßen.

Die anomalen Magnetstreifenmuster der subozeanischen Basaltdecken sind ebenso Folgen des Titan-Crashs wie das gegenwärtige Relief der Erdoberfläche. Durch den tangentialen Kontakt zwischen Erde und Titan wurde der Erdmantel über den Erdkern gedreht. Wie auf der Reliefkarte des Meeresbodens ersichtlich ist, entsprach die Richtung dieser Drehbewegung der Kollisionsrichtung nach NNO. Durch die kollisionsbedingte Drehung des Erdmantels nach NNO wurde die geographische Drehachse des Erdmantels gekippt und eine Richtungsänderung der magnetischen Achse erzwungen.

Zur Rekonstruktion der Magnetstreifenanomalien ist die Berücksichtigung von Erdmantel und Erdkern als Kreiselsysteme erforderlich. Kreisel korrigieren eine kräftige Auslenkung ihrer Drehachsen mit einer pendelnden Aufrichtschwingung. Je schneller die Drehachse ausgelenkt wird, desto schneller erfolgt die Aufrichtschwingung. Aufrichtende Achsenbewegungen verlaufen als gedämpfte Schwingungen. In der Astronomie wird die periodische Kreisbewegung der Erdachse als Präzession bezeichnet (10). Mit einer Periodizität von ca. 25.800 Jahren beschreibt die Erdachse den sogenannten Präzessionskegel. Dieser Präzession ist eine weitere Bewegung der Erdachse aufgelagert – die Nutation mit einer Periodizität von ca. 19 Jahren (11).

Nutations- und Präzessionsbewegungen können schnell und ausgeprägt erfolgen. Erforderlich ist eine kurzzeitig einwirkende, richtungsändernde Kraft auf die Drehachse. Es ist zu beachten, dass die um einen gemeinsamen Mittelpunkt rotierenden Kreiselsysteme – Erdmantel und -kern – über Reibungskräfte zwischen innerem Erdmantel und äußerem Erdkern gekoppelt sind. Aus seismischen Messungen wird für die Übergangszone zwischen Erdmantel und -kern ein flüssiger Zustand gefolgert (12).

Titan drehte den Erdmantel gewaltsam und schnell in NNO-Richtung über den Erdkern. Die durch den Titan-Crash erzwungene zweite geographische Drehachse lag während der maximalen Auslenkungen annähernd senkrecht zur gegenwärtigen. Nach Lösung des Kollisionskontaktes richteten sich die Drehachsen von Erdkern und -mantel in Folge ihrer weiter bestehenden

Eigenrotation wieder auf. Die Wiederaufrichtung der Drehachsen hatte mehrere Auslenkschwingungen mit abnehmender Amplitude zur Folge (Abb. 9.19 a bis f).

Die Reibungskopplung zwischen Erdmantel und -kern führte mit zeitlicher Verzögerung zu einer gleichgerichteten Auslenkung der Drehachse auch des Erdkernes. Beide Rotationsachsen – von Erdmantel und -kern – führten aufrichtende Schwingungen mit abnehmender Amplitude durch. Der Erdkern folgte in seinen Bewegungen dem Erdmantel mit einer zeitlichen Verzögerung. Er zeigte in Bezug auf die gedämpften Schwingungen eine Phasenverschiebung. In jedem Schwingungsumkehrpunkt des Erdmantels – an den Punkten der maximalen Auslenkung der gekippten Drehachse – wurde der Richtungsvektor des Mantels gegenüber dem des Erdkernes um 180° gedreht, mit jeder vollen Schwingungsperiode zwei Mal um 180°, d. h. exakt gegenläufig verändert. Jede Drehung des Richtungsvektors von Erdmantel oder -kern um 180° führte zu einer Umpolung des Erdmagnetfeldes. Wie voranstehend ausgeführt, bestimmt die relative Lage der Drehachsen von Erdkern und -mantel die Richtung des Ionenflusses zwischen diesen beiden Kreiselsystemen und damit auch die Richtung der resultierenden Magnetachse. Zur besseren Übersicht ist in den dazugehörigen Abbildungen 9.19 a bis f nur eine Schnittebene gezeichnet.

Die alten Ägypter behaupteten, dass in ihrer dokumentierten geschichtlichen Vergangenheit es zweimal Zeiten gegeben habe, in denen der Sonnenaufgang nicht im Osten, sondern im Westen erfolgt sei. Für einen Wechsel des Sonnenaufgangsortes von Ost nach West und umgekehrt müssen zwei Bedingungen erfüllt sein. Der Erdmantel muss um volle 180° gekippt werden. Zusätzlich muss die Drehrichtung des Erdmantels umgekehrt werden. Das Kreisel-System Erdkern-Erdmantel ermöglicht diese Abläufe. Titan kippte die geografische Erdachse um volle 180°. Während des Kontakts zwischen Erde und Titan wurde die Rotationsgeschwindigkeit des Erdmantels stark abgebremst. Der Erdkern drehte sich weiter. Nach erfolgter Kippung des Erdmantels beschleunigte der sich weiter drehende Erdkern wieder den Erdmantel in seiner Drehrichtung. Die ursprüngliche Rotationsgeschwindigkeit des Erdmantels muss dazu nicht zwingend auf 'Null' reduziert werden. Dieser Ablauf führt zwangsläufig zu einem Wechsel des Sonnenauf- und -untergangsortes.

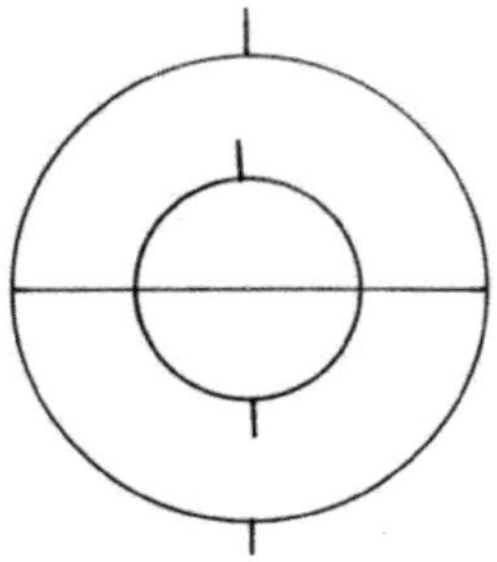

Abb. 9.19a: Erdmantel und Erdkern stellen zwei Kreiselsysteme dar mit einem zentralen Schwerpunkt und zwei eigenständigen Rotationsachsen.

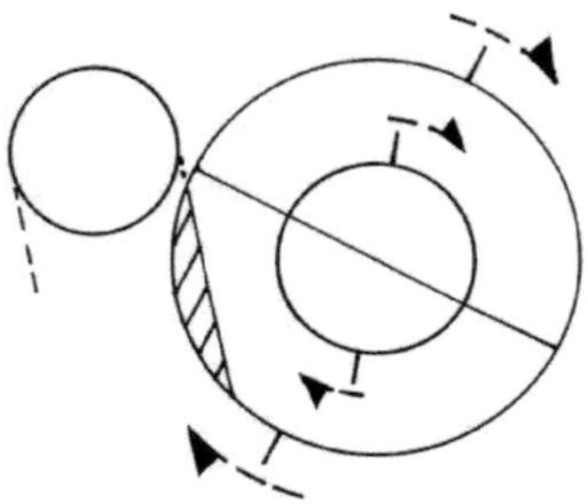

Abb. 9.19b: Durch tangentiale Kollision von Titan änderte sich die Rotationsgeschwindigkeitsdifferenz zwischen Erdkern und –Mantel extrem. Der Erdmantel wurde über den Erdkern gedreht. Es entstand ein zusätzliches Magnetfeld mit stetig wechselnder Richtung durch Achsenkippungen, mit einer weiteren Dipolachse annähernd senkrecht zur vorhandenen Nord-Süd- Achse bei maximaler Auslenkung. Die Reibungskopplung zwischen den beiden ‚Kreiseln' Erdmantel und Erdkern führte zu analogen, jedoch zeitlich verzögerten Auslenkschwingungen des Erdkernes.

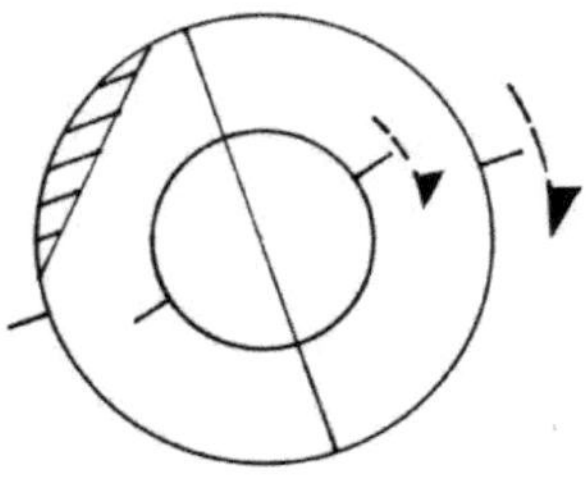

Abb. 9.19c: Maximale Magnetfeldstärken durch große Rotationsgeschwindigkeits- Differenzen zwischen Erdmantel und Erdkern.

Eine alleinige Kippung des Erdmantels um 180° führt zu entgegengesetz-

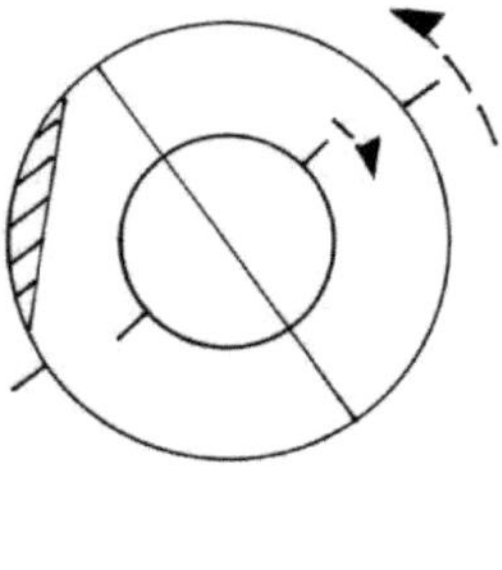

Abb. 9.19d: Erste Magnetfeldumpolung durch Richtungswechsel (180°, gegenläufig) des Geschwindigkeitsvektors des Erdmantels gegenüber dem Erdkern während der Achsenpendelschwingungen.

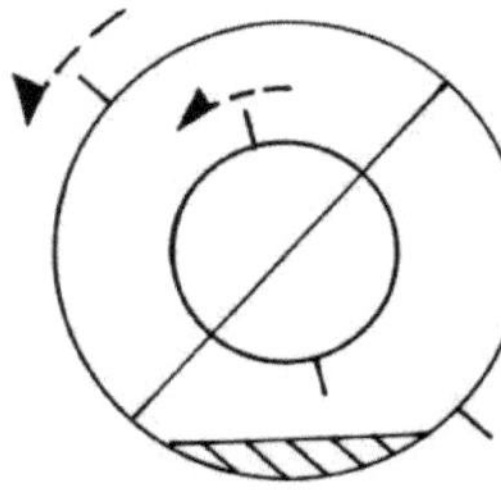

Abb. 9.19e: Maximale Magnetfeldstärken mit umgekehrter Polung durch große Rotationsgeschwindigkeits-Differenzen zwischen Erdmantel und Erdkern. Magnetfeldumpolungen werden in erstarrenden Mineralen unterhalb der Curie-Temperatur fixiert. Laterale und oberflächliche Schichten der Riftflanken kühlten am schnellsten ab. Dort finden sich die ersten und die höchste Anzahl der fixierten magnetischen Anomalien. Die zuletzt erfolgten Magnetfeldumpolungen sind nahe der zentralen Riftzonen und in den langsamer abkühlenden tieferen Schichten der Erdkruste fixiert.

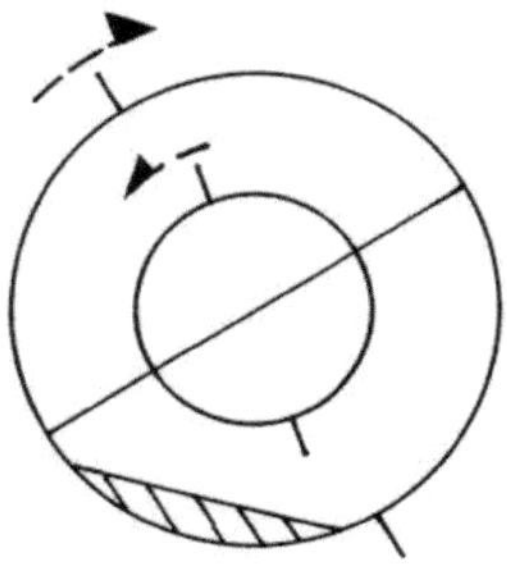

Abb. 9.19f: Zweite Magnetfeldumpolung während einer vollständigen Schwingungsperiode durch den Richtungswechsel des Geschwindigkeitsvektors des Erdmantels gegenüber dem Erdkern.

ten Drehrichtungen von Erdkern und Erdmantel.

Während der Achsenauslenkschwingungen unterschieden sich die Differenzen der Rotationsgeschwindigkeiten von Erdkern und -mantel um mehrere Zehnerpotenzen von dem heutigen Wert mit 0,15 Winkelgraden pro Jahr (3, 4). Wenn eine bedeutsame Ursache des inneren erdmagnetischen Feldes in den unterschiedlichen Rotationsgeschwindigkeiten von Kern und Mantel zu suchen ist – dieses wird zurzeit vermutet –, dann ist die Stärke des Magnetfeldes eine Funktion der Geschwindigkeitsdifferenz zwischen diesen beiden rotierenden Systemen. Magnetfeldumpolungen und die wechselnden Magnetfeldstärken vermochten sich in dem aufgeschmolzenen Basaltboden bei seiner Erstarrung abzubilden. Von Geologen werden sie als Magnetstreifenanomalien der Riftzonen bezeichnet und mit Zeitspannen von Millionen Jahren gleichgesetzt.

Die Mindestdauer der gewaltsam verursachten periodischen Auslenkschwingungen der Drehachsen lässt sich abschätzen. Sie deckt sich mit der

Zeit, die für die Erstarrung der geschmolzenen Basaltdecken bis zum Rift Valley erforderlich war. Aus dem Indischen Ozean fortgeleitete Druckwellen führten zu Aufschmelzungen der Lithosphäre über den Druckmaxima in den zentralen Riftzonen (Kapitel 9.4). Mechanische Kippung der geographischen Erdachse, Aufschmelzung über den Druckzonen-Maxima und Erstarrung dieser Zonen waren parallel verlaufende Vorgänge. Wechselnde Magnetfeldrichtungen infolge der aufrichtenden Achsenschwingungen von Erdmantel und -kern wurden mindestens so lange vom Gestein übernommen und fixiert, bis der Erstarrungsvorgang der Basaltböden von lateral nach medial, zur zentralen Riftzone fortschreitend, beendet war. Oberflächliche Schichten erstarrten durch die wiederholten Flutungen schnell, tiefere Schichten benötigten mit den wachsenden Dicken der verfestigten Basaltdecken mehr Zeit. In der Vertikalen entnommene Bohrproben der subozeanischen Basaltdecken sollten einen fixierten mehrfachen Wechsel der Magnetisierung erkennen lassen. Laterale Anteile der Riftzonen müssen in der Vertikalen eine höhere Anzahl von Magnetfeldwechseln konserviert haben als die medialen. Der temperaturbedingt länger andauernde flüssige Aggregatzustand der medialen Riftzonenanteile ermöglichte keine Fixierung der durch die ersten Achsenauslenkschwingungen verursachten Magnetfeldumpolungen. Der Zentralriss der Riftzone, das Rift Valley, zeigt eine Magnetisierungsrichtung, die der gegenwärtigen entspricht. Nach dem Unterschreiten des Curie-Punktes konnte auch dort in der Horizontalen keine weitere Veränderung der Magnetisierungsrichtung erzwungen werden. Die Oberfläche war erstarrt. Wenn der Erstarrungszeitpunkt des Rift Valleys sich nicht mit dem Ende der aufrichtenden Achsenschwingungen von Erdmantel und -kern deckt, müssen auch dort weitere Magnetfeldwechsel in der Vertikalen nachgewiesen werden können. Analoge Überlegungen gelten für die zu erwartenden Magnetisierungen unterhalb der Riftflanken. Verwirrende Befunde an Bohrproben der subozeanischen Basaltdecken sind zu erwarten. Es werden nicht nur Magnetisierungsrichtungen gefunden werden, die der heutigen Magnetfeldausrichtung entsprechen oder ihr entgegengesetzt sind. Es müssen dazu annähernd senkrecht liegende Magnetisierungsrichtungen mit wechselnder Polarität und alle denkbaren Übergangslagen zur heutigen Magnetfeldachse zwischen 0 und 90 Winkelgraden im Basaltboden fixiert sein.

Wie viel Zeit benötigt ein geschmolzener Ozeanboden mit der am Ort vorhandenen Wasserkühlung und Flutung für den Beginn des Erstarrungsprozesses? Nicht Jahrmillionen, nicht Jahrtausende, nicht Jahre, kaum Monate, vermutlich mehrere Tage bis wenige Wochen. In diese Zeitspanne fallen alle in den Basaltdecken fixierten abrupten Magnetfeldwechsel. Neun bis zehn dieser rhythmischen Wechsel können gemessen werden. Daraus ergibt sich für die Dauer der einzelnen Schwingungsperioden der Drehachsen von Erdmantel und -kern eine Zeit von Stunden bis Tagen. Isochronen-Karten der Ozeanböden – nach geologischer Version Zeitspannen von bis zu 180 Millionen Jahren anzeigend – spiegeln die Erstarrung der Meeresböden nach dem Titan-Crash wider. Sie repräsentieren eine Absolutzeit von einigen Tagen bis zu wenigen Wochen. Abrupte Magnetfeldwechsel werden vornehmlich im Bereich der zentralen Riftzonen gemessen. Zonen wechselnder Magnetisierung in den subozeanischen Basaltböden geben das Ausmaß der bis zur Oberfläche erfolgten Aufschmelzungen und Basaltflutungen wieder. Auch der gemessene Paläomagnetismus an kontinentalem Probenmaterial bekam wie die Magnetstreifen des Meeresbodens zur gleichen Zeit seine Richtung durch die beschriebenen Achsenkippungen von Erdkern und -mantel aufgezwungen. Geologen folgern aus den kontinenteigenen Magnetisierungen eine relative Bewegung der Kontinente zueinander. Sie glauben in ihrer aktualistischen Denkweise an stabile Pol-Lagen, da zur Zeit keine größeren Abweichungen zu beobachten sind.

Am Zentralriss der Riftzonen wurden während der Erstarrungsphase, die voranstehend mit einigen Wochen angegeben wurde, tatsächlich die sich verfestigenden Basaltsegmente von der zentralen Riftzone nach lateral fortgezogen. Nach Absprengung der Druckwellenscheitelzone gab es ein Seafloor Spreading durch Plattensegmentkontraktion. Jede zurückflutende Welle führte zu einer ruckartigen Beschleunigung der abkühlungsbedingten Segmentkontraktion nach lateral, verhinderte die Ausbildung einer festen Verbindung an den Transformstörungslinien und verlängerte die Erstarrungszone in Richtung Zentralriss. Abhängig von der Richtung der flutenden Wassermassen konnte die nach medial fortschreitende Erstarrung des Basaltbodens streifenförmig und parallel der zentralen Riftzone erfolgen, sie konnte kürzere oder längere Bereiche in Süd-Nord-Richtung erfassen und inselartige Kristallisationszentren in noch glutflüssiger Umgebung entstehen lassen. Auch die nachgewiesenen, zur Riftzone quer verlaufenden Magnetstreifenmuster – unvereinbar mit plattentektonischen Überlegungen – erklären sich aus der Richtung des zurückgefluteten Wassers. Erstarrende Basaltzonen und -inseln fixierten die zu jenem Zeitpunkt vor Ort vorhandene Magnetfeldausrichtung beim Unterschreiten der Curie-Temperatur. Auf diese Weise entstanden die vielfältigen, nicht zusammenhängenden, zum Teil zu den Riftzonen quer liegenden und einander umschließenden Magnetstreifenmuster wechselnder Polarität.

Als Letztes erstarrte in der Horizontalen die heißeste Zone, der Bereich des Zentralrisses. Der sinkende Magmaspiegel ließ die Flanken beidseits des Zentralrisses in Stufen zum ‚tiefsten Tal' abfallen. Im Rift Valley folgten die Erstarrungszonen dem sinkenden Magmaspiegel.

Unentwegt kühlen die Basaltdecken der Ozeanböden ab. Der wärmeisolierende Effekt einer festen Basaltdecke ist proportional zu ihrer Dicke. Auch eine langsame Abkühlung bewirkt eine nicht zu verhindernde Kontraktion der Basaltdecke. Das dabei entstehende ‚Streckendefizit' wird durch die – nachgewiesene – Senkung der Riftzonen und -flanken kompensiert. Die Geschwindigkeit dieser Flankenverkürzung entspricht der Bewegung der GPS-Messpunkte. Eine stetige Zunahme der Plattendicken muss angenommen werden. Erstarrende Anteile zeigen eine gleichbleibende Magnetisierungsrichtung in der Vertikalen abwärts, die der heutigen Magnetfeldausrichtung entspricht. Frische, nach oben austretende Lava besitzt eine schwächere Magnetisierung als die parallelen Magnetstreifenmuster der Riftzonen. Als ‚Kissenlaven' bezeichnete rezente Magmafragmente des Rift Valleys liegen überwiegend nicht in einem festen Verbund. Ihre Magnetisierungsrichtung ist daher nicht konstant.

9.15 Polkappenvereisung, Gletscher und Eiszeiten

Arktis und Antarktis tragen – noch – eine Eiskappe. Das wenige Meter dicke Eis der Arktis bedeckt schwimmend weite Teile des Nordpolarmeeres (1). Es ist Meereis und behält auch nach der ‚Aussüßung' einen erhöhten Salzgehalt (2). Das Ausmaß der nördlichen Polvereisung folgt dem Temperaturverlauf von Sommer und Winter.

Das Eis der Antarktis und Grönlands besitzt eine Mächtigkeit von mehreren Tausend Metern (3). Es liegt auf festem Untergrund und ist Gletschereis. Die jahreszeitlich bedingten Schwankungen der Eismassen sind gering. Lediglich die mit Schelfeis bedeckten Küstenzonen zeigen eine jahreszeitabhängige Ausdehnung (4).

Meer- und Gletschereis unterscheiden sich bezüglich ihrer Entstehung und Beschaffenheit grundsätzlich. Meereis der Nordpolarkappe entsteht durch Gefrieren von Wasser, von oben nach unten fortschreitend. Dessen Eiskristalle wachsen senkrecht zur Abkühlfläche in stenglig prismatischer Form (5). Das Eis der Arktis gefriert aus Meerwasser, es ist salzhaltig (2). Süßwasserhaltige Seen und Flüsse können analog dem Meereis stenglig prismatische Eiskristalle bilden. Bei Minustemperaturen entsteht Süßwassereis. Für das Eis der Meere und Seen gilt: „Die Eisdicke überschreitet selbst im Polargebiet selten 3 m, nur Packeis kann sich dort bis zu 30 m hoch auftürmen." (5)

Gletschereis der Antarktis, Grönlands und aller Hochgebirgslagen ist ausschließlich durch Niederschlag entstanden und besteht infolgedessen aus Süßwassereis. Gletschereis bildet sich auf festem Untergrund. Auf dem Wasser kann sich kein Gletscher bilden. Im Meer treibende Gletscher stellen Gletscherabbrüche von kontinental gelagertem Eis dar. Über festem Untergrund verdichten sich gefallene Schneemassen zu Eis. Schnee formt sich über Firn und Firneis zu kompaktem Gletschereis mit einer Dichte von 0,9 g/cm^3 um (Wasser = 1,0 g/cm^3) (5).

Ehemalige Laubwälder der Antarktis wurden schnell mit dem Schlamm mehrer Flutwellen zugeschüttet (6). Fossilienfunde auf diesem Kontinent und der versteinerte Buchenwald 400 km entfernt vom geographischen Südpol weisen auf ein ehemals gemäßigtes Klima hin (7). Fehlende Jahresringe der untersuchten Baumstümpfe zeigen ein warmes Klima vor der Eisbedeckung an. Die Antarktis war damals frostfrei (8). Auf die angeschwemmten Sedimentschichten fielen gewaltige Schneemengen, die sich zu dem heute vorhandenen Eispanzer mit einer Höhe von 4 000 m umformten. Seit 30 Millionen ‚Geo-Jahren' soll laut Geologie die Antarktis mit Eis bedeckt sein. Dagegen geben Holz- und Pflanzenfossilien Hinweise auf eisfreie Teile der Antarktis vor ca. 2,5 Millionen Geo-Jahren. Einige Regionen sollen noch vor 100 000 Jahren eisfrei gewesen sein. Sedimentproben aus dem Rossmeer hätten erwiesen, dass noch vor 6 000 Jahren „große Flüsse" dort in das Rossmeer strömten (7). Keine Fauna und Flora weist auf nachfolgende Warmzeiten hin, die für deren Gedeihen erforderlich gewesen wären. Die Antarktis blieb kalt. Geologen verschoben die Antarktis mithilfe ihrer Hypothesen aus wärmeren Klimazonen in die heutige Polposition, um die dokumentierten Befunde erklären zu können. Die oben genannten Zeitangaben zu den Funden bringen die Geologie in Bedrängnis. Mit Plattentektonik und Kontinentwanderung sind sie nicht mehr erklärbar.

Verständnis kommt auf für die Arbeit der Klimaforscher. Sie versuchen zu ergründen, welches einschneidende Ereignis einen derartig heftigen und andauernden Klimaumschwung ausgelöst haben könnte. Gegenwärtig sollen Gletscher und die nördliche Poleiskappe abschmelzen (9). Ein seit 100 Jahren anhaltender Trend des Gletscherschwundes wurde durch Bildmaterial dokumentiert (10).

Für den Erhalt der vorhandenen Gletschermassen waren die durchschnittlichen Jahrestemperaturen der letzten 100 Jahre zu hoch. Die jährlichen Abschmelzraten übertrafen die Zuwachsraten erheblich. Eine Volumenzunahme von Gletschereis beruht ausschließlich auf Schneefall. Die jährlich auf die Gletscher fallenden Schneemengen sind minimal (11). In der schmalen Küstenzone der Antarktis – in Höhenlagen unter 1 000 m – gebe es viel Niederschlag: „im Mittel 35 cm/Jahr". „Im Zentrum hingegen fällt nur wenig Schnee; im Durchschnitt sind es gerade einmal 10 cm/Jahr." Und: „Allerdings sammelt sich nicht der gesamte gefallene Schnee an." (11) „Die Antarktis ist der niederschlagsärmste Kontinent." (12) Ein globaler Rückgang der mittleren Jahrestemperaturen müsste ausgeprägt sein, um den Eisverlust der Gletscher einzufrieren. Eine globale ökologische Katastrophe wäre die Folge und die geringen Niederschlagsmengen über den Polregionen würden dabei nochmals reduziert werden. Zum Wachstum der Gletscher sind größere Niederschlagsmengen erforderlich. Diese können nur dann entstehen, wenn die Verdampfungsrate von Oberflächenwasser gesteigert wird, d. h. wenn global die Temperaturen ansteigen (13). Ein vermehrtes Abschmelzen der Gletscher wäre die Folge.

Mit den gegenwärtig benutzten Klimavariablen kann die Entstehung der Gletscher nicht erklärt werden. Unentwegt werden neue Modelle entwickelt, um mit erdgebundenen und extraterrestrischen Ursachen zum Verständnis der rezenten Eisbedeckung zu gelangen (11, 14, 15).

Die Bildung der Poleiskappen erforderte die Aufrechterhaltung einer extremen Temperaturdifferenz zwischen den Polen und der Äquatorialzone. Der Einfluss der Sonne als maßgebliche externe Wärmequelle musste ausgeschaltet werden. Unter den gegenwärtigen Bedingungen verhindern die Strömungen der Atmosphäre und der Weltmeere sowie die Sonneneinstrahlung die Ausbildung der zum Wachstum der Poleiskappen erforderlichen extremen Temperaturdifferenzen zwischen polaren und äquatorialen Breiten. Auf Klima- und Temperaturänderungen reagiert die Erdkugel als globales System (16). Veränderungen in den kälteren Zonen sind nicht unabhängig von den wärmeren äquatorialen.

Alle Gletscherbildungsmodelle, die einen regulierenden Einfluss der Sonneneinstrahlung berücksichtigen, führen in die Sackgasse. Veränderungen im globalen Klimasystem der Erde sind aus den oben dargelegten Gründen in Bezug auf Gletscherbildung in beide Richtungen – in die kalte und in die warme – selbst limitierend, solange die Sonne die bedeutendste Wärmequelle ist.

Der Einfluss der Sonne kann durch eine dichte, staubhaltige Atmosphäre unterbunden werden. Dieser Zustand, hervorgerufen durch vulkanischen Staubausstoß oder als Folge atomarer Explosionen und dann mit ‚atomarer Winter' bezeichnet, führt zur schnellen globalen Abkühlung der Erdoberfläche (17). Zur Erzeugung ausgiebiger Niederschläge ist dann jedoch eine sonnenunabhängige, erdgebundene Heizquelle erforderlich. Nach dem in Kapitel 8.2 beschriebenen Crash zwischen Titan und der Erde waren beide Bedingungen gegeben: eine erdeigene, sonnenunabhängige Heizquelle verdampfte die Ozeane und die produzierten Staubmassen verhinderten die Absorption der von extern angebotenen Sonnenenergie.

Durch den Titan-Crash ausgestoßene Vulkanaschen verursachten eine lang anhaltende Finsternis auf der Erde. Im ‚Durchlauferhitzer Kollisionsrinne' und über den 70 000 km langen Riftzonen wurden die Ozeane verkocht (Kapitel 9.3). Intensive Niederschläge reinigten die Atmosphäre und ermöglichten die zunehmende Wärmeabstrahlung von der heißen Erde in den Kosmos. Bei schräg gestellter Erdachse kühlten die Pole ab. Dort sanken die Temperaturen auf Minusgrade, anhaltend bis zum heutigen Tag. Die Verdampfung des Wassers in der Kollisionsrinne im Indischen Ozean und aus den warmen Ozeanen über den zentralen Riftzonen dauerte an. In den äquatorialen Zonen regnete es, in den polaren fiel Schnee.

Bezüglich der Temperaturkonstanz ist der Abstand zwischen Erde und Sonne in weiten Grenzen von untergeordneter Bedeutung. Auf der nördlichen Hemisphäre geht der Sommer einher mit einer größeren Distanz zwischen Erde und Sonne, der Winter mit einer kürzeren (18). Infolge ihrer elliptischen Bahn beträgt der Abstand der Erde zur Sonne im Januar 147,1 Millionen Kilometer (Perihel), Anfang Juli 152,1 Millionen Kilometer (Aphel) (18). Von entscheidender Bedeutung ist die Neigung der Erdachse. Mehrfach wurde in der Erdvergangenheit die Erdachse abrupt verlagert (19, 20, 21). Nachfolgende Klimaveränderungen und Achsenkippungen sind eindrucksvoll überliefert. Frühjahr und Herbst, Sommer und Winter wurden schlagartig getauscht. „Die Sonne war nicht an eine unveränderliche und bestimmte Bahn gebunden, sodass man die Gegend des Sonnenaufgangs und des -untergangs hätte auseinanderhalten können, und sie ließ die Jahreszeiten nicht in der richtigen Reihenfolge wiederkehren." (21) Geologen glauben an Milankowitsch-Zyklen mit Perioden von bis zu 100 000 Jahren (15). Sie versuchen damit Klimaschwankungen zu modellieren, die ‚Eiszeiten' bewirkt haben sollen (15).

Die Konstellation einer unterbundenen Sonnenenergieabsorption mit einer autonomen, erdeigenen Heizquelle ermöglichte die Ausbildung der beeindruckenden Gletschereismassen. Dieser Zustand war nur unmittelbar nach dem Titan-Crash gegeben. In einer kurzen Zeitspanne von wenigen Wochen und Monaten wurden viele Hundert Millionen Kubikkilometer Wasser verdampft und zu den kalten Polen gedrückt. Nach einer Überschlagsrechnung ist ein mehrmaliges Verkochen aller Ozeane denkbar. Auf festem Untergrund, auf der Antarktis, auf Grönland und auf erkalteten Hochgebirgslagen, lagerten sich imposante Schneehöhen ab. In der Region des Nordpolarmeeres fiel der Schnee ins Wasser. Die Vereisung des Nordpolarmeeres begann nach Abkühlung der dortigen Wasseroberfläche auf Gefriertemperaturen. Der heftige Schneefall in den kalten Polregionen und in hohen Gebirgslagen dauerte während der Abkühlphase bis zum Erreichen normal temperierter Ozeane an. Durch den kollisionsbedingt hohen Wärmeenergie-Eintrag konnte die intensive Verdampfung des Meerwassers lange Zeit aufrechterhalten werden (22). Danach war ein neues Klimagleichgewicht entstanden. Durch die schräg gestellte Erdachse gab es nun Wetter und Jahreszeiten. Der maßgebliche Faktor für die Wärmeregulierung war wieder die Sonne. In den äquatorialen Zonen blieb es warm, in den polaren kalt. Antarktis, Grönland und die Mammuts waren unter dem ‚ewigen' Eis begraben. Dessen Ewigkeit neigt sich dem Ende zu. Gelegentlich fällt Schnee auf die Polkappen. Er kann den Eisschwund nicht ausgleichen (11).

In wenigen Monaten entstanden die Hauptmengen der gegenwärtig noch einige Kilometer hohen Gletschereismassen in der Antarktis und auf Grönland. In den danach vergangenen wenigen Tausend Jahren bis zur Gegenwart bildeten sich die obersten, in Meter zu messenden Schichtlagen des Gletschereises. Geologen erbohren aus diesen Gletschern Eiskerne, legen ihren ‚Millionen'-Maßstab an und glauben, daraus Paläotemperaturen auf den Millimeter und das Jahr genau entnehmen zu können (23).

Gegenwärtig noch kilometerhohe Eisschilde der Antarktis und Grönlands werden weiter abschmelzen und wenige Meter starke Eisdecken am Nordpol ihre Ausdehnung verkleinern. Poleiskappen und Gletscher sind Relikte der Kollision zwischen Erde und Titan. Das langsame Aufrichten der Erdachse und das Abschmelzen der Gletscher verlaufen unabhängig von allen Klimadiskussionen und Versuchen, auf die durchschnittlichen mittleren Jahrestemperaturen Einfluss nehmen zu wollen.

Eine Abhängigkeit der Gletschervolumina von den selbst limitierenden Kräften des Klimas gilt auch für die von der Geologie geforderten, hypothetischen großflächigen Vereisungen der Erdoberfläche in der Erdvergangenheit. Pleistozäne Vereisungen sollen mehrfach ausgedehnte Regionen der nördlichen Halbkugel mit einer zusammenhängenden mächtigen Eisdecke überschoben haben (24). Eiszeiten hätten zu ausgedehnten Vereisungen der Nord- oder Südhalbkugel geführt, während gleichzeitig die eisfreien Hemisphären ein subtropisches bis tropisches Klima besessen hätten. Zitat: „Während der Würm(Wisconsin)-Eiszeit versteilte sich auf der Nordhalbkugel sowohl in den flachmarinen Bereichen als auch auf dem Festland der Temperaturgradient in Nord-Süd-Richtung. In den meisten tropischen Gebieten fielen die Wintertemperaturen lediglich um einige Grad. Doch in den Bereichen über 30 Grad Nord sanken sie auf der nördlichen Halbkugel ganz erheblich ab." (25)

Auf den nicht möglichen Gletschervorschub über das offene Meer und die Beendigung des Gletscherwachstums durch die selbst limitierenden Effekte einer zunehmenden Vereisung wurde voranstehend hingewiesen. Eine Vereisung der Nord- oder Südhalbkugel bei gleichzeitiger Existenz eines subtropischen Klimas über der eisfreien Fläche ist nicht möglich. Selbst bei waagerecht liegender Erdachse wird im halbjährlichen Rhythmus während eines Umlaufs um die Sonne mal die vordere, mal die hintere Hälfte der vollen Sonneneinstrahlung ausgesetzt. Eine hälftige Vereisung der Erdkugel ist nur denkbar mit exakt einer Eigendrehung während eines Jahres, entsprechend einem Sonnenumlauf. Das Wasser der sonnenzugewandten Erd-Hemisphäre würde an der Erdrückseite ausfrieren.

Auch mit extremen Variationen aller bekannten Klimafaktoren lassen sich keine großflächigen kontinentalen Vereisungen erklären. Diese Aussage gilt für die gegenwärtige Eisbedeckung der Antarktis und Grönlands ebenso wie für alle hypothetischen Vereisungen in der Erdvergangenheit. Vereiste Polkappen sind Relikte einer katastrophistischen Ausnahmesituation. Sie lassen sich mit keinem geologischen Modell rekonstruieren, solange der entscheidende Parameter – die kosmische Katastrophe – ausgeschlossen bleibt. Wiederholte Umstellungen der Erdachse, ursächlich nur erklärbar mit kosmischen Katastrophen, so wie sie von unseren Vorfahren detailliert beschrieben wurden und von den Geowissenschaften bis heute hartnäckig bestritten werden, können zu mehrfachen geographischen Verlagerungen der Poleiskappen geführt haben. Dazu parallel verlaufende Flutungen, zu messen mit Höhen von mehreren Hundert Metern und eindrucksvoll beschrieben in den Überlieferungen der alten Völker aller Kontinente, lagerten diejenigen Relikte ab, die von den Geowissenschaften einer Eiszeit zugeordnet werden: erratische Blöcke, Feuersteingürtel, Geschiebelehm, küstennahe Gerölle aus der Quartärzeit und weiterer vergangener Erdepochen, Wale auf dem Festland, Esker, Drumlines und Eisberge in Form von Gletscherfragmenten der Polkappen und Hochgebirgslagen. Gletscherfragmente in der Größenordnung von Eisbergen und erratische Blöcke, Tausende Tonnen schwer, können mit mächtigen – Hunderte Meter hohen – Flutwellen mühelos über weite Strecken verlagert werden.

Solange Geologen Geröllanhäufungen in Küstenzonen prinzipiell mit Moränen gleichsetzen und daraus auf eine ehemalige Vereisung schließen, müssen sie Kontinente durch die Ozeane schieben, um deren vermeintliche frühere Vereisung erklären zu können. In Kapitel 9.5 wurden die küstennahen Geröllablagerungen als Flutwellenfolgen beschrieben.

9.16 Meeresspiegelschwankungen

In Zusammenhang mit dem weltweiten Gletscherschwund werden erwartete Meeresspiegelanstiege diskutiert. Hinweise auf Meeresspiegelschwankungen in der Erdvergangenheit gibt es zahlreiche (1). Geologen teilen sie nach den auslösenden Ursachen ein. Sie unterscheiden schnell verlaufende, vulkanisch verursachte Meeresspiegelschwankungen von den langsameren Schwankungen durch weit gespannte Verbiegungen der Erdkruste (1). Letzteres fasst sie unter dem Begriff Epirogenese zusammen (2).

Pleistozäne Wechsel von Glazial- und Interglazialperioden sollen ebenfalls schnelle und weltweite Meeresspiegelschwankungen verursacht haben (1). Der Meeresspiegel sei bei jedem Wechsel von einer Glazial- zur warmen Zwischenzeit um 80 bis 100 m gestiegen und in der folgenden Glazialperiode um den entsprechenden Betrag durch die Bindung des Wassers im Eis gefallen (1). Für das Pleistozän werden neun aufeinanderfolgende Wechsel von Glazial- und Warmzeiten beschrieben (3).

Von der Geologie vermutete Meeresspiegelschwankungen entsprechen einzelnen Flutungen mit Absetzen von Sedimenten. Spezifisch leichtere Sedimente wie Blütenpollen und weitere Pflanzenbestandteile gelangen dabei unvermeidlich als letzter Absatz in die obersten Schichtlagen. Sie verleiten die Glaziologie zur Fehldeutung als warme Interglazialperioden.

Ozeane, angefüllt mit schwimmenden Eisbergen, verdampfen keine ausreichenden Wassermengen, die zum Wachstum von Gletschern erforderlich wären. Nach geologischen Angaben erfolgten die als apokalyptisch zu bezeichnenden Vergletscherungen alleine im Pleistozän neun Mal in der Folge mit zugehörigen Meeresspiegelschwankungen von ca. 100 m. Das Pleistozän soll eine Zeitspanne von 1,7 Millionen Jahren umfasst haben (4). Auch nach geologischen Maßstäben wären die Klimawechsel schnell erfolgt, im Mittel alle 200 000 Jahre für eine Kalt-Warm-Periode. Welche unbegreiflichen Ereignisse sollen diese Zustände verursacht haben? Geologen konstruieren mit Milankowitsch-Zyklen Klimakapriolen, die der Erklärung dieser Zustände dienen sollen. Voranstehend wurden die von den Geowissenschaften modellierten Klimavariationen als ungeeignet für die Auslösung von Eiszeiten beschrieben. Nicht nur die Ursachen sind unbegreiflich. Vereisungen dieses Ausmaßes, Meeresspiegelschwankungen mit neun Anstiegen um 100 m und ebenso häufigem Fallen um den gleichen Betrag in dem dafür geschaffenen Zeitabschnitt mit dem Namen Pleistozän, geben sich als Fiktion zu erkennen.

In Kapitel 8 wurde die Kollision zwischen Titan und der Erde beschrieben, so wie sie aus den überlieferten Angaben unserer Vorfahren und den zusammengefassten Befunden aus Geophysik, Geologie und Paläontologie rekonstruiert werden kann. Titan befindet sich zurzeit in einer Saturnumlaufbahn. Viele Saturn- und Jupitermonde tragen mächtige Eispanzer (5). Die Jupitermonde Europa, Ganymed und Kallisto sollen von kilometerhohen Eisschalen umgeben sein (5). Die Saturnmonde Mimas, Enzeladus, Thetys und Rhea sollen überwiegend aus Eis bestehen (5).

Kosmologen vermuten eine Vermehrung der irdischen Wassermassen durch extraterrestrische Zulieferer in Gestalt von ‚Impacts' (6). Das geologische Denkschema verlegt diese Ereignisse in eine undurchschaubare ferne Vergangenheit. Im Falle einer ehemaligen Eisbedeckung Titans muss diese sich während der Kollision an der erdzugewandten Seite und an den Flanken abgelöst haben. Teile davon blieben auf der Erde.

Unsere Vorfahren berichteten im Zusammenhang mit der Sintflut von Quellen der Erde, die sich öffneten. Bei Erdbeben traten in unserer Zeit regional große Wassermassen aus der Erde an die Oberfläche (Japan). Eine erhitzte Erdkugel – wie nach dem Titan-Crash – führte zur Freisetzung von Hydratwasser aus der harten Erdkruste. Es destillierte aufgrund des extremen Temperaturgradienten in höhere, kältere Erdschichten und kondensierte an der Erdoberfläche. „Das Krustengestein soll nach Schätzung zu etwa 0,2 % aus Wasser bestehen. Damit würde fünfmal so viel Wasser in den Steinen stecken, wie alle Ozeane zusammenfassen." (7) Ein Bruchteil davon erhöht den Spiegel der Ozeane um mehrere Hundert Meter, wenn eine Kondensation an der Erdoberfläche erfolgt. Dass der Meeresspiegel weltweit mehrfach und in Etappen anstieg, ist an dem Kontinentalsockel von Nordostsibirien unter dem Polarmeer auf der Reliefkarte des Meeresbodens erkennbar. Mindestens zwei Mal erfolgte in der Vergangenheit ein markanter Anstieg des Meeresspiegels.

9.17 Klima

Das gegenwärtige Klima der Erde resultiert aus einer dynamischen Wechselwirkung zwischen Energieaufnahme und Energieabgabe. Das Verhältnis zwischen aufgenommener und abgegebener Energie wird durch die Zusammensetzung der Erdatmosphäre geregelt. Eine Konstanz der Energiebilanz zeigt sich in stabilen mittleren Jahrestemperaturverläufen. Externe Energie erhält die Erde von der Sonne. Durch eine geeignete Atmosphäre können die Folgen einer gravierenden Erdbahnänderung in weiten Bereichen kompensiert werden.

Die chemische Zusammensetzung und Dichte der Atmosphäre regulieren die Wärmeabgabe in den Kosmos. Wärmedämmend wirken atmosphärische

Wasser-, Kohlendioxid- und Methanmoleküle (1). Wasser der Atmosphäre ist mit großem Abstand das bedeutendste Treibhausgas (1). 30 Mal geringer als das Spurengas Argon (0,9 %) ist die Konzentration von CO_2 in der Erdatmosphäre. Dessen Konzentration in der Atmosphäre beträgt 0,03 % (2). Ursachen und Folgen der vermuteten Klimaveränderung werden zurzeit kontrovers diskutiert. Verantwortlich für die Erhöhung der globalen mittleren Jahrestemperaturen sei das Treibhausgas CO_2, das die Menschheit in ‚umweltschädigender' Art und Weise produziere. Dagegen wird argumentiert, dass nicht der CO_2-Anstieg, sondern die Aktivitäten der Sonne für die gegenwärtige Erderwärmung verantwortlich seien. Informativ ist ein Blick auf die verschiedenen Emissionsquellen.

Lt. IPCC (Intergovernmental Panel on Climate Change) ist der Mensch für ca. 3 % der gesamten jährlichen CO_2-Emissionen verantwortlich; ca. 97 % sind natürlichen Ursprungs (3). Im ersten Jahrzehnt des 21. Jahrhunderts konnte kein weiterer Anstieg der globalen mittleren Jahrestemperatur festgestellt werden (4). Ungeachtet dessen laufen die Aktivitäten zur Verhinderung eines weltweiten Temperatur- und CO2-Anstieges und eines dadurch verursachten Artensterbens weiter. So schmelze den Eisbären das Eis unter den Füßen weg. Sie wurden auf die Liste der bedrohten Arten gesetzt (5). Im Jahre 1950 gab es bis zu 5 000 Eisbären (6). Ihr Bestand hat sich verfünffacht. Im Jahre 2005 gab 20 000 bis 25 000 Eisbären (7). Unbeeindruckt von allen Fakten und wissenschaftlichen Untersuchungen versuchen die Länder der Erde seit Jahren mit Weltklimakonferenzen, Empfehlungen und neuen Vorschriften den Schadstoffausstoß zu reglementieren. Nicht beeinflussbare Faktoren, wie die Freisetzung von CO_2 aus Carbonaten zu Wasser und zu Lande, Ausgasungen der Meere, der Böden und Vulkanausbrüche, bestimmen die globale atmosphärische CO_2-Konzentration. Sonnenfleckenaktivitäten und -emissionen steuern die globale Erdtemperatur. Sie untergraben die aufwendig erarbeiteten ‚hausinternen' Schuldzuweisungen für eine negative Klimamanipulation und die daran gekoppelten fiskalischen Aktivitäten. „Die Besteuerung von CO_2 aus Gründen des sogenannten Klimaschutzes hat keine wissenschaftliche Grundlage." (8) „Der zurzeit noch anhaltende kontinuierliche Anstieg des CO_2 ist überwiegend eine Folge der Erderwärmung wegen des Rückganges seiner Löslichkeit in Wasser bei steigenden Temperaturen." (8) „Weitere CO_2-Emissionen führen zu keiner weiteren Temperaturerhöhung." (8) „Selbst eine globale Verdopplung der CO_2-Konzentrationen würde aufgrund von Strahlungsrechnungen keine messbare globale Temperaturerhöhung ergeben." (8) Dem Anschein nach gibt es nur einen entscheidenden Faktor für das Weltklima – die Aktivität der Sonnenoberfläche. Deren Berücksichtigung ermöglichte langfristige und zutreffende Wetterprognosen (9, 10, 11). Probleme wird es geben, wenn nach dem Erreichen einer zur Zeit kaum vorstellbaren Null-Emission von CO_2 die Temperaturen weiter ansteigen. Die Zukunft wird zeigen, ob die Ursachen der zunehmenden Erderwärmung in unserem 3%-igen Anteil an dem globalen CO_2-Austoß zu suchen sind.

Zur Erforschung der Ursachen gegenwärtiger und vergangener Klimaschwankungen bohrt die Geologie tiefe Löcher in dickes Eis, auf der Antarktis und auf Grönland (12). Es könnte von Interesse sein, warum einerseits exakte Karten vom antarktischen Kontinent dem geschichtlichen Mittelalter bekannt waren, andererseits uns dieser Kontinent nur als eisige Einöde mit einer bis zu 4 000 m hohen Eisbedeckung erst seit seiner ‚Wieder'-Entdeckung im Jahre 1818 vertraut ist (13). Paläoklimatische Untersuchungen an den erbohrten Eiskernen sollen uns verstehen lassen, warum ‚über Nacht' die noch belaubten Buchenwälder der Antarktis versteinert und unter 4 000 m Eis begraben wurden (14). Wir wünschen uns kein derartiges Ereignis ‚über Nacht'. Geologen setzen einen beruhigenden absoluten Zahlenwert vor die Nacht, 30 Millionen Jahre. „Vor etwa 30 Millionen Jahren hatte sich der Kontinent dem Pol bereits so weit genähert, dass es erste nennenswerte Eisfelder gab." (15)

Während Geologen immer tiefere Löcher ins antarktische Eis bohren, ihr Metermaß mit Millimeterunterteilung an erbohrte homogene, glasklare Eiszylinder legen, mit dem Maßstab ‚ein Millimeter gleich ein Jahr', mit Multiplikation und Addition uns mathematisch exakt das Alter des untersten Eiszapfens auf das Jahr genau berechnen zu können glauben, werden die Karten aus dem 16., 17. und 18. Jahrhundert bestaunt, auf denen die Konturen des antarktischen Doppelkontinents mit eingezeichneten Bergen, Flüssen und Tälern abgebildet sind (16). Uns ist die Geographie der Antarktis seit 1958 durch Radarmessungen in Teilen bekannt (13). Das erwähnte historische und detaillierte Kartenmaterial deckt sich mit paläontologischen Befunden. Palmen wuchsen auf Spitzbergen und die Antarktis war von ausgedehnten Laubwäldern bewachsen (14). Palmen auf Spitzbergen und Laubwälder der Antarktis werden von den offiziellen Wissenschaften einer geologischen Vergangenheit zugeteilt, deren kleinste Einheit eine Million Jahre umfasst. Fossilierte Fauna und Flora der Polregionen sind unserer geschichtlichen Vergangenheit zuzuordnen.

Eine senkrecht stehende Erdachse erklärt das ehemalige subtropische Klima auf Spitzbergen und ebenso ein gemäßigtes auf dem antarktischen Kontinent in unmittelbarer Nähe des Südpols. Eine mächtige Erdatmosphäre und deren hoher Wassergehalt reduzierten die Wärmeabgabe in den Kosmos. Auch heute noch ist Wasserdampf mit Abstand das bedeutendste Treibhausgas. Der hohe atmosphärische Wasserdampfdruck vor dem Titan-Crash wurde durch Süßwasserozeane aufrechterhalten. Unsere salzwasserhaltigen Ozeane entstanden nach der Kollision der Erde mit Titan (Kapitel 8). Sie reduzierten den Wasserdampfdruck in der Atmosphäre. Dampfdruck und Salzgehalt einer wässrigen Lösung sind zueinander umgekehrt proportional. Ein nicht unerheblicher Teil der Erdatmosphäre wurde von Titan entführt (Kapitel 8). Evolutionsbiologen berichten über die süßwasserabhängige Entwicklung des Lebens (17).

Eine senkrecht stehende Erdachse erklärt auch das Fehlen von Jahreszeiten. Infolgedessen gab es kein Wetter im heutigen Sinne. Der globale Atmosphärendruck war weitgehend ausgeglichen. Es wehten keine Winde, es tobten keine Stürme und es zogen keine Wolken. Mit einer nahezu 100%ig gesättigten Wasserdampfatmosphäre war die Luft schwülwarm. Wasserdampf kondensierte bei nächtlicher Abkühlung zu Nebel. Nebelnässe kann auch in Tropfen abregnen.

Dieser ‚paradiesische' Zustand wurde durch die Kollision zwischen Erde und Titan mit einem Schlag beendet. Die Folgen des Titan-Crashs verwandelten das Süßwasser der Ozeane in Salzwasser und verursachten eine Schrägstellung der Erdachse. Eine schräg gestellte Erdachse lässt Jahreszeiten entstehen mit Kalt- und Warmzonen. Temperatur- und Druckdifferenzen in der Atmosphäre führten zur Ausbildung von Luftströmungen, Wolken und Niederschlägen. In warmen Regionen regnete es, in kalten fiel Schnee. Gewitter mit Blitz und Donner zogen übers Land. Das uns bekannte Wetter war entstanden.

9.18 Vulkane, Erdbeben und Tsunamis

Von Vulkanismus spricht die Geologie, wenn Magma aus den tieferen Bereichen der Erde austritt. Vulkane sind die sichtbaren Magmaaustrittsorte. Der Vulkanismus wird unterteilt nach der geographischen Lage, nach der Form der sich bildenden Vulkane und nach der chemischen Zusammensetzung des Auswurfmaterials.

Im Rahmen der plattentektonischen Hypothesen werden entsprechend der geographischen Lage ein ozeanischer Rift-Vulkanismus im Bereich der zentralen Riftzonen, ein ozeanischer Intraplatten-Vulkanismus mit Bildung von Seamounts und Gyots, ein Vulkanismus der Subduktionszonen an Kontinentalrändern und ein kontinentaler Rift-Vulkanismus unterschieden. Letzterer wird von der Geologie im ostafrikanischen Grabensystem gesehen.

Nach der Form der entstehenden Vulkane werden Linearvulkane, auch als Decken- oder Plateauvulkane bezeichnet, von Schild- und Schichtvulkanen unterschieden. Deckenvulkane fördern große Mengen dünnflüssiger Basalt-Lava. Die Ausdehnung dieser geschichteten Basaltdecken wird am Paraná-Becken in Brasilien (750 000 km2), den Deccan-Trapps an der Westseite des indischen Subkontinents (1 000 000 km2) und an der noch nicht geklärten Bedeckungsfläche der nordsibirischen Trapps ersichtlich (1). Schildvulkane wachsen durch ein wiederholtes Übereinanderfließen von Basaltlaven aus einem zentralen Vulkanschlot. Die Insel Hawaii ist ein riesiger Schildvulkan (2). Schichtvulkane stoßen abwechselnd flüssige Lava und Lockerstoffe aus. Der Vesuv in Italien ist ein Beispiel für einen Schichtvulkan. Calderen entstehen, wenn der oberste Teil des Auswurfkegels abgesprengt wird (2). Wenn der Anteil an Lockerstoffen und Gasen steigt, nimmt die Explosivität eines Kraters zu. Silikatische und als saure Laven bezeichnete Förderprodukte besitzen ein höheres Explosivpotenzial als reine basaltische Laven der Deckenvulkane. Gasreiches Auswurfmaterial wird als pyroklastisches Förderprodukt bezeichnet. Bei der Explosion des Pelé auf Martinique im Jahre 1902 starben bis auf einen alle Einwohner der Stadt St. Pierre durch eine pyroklastische Wolke (3). Verantwortlich für den Vulkanismus sollen laut Geologie die Bewegungen der Lithosphärenplatten sein, deren Dynamik den plattentektonischen Hypothesen gehorche.

Auch Erdbeben werden wie der Vulkanismus in einer zonalen Häufung registriert. Es werden Nah- und Fernbeben, Erdbebentypen und die Tiefe der

Erdbebenherde unterschieden. Als häufigster Erdbebentyp tritt das tektonische Beben auf (90 %). Weniger häufig und von den Auswirkungen nicht annähernd so gefährlich wie die tektonischen Beben sind ‚Karstbeben' bei Einstürzen in Karstgebieten (3 %) und vulkanische Beben (7 %) bei Ausbruch und Explosion eines Vulkans (4).

Erdbeben werden in Flachbeben bis 70 km Tiefe, in mitteltiefe bis 300 km und in tiefe Beben im Bereich von 300 bis 700 km unterteilt (5). Flachbeben werden gehäuft an einigen Kontinentalrändern registriert, die nach geologischem Glauben den Subduktionszonen entsprechen. Diese Regionen repräsentieren Bruchlinien zwischen Kontinent und ozeanischer Unterkruste (Kapitel 9.4). Mitteltiefe und tiefe Bebenherde können infolge der in diesen Tiefen fehlenden Härte des Gesteinsmaterials nicht mit Bruchvorgängen erklärt werden. Geologen unternehmen große Anstrengungen, um die Ursachen tiefer Beben zu klären. Die Zahl der Hypothesen wächst (6, 7).

Der Entstehungsort eines Bebens in der Tiefe wird als Hypozentrum, der Punkt senkrecht über dem Hypozentrum an der Erdoberfläche als Epizentrum bezeichnet. Hypozentrum, Epizentrum und die Stärke eines Bebens können mit drei räumlich getrennten seismischen Messstationen bestimmt werden. Die Bebenstärke wird in einer logarithmischen Skala nach Richter dargestellt. Diese Skala beginnt bei 0 und endet im oberen Bereich mit einem theoretisch unbegrenzten Zahlenwert. Ab einer Magnitude von 2,5 bis 3,0 werden subjektiv Erschütterungen festgestellt. Ein Beben mit einer Magnitude von 7,5 bis 8,5 lässt nahezu alle Bauwerke einstürzen. Eine Differenz von 1 entspricht nach der Richterskala einer Zunahme der Bebenstärke um den Faktor 10, eine Differenz von 2 entsprechend von 100 (5).

Vulkanismus und Erdbeben besitzen eine Gemeinsamkeit. Beide Naturgewalten werden weltweit in den gleichen, abgrenzbaren Zonen beobachtet. Geologen bezeichnen diese Gebiete nach den plattentektonischen Hypothesen als Seafloor Spreading und Subduktionszonen. Nach der Kollisionstheorie stellen diese Gebiete Zonen mit den ehemaligen maximalen Druckwerten dar (Kapitel 9.4). Aus der weitgehenden geographischen Deckung von Vulkanismus und Bebenherden kann eine gemeinsame Ursache dieser zerstörerischen Kräfte vermutet werden. Zitat: „Die epirogenen und tektogenen Krustenbewegungen sind Begleiterscheinungen von Massenverlagerungen in tieferen Bereichen der Erdkruste und im oberen Mantel. Teile von Mantel und Kruste befinden sich (zeitweilig) in schmelzflüssigem Zustand. Diese meist silikatischen Gesteinsschmelzen werden als Magma bezeichnet." (8) Vulkanismus und Erdbeben sind in der Tat Folgen von Phasenverschiebungen im Magma. Die Frage lautet daher, was ursächlich für diese Magmabewegungen im Erdmantel und in der Lithosphäre verantwortlich ist. Eine Erdkugel, deren Alter von der Geologie mit ca. 4,5 Milliarden Jahren angegeben wird, dürfte nach dieser langen Zeit weder Vulkanismus noch Erdbeben zeigen. Es hätte sich eine ideale Schichtung aller Bestandteile gemäß der Schwere einstellen müssen und ein vollständiges Temperaturgleichgewicht zwischen den einzelnen Schichtlagen, mit und ohne den vermuteten Energiegewinn durch radioaktive Zerfallsprozesse.

Durch die Kollision mit Titan (Kapitel 8) und vermutlich weiterer kosmischer Katastrophen in den vorangegangenen Zeiten wurden die Schichtungen des Erdkörpers wiederholt und massiv zerstört. Druckwellen führten nicht nur zur extremen Anhebung der Temperaturen in der Lithosphäre, im Erdmantel und Erdkern. Titan komprimierte auch die Lithosphäre und den oberen und mittleren Erdmantel in Kollisionsrichtung. Die nordöstlichen Regionen des Indischen Ozeans und der gesamte pazifische Raum wurden durch die Ost-Abweichung der Kollisionsrichtung stärker komprimiert als die westlich der Kollisionszone liegenden Regionen. Höher verdichtete und somit schwerere Anteile des Erdmantels und der aufgeschmolzenen Lithosphäre kamen dadurch über leichteren zu liegen. In allen Regionen mit einem flüssigen Aggregatzustand – dies wird für Teile des Erdmantels und der Erdkruste angenommen – müssen sich entsprechend dem Gravitationsgesetz unaufhaltsam stofflich schwerere Anteile des Magmas unter den leichteren konzentrieren. Gravitative Umschichtungen in Erdmantel und -kruste und Druckausgleichsbewegungen des Magmas repräsentieren bis in unsere Zeit anhaltend die Wiederherstellung eines Normalzustandes, die Verteilung der einzelnen Magmafraktionen entsprechend der Schwere. Sie sind verantwortlich für die Epirogenese, die großräumigen Verbiegungen der Erdkruste, für die räumlich mehr begrenzten Hebungen in der Erdkruste, die Plutone, für deren Durchbrüche an die Erdoberfläche mit der Bezeichnung ‚Vulkan' und für Erdbeben mit tiefen und mitteltiefen Hypozentren. Mit zunehmender Härte der Granit- und Basaltdecken nehmen in der oberen Lithosphäre die thermisch bedingten Spannungen zu. Erdbeben werden dort durch Brüche ausgelöst. Magmaumschichtungen und Expansionsbewegungen in hoch verdichteten Zonen sind die Ursache von Beben in größeren Tiefen. An den Abbruchkanten der Lithosphärenplatten – von der Geologie als Subduktionszonen bezeichnet – erlangten die Verbindungen zu den Kontinentalsockeln nach dem Bruch und Abkühlen der angeschmolzenen Plattenränder eine geringe Stabilität. In den Zentralrissen der Riftzonen ist die Basaltdecke noch dünn und instabil. Sie nimmt durch langsame Abkühlung an Dicke zu. An den Transformstörungen verklebten die gebrochenen und angeschmolzenen Flanken frühzeitig. Vulkane und Erdbeben werden daher am häufigsten an den Abbruchkanten der Platten (Subduktionszonen), weniger häufig in den Zentralrissen der Riftzonen und selten an Transformstörungen registriert.

Eindrucksvoll geben die Schwerefeldmessungen durch die Satellitensysteme CHAMP und GRACE Hinweise auf die gegenwärtigen Prozesse im Erdmantel. Die sog. ‚Potsdamer Kartoffel' (Kapitel 2.3) zeigt das von der Wissenschaft noch unverstandene so genannte „Gravitationsloch" unter der mittleren und nördlichen Region des Indischen Ozeans.

Im Bereich des Indischen Ozeans kam es im Dezember 2004 zu abrupten Bewegungen der Lithosphäre. Die Lithosphärenplatte unter dem Indischen Ozean zerbrach vor der Westküste Sumatras von Süd nach Nord auf ca. 1 000 km Länge und schnellte 12 m in die Höhe. Die Bruchstelle mit der lang gestreckten Stufenbildung unter Wasser wurde geortet (9). Durch das ruckartige Hochschnellen der ozeanischen Kruste wurden gigantische Wassermassen beschleunigt, die beim Auftreffen auf benachbarte Küstenregionen als Tsunami ihre verheerenden Wirkungen zeigten.

Im März 2011 bebte die Erde vor der Nordostküste Japans. Das Beben zeigte eine ungewöhnliche Stärke von 9,1 nach der Richterskala. Das Epizentrum lag im Pazifik, 160 km vor der Küste von Japan. Wieder wurde der Meeresboden abrupt angehoben. Der Riss in der subozeanischen Basaltdecke war mehr als 400 km lang (10). Der Meeresboden wurde auf der kontinentalwärts gelegenen Seite des Plattenrisses um 7 m gehoben (10). Geologen präsentierten computergenerierte untertauchende Erdkrustenplatten als Ursache der Beben im Indischen Ozean 2004 und im Pazifik 2011. Geologen sprechen von ‚klemmenden', von ‚hakenden' Platten, die sich beim Lösen ruckartig in Bewegung setzen.

Untertauchende Erdkrustenplatten können keine Tsunamis auslösen. Tsunamis müssen horizontal beschleunigt werden. Horizontale Bewegungen des Meeresbodens, insbesondere ruckartige, können oben aufliegende Wassermassen nicht in irgendeine Richtung beschleunigen. Infolge der Massenträgheit bliebe das Wasser an Ort und Stelle stehen. Auch ‚normale' Seebeben mit den bekannten Schwankungen der Bodenfläche vermögen aus den gleichen Gründen keine Tsunamis auszulösen. Tsunamis werden durch eine schnelle, innerhalb von Sekunden erfolgende Hebung von Teilen des Meeresbodens verursacht. Bei den erwähnten schweren Erdbeben riss zunächst ‚rasend schnell' die ozeanische Bodenplatte. Je eine Bruchhälfte schnellte um mehrere Meter nach oben. Wie bei der damaligen Riftzonenbildung liefen die angehobenen Wassermassen auf einer Gefällstrecke in Richtung Kontinent. Vor den Küsten türmten sich die Wassermassen nach bekanntem Muster zu den verheerenden Tsunamis auf.

Küstenzonen im pazifischen Raum und die entsprechenden Regionen im Indischen Ozean nördlich des Äqutors enthalten hoch erhitzte Magmen unter und in der harten Lithosphärenkruste (siehe Kap. 9.4). Hoch erhitzte Magmen dehnen sich bei benachbartem Druckgefälle aus. Physikalisch korrekt nimmt der Druck in Erdmantel und -kruste mit der Tiefe zu, nach oben zur Erdoberfläche hin ab. Druckausgleichsbewegungen des Magmas nehmen stets den Weg des geringsten Widerstandes. Druckausgleich erfolgt in Richtung Lithosphäre, nach ‚oben'. Die harte Erdkruste vermag eine Expansionsbewegung des komprimierten Magmas bis zu ihrer Streckgrenze zu bremsen. Wird Letztere überschritten, bricht die Lithosphäre bis zu ihrer Untergrenze – vor Japan bis in 60 km Tiefe (10). Von den druckbedingt angehobenen Bruchflanken laufen die Wassermassen – wie bei der Riftzonenbildung – in einem 90°-Winkel von dem Bruchspalt fort. Die Bruchspaltzone zeigt die größte Hebung, bedingt durch den dort vorhanden gewesenen höchsten Druck unter der Lithosphäre. Dadurch zeigen Bruchflanken ein Gefälle und vermögen aufliegende Wassermassen zu beschleunigen.

9.19 Das Relief der Meeresböden und Kontinente

Zu den Großstrukturen der Erde zählen Meere, Kontinente und Gebirge. Es ist das vorrangige Ziel der geowissenschaftlichen Grundlagenforschung, den Ursprung und die Entstehungsweise dieser Großstrukturen erklären zu können. In den voranstehenden Kapiteln wurden die nun fast 300 Jahre andauernden Bemühungen der Geowissenschaften zur Klärung ihrer fundamentalen Fragen beschrieben. Gegenwärtig arbeiten Geologen mit dem zuvor erwähnten plattentektonischen Modell, demzufolge geologische Großstrukturen im Verlaufe vergangener Milliarden von Jahren ständig ihre Maße, ihre geographische Lage und ihr Profil verändert haben sollen – in einem nicht enden wollenden dynamischen Prozess unter Ausnutzung einer vermuteten, der Erde innewohnenden unerschöpflichen Energiequelle. Gebirge seien die sichtbaren Zeichen vergangener und anhaltender Mobilität der Kontinente und Meere. Alle Gebirge der Erde sind auf der Reliefkarte (Abb. 7.14) abgebildet, sowohl kontinental als auch submarin. Submarin gelegene Gebirgszüge, die Riftzonen, stellen mit Abstand die ausgedehntesten Gebirgsformationen der Erde dar. Geologen sehen in diesen Formationen die Regenerationszonen der subozeanischen Basaltdecken (Kapitel 6). In Kapitel 9.4 wurden die katastrophistische Bildung der Riftzonen erklärt und die dadurch ausgelösten Folgereaktionen beschrieben.

Riftzonen markieren den Verlauf von drei Hauptdruckzonen, die aus der Kollisionsrinne im Indischen Ozean fortgeleitet wurden (Kapitel 9.4). Diese Riftzonen und die Druckwelle in Richtung NNO, in Kollisionsrichtung, profilierten die gesamte gegenwärtige Erdkruste, kontinental und submarin. Die Hebung aller alpinen ebenso wie die der niedrigen, sogenannten Mittelgebirge erklärt sich aus dem Verlauf der erwähnten Druckwellen. Gebirge erhoben sich unmittelbar nach dem Titan-Crash im Einflussbereich der Hauptdruckzonen, der nordwestlichen, südwestlichen und südöstlichen Riftzone, sowie der größten Druckwelle in Richtung NNO.

Gebirge zeigen durch ihre Höhe und Ausdehnung die zur Zeit ihrer Bildung vor Ort vorhanden gewesenen Druckwerte in vertikaler und horizontaler Richtung an. Geologen schließen aus der Höhe einer Gebirgsformation auf deren Alter. Alle gegenwärtigen Gebirgsformationen der Erde entstanden gleichzeitig, innerhalb einer Zeitspanne von wenigen Stunden bis Tagen durch die unterlaufenden gigantischen Druckwellen. Diese sprengten die harte steinerne Kugelschale der Erde – die Lithosphäre – und ließen die Basalt- und Granitdecken in ihrer Laufrichtung aufschmelzen.

Die den Indischen Ozean in NW-Richtung verlassende Druckwelle mobilisierte in ihrer Verlaufsrichtung die zugehörigen Riftflanken und hob die Arabische Halbinsel an. Sie endete am atlantischen Rücken südlich der Azoren. Alle Gebirgsformationen des nördlichen und nordöstlichen afrikanischen Kontinents liegen auf der Südflanke dieser Riftzone. Alle Gebirgsformationen der nördlichen Mittelmeer-Anrainerstaaten und des Irans erhoben sich auf der nördlichen Flanke. An der Peripherie der nördlichen Flanke, über der Region mit abfallenden Druckwerten, liegen die sogenannten ‚Mittelgebirge'.

Der Scheitel der atlantischen Druckzone unterquerte keine kontinentale Kruste. Auf der rechten Flanke bildeten sich die Drakensberge Südafrikas, auf der gegenüberliegenden südlichen Flanke die angrenzenden Gebirgszüge der Antarktis. Die Ränder des antarktischen Kontinentalsockels werden von der atlantischen und pazifischen Riftzone flankiert. Parallel zu den Riftzonen verlaufen die höchsten Gebirgsformationen der Antarktis. An der linken Peripherie der atlantischen Riftzone liegen in Höhe des Nordatlantiks auf dem amerikanischen Kontinent die Appalachen und der Labrador. Mit zunehmender Annäherung an den Scheitelbereich der Riftzone steigen weiter nördlich die Höhen der Gebirge an: Parallel zur Riftzone liegen Grönland auf der westlichen und Norwegen gegenüber auf der östlichen Flanke. Island entstand auf dem Zentralriss des Atlantikrifts. Island kann nicht älter sein als das Zentralrift. Oberhalb des asiatischen Kontinentalsockels versiegte die Druckwelle des Atlantikrifts in der Basaltdecke des Nordpolarmeeres (Abb. 9.7). Der Druckwellenkopf gibt den charakteristischen Bruchverlauf in der Riftzone von zentral nach lateral zu erkennen (Abb. 9.7).

Der höhere Druckgradient östlich der Kollisionsrinne fragmentierte nicht nur den Basaltboden des Pazifiks in einem größeren Ausmaß als im Atlantik. Er zerbrach auch die Verbindung zwischen Ozeanboden und Kontinentalsockel von Süd- und Mittelamerika und dem südlichen Anteil des nordamerikanischen Kontinents. Aufgrund ihres höheren Druckgradienten ist die pazifische Riftzone breiter als die atlantische. Sie ist ursächlich für die Hebung der schmalen und hohen Gebirgskette der Anden und Kordilleren auf dem südamerikanischen Kontinent bis nach Mittelamerika verantwortlich, von Feuerland bis nach Mexiko. Durch den Seitendruck der nach Osten gerichteten Magmaströmung des aufgeschmolzenen pazifischen Basaltbodens erhielten die dortigen Gebirge ihre Höhe. Südlich des Golfs von Kalifornien unterlief die Druckwelle den nordamerikanischen Kontinent. Die nach Norden weiterlaufenden Gebirgsformationen der Rocky Mountains nehmen schnell an Breite zu. Sie entsprechen der Ausdehnung der Riftzone. Deren Scheitel liegt dort unter dem Hauptkamm der Rocky Mountains. Die Rocky Mountains entstanden durch einen kräftigen vertikalen Druckanstieg, durch eine hebende Kraft.

Der Himalaja ist das höchste Gebirgsmassiv der Erde. Neben der Höhe gilt die Lithosphärenplattenverdopplung unter dieser Region als weitere geologische Auffälligkeit. Nach dem Ausmaß der NNO-Unterschiebung des indischen Subkontinents kann die ehemalige geographische Lage der Südspitze Indiens in Äquatornähe vermutet werden. Geologen zählen den Himalaja zu der jüngsten Gebirgsformation der Erde. Nach ihren Hypothesen bedeutet ‚hoch' gleich ‚jung'. Der Himalaja ist das gegenwärtig älteste Gebirgsmassiv der Erde. Unter Berücksichtigung der katastrophistischen Bildungsweise kann seine Hebung eine halbe bis wenige Stunden vor der Entstehung der den Riftzonen parallel liegenden Gebirge angenommen werden. Nördlich des Himalajas zeigt der Verlauf der Gebirgsformationen eine Abknickung von der Kollisionsrichtung nach Osten. Aus der Ostabweichung der Gebirge von der NNO-Richtung der Kollisionszone kann eine zuvor bestehende Rotationsrichtung der Erde gefolgert werden, die der heutigen entspricht. Die Sonne ging vor der Kollision im Osten auf und im Westen unter. Diese für uns selbstverständliche Tatsache und als unveränderbar angesehene Zustand wurde in der Vergangenheit mehrmals im wahrsten Sinne des Wortes auf den Kopf gestellt (1). Nach dem Titan-Crash wurden Sonnenauf- und -untergangsort vertauscht. Die Sonne ging nach der Kollision im Westen auf und im Osten unter. Ca. 1500 v. Chr. erfolgte eine erneute Vertauschung von Sonnenauf- und -untergang. Der Sonnenaufgang erfolgte wieder im Osten, anhaltend bis zur Gegenwart. Die katastrophistisch bedingten Positionswechsel sind durch antike Überlieferungen belegt (1) (Kap. 8).

Durch eine komplette Erdachsenkippung von 180° und Änderung der Rotationsrichtung des Erdmantels nach oben beschriebenem Ablauf ändern sich für einen Erdbewohner sowohl die Bewegungsrichtung des bekannten umgebenden Sternenhimmels als auch der Ort des Sonnenauf- und -unterganges. Sonnenauf- und -untergang wechseln von Ost nach West und umgekehrt.

Die größere Stabilität der dickeren kontinentalen Krusten gegenüber den ozeanischen Basaltböden zeigte sich an der Arabischen Halbinsel und auf dem nordamerikanischen Kontinent. In der kontinentalen Kruste fehlt das für den dünneren Basaltboden typische geometrische, an der Oberfläche sichtbare Bruchmuster. Unter und in der kontinentalen Lithosphäre bildeten sich Plutone und Vulkane. Gebirge wurden emporgehoben. Diese bis in größere Tiefen durchgreifenden Umformungen sind nur im plastischen und schmelzflüssigen Zustand möglich. Nicht zur Aufschmelzung gelangte Lithosphäre brach bei schneller Hebung. Gebirgsformationen auf dem nordamerikanischen Kontinent geben dafür eindrucksvolle Beispiele (2).

Aus dem sichtbaren Bruchmuster der ozeanischen Basaltdecken kann auf die Existenz der Ozeanböden zum Zeitpunkt der Kollision geschlossen werden. Kontinente und Ozeane waren vorhanden, als Titan mit der Erde kollidierte. Ihr Relief und ihre Ausdehnung haben sich verändert. Gebirge wurden geformt und der Meeresspiegel stieg an. Südamerika und Afrika waren getrennt durch den Atlantik, dessen Ausdehnung sich geringfügig verändert haben kann. Die behauptete Trennung von Afrika und Südamerika mit der dabei erfolgten ‚Öffnung' des Südatlantiks muss – sofern diese beiden Kontinente einer geologischen Hypothese (Pangäa) zufolge jemals eine Einheit gebildet haben – in einer Zeit vor der Kollision erfolgt sein. Auch dieser Vorgang verlangte eine kosmische Katastrophe.

Unter den Mittelgebirgen stellt der Ural eine Besonderheit dar. Nach geologischem Glauben ist er ein sehr altes Gebirge. Der Ural entstand wie alle gegenwärtigen Gebirge in unmittelbarem Zusammenhang mit der Kollision. Er bildete sich durch Anhebung der östlich gelegenen Regionen, durch die Scherkräfte zwischen dem westlichen europäischen und dem östlichen asiatischen Segment und einer zusätzlichen, nach NO gerichteten Kompression infolge der Verschiebung des afrikanischen Kontinents gegen die europäische Platte.

Nach der allseitigen Lösung des afrikanischen Kontinents aus der festen Lithosphärenkruste durch Aufschmelzen der ozeanischen Kruste im Bereich der ihn vollständig umrundeten Druckzonen führte die Summe aller Druckwerte zur Verschiebung dieses Kontinents nach Norden und zum weiteren Anstieg der Alpenkette mit den geologisch bekannten vielfältigen Überschiebungen. Unterhalb der Arabischen Halbinsel, im Arabischen Meer, ist die nordwestliche Riftzone auf der Panoramakarte mit einer Breite von ca. 1500 km zu erkennen. Im Mittelmeer wurde die Struktur der Riftzone durch den mobilisierten afrikanischen Kontinent weitgehend unkenntlich gemacht.

Aus historischen Überlieferungen ist bekannt, dass vor der ‚Sintflut' das Mittelmeer zweimal täglich seine Grenzen überschritt, einmal morgens und einmal am Abend. Das Wasser war durch eine breite Verbindung zum Atlantik den Gezeitenkräften mit Ebbe und Flut ausgesetzt. Nach der ‚Sintflut' seien diese regelmäßigen Meeresspiegelschwankungen nicht mehr zu beobachten gewesen (3). „Before the birth of Noah, the sea was in the habit of transgressing its bounds twice daily, morning und evening. Afterwards it kept within its confines." (3) Aus diesen Überlieferungen kann eine ausgeprägte Nordverschiebung des afrikanischen Kontinents gefolgert werden. Das fordert auch die Geologie, und dafür einen Zeitrahmen von Jahrmillionen.

Grabenbrüche entstanden im Scheitelbereich kontinental gelegener Druckzonen, wenn dort nach Druckabfall die aufgeschmolzene Lithosphäre absank. In geringerem Maße aufgeschmolzene Flanken blieben als angehobene, gebirgige Formationen bestehen. Abgesunkene Scheitelzonen wurden mit Sediment geflutet und zu ebenen Talböden, wenn Wasserzutritt möglich war, wie im Rhône- und Rheintal. Bei fehlender Flutungsmöglichkeit blieb der Talboden hügelig, wie das afrikanische Rift Valley zeigt.

Über das afrikanische Rift Valley ist viel publiziert worden. Geologen bezeichnen dieses ausgedehnte Grabensystem als embryonales Rift, welches nach ihren plattentektonischen Hypothesen gleichzusetzen sei mit der Spaltung des afrikanischen Kontinents unter Bildung eines neuen Ozeans. Das afrikanische Grabensystem liegt in unmittelbarer westlicher Nachbarschaft zur Kollisionsrinne. Erdkruste und -mantel im Osten Afrikas wurden während der Kollision mit großer Kraft komprimiert. Die Lithosphäre wurde von Titan in westlicher Richtung zu einem mehrere Tausend Meter hohen Gebirge zusammengeschoben. Nach Kontaktlösung und Druckabfall sanken die heißesten und aufgeschmolzenen Bereiche der komprimierten Lithosphäre im Scheitelbereich unter Bildung des Grabensystems ein. Unter der Lithosphäre driftete hoch erhitztes Magma zur Kollisionsrinne. Östlich des eingesunkenen Grabens gelegene Lithosphärenbruchstücke wurden durch den Magmaabfluss in Richtung Kollisionsrinne gezogen und kippten ab. Beide Vorgänge vertieften und verbreiterten den Graben. Als geologische Besonderheit dieser Region ist die Kontinuität der kontinentalen Lithosphäre unter dem Indischen Ozean in Richtung der Seychellen erwähnenswert. Die Inselgruppe der Seychellen ist über eine durchgehende kontinentale granitische Lithosphäre mit dem westlich gelegenen afrikanischen Kontinent verbunden. Seismisch konnte kein Übergang des granitischen Kontinentalsockels zu einem Basaltboden im Indischen Ozean gefunden werden (4). Die Inneren Seychellen sind sichtbare Überreste des ehemaligen östlichen Afrikas. Auf dem ‚Mahe-Plateau' bilden 41 Granitinseln die Inneren Seychellen (5) (Abb. 9.20).

Weltweit sind ausgedehnte Basaltergüsse bekannt. Diese als Plateau- und Flutbasalte bezeichneten Formationen liegen unter den Ozeanen, an den Kontinentalrändern und auf den Kontinenten. Basaltformationen sind geschichtet. Sie liegen als Einzeldecken in waagerechter Position übereinander und zeigen in den Randbezirken durch Erosionskräfte entstandene stufenförmige Flanken. Daraus erklärt sich deren Bezeichnung als ‚Trapps' (niederländisch: Treppe). Intensiv untersucht wurden die Basaltformationen im Westen Indiens, die ‚Deccan-Trapps'. Dort liegen mehrere Hundert Lavadecken mit Dicken von 10 bis 150 m übereinander und erreichen eine Gesamtmächtigkeit von 2400 m (6). Geologen folgern das Alter dieser Basaltformationen aus physikalischen, chemischen und paläontologischen Befunden. Für die ‚Deccan-Trapps' wird ein Alter von ca. 65 Millionen Geo-Jahren angenommen. Weltweite Iridium-Ablagerungen, die K/T-Grenze einschließlich des zugeordneten Aussterbens der Dinosaurier und das Massensterben weiterer Arten werden damit in Verbindung gebracht. Der Vulkanismus während der Entstehung der ‚Deccan-Trapps' und der Impact nach Alvarez sollen für das Massensterben an der K/T-Grenze verantwortlich sein. In den Diskussionen ist die Bildungszeit der ‚Deccan-Trapps' von entscheidender Bedeutung. Ein vermehrter Vulkanismus während ihrer Entstehung soll sich über viele Tausend Jahre erstreckt haben – für geologische Zeitvorstellungen außergewöhnlich schnell. Ein Impact bedingt eine schlagartige Bildung dieser Formationen.

Der Druckanstieg in der Erdkugel während der Kollision mit Titan zerbrach auch abseits der Riftzonen an vielen Orten die harte Erdkruste. Hoch erhitzte, dünnflüssige basaltische Magmen aus dem oberen Erdmantel ergossen sich schwallartig und wiederholt aus den gebildeten Spalten der zerborstenen harten Erdkruste, vergleichbar mit dem zuvor beschriebenen Auswurf der Salzfraktionen (Kapitel 9.10). In schneller Folge wiederholten sich Phasen mit Druckabfall durch den Auswurf von Magma und Druckaufbau unter tamponierenden Magmaschichten bis zur nächsten Eruption. Basaltdecken werden von der Geologie zutreffend als Flutbasalte bezeichnet. Zigtausende Kubikkilometer Basaltmagmen, Hunderte Meter über den zahlreichen Austrittsspalten emporgehoben, flossen in Sekunden seitwärts und überdeckten mit jedem neuen Auswurf Flächen, die heute zusammengefasst mit mehreren Millionen Quadratkilometern gemessen werden. Die ausgedehnteste ozeanische Plateau-Basalt-Formation wird vom Ontong-Java-Plateau östlich von Australien gebildet. Dessen Fläche entspricht annähernd der von Australien. Die sibirischen Trapps bilden die größte kontinentale Basaltformation. Sie liegen in der Schusslinie der Titan-Kollision.

Auswurf- und Ausbreitungszeiten der Basaltmagmen sind in Sekunden und Minuten zu messen. Die Gesamtdauer der eruptiven Phasen kann Stunden

Abb. 9.20: Die Seychellen bestehen aus mächtigen Granitfragmenten auf einer granitischen kontinentalen Kruste. Sie gehören zur ehemaligen Ostküste Afrikas. (Foto: Franz Binder. Mit freundlicher Genehmigung)

und wenige Tage betragen haben. Basalte der ‚Deccan-Trapps' zeigen Umpolungen ihrer Magnetisierung. 80 % aller Basalte zeigen dort eine inverse Magnetisierung zur rezenten (6). Die Gesamtdauer aller Magnetfeldinversionen der Riftzonen wurde in Kapitel 9.14 mit einigen Tagen bis wenige Wochen angegeben. Von diesen Magnetfeldinversionen konnten zwei in den ‚Deccan-Trapps' fixiert werden.

Das Zerfließen der ausgetriebenen Basalte unter Wasser oder deren Überfluten mit Wasser ermöglichte das Absetzen und Fixieren von Organismen. Insbesondere kontinentale Basalte zeigen zwischen den einzelnen Lavadecken Organismenreste. In den ‚Deccan-Trapps' wurden mehrere Sedimentlagen mit Fossilien und Resten von Säugetieren zwischen den Basaltschichten gefunden (6). Geologen betrachten diese im Zusammenhang mit den Flutbasalten bekannten Organismenreste als Hinweise auf das Alter der Basaltformationen. Zur Entwicklung einer Fauna und Flora auf einer ausgebreiteten

Basaltdecke seien Zeiten erforderlich. Die Zeit zwischen zwei aufeinanderfolgenden Basaltergüssen müsse daher ausreichend lang sein, Tausende von Jahren, wenn sich bei aktualistischer Betrachtung auf den einzelnen Lavaschichten Leben entwickeln soll. Eine Flutung mit Wasser, wie oben beschrieben, ermöglicht die Deponierung dieser geologischen ‚Zeitbeweise' innerhalb von Sekunden.

Basaltmagmen schufen Eruptivprovinzen mit mächtigen Plateau-Basalten. Sie bilden auch die Grundsubstanzen aller Riftzonen und der darauf befindlichen Formationen mit Gyots und Sea Mounts. Ein kleiner Teil der vielen Tausend Basaltkegel wuchs bis oberhalb der Wasserlinie. So bildete sich die Inselwelt des Pazifiks aus dem zuvor aufgeschmolzenen Basaltboden. Alle gegenwärtigen Inseln des Pazifiks entstanden durch die Kollision zwischen Titan und Erde. Ihre Besiedelung erfolgte anschließend. Diese Aussage deckt sich mit den Zeitangaben zu den ethnischen Befunden (7).

Der amerikanische Doppelkontinent trennt den Pazifischen vom Atlantischen Ozean. Nord- und Südamerika sind durch eine schmale Landbrücke über Mittelamerika verbunden. Zwischen Feuerland und der Antarktis verbindet eine Wasserstraße die beiden Ozeane.

In den Regionen Mittelamerika und Feuerland beschreibt die Geologie auffallende Formationen. Mittelamerika und die östlich angrenzenden Inselbögen mit den großen und kleinen Antillen bilden die Karibik. Weiter im Süden zwischen Feuerland und Antarktis erwähnt die Geologie die sogenannte patagonische Driftspur, deren Grenzen im Osten ebenfalls von einem Inselbogen, bestehend aus Südgeorgien, Süd-Sandwich- und Süd-Orkney-Inseln gebildet werden (Abb. 9.21a,b). An beiden Schmalstellen zwischen Pazifik und Atlantik, unter Mittelamerika und Feuerland / Antarktische Halbinsel, driftete nach der Titan-Kollision geschmolzener Basaltboden aus dem pazifischen Raum ostwärts in den Atlantik. Ursächlich dafür verantwortlich waren die bereits mehrfach erwähnten höheren Druckwerte der pazifischen gegenüber der atlantischen Druckwelle (Kap. 9.4). Unter dem breiteren mittleren Abschnitt des südamerikanischen Kontinents stoppte der Magmastrom. Mittelamerika wurde vom Magma unterlaufen und die oben liegende Landbrücke blieb erhalten. Südamerika und Antarktis wurden getrennt, sofern sie zuvor vereinigt waren. Die möglicherweise vorhanden gewesene Kontinentalbrücke hielt dem ostwärts gerichteten Druck des Magmas nicht stand. Feuerland und Antarktische Halbinsel wurden – durch die Kollision schmelzflüssig gewor-

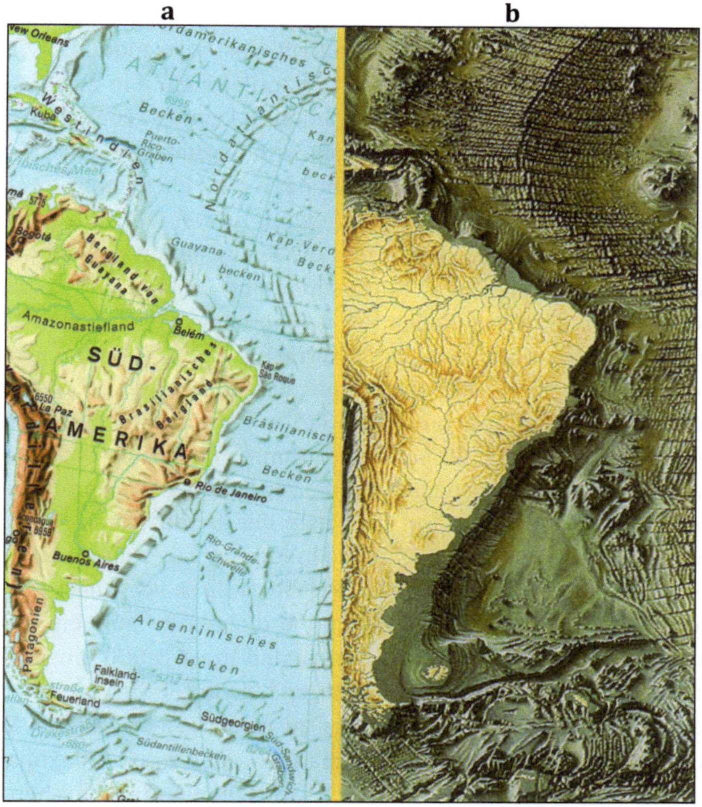

Abb.9.21: a: Karibik und Patagonien: geographisch mit ‚Karibischer'- und ‚Scotia'- Platte; **b:** geologisch nach der Relief-Karte des Meeresbodens: In beiden Regionen erfolgten Durchbrüche des aufgeschmolzenen basaltischen Pazifikbodens von West nach Ost in den Atlantik hinein. (geographische Karte nach: © Cornelsen Verlag, Berlin. Mit freundlicher Genehmigung). Relief-Karte aus: ‚The New Atlas of the Universe', 1984, von Patrick Moore. Mit freundlicher Genehmigung.

den – nach Osten in den Atlantik gebogen. Von der Geologie wird das in den Atlantik gerichtete Relief des Meeresbodens von Mittelamerika mit den begrenzenden Inselketten der Antillen als ‚karibische Platte' bezeichnet. Das ebenfalls in den Atlantik gerichtete Relief des Meeresbodens zwischen Südamerika und Antarktis mit den begrenzenden Inseln von Südgeorgien bis zu Süd-Orkney nannte sie ‚Scotia-Platte'. Gelegentlich werden dafür die Bezeichnungen ‚Scotia-Bogen' und ‚patagonische Driftspur' verwendet. Der Schmelzdurchbruch erfolgte dort bis weit in den Atlantik hinein. Ein Zurückschwenken der nach Osten abgedrängten Kontinentalsockel von Feuerland und Antarktischer Halbinsel ließe eine durchgehende Verbindung zwischen dem südamerikanischen Kontinent und der Antarktis entstehen (Abb. 9.22).

Patagonische Driftspur, Kordilleren, Vulkane an der Westküste von Süd- und Mittelamerika, karibische Platte und die Rocky Mountains auf der Westseite des nordamerikanischen Kontinents sind Folgen der pazifischen Druckwelle. Unter diesen auffallenden geologischen Formationen befindet sich tief im Erdmantel und fast bis in Kernnähe (8) reichend, eine weitere geologische Besonderheit – die sogenannte ‚Farallon-Platte' (9). Sie erstreckt sich unter beiden Teilkontinenten, von Süd- nach Nordamerika verlaufend. Nach den berechneten seismischen Tomogrammen stellt dieser lange Gürtel mit hoher P-Wellen-Geschwindigkeit eine Verdichtungszone im tiefen Erdmantel dar. Geologen sehen darin die Reste der subduzierten sogenannten Farallon-Platte (siehe auch Kap. 9.4). Wie in Kapitel 9.4 erklärt, benötigt eine durch den Erdkörper verlaufende Druckwelle in ihrer Verlaufsrichtung eine Resistenz, einen Widerstand, um Magma verdichten zu können. Unterhalb der Kontinente von Nord- und Südamerika sind in ca. 3 000 km Tiefe keine weiteren resistenten geologischen Strukturen bekannt.

Die Farallon-Platte reicht hinunter bis zu diesen Tiefen. Dieser Verdichtungsgürtel entstand durch das Gegeneinanderlaufen zweier Maximaldruckwellen, durch das Zusammentreffen der atlantischen und pazifischen Druckwelle. Die Ostflanke der pazifischen Druckwelle lief gegen die Westflanke der atlantischen. Aufgrund ihres höheren Druckgradienten und einer zeitlichen Verzögerung gegenüber der atlantischen Druckwelle von wenigen Minuten überformte die pazifische Druckwelle die atlantische. Am Meeresboden sind diese Effekte an den Schmelzdurchbrüchen von West nach Ost zu erkennen, mit den Namen ‚Scotia'- und ‚karibische' Platte; tief im Erdmantel an der langen Verdichtungszone von Süd- bis nach Nordamerika, mit dem Namen ‚Farallon-Platte'. Der höhere Druckgradient der pazifischen Druckwelle deformierte den Verdichtungsgürtel im Erdmantel mit einer konkaven Ostverschiebung (8).

Eine ehemalige kontinentale Landbrücke zwischen Südamerika und der Antarktis wird in der Paläontologie und Geologie diskutiert. Eine vergleichbare Brücke zwischen dem asiatischen und nordamerikanischen Kontinent,

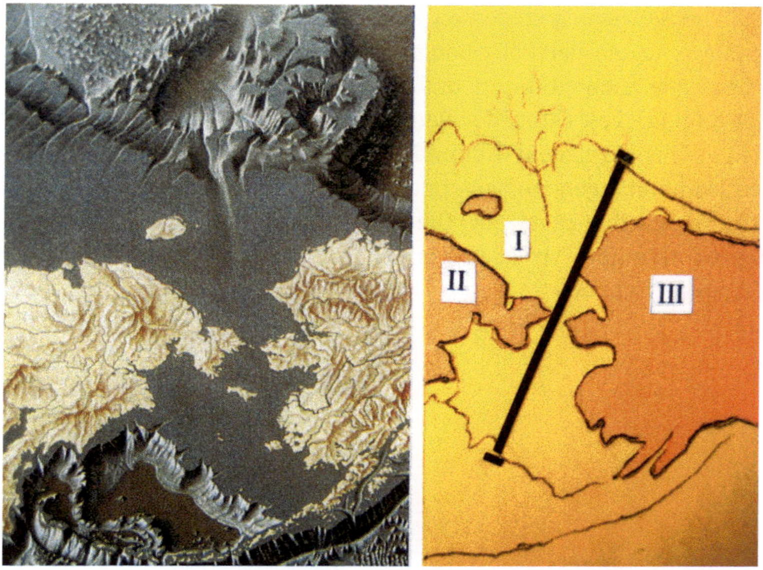

Abb. 9.22: Die Behringstrasse zwischen dem östlichen Sibirien und Alaska ist heute eine Wasserstrasse. Auf der Relief-Karte ist der ca. 1600 km breite versunkene Kontinentalsockel zwischen Sibirien und Alaska sichtbar. I Kontinentalsockel; II Ostsibirien; III Alaska; Relief-Karte aus: ‚The New Atlas of the Universe', 1984, von Patrick Moore. Mit freundlicher Genehmigung.

zwischen Ostsibirien und Alaska, ist in der Schulwissenschaft weniger umstritten. Es ist die heutige Beringstraße, eine Wasserstraße. Während und nach der letzten pleistozänen Vereisung sollen Eiszeittiere und -jäger von Sibirien über die Beringstraße in den nordamerikanischen Kontinent eingewandert sein. Der auf der Panoramakarte des Meeresbodens scharf abgrenzbare Kontinentalsockel, der den asiatischen mit dem nordamerikanischen Kontinent verbindet, misst an der schmalsten Stelle in der Beringstraße ca. 1600 km (Abb. 9.22).

In dieser Breite wurde auf einer alten Karte eine Landbrücke zwischen den beiden Kontinenten eingezeichnet (10). Sie befindet sich exakt dort, wo heute die Beringstraße liegt. Nach der Panoramakarte umfassen auch die im Nordpolarmeer liegenden Anteile des asiatischen Kontinentalsockels eine beachtliche Fläche – mehrere Millionen Quadratkilometer. Zu Zeiten einer kontinentalen Landbrücke in der Beringstraße kann daraus auf eine erheblich größere

Landmasse Sibiriens geschlossen werden. Die oben erwähnten und weitere, noch ältere Karten der Polregionen stören die beschaulichen Vorstellungen von Geologen, Paläontologen und Geschichtswissenschaftlern über unsere Vergangenheit (10). Offiziell sollen diese Karten die Landverteilung mit gesunkenen Wasserspiegeln während der letzten Eiszeit wiedergeben. Wer hätte den Mammut jagenden, fellumhangenen Eiszeitjägern solcherlei kartographische Fähigkeiten zugetraut? Die so unverstandenen wie detaillierten alten Karten wurden nach Vorlagen aus der Zeit vor der Kollision zwischen Erde und Titan gezeichnet.

10. Zusammenfassung und Diskussion

In den voranstehenden Kapiteln wurden die Arbeitstechniken der Geowissenschaften beschrieben. Ihre fundamentalen Hypothesen wurden vorgestellt und deren Unvereinbarkeit mit den Gesetzen der Physik, der Chemie und den Erkenntnissen der Biowissenschaften aufgezeigt. Die Kollision zwischen Erde und Titan mit den daraus ableitbaren Folgereaktionen stellen die alternative Antwort auf die Fragen der geowissenschaftlichen Grundlagenforschung dar, wie das ‚alles' entstanden ist, was an geologischen Großstrukturen beobachtet werden kann. Diese Alternative erscheint vielen Lesern als ein Konstrukt schrankenloser Phantasie. Es liegt uns fern, in den Dimensionen kosmischer Katastrophen dieses Ausmaßes zu denken. Beruhigende, Äonen umfassende geologische Zeiträume müssen fallen gelassen und Welt vernichtende kosmische Katastrophen in unsere geschichtliche Vergangenheit gerückt werden. Unsere fundamentalen Wissenschaften glauben zu wissen, wie die Welt beschaffen ist.

Beeindruckend ist die Präzision wissenschaftlicher Messungen in unserer Grundlagenforschung. Unüberschaubar sind die aufgestellten Hypothesen und postulierten Dimensionen. Dennoch sind zentrale Fragen unserer naturwissenschaftlichen Grundlagenforschung, Fragen nach der Herkunft des Menschen und der Biosphäre, dem Ursprung und der Entwicklung unserer Erde, des Planetensystems und des Universums bis heute nicht beantwortet. Alle dazu vorliegenden Aussagen stellen Arbeitshypothesen unserer institutionalisierten Wissenschaften dar. Viele Hypothesen werden von Vertretern der Schulwissenschaften mit einer Vehemenz gegen ‚Ungläubige' verteidigt, als gelte es, die „zivilisierte Menschheit vor einem Absturz ins intellektuelle Archaikum" schützen zu müssen.

Alle Disziplinen unserer naturwissenschaftlichen Grundlagenforschung arbeiten mit einer hypothetischen Basis. Geologen ordnen ihre Daten in den von ihnen konstruierten, Äonen umfassenden Zeitrahmen ein und glauben, die vergangene und zukünftige Entwicklung der ca. 100 km dicken Erdkruste vorhersagen zu können. Evolutionsforscher glauben an die Schlussfolgerungen Ch. Darwins, der sich bei der Formulierung seiner Abstammungslehre auf die Angabe unendlich langer Zeiträume durch die Geologie stützte. Kosmologen glauben im Rahmen der Urknalltheorie an eine stetige Expansion des

Universums. Sie sind angekommen in der elften Dimension, bei Antigravitation und dunkler Energie.

'Glauben' innerhalb der naturwissenschaftlichen Grundlagenforschung ist richtungsweisend für deren Aktivitäten. Er beinhaltet deren Rahmenbedingungen oder Paradigmen. Wenn Gerichte zur Durchsetzung und Wahrung wissenschaftlicher Aussagen bemüht werden müssen – so wie es in unseren Tagen geschah –, dann ist es um die Argumentationsstärke dieser Wissenschaften schlecht bestellt. Washington, 2005 (dpa): Im Bundesstaat Kansas soll vor dem neuen Schuljahr entschieden werden, ob Darwins Evolutionstheorie im Biologieunterricht als Tatsache oder als eine von mehreren Theorien über die Entstehung des Lebens unterrichtet werden soll (1). Wissenschaftliches Arbeiten lässt Zweifel zu – sollte man vermuten. In Ermangelung geeigneter Gegenargumente greifen ranghohe Vertreter der offiziellen Schulwissenschaften zum Mittel der öffentlichen persönlichen Beleidigung 'Andersgläubiger', wenn es darum geht, das gegenwärtige Weltbild zu verteidigen. Velikovskys Bücher erhielten die Bewertung: „Your book is blasphemy to science and religion." (2) Messergebnisse dienen zur Korrektur oder Aufgabe von Hypothesen – glaubt der Laie. Zitat: „... was Wissenschaftler niemals tun, wenn sie mit Anomalien konfrontiert werden, und seien diese noch so schwerwiegend und lang andauernd ... sie verwerfen doch nicht das Paradigma, das sie in die Krise hineingeführt hat." (3) Im Falle einer Unvereinbarkeit von Befund und Hypothese werden neue Theorien aufgestellt, um die alten erhalten zu können.

Geologen führen keine Grundsatzdiskussionen über ihre Paradigmen. Sie stellen weder ihren geologischen Zeitrahmen noch Eiszeiten noch ihre eigene Denkart infrage. Der Streit um eine katastrophistische oder beschauliche Vergangenheit der Erde ist gegenwärtig ausgestanden. Der Beginn dieser Streitigkeiten fiel mit dem Aufkommen der modernen geologischen Forschung zusammen. Letztere entwickelte sich in einer Region der Erde, die gelegentlich als das 'alte Europa' bezeichnet wird. In den Kernländern dieses alten Europas bestimmte vor 300 bis 400 Jahren der Klerus das offizielle Weltbild. Die Bibel beinhaltete die Grundlagen allen Denkens und Handelns. In diesem Werke finden sich detaillierte Angaben zu erdgeschichtlichen Katastrophen. Ähnliche Hinweise überliefern die alten Schriften aller Kulturvölker. Es lag nahe, mit den Aussagen der Bibel und anderer historischer Schriften die fundamentalen Fragen der noch jungen, modernen geologischen Forschung im

17. und 18. Jahrhundert zu beantworten. Der wachsende Einfluss der Naturwissenschaften drängte die bis dahin geltenden Aussagen der Kirche zu Schöpfung und Weltordnung ins Abseits. Eine Argumentation mit Bibelpassagen wurde unwissenschaftlich. Der Inhalt der Bibel degenerierte zur Glaubenssache, zu etwas, was naturwissenschaftlich nicht bewiesen werden konnte. Geschichten über katastrophale Sintfluten schrumpften zu harmlosen Märchen, gleichbedeutend mit einer Periode vermehrter Niederschläge zu Zeiten eines ‚Herrn Noah'.

Heute zählt sich die Geologie zu den modernen Naturwissenschaften. An die Stelle des Bibelglaubens ist der Glaube an den Aktualismus getreten. Während in den alten Schriften der Kulturvölker historische Überlieferungen die Grundlagen des Geglaubten bilden, beruht der Aktualismus auf einem reinen Glauben, auf einem Glauben ohne historische Basis und ohne fassbare Beweise. Heutige moderne Geologen fühlen sich dem Dogma von Ch. Lyell verpflichtet. Er schrieb – Zitat: „Niemals gab es ein Dogma, das mehr darauf berechnet gewesen wäre, die Gleichgültigkeit zu nähren und die scharfe Kante der Wissbegierde abzustumpfen, als diese Annahme von der Nichtübereinstimmung zwischen den alten und den vorhandenen Ursachen der Veränderung. Aus diesem Grunde werden alle Theorien, welche plötzliche und heftige Katastrophen und Umwälzungen der ganzen Erde und ihrer Bewohner voraussetzen, verworfen, indem dieselben durchaus keine Beziehung zu vorhandenen Ursachen haben und durch dieselben der Gordische Knoten weit eher zerhauen als geduldig aufgelöst wird. Glaubt er (der angehende Geologe) fest an die Ähnlichkeit oder Gleichheit des alten und des jetzigen Systems der irdischen Veränderungen, so wird er jede über die Ursachen der täglichen Wirksamkeit gesammelte Thatsache als einen Schlüssel zur Erläuterung irgendeines Geheimnisses der Vergangenheit ansehen." (4)

Wie angehende Geologen heute zu denken haben, ist in Anlehnung an Ch. Lyell in den einleitenden Kapiteln aktueller geologischer Lehrbücher ausgeführt. „Die Gegenwart ist der Schlüssel zur Vergangenheit." (5) „Der Uniformismus mit seiner Forderung, dass die Erde sehr alt sein muss, ist noch immer das wesentliche Grundprinzip der modernen Geologie." (6) „Im Mittelpunkt der uniformistischen Betrachtungsweise der Erde steht der Kreislauf der Gesteine – der unendliche Weg, auf dem Gesteine in unterschiedlicher Weise in andere übergehen." – „Wir können die vertrauten Zeitmaßstäbe unserer Erfahrungswelt – Sekunden, Minuten, Stunden, Tage und Jahre – nicht einfach auf geologische Zeiten übertragen. Die Geologen benutzen daher eine eigene Skala, wenn sie an geologische Zeiträume denken – eine Zeitskala, bei der die Zeiteinheit eine Million Jahre beträgt." (7) „Die größte didaktische Schwierigkeit für den Anfänger ist die Einsicht, dass die Erde kein starrer Körper ist, sondern das Ergebnis einer ständigen Veränderung, die noch heute weitergeht. Eine unmittelbare Beobachtung dieser verändernden Vorgänge ist nur in seltenen Fällen möglich, da sich die meisten unvorstellbar langsam vollziehen." (8)

Die geologische Grundlagenforschung ist abhängig von einer Vielzahl weiterer wissenschaftlicher Disziplinen. Von diesen wird sie mit Messdaten versorgt. Mit den Daten der Physik, der Geophysik, der Chemie, der Biologie, der Kristallographie, der Radiometrie und weiterer Fachrichtungen lässt die Geologie ihre Hypothesen mittels Computeranlagen bestätigen. Die bedeutendsten Hypothesen wurden in den voranstehenden Kapiteln ausführlich beschrieben und auf ihre Unvereinbarkeit mit den Gesetzen der Naturwissenschaften hingewiesen.

Viel ist darüber nachgedacht und geschrieben worden, warum die katastrophistische Betrachtung der erdgeschichtlichen Vergangenheit vom ‚Aktualismus' verdrängt wurde. Katastrophale Zerstörungen der Erdkruste sind offenkundig, sie sind sichtbar. Der geowissenschaftliche Sprung vom Katastrophismus zum Aktualismsus ist extrem. Während in den Anfangsjahren der geologischen Forschung bedeutende Wissenschaftler von internationalem Ansehen wie Cuvier und Dolomieu eine katastrophistische Vergangenheit der Erde lehren durften, sind solcherlei Ansichten innerhalb der Geologenschaft gegenwärtig undenkbar. Ehemals führende Männer der Geowissenschaften werden heute von ihren Kollegen mit geringschätzenden Würdigungen bedacht.

Zitat: „Der französische Geologe D. de Dolomieu ... hinterließ uns nicht nur eine von Ordnungssinn zeugende Mineraliensystematik, sondern auch das auf einen Feuerkopf weisende Paradebeispiel katastrophistischen Denkens ..." (9) Begründete Zweifel an den geologischen Eiszeittheorien, wie sie von G. S. C. Sandberg 1937 publiziert wurden, werden arrogant zur Seite geschoben (10). Die Widerlegung ihrer fundamentalen Annahmen quittierten Geowissenschaftler mit einer öffentlichen persönlichen Beleidigung des Autors (2). Nach der Publikation nicht paradigmenkonformer seismischer Daten wurde einem Autor die Beendigung des Arbeitsverhältnisses nahegelegt (11).

Geowissenschaftliche Aktivitäten bewegen sich ausschließlich innerhalb des aktualistischen Denkschemas. Eine grundsätzliche Abweichung davon wird nicht gewagt.

Abweichler werden in den naturwissenschaftlichen Grunddisziplinen als Querdenker und Nonkonformisten bezeichnet. Von den etablierten Kräften werden sie nicht geduldet. Bei den angewandten technischen Wissenschaften sind Querdenker gern gesehen. Sie bewirken Veränderungen und ermöglichen ein Weiterkommen, die Entwicklung neuer und die Verbesserung alter Produkte. Nonkonformistische Überlegungen beschleunigen auch geologische Prozesse auf unerwünscht hohe Geschwindigkeiten.

Das Profil der Erdoberfläche kann schnell verändert werden, wenn als treibende Kräfte kosmische Ursachen berücksichtigt werden. Globale Katastrophen versenkt die Geologie in ihren unermesslichen Zeitrahmen. Sie unterstellt ihnen eine beruhigende Harmlosigkeit. B. Tuchmann, als Historikerin einer Berufsgruppe angehörend, die von einem alternativen Weltbild unmittelbar betroffen wäre, meint – Zitat: „Das Unglück und der Schrecken können aber wohl kaum so verbreitet gewesen sein, wie es nach der Überlieferung scheinen mag. Denn nur diese lässt sie so allgegenwärtig erscheinen. Dabei ist anzunehmen, dass sie zeitlich und räumlich nur sporadisch auftraten. Die Beharrungskräfte des Normalen sind eben doch größer als die Wirkung von Störungen ..." (12) Auch katastrophistische Ereignisse haben nach den Vorgaben der Geologie zu verlaufen. Und wir vernehmen: „Der Begriff Massenaussterben dramatisiert meist einen zeitlich und räumlich stark gestaffelten Prozess und suggeriert durch die zeitliche Raffung eine unzutreffende Monokausalität." (Lexikon d. Geologie Bd. III, S. 333) Der Neokatastrophismus entwickelte sich in den letzten Jahrzehnten zu einer neuen Betrachtungsweise katastrophaler Veränderungen. Anlass war die Publikation von L. W. Alvarez et al. im Jahre 1980 in der Zeitschrift ‚Science', in der die Autoren von einem größeren Meteoriteneinschlag mit globalen Folgen berichteten (13). Sie folgerten dieses Ereignis aus den gefundenen hohen Iridiumkonzentrationen in identischen geologischen Schichten. Einen geeigneten Einschlagkrater an der K/T-Grenze glaubt man nun auf der Halbinsel Yucatán gefunden zu haben. Dank moderner Messtechniken und Satellitenunterstützung konnten dort die tief gelegenen Überreste eines Impactkraters geortet werden (14). Nach 20 Jahren der Abwehr erwähnt die Geologie die Akzeptanz des Neokatastrophismus mit Stolz. Als moderne Naturwissenschaft sei sie allem Neuen gegenüber aufgeschlossen. Dass Katastrophen dabei aktualistisch zu verlaufen haben, wird vorausgesetzt. Zitat: „Dass dieser Neokatastrophismus mit naturgesetzlichen, auch in der Gegenwart jederzeit möglichen, also keineswegs grundsätzlich anaktualistischen Vorgängen rechnet, braucht nicht besonders betont zu werden." (15) Anaktualistisch bedeutet übersetzt: ‚katastrophistisch'. Der komplizierende Satzbau lässt vereinfacht folgende Schlussfolgerung zu: Katastrophismus entspricht nicht den Naturgesetzen und die ihm zuzuordnenden Katastrophen können sich demzufolge in der Gegenwart nicht ereignen. Supernovae und Novae, Bewegungen von Himmelskörpern auf sich kreuzenden Bahnen, Kollisionen von Planeten auf diesen Bahnen und Einschläge von Kometen und Asteroiden aller Größenordnungen verlaufen ohne Ausnahme nach den Gesetzen der Natur. Alle dadurch ausgelösten katastrophalen Folgen verlaufen nicht weniger naturgesetzlich wie die auslösenden Faktoren – jedoch alle gehorchen nicht dem aktualistischen Denkschema der Geologie.

Hightechverfahren unterstützen heute die klassische geologische Forschung. Mit ausgeklügelten geophysikalischen Messmethoden werden große Datenmengen erhalten, die durch eine konventionelle Bearbeitung von Hand nicht mehr bewältigt werden können. Leistungsfähige Computer übernehmen auch in der Geologie das Ordnen und die Übermittlung dieser Daten. Geologische Grundlagenforschung wird zunehmend zu einer virtuellen Tätigkeit. Bereits vor dem gegenwärtigen Computersimulationsboom hatte sich die Geologie eigene Gesetzmäßigkeiten geschaffen. Damit lässt sie Leichteres in Schwereres eintauchen, wie bei der Plattentektonik. Damit kann sie ausgedehnte Regionen der Erdoberfläche kilometertief versenken und wieder aufsteigen lassen – bis zu 300 Mal in der Folge, um Kohle, Erdöl und Berge zu synthetisieren (16). Damit verwandelt sie Gesteinsarten und Mineralien jeder Größe in neue Formationen, wie bei der Metamorphose (17). Sie schreckt zurück mit ihrer Metamorphosehypothese vor dem mächtigen Dolomiten-Massiv der Alpen und teilt mit, dass die Dolomitisierung zum Dolomiten-Massiv nicht geklärt sei (18). Ebenso wenig wie Steinsalz (NaCl) durch eine ‚Steinsalzierung' oder Schwerspat ($BaSO_4$) durch eine ‚Schwerspatisierung' entstanden, ebenso wenig entstand Dolomit ($CaMg(CO_3)_2$) durch eine ‚Dolomitisierung'. Geologen können auch auf sensible Art Großstrukturen erschaffen – den Himalaja profilieren mit Niederschlägen, Gebirge emporsteigen lassen durch Winde aus Südwest. „Der Himalaja erhielt durch die starken Monsunniederschläge sein heutiges Relief." (19, 20) Mit Computersimulationen wird den Hypothesen der geowissenschaftlichen Grundlagenforschung eine Glaubwürdigkeit berechnet: Simuliert werden die globalen Platten- und Kontinentwanderungen auf unserer Erde – in der Annahme, dass die Platten wandern. Simuliert werden die Magmaströmungen des Erdmantels – in der Annahme, dass sie sich bewegen. Simuliert werden die Eisbedeckungen der Erde verschiedener Zeitepochen – in der Annahme, dass es Eiszeiten gegeben habe. Simuliert werden die Klimaschwankungen der Erde mit Milankowitsch-Zyklen – unter der Annahme, dass die jetzigen Bahn- und Klimavariationen seit Jahrhunderttausenden die gleichen geblieben sind, die Vereisungen vorhanden waren und die zugehörigen Zeiten existierten.

Wissenschaftler und Laien sind beeindruckt von der Fülle und Präzision gesammelter Daten. Sie schreiben den damit simulierten Modellen die gleiche Präzision zu und haben vergessen, dass das Simulieren von Modellen nicht dem Verstehen eines Phänomens oder naturwissenschaftlichen Prozesses dient. Modellsimulationen versuchen die Reaktionen eines Systems vorhersagbar zu machen – sie behindern das Verstehen des zugrunde liegenden Prozesses.

Ein halbes Jahrhundert wird die Hypothese alt, mithilfe derer die Geologie versucht, die gegenwärtige und vergangene Beschaffenheit unserer Erde zu verstehen. Diese plattentektonische Hypothese, von ‚Hess' 1962 als Geopoesie bezeichnet, stellt das bedeutendste Epos der modernen geowissenschaftlichen Grundlagenforschung dar (21). Mit dem bekannt gewordenen Relief der lang gestreckten mittelozeanischen Rückensysteme, den tiefen Taleinschnitten und den georteten, dazu parallel liegenden Zonen unterschiedlicher Magnetisierung formulierten die Autoren Hess et al. in den 50er-Jahren des 20. Jahrhunderts ihre neue Theorie, bekannt unter dem Namen ‚moderne Plattentektonik'. Sie sollte in den folgenden Jahrzehnten zur Basis der geowissenschaftlichen Grundlagenforschung werden. Nach dieser Hypothese erhielt die gesamte Erdkruste eine Dynamik. Sie begann rastlos, in vielerlei Bruchstücke unterschiedlicher Form und Größe aufgeteilt, über die Erdkugel zu wandern. Bis in den tiefen Erdmantel, bis zur äußeren Erdkernzone sollten Teile der harten Erdkruste abtauchen und aufschmelzen.

Nur zögerlich stimmten anfänglich die Geologen diesem neuen mobilistischen Modell zu. In den 70er-Jahren des 20. Jahrhunderts wechselten viele Geologen zum Lager der Plattentektoniker. Sie sprangen auf den „bandwagon“ (Musikwagen) (to jump on the bandwagon = auf den fahrenden Zug aufspringen, d. h. sich der herrschenden Meinung anschließen; Anm. d. Autors.) (22) und sangen die Verse der Plattentektonik, von Seafloor Spreading und Subduktion. Weltweit liefen Aktivitäten an, um die plattentektonischen Hypothesen mittels messbarer Resultate zu beweisen. Der Nachweis der GPS-Messpunkt-Wanderungen bekehrte die überwiegende Mehrheit der Geologenschaft zur Plattentektonik. In der Folgezeit ermöglichten satellitengestützte Messsysteme, präzise elektronische Datenerfassung und eine Internationalisierung der Forschungsaktivitäten die Erstellung eines Bewegungsmusters der gesamten Erdkruste. Mit neuen, weiterentwickelten technischen Verfahren drang man in Messbereiche vor, die im Submillimeterbereich liegen, und stellte fest: Die harte Erdkruste zeigt tatsächlich Bewegung – sie ist nicht starr (23). Jedoch decken sich die gemessenen Bewegungsmuster der Erdkruste nicht mit denjenigen, die nach den plattentektonischen Hypothesen gefordert werden.

So konnte nachgewiesen werden, dass auch die kontinentalen Krustenanteile nicht starr sind. Das heißt, die Kontinentalblöcke können nicht mehr als ruhendes Bezugssystem verwendet werden, unter denen laut plattentektonischem Modell die subozeanischen Krustenanteile absinken sollen. Die kontinentale Kruste zeigt eine Eigenbewegung (23).

So konnte nachgewiesen werden, dass die modellkonformen Plattengrenzen zwar „auf dem Papier, nicht aber in der Realität“ vorhanden sind. Der Begriff ‚Lithosphärenplatte‘ wurde dadurch hinfällig (24).

So konnte nachgewiesen werden, dass die Bewegungen von GPS-Messpunkten an vermuteten Subduktionszonen in verschiedene Richtungen erfolgen, auch entgegengesetzt der geforderten Subduktionsrichtung (25).

So konnte nachgewiesen werden, dass in vermuteten Spreizungszonen die Kräfte nicht nach lateral zeigen, sondern in Richtung zum Riftzonenzentrum und dass die zentralen Riftzonen sich nicht heben – wie von der Plattentektonik gefordert –, sondern senken (26).

So konnte bereits zu Beginn der seismischen Messungen an Riftzonen nachgewiesen werden, dass die Krustenstärke dort dünner und nicht dicker ist als in lateralen Regionen. Letzteres war anfänglich gefordert worden, weil durch den stetigen Austritt und Anbau von neuem Magma die Riftzonen im Zentralabschnitt verdickt sein sollten. Die geringere Krustenstärke wurde daraufhin mit dem Aufschmelzen durch aufsteigendes Magma erklärt (27).

So konnte gezeigt werden, dass die geforderten aufsteigenden Magmaströmungen in den zentralen Riftzonen nicht existieren (28).

So konnte nachgewiesen werden, dass an der West- und Ostküste Afrikas keine Subduktionszonen vorhanden sind, in denen die östliche atlantische und westliche indische Flanke der zugehörigen Riftzonen untertauchen müssten. Dieser bereits bei der Aufstellung der plattentektonischen Hypothesen bekannte Widerspruch wurde ignoriert wie viele weitere, die sich im Laufe der Jahre zeigten (29).

So konnte nachgewiesen werden, dass die vermutete Nord-Süd-Spaltung des afrikanischen Kontinents, deren Beginn sich am afrikanischen Riftsystem zeige und ein embryonales Rifting darstelle, nicht messbar ist (30).

Ungeachtet der Widerlegungen aller zentralen Forderungen der plattentektonischen Hypothesen und dem Bekanntwerden weiterer neuer Widersprüchlichkeiten, wie der Ergebnisse des Deep Sea Drilling Projects (DSDP), zeigt die Geologie bezüglich ihrer Haltung zur Plattentektonik eine Starrheit, wie sie von der plattentektonischen Hypothese für die Kontinentalblöcke gefordert wird (31). Eine überwiegende Zahl von Geologen hält unbeirrt an den plattentektonischen Hypothesen fest. Sie gehen damit konform mit den Aussagen des Wissenschaftshistorikers ‚Kuhn', dass Widersprüche nicht zur Aufgabe von Paradigmen führen (4, 32). Die Zahl der geointernen Abweichler wächst. Sie werden von den überzeugten Plattentektonikern attackiert.

Mehr als 50 Jahre ermöglichten die plattentektonischen Hypothesen Tausenden von Geologen ein wissenschaftliches Arbeiten. Weltweite Aktivitäten zur Bestätigung der plattentektonischen Hypothesen veranlassten die Bereitstellung enormer finanzieller Mittel und die Entwicklung von Hightechverfahren in einem bis dahin unerreichten Ausmaß.

Die Protagonisten der Plattentektonik sind mit ihrer Hypothese weit in die Vergangenheit gestürmt. Längst haben sie die Zeitgrenze von 180 Millionen Jahren, laut GPS-Messpunkt-Bewegung der Plattenwanderungsstrecke zwischen den Rift- und Subduktionszonen entsprechend, überschritten (33). Getreu den Ausführungen von James Hutton (1726–1797), demzufolge geologische Vorgänge keinen Anfang und kein Ende besitzen, ist der Beginn plattentektonischer Aktivitäten in eine Milliarden Jahre entfernte, undurchschaubare Vergangenheit gezogen worden. Ein Vorgang ohne Anfang und ohne Ende befreit die Geologie vom Zwang, den Start der Plattentektonik ursächlich erklären zu müssen. Weder für die gegenwärtig behauptete plattentektonische Dynamik noch für deren Beginn lässt sich eine naturwissenschaftlich fundierte Begründung angeben (34).

Unseren ausgiebig genutzten erdgeschichtlichen Zeitrahmen mit zugehöriger Zeitskala definierte die Geologie. Diese Zeitskala wird von vielen wissenschaftlichen Fachrichtungen benutzt wie das kleine ‚Einmaleins' in der Mathematik. Der Geologie fehlt jegliches Verständnis für Zweifel an ihren absoluten Zeitbestimmungsmethoden. Zweifler werden abgestraft. Zitat: „Wenn bibelfeste Fundamentalisten, aber auch der Anthroposoph Rudolf Steiner noch mit einer viel kürzeren Erdzeit rechnen, so mag man ihnen das menschliche Bedürfnis nach Begreiflichkeit zugutehalten. Aber Geologie und Astronomie führen nun einmal ins Unbegreifliche von Zeit und Raum" (35). In Kapitel 7 wurde auf die Unerfüllbarkeit der fundamentalen Voraussetzungen für radiometrische Zeitbestimmungsmethoden hingewiesen. Wem dient der Wettstreit um Nachweisgrenzen radioaktiver Isotope? Was soll die Bekanntgabe von Isotopennachweisen mit einer Massenauflösung von bis zu 10^{-10} (36) bezwecken, wenn im gleichen Atemzug als fundamentale Voraussetzung aller geologischen radiometrischen Zeitbestimmungsmethoden tochterelementfreie Proben bei Beginn von Zerfall und Zeitzählung gefordert werden? Ein tochterelementfreies Mutterelement ist technisch nur mit vielen aufwendigen Reaktionsschritten näherungsweise zu erhalten, in natura aber nicht möglich. Zirkoniumoxide werden für radiometrische Absolutzeitbestimmungen herangezogen. Sie gelten als besonders stabil und rein. Auch deren Einkristalle enthalten eine Fülle weiterer chemischer Verbindungen mit unterschiedlicher Kristallstruktur, ebenso wie diejenigen der darin enthaltenen Tochterelemente (37). Warum sollten die Letzteren den Einkristall bei seinem Erstarren verlassen – gerade diese und dazu quantitativ – und alle anderen Verbindungen mit ebenfalls unterschiedlichen Kristallstrukturen nicht? Auf diesen Annahmen beruht die gesamte geologische Absolutzeit-Rechnerei mittels langlebiger radiogener Isotope.

Organisches Probenmaterial mit dem Kohlenstoffisotop C^{14} soll mit einer Altersangabe von bis zu 50 000 Jahren versehen werden können. Diese Radiokarbonmethode genannte Absolutzeitbestimmung wurde 1949 von Libby publiziert (38). Unter Einhaltung bestimmter Grundbedingungen sollte mit dieser Methode der Sterbezeitpunkt der zur Probe gehörenden Kreatur exakt bestimmt werden können. Alle Grundbedingungen können nachweislich nicht eingehalten werden (Kapitel 7). Unbeirrt wird von Wissenschaftlern, die Zeitdatierungen zu den letzten 50.000 Jahren wünschen, an der Radiokarbonmethode festgehalten. Diese Zeitbestimmungsmethode wurde minutiös widerlegt (39).

Warum werden weiter C^{14}-Messungen durchgeführt, wenn weder stationäre Gleichgewichte noch bekannte oder bestimmbare Ausgangsaktivitäten vorliegen, d. h. die Grundbedingungen – Fundamental- und Simultanitätsprinzip – nicht erfüllt sind? Was ist der Zweck von C^{14}-Messungen, wenn einzelne C^{14}-Schwankungen (Wiggle) von Kalibrierkurven die Gesamtproduktion in dem betreffenden Zeitabschnitt um ein Vielfaches übersteigen (40), wenn gravierende C^{14}-Konzentrationsschwankungen innerhalb eines einzelnen Knochens (41) und bei gleichaltrigen Knochen in der Größenordnung von Jahrtausenden gemessen werden (41)?

Warum werden C^{14}-Messungen durchgeführt, wenn vor dem Messbeginn eine Vordatierung der Probe mittels historischer Zeitvergleiche verlangt wird? Wird diese Art der Vordatierung unterlassen, bekommt eine Schnecke – eine lebende – schon mal das stattliche Alter von 27 000 Jahren zugerechnet (42).

Mittels Eisbohrkernen und Warven fixieren Geologen die jüngere Erdvergangenheit. Nach der Einigung über ein Gesamtalter des Eisbohrkernes wird mit mathematischen Modellen und „weiteren Annahmen über beobachtbares Eisverhalten anderenorts“ aus einem Längenmaß ein Zeitmaß gebildet (43). Daraus errechnet sich dann das Alter des Bohrkernes, sich deckend mit dem zuvor festgelegten Gesamtalter. Wie viel ‚Absolutheit‘ dürfen diese modellierten Zeitangaben beanspruchen? Auch Warven, die für eiszeitlich gehaltenen Tonschichtlagen Skandinaviens, lassen sich weder regional noch überregional synchronisieren (44). Sie sind „tatsächlich wertlos“ (45).

Mit keiner der gegenwärtig benutzten radiogenen Zeitbestimmungsmethoden, die auf einer Messung der Konzentrationsverhältnisse von Mutterelement und/oder Tochterelement beruhen, können Absolutzeiten angegeben werden. Diese Methoden basieren auf Annahmen, Glauben und Hoffnung. Sie produzieren fiktive Zeitskalen und genügen dem Wunschdenken der Geologie. Von Bedeutung sind nur relative Altersangaben mit den Unterscheidungen ‚älter‘ oder ‚jünger‘ und die historischen Altersschätzungen anhand von Vergleichen.

Bei ihren sogenannten ‚absoluten Altersangaben‘ für Gesteinsformationen unterliegen Geologen einem weiteren Trugschluss, wenn sie glauben, ein

Stein-,Alter' sei gleichzusetzen mit einem Formations-,Alter', z. B. eines Gebirges. Dieser Glaube beruht auf der Annahme, dass die Erdkruste ,etwas – in Jahrmilliarden – Gewachsenes sei'. Mit einem ,Schlag' können Schichten der Lithosphäre und des Erdmantels vertauscht werden. Viele dieser auf kosmische Einschläge beruhenden Diskordanzen wurden inzwischen von der Geologie bestätigt (Kapitel 8.1). ,Alte' Gesteine gelangen dabei in ,jüngere' Zeiten. In Kapitel 7.6 wurde darauf hingewiesen, dass in einer Mineralprobe die Konzentrationen von Mutter- zu Tochterelementen entscheidend durch gravitative Kräfte während eines noch flüssigen Aggregatzustandes bestimmt werden. Es mag Steine geben, denen aufgrund ihres Konzentrationsverhältnisses der radioaktiven Moleküle ein Alter von Milliarden Jahren berechnet wird, aber ein reales Alter von wenigen Tausend Jahren haben. Es mag Steine geben, die nach diesem Verfahren für jung erachtet werden, aber in Wirklichkeit Milliarden Jahre alt sind. Es existiert bedauerlicherweise keine Methode, mit irgendeinem Verfahren das absolute Alter eines Steines zu bestimmen. Daraus folgt die Unmöglichkeit, für die Erdoberfläche, für Kontinente, Gebirgsformationen oder Meeresböden ein Absolutalter festzulegen, das in Jahren gemessen wird. Granitsteine können dazu verwandt werden, ein Haus zu errichten. Nach geologischen Vorstellungen ist Granit einige Milliarden Jahre alt und eine geologische Altersschätzung der Formation ,Haus' ergäbe ein ,Hausalter' von ebenso großer Dimension. Zu einer analogen Altersschätzung rezenter Formationen werden Geologen mit ihrer aktualistischen Weltsicht gezwungen, wenn sie die Erdoberfläche als ,etwas Gewachsenes' betrachten müssen (Kapitel 8.1). Über dramatische Veränderungen der Erdoberfläche berichten unsere Vorfahren. Geologen ignorieren entsprechende historische Überlieferungen. Deren katastrophistischer Inhalt liquidiert die aktualistischen Paradigmen der Geowissenschaften. Die letzte gravierende Umstrukturierung der Erdoberfläche erfolgte durch die Kollision zwischen Titan und Erde.

Eiszeiten gehören zum festen Inventar der geologischen Hypothesensammlung (46). Sie sind etabliert in der breiten Bevölkerung, werden als Schulbuchwissen den Kindern gelehrt und in der Literatur wie im Film in Erinnerung gehalten. Kilometerhohe kontinentale Eisschilde und davor sich tummelnde Herden verschiedener sogenannter Eiszeittiere, die von muskulösen Vorfahren unserer Spezies gejagt werden – so stellt sich die Allgemeinheit das Leben während der pleistozänen Vereisungen vor. Mit dem Ende der letzten pleistozänen Vereisungsphase, vor angenommenen 10.500 Jahren, wird das

Auftauchen des modernen, zivilisierten Jetztzeitmenschen in Verbindung gebracht. Geschichtswissenschaftler nutzen diese Zeitspanne zur Aneinanderreihung verschiedener Entwicklungsschritte der Menschheit, dem Aufstieg und Niedergang mehrerer Hochkulturen bis zu der komplexen kulturellen Vielfalt der Gegenwart. Auch fundierte Gegenargumente konnten die Geologie nicht zur Aufgabe ihrer Eiszeit-Hypothesen bewegen. Sie kombiniert weiter: Geröll gleich Eiszeit. An vielen Orten der Welt werden Geröllanhäufungen gefunden. In den Tropen liegende ausgedehnte Geröllschichtungen weisen auf eine klimatische Diskrepanz hin. Zur Behebung Letzterer zog die Geologie die jetzt in warmen Regionen liegenden, gerölltragenden Kontinente Australien, Indien und Afrika aus einer polaren antarktischen Position auf dem Seewege äquatorwärts. Der ehemalige Versammlungsort erhielt den Namen „Pangäa" (46). Eine Flutwelle im Indischen Ozean (Kapitel 7) benötigte wenige Minuten zur Ablagerung ihrer geröllhaltigen Fracht auf den Küstenregionen von Afrika, Indien und Australien. Nach geologischem Glauben gab es keine derartige Flutwelle. Dem Anschein nach mehrfach aufeinanderfolgende ‚Eisbedeckungen' derselben Regionen komplizieren die mühsame Arbeit der ‚Eiszeitforscher'. Eine mehrfache Eisbedeckung wird aus dem sich wiederholenden Schichtwechsel von glazialen und nicht glazialen Ablagerungen gefolgert. Nicht glaziale Ablagerungen bestehen aus organischem Material. Zu dessen Produktion sind wärmere Zeiten erforderlich, ein eisfreier Boden. So entstand der Begriff ‚interglaziale Warmzeit'. Die Entstehung der vorgefundenen Schichtungen, der wiederkehrende Wechsel von schwereren klastischen glazialen zu den leichteren organischen interglazialen Ablagerungen wurde in Kapitel 9.5 erklärt. Jede Flutwelle verursacht unvermeidbar die beobachtete Ablagerungsordnung. Geologen trennen mit großem Arbeitsaufwand die Bedeckungsflächen aus dem Absatz mehrerer aufeinanderfolgender Flutwellen und wähnen sich dabei zwischen ‚Eiszeiten' und ‚Interglazialen'. Sie versahen die unterscheidbaren Schichtfolgen mit individuellen Namen (47) und unterteilten das Quartär in ein Alt-, Mittel- und Jungpleistozän (48). Danach habe vor ca. 11.500 Jahren die Nacheiszeit, das Holozän, begonnen. Da die organischen Rückstände auf den glazialen Ablagerungen ‚Zeiten' entsprechen sollen, werden auch sie mit Namen versehen wie Holstein- und Eemwarmzeit (49). Die Komplexität der Eiszeitforschung wird durch vermeintliche zusätzliche Temperaturwechsel innerhalb einzelner definierter Klimaperioden erhöht. Es wird von Klimaoszillationen gesprochen (50).

So alt wie die Hypothesen zu den Eiszeiten ist auch die Suche nach deren Ursachen. Im Zeitalter der Computersimulationen begann die Massenproduktion von erklärenden Modellen. Allem Anschein nach ist das zutreffende noch nicht gefunden worden (51, 52, 53). Nach einer ausgiebigen Ursachensuche für die Entstehung von Eiszeiten, nach einer stetig zunehmenden Zahl computergenerierter Eiszeitmodelle gesteht die Geologie ein, dass – Zitat: „im Einzelnen betrachtet die durch die Milankowitsch-Zyklen hervorgerufenen Änderungen der Sonneneinstrahlung zu gering sind, um den starken Rückgang der mittleren Temperaturen (etwa 10° C) von den Interglazialen (Warmzeiten) zu den Glazialen (Kaltzeiten) erklären zu können" (51). Andere „Faktoren, Treibhausgase in der Atmosphäre und „Rückkopplungseffekte" seien bisher noch wenig erforscht".

Im Jahre 1934 musste die Geologie nach dem Verstreichen von einem dreiviertel Jahrhundert intensiver Ursachensuche für ihre postulierten Eiszeiten einräumen, dass „gegenwärtig (1934) die Ursache einer so übermäßigen Eisbildung auf den Festländern ein verblüffendes Phänomen bleibt, eine der wichtigsten Fragen an einen künftigen Erforscher der ungelösten Rätsel unserer Erde" (52). Nach dem Verstreichen einer weiteren Zeitspanne von einem dreiviertel Jahrhundert kommt die geologische Forschung im Jahre 2008 zu folgendem Resümee: „Offen gesagt wissen wir nicht, was im Einzelnen genau für die Eiszeiten verantwortlich ist." (53) Geologen glauben an Eiszeiten. Ihre Eiszeitbeweise belegen flutwellenbedingte Ablagerungen (Kapitel 9.15), erkenntlich an deren Schichtungen. Flutwellen dieses Ausmaßes lassen sich nicht mit erdgebundenen Ursachen erklären. Kosmische Kräfte sind erforderlich, um die beobachteten Folgen zu verstehen.

Unsere Vorfahren berichten von mehrfachen Richtungsänderungen der Erdachse (54), von abrupten Wechseln der Jahreszeiten (55), von Orkanen mit ungeheurer Gewalt (56) und von Flutwellen so hoch wie Berge (57). Warum sollte sich die moderne Geologie mit dererlei unwissenschaftlichen Mythen aufhalten? Ohne Direktkontakt verschob die Venus alle 52 Jahre bei nahen Vorbeiflügen durch gravitative Kräfte auf der Erdoberfläche die mobilen Massen, die Lufthülle und das Wasser der Ozeane. Heftige Orkane und gigantische Flutwellen waren die Folge, streng nach den Gesetzen der Natur. Eisbedeckte Polkappen, wo immer sie sich auch befunden haben mögen, wurden angehoben, zerbrochen und mit den Flutwellen fortgetragen – in Begleitung von Sand, Geröll, Feuersteinen und erratischen Blöcken. Diese geschichtlichen Katastrophen wurden von I. Velikovsky beschrieben.

Die gleichen Flutwellen schoben die Braunkohlenflöze zusammen. Kohle- und Erdölbildungshypothesen werden von der Geologie und der Öffentlichkeit gedankenlos vorgetragen. Mit pittoresken Darstellungen wird die Standardformulierung – ‚üppige Sumpfwaldvegetation als Quelle aller Kohlen' – gestärkt. Geologen ließen beeindruckende Bilder mit dicht stehenden Siegel- und Schuppenbäumen nebst Farngewächsen zeichnen (58). Wuchtige Holzriesen in einem vor Vitalität dampfenden üppigen Sumpfwaldbiotop sollen dessen Kohlebildungspotenzial unterstreichen (58). Auf die Widersprüche in der geologischen Kohlebildungshypothese, den gegenseitigen Ausschluss von üppigem Sumpfwald und dem Anhäufen von Bergen aus toter Biomasse zu deren Füßen sowie den erforderlichen Artenwechsel von Holz zu Torf und wieder retour zum Holz wurde in Kapitel 7.2 hingewiesen. Was in der Kohle gefunden wurde, liquidiert die geologische Zeitskala. Geologen zeigen kein Interesse an der Verbreitung entsprechender Informationen zu den unlogischen Funden (Kapitel 7.7). Eine interessierte Öffentlichkeit könnte die Frage stellen, wie alltäglicher Hausrat in die ‚Kohlenflöze der Karbonzeit' gelangen konnte. Seitens der Geologie gibt es keinen Diskussionsbedarf zum Thema Kohlebildungshypothese. Braunkohlen seien vorwiegend im Tertiär entstanden und demzufolge 60 Millionen Jahre alt (59). Die Hauptbildungszeit der Steinkohlen liege im Karbon, somit seien sie ca. 350 Millionen Jahre alt. In Kapitel 7.2 wurde die laut Geologie kontinuierliche Entwicklungsreihe von Torf über Braun- und Steinkohle bis zum Anthrazit beanstandet. Torf ist in dieser Entwicklungsreihe völlig deplatziert. Darüber hinaus gibt es keinen zwingenden Übergang von Braun- zu Steinkohle, indem geduldig zugewartet wird. Von lokalen Unregelmäßigkeiten abgesehen, wie sie durch Temperatur- und Druckvariationen entstehen, sind die Hauptmengen der flachgründigen Braunkohlenlager und die tief liegenden Steinkohlenlager tatsächlich Relikte aus zwei unterschiedlichen Zeitepochen. Nicht durch geologische, Millionen von Jahren währende Zeitabschnitte sind sie getrennt. Sie entstanden im Abstand von wenigen Tausend Jahren. Unsere großen Braunkohlenlager sind ca. 3500 Jahre alt, ‚karbonische' Steinkohlen ca. 6 000 bis 10 000 Jahre. Welcher Zeitepoche diese beiden Kohlearten angehören, lässt sich auch mikroskopisch anhand der Mazerale unterscheiden. Der Nachweis von Holzzellen der Siegel- und Schuppenbäume teilt sie der Zeit vor dem Titan-Crash zu. Ein Fehlen dieser Mazerale erlaubt die Einstufung als Kohle mit einem Alter von ca. 3500 Jahren – entstanden einige Tausend Jahre nach dem Titan-Crash. Vor dem Titan-Crash gab es auf der Erde kein Wetter im heutigen Sinne und somit auch keine Jahreszeiten. Bäume aus der Zeit vor dem Crash zeigen keine Jahresringe – weltweit. Bäume aus der Zeit nach dem Crash besitzen Jahresringe, wenn sie aus Regionen mit Frostperioden stammen.

Unterschiedliche Inkohlungsgrade der Braun- und Steinkohle sind zweifelsfrei nachgewiesen, verursacht durch lokal variierende Temperatur- und Druckverhältnisse bei ihrer Bildung. Erwartungsgemäß zunehmende Druck- und Temperaturwerte in größeren Tiefen erlauben nicht die Schlussfolgerung, dass hoch liegende Braunkohle eine ihr innewohnende Eigenschaft besitze, kontinuierlich in größere Tiefen abzusinken, bis sie sich zu Anthrazit umgeformt habe. Flutwellen des Titan-Crashs schoben die Vegetation der Erde dort zusammen, wo sie heute als Steinkohle abgebaut wird. Gravitativ ausgelöste Flutwellen der Venuspassagen vor ca. 3500 Jahren hinterließen uns die rezenten Braunkohlenlager. Ihnen fehlten die für eine Steinkohlenbildung erforderlichen höheren Kompressionsdrücke und Temperaturen infolge einer geringeren Überschüttung. Ihnen fehlt ebenfalls die steinkohlentypische, mehrschichtige Flözlagenbildung, deren Ursache in Kapitel 9.13 erwähnt wurde. Wir können unbesorgt in aller Ruhe die hoch liegenden Braunkohlelager abbauen, ohne befürchten zu müssen, sie könnten eines Tages kilometertief zu den Steinkohlen abgesunken sein. Braunkohle wird auch in Ewigkeiten nicht in tiefere Gefilde absinken, um sich dort in Steinkohle zu verwandeln.

Zwei weitere fossile Energieträger, Erdöl und Erdgas, bilden heute die energetische Basis der technisierten Welt. Dem Ablauf der Titan-Kollision zufolge (Kapitel 8) sind die Hauptmengen dieser synthetisierten Kohlenwasserstoffe im Bereich der zuvor beschriebenen Hauptdruckzonen (Kapitel 9.4) zu finden. Gegenwärtig noch in der Erde gespeicherte Vorräte stellen zusammen mit den bereits geförderten Mengen einen Restbestand der ehemals synthetisierten Gesamtmengen dar. Beeindruckende Volumina an Gas und Öl sind ausgetreten. Über die Begleitumstände gibt es umfangreiche und detaillierte schriftliche Überlieferungen unserer Vorfahren. Öl und Gas treten nicht grundlos aus. Verantwortlich für die überlieferten antiken Öl- und Gasaustritte waren Serienbrüche der Speicherkammern, Brüche der oberen Lithosphärenschichten, ausgelöst durch die Venuspassage vor 3500 Jahren. Wie bei einem ungenügend aufgepumpten, walkenden Autoreifen lief ein die Erdkruste deformierender Wulst um den Globus, emporgehoben durch die gravitative Kraft der Venus und weitergeschoben durch die Eigenrotation der Erde. Alle Erdöl- und Erdgasspeicher, deren Wände diesem Durchwalken nicht standhielten, bekamen Lecks. Die ausgetretenen Mengen an Kohlenwasserstoffen müssen enorm gewesen sein. Ölfelder brannten auf den Kontinenten, brennendes Öl schwamm auf den Ozeanen, die Atmosphäre roch nach Petroleum (60). Sauerstoffzutritt verwandelte Erdöl in Asphalt – in der Erde, auf der Erde und unter Wasser.

Zeitgleich mit der Erdölsynthese verlief die Bildung der unüberschaubaren Salzmengen der Erde. Dazu gehören die Salze der Meere ebenso wie die in der Erde gelegenen Salzlager. Laut Geologie entstanden diese Lager durch das Eindampfen salzhaltigen Meerwassers. In den Salzlagern entsprechen die Konzentrationsverhältnisse der Salze nicht denen in den Ozeanen. Leichtlösliche Kalium- und Magnesiumsalze sind in den Salzlagern deutlich unterrepräsentiert oder fehlen ganz. Schwerlösliche Salze wie Kalk, Gips und Dolomit finden sich dort in erheblich höherer Konzentration (61). ‚Zechsteinsalze', ‚Zechsteinzeit' und ‚Barrentheorie' heißen die entscheidenden Begriffe derjenigen Hypothese, die eigens für die Bildung der gewaltigen Salzvorkommen von der Geologie konstruiert wurde (62). Der Vergleich einfacher Zahlenreihen ist ausreichend, um die geologische Hypothese der Salzlagerbildung zu widerlegen (Kapitel 7.3). Bekannt sind die einzelnen Salzkomponenten der vollständigen Salzausscheidungszyklen, bekannt sind deren Löslichkeiten in Wasser und ebenso deren spezifische Gewichte. Durch den Vergleich dieser Messwerte wird die Diskrepanz zwischen den Aussagen der Geologie und den vorliegenden Fakten offenkundig. Darüber hinaus belegen die Messwerte eine Ablagerung der einzelnen Salzfraktionen nach deren spezifischen Gewichten, d. h. eine gravitativ geordnete Ablagerung. Eine solche kann im vorliegenden Falle nur aus einer wässrigen Lösung erfolgt sein (Kapitel 7.3). Sie kann nicht durch das Eindampfen salzhaltigen Meerwassers erfolgen, wie voranstehend beschrieben wurde. Salzauswurf- und Sedimentationsphasen dauerten Sekunden bis wenige Minuten (Kapitel 9.10). Sie erfolgten so schnell, dass beim Auswurf der übersättigten Salzlösungen ein Teil der leichtlöslichen Salze vor einer vollständigen Auflösung und Anhydride vor einer Rehydratisierung bewahrt wurden. Heute vorgefundene Konzentrationsverhältnisse in den Salzlagern erklären sich aus dem beschriebenen katastrophistischen Ablauf der Salzbildung durch Reaktion des Wassers mit dem Magma. Bei dieser Reaktion wurden unvermeidbar tonhaltige Fraktionen ausgeworfen. Als langsam sedimentierende Komponenten lagerten sich die tonigen Bestandteile in den Auswurfintervallen in konzentrierten Schichten als letzte Fraktion den abgesetzten Salzen auf. Von der Geologie werden sie als abdeckende ‚Letten' bezeichnet und ihr Ursprungsort wüstenhaften ‚Hinterländern' zugeschrieben (63). Aufgrund der langsamen Sedimentationsgeschwindigkeit tonhaltiger Partikel gelangten diese auch in die geschichteten Salzfraktionen. Letztere sind oft graubraun gefärbt (64). Diese Tone entstammen der Erdkruste, sie sind eisenhaltig.

Das widerlegbare erdgeschichtliche Weltbild verlangt eine alternative Erklärung. Diese Alternative wurde in Kapitel 8 vorgestellt. Sie beinhaltet eine kosmische Katastrophe von gewaltigen Ausmaßen. Wie Peanuts wirken im Vergleich dazu die Sintflutsagen der alten Völker und die Dinokiller des rezenten Neokatastrophismus. Die Theorie von einer Kollision zwischen Erde und Titan wird als ein Produkt ungehemmter Phantasie angesehen, als eine Idee, die ohne irgendeinen feststellbaren Bezug frei im Raume schwebt. Diese vom Vertrauten so extrem abweichende Alternative stützt sich auf die Kombination neuer geowissenschaftlicher Daten der letzten Jahrzehnte mit den bekannten historischen Überlieferungen unserer Vorfahren.

Zu den bedeutendsten geowissenschaftlichen Befunden der letzten Jahre zählen die Reliefkarte des Meeresbodens und die visuelle Darstellung des irdischen Gravitationsfeldes mit den Daten des Deutschen GeoForschungs-Zentrum GFZ, dem DLR und der NASA. Die Reliefkarte des Meeresbodens widerlegt nicht nur die Modellzeichnungen der Geologen zu Seafloor Spreading und Subduktion, sie zeigt auch markante Auffälligkeiten in der Region des Indischen Ozeans (Kapitel 8.1). Dort sichtbare Parallelstrukturen im Meeresboden und die nordöstliche Begrenzung der parallelen Strukturen durch das Himalaja-Massiv sind mit einer gigantischen Kollisionszone vereinbar. Weitere Auffälligkeiten kommen hinzu: in gleicher Richtung verlaufende Küstenlinien des östlichen Madagaskar und der westlichen Begrenzung der Broken Ridge Plateaus. Alle ozeanischen Riftzonen – die nordwestliche, die atlantische und die pazifische – laufen im Zentrum der erwähnten Parallelstrukturen zusammen. Im Jahre 1999 veröffentlichte das Deutsche GeoForschungs-Zentrum GFZ die ersten visuellen Darstellungen des irdischen Gravitationsfeldes (Kapitel 8.1). Der Begriff ‚Kartoffelerde' wurde gebräuchlich für das deformierte Geoid der Erde, bedingt durch deren ungleichmäßiges Gravitationsfeld. Ein Gravitationsloch befindet sich im oberen Drittel des Indischen Ozeans. Mit jedem Satellitenüberflug von CHAMP und GRACE wurde die Abbildung kontrastreicher. Die Deckungsgleichheit dieser Anomalie mit den linearen Parallelstrukturen, ihr symmetrisches konkaves Querschnittsprofil, die darüber messbare Dynamik der Meeresspiegel und die in der näheren und weiteren Nachbarschaft gefundenen ausgedehnten Streufelder von Tektiten führten zu der Überlegung, dass diese Auffälligkeiten in der Region des Indischen Ozeans mit der Kollision eines großen Himmelskörpers erklärt werden können. Anhand der Panoramakarte des Meeresbodens werden die fatalen Folgen sichtbar: die Richtung der Kollision, die Aufschiebung des Himalajas mit der dortigen Plattenverdopplung und die große Kontaktfläche mit einer Breite von ca. 3600 km (Kapitel 8). Nachdem in weiteren Regionen der Erde Tektite nachgewiesen werden konnten, sah sich die Geologie veranlasst, die Bildungsweise der Tektite mit einer neuen Hypothese zu modifizieren. Der Geologie zufolge entstehen diese Ultrahochdruckmetamorphite nun durch Absenkung der entsprechenden Silikate in ausreichende Tiefen, Temperaturerhöhung, Umwandlung und Wiederauftauchen mit Präsentation an der Erdoberfläche. Das Auftauchen der Ultrahochdruchmetamorphite müsse rasch erfolgen, um die Strukturkonstanz der Hochdruckminerale zu gewährleisten. Für Coesit sei eine Absenktiefe von 80 km erforderlich, um zu den benötigten Umwandlungsdruckwerten zu gelangen (65). ‚Schnell' gemacht wird der Vorgang des Aufstieges mit der Winkelfluss-Hypothese, d. h. nach Erreichen der erforderlichen Tiefen kehren die Ultrahochdruckmetamorphite ihre Abwärtsbewegung um und steigen geschwind wieder an die Oberfläche, in wenigen zig Millionen Jahren (65).

Aus dem in Kapitel 8 beschriebenen Kollisionsverlauf kann gefolgert werden, dass ein kollidierter Himmelskörper mit einem Durchmesser von mehr als 3600 km die frontal komprimierte Atmosphäre nicht seitlich abdrängen kann. Eine hohe Kollisionsgeschwindigkeit und ein großer Durchmesser gestatten kein Entkommen der Atmosphäre. Als Konsequenz daraus wurde das Postulat einer stickstoffhaltigen Atmosphäre des Kollisionspartners aufgestellt. 80 % der Erdatmosphäre bestehen aus Stickstoff. Wenn die Suche nach dem Kollisionspartner innerhalb unseres Sonnensystems durchgeführt wird, kommt man schnell zum Saturnmond Titan. Ausgehend von den heutigen Planetenkonstellationen ist eine derartige Kollision undenkbar. Geologen gehen immer von den heutigen Verhältnissen aus. Sie übertragen diese ebenso selbstverständlich auf alle vergangenen und kommenden Zeiten. Das entspricht ihrem aktualistischen Denkschema. Historische Hinweise zur Bildung des Ringsystems um Saturn, zu den Gürteln auf Jupiter und zu den Positionswechseln dieser beiden Riesenplaneten unseres Sonnensystems einschließlich ihrer Monde können in alten antiken Schriften gefunden werden (66, 67). Historische Berichte zu Saturn belegen eine ehemals enge Nachbarschaft zwischen diesem jetzigen Ringplaneten und der Erde. Sie beschreiben gravierende Veränderungen an diesen Planeten, sichtbare Wechselwirkungen zwischen Jupiter und Saturn und gewaltige katastrophale Ereignisse – auch die Erde selbst betreffend – in geschichtlicher Zeit. Davon dürfen Geologen nichts akzeptieren. Sie halten ihr Weltbild hoch, das in den voranstehenden Kapiteln widerlegt wurde.

Die Berücksichtigung historischer Überlieferungen und der aktuellen geowissenschaftlichen Daten ist ein Rückgriff auf Fakten. Das institutionalisierte geologische Weltbild wurde aus Hypothesen errichtet, deren Sinnhaftigkeit darin zu bestehen scheint, belegbare aber unerwünschte Fakten unserer Vergangenheit zu eliminieren. Die ‚alte' Geologie vor Hutton und Lyell sah ihre wichtigste Aufgabe darin zu ergründen, wie die Welt ihr heutiges Aussehen erhielt. Die ‚neue' wissenschaftliche Geologie nach Hutton und Lyell scheint ihre wichtigste Aufgabe darin zu sehen, uns von einer nicht katastrophistischen Erdvergangenheit überzeugen zu müssen. Eine Kollision zwischen Erde und Titan in geschichtlicher Zeit muss die Unlogik aller gegenwärtigen geologischen Hypothesen zur Folge haben. Deren Überprüfung deckte die dreist zu nennenden Verstöße gegen naturwissenschaftliche Gesetzmäßigkeiten auf. Dabei wurde festgestellt, dass Geowissenschaftler in den letzten Jahrzehnten unüberschaubare Datenmengen angehäuft haben, aber bis jetzt nicht eine einzige ihrer Hypothesen beweisen konnten. Sie sind von der Lösung ihrer fundamentalen Fragen gegenwärtig weiter entfernt als vor 300 Jahren. Mit der bereits als historisch zu bezeichnenden Abkehr von den katastrophistischen Vorstellungen als Ursache aller tatsächlich vorhandenen gewaltigen Zerstörungen der Erdkruste wurde die falsche Richtung eingeschlagen. Die nun erforderliche Umkehr führt in das entgegengesetzte Extrem, in eine von Katastrophen geprägte Vergangenheit der Erde, deren Ausmaße mit Worten nicht beschrieben werden können. Heutige Geologen sehen sich fast am Ziel. Sie und die Öffentlichkeit glauben an die Effizienz von Hightech bei der Klärung fundamentaler geologischer Fragestellungen. Geologen stehen mit dem Rücken zum Universum gewandt auf dem Boden dieser Erde und diskutieren, wie er entstanden sein könnte. Sie wenden den Blick nach unten, ins tiefere Erdreich, und suchen dort nach Kräften, die die vorhandenen Großstrukturen erklären sollen. Währenddessen explodieren hinter ihren Rücken Sterne, kollidieren Kometen und Tausende Trümmerstücke vagabundieren durch unser Planetensystem. Unantastbar ziehe unsere Erde ihre Bahnen um die Sonne, seit Milliarden Jahren bereits und ebenso lange noch in Zukunft. Sie sei ein autarker Planet und bilde sich fortwährend mit den ihr innewohnenden Kräften um. Sie sei eine dynamische Erde.

Antworten auf die fundamentalen Fragen der Geowissenschaften sind nicht im Erdinneren zu finden. Unsere Erde ist ein Teil des Universums. Darin spielt sie ihre aktive und passive Rolle, in Übereinstimmung mit den Gesetzen der Natur. Der abgehobene Sonderstatus, den die Geologie der Erde zuschreibt, dient dem Verdrängen der unangenehmen Folgen des kosmischen Zusammenspiels. Die sogenannte geologische Denkart und die damit konstruierten Hypothesen müssen aufgegeben werden – das sind alle Hypothesen. Von einer einschläfernden, beruhigenden Erdvergangenheit mit Millionen, Milliarden und Äonen von Jahren ist ein Umschwenken auf kurze und heftige Katastrophen kosmischer Genese erforderlich – mit Absolutzeiten von Wochen, Tagen, Stunden und Sekunden. Von unkontrollierbaren fernen Vergangenheiten werden die den Erdball verändernden geologischen Prozesse in unsere geschichtliche Vergangenheit mit schriftlicher und mündlicher Überlieferung gelegt.

Das Oberflächenprofil der Erde und die Struktur der globalen Lithosphäre sind unmittelbare Folgen der Titan-Katastrophe. Basaltböden und Kontinentalblöcke waren bereits vor der Kollision vorhanden. Wenig verändert wurde deren geographische Lage – vom indischen Subkontinent abgesehen. Ein neues Antliz erhielten die kontinentalen Oberflächen und die Basaltböden der Ozeane. Gebirgsformationen, Polkappen und breitenabhängige Klimazonen bildeten sich durch die Kollision. Spätere Katastrophen – die mehrfachen Venus- und Mars-Nahbegegnungen – bewirkten nur geringfügige Veränderungen an dem sichtbaren Profil der Erdoberfläche. Alle Kollisionsfolgen lassen sich aus dem Verlauf dieser kosmischen Katastrophe ableiten. Sie bestehen aus einer Kaskade aufeinanderfolgender Ereignisse. Zur globalen Katastrophe wurde die Kollision durch die Weiterleitung der atmosphärischen und der durch den Erdkörper laufenden Druckwellen. Die fortgeleiteten Maximaldruckzonen im Erdkörper verließen in radialer Richtung die Einschlagrinne. Sichtbar sind sie am Verlauf der Riftzonen (Kapitel 9.4). Innerhalb weniger Stunden breitete sich die Katastrophe über die gesamte Erdoberfläche aus. Über den angehobenen Riftflanken liefen die Wassermassen der Ozeane zu gewaltigen Flutwellen auf (Kapitel 9.5). Diese lösten das Massensterben der bis dahin verschonten Kreaturen aus und betteten ihre Reste in Sandstein und Kalkformationen ein (Kapitel 9.6).

Das plötzliche Aussterben der Großsäuger, zu denen als bekannteste Gruppe die Mammuts zählen, ist für Geologen und Paläobiologen ein Gegenstand anhaltender Diskussionen. Stehend gestorbene Mammuts, mit offenen Augen, mit Futter im Maul, erstickt und mit eisenhaltiger Flugasche in den Lungen, mit zerschmetterten Knochen, ohne dass dafür ein geeignetes Gestein in der Nähe gefunden wurde, lassen sich in kein gegenwärtig bekanntes Katastrophenschema einordnen. Die Geologie schweigt zu diesen Berichten ihrer ehemaligen Kollegen. Verantwortlich für die ‚merkwürdigen' Todesumstände der Mammuts war die Verlagerung des atmosphärischen Vakuums der Kollisionszone zur gegenüberliegenden Seite der Erde und die geographische Lage der betroffenen Region nördlich der Kollisionsrinne (Kapitel 9.1 und 9.2).

Paläontologen geben trotz unverstandener Fakten offizielle Statements ab. Als natürliche Fallen fungierende Asphaltgruben, Overkillhypothesen und Klimaveränderungen werden als naturgemäße, d. h. nicht katastrophale Ursachen zur Ausrottung der Großsäuger der Öffentlichkeit unterbreitet. Wie die Geologie über das Problem des Aussterbens denkt, geben folgende Ausführungen wieder. Zitat: „Im Allgemeinen ist das Aussterben die Folge von besonders extrem auftretenden Faktoren, die normalerweise die entsprechenden Populationen unter Kontrolle halten. Limitierende Faktoren sind beispielsweise räuberisches Verhalten einer Population, Krankheit, das Auftreten einer oder mehrerer konkurrenzüberlegener Arten, einschränkende Änderungen der Umweltbedingungen oder zufällige Fluktuationen der Artenzahl. Alle Veränderungen, die sich aus einem oder dem Zusammenwirken von mehreren Faktoren ergaben, führten zum Aussterben der meisten Tier- oder Pflanzenarten, die einst die Erde besiedelten." (68) Die offizielle Stellungnahme zum Aussterben der nord- und südamerikanischen Großsäuger liest sich wie folgt – Zitat: „Ehe wir die betreffenden Argumente diskutieren, betrachten wir vorab die eigentlichen Opfer. Knochen dieser Säugetiere wurden zusammen mit Resten noch heute lebender Säugetiere in Asphaltsümpfen von La Brea bei Los Angeles gefunden. Dort blieben die großen Pflanzenfresser in den klebrigen, aus dem Untergrund austretenden Asphalt stecken. Die so gefangenen Tiere lockten zahlreiche Raubtiere an, von denen viele ebenfalls festgehalten wurden und allmählich in dem weichen Asphalt versanken." (69) Nachdem nun die Großsäuger Nord- und Südamerikas in die Asphaltsümpfe bei Los Angeles gefallen waren und somit als ausgerottet betrachtet werden können, warteten noch die Mammuts und weitere Großsäuger im Permafrostgebiet der arktischen Breiten auf ihre Massenvernichtung. Dafür haben Paläobiologen eine sogenannte ‚Overkillhypothese' entwickelt, um effektiv und schnell die Großsäuger der Welt quantitativ zu vernichten. Zitat: „Nach dieser Hypothese sind große erfahrene Jägergruppen der Clovismenschen auf der Suche nach Beute in neue Gebiete vorgedrungen, in denen zuvor nur wenige oder keine Menschen lebten. Die Tiere dort, die nie zuvor Menschen begegnet waren, wurden zur leichten Beute. Waren in einem Gebiet die Tiere ausgerottet, zogen die Jäger weiter." (70) „Demzufolge ging nach der Overkillhypothese eine Welle von Jägergruppen der Clovismenschen über Nordamerika hinweg nach Südamerika und rottete dabei die gesamten Populationen von Elefanten, Bisons, Wildrindern, Pferden, Kamelen und der am Boden lebenden Faultiere aus." (70) Nur 2 000 Jahre, von 12 000 bis 10 000 vor unserer Zeit, standen ihnen dafür zur Verfügung (71).

Elfenbein ist eine begehrte Hinterlassenschaft ausgestorbener Mammuts. Bereits in der Antike wurde fossiles Elfenbein für Schnitzereien verwandt (72). Geschätzt werden von Wereschchagin 700 000 Tonnen in Nordostsibirien (73). Mit einem Gewicht von 30 kg je Stoßzahn ergibt sich eine Anzahl von 12 bis 20 Millionen Mammuts, deren Elfenbein von den Clovisjägern liegen gelassen worden sein soll. Paläobiologen vermochten weitere interessante Zusammenhänge zu klären. In Anbetracht der in Höhlen gefundenen beeindruckenden Mengen von Knochen verschiedener Säugetiere berichten sie uns über das Lagerleben von Säbelzahnkatzen und deren Eigenart, ihre Beute beständig ins Lager zu schleppen – ganz im Gegensatz zum Verhalten heutiger Großkatzen. Zitat: „Die Freisenbahnhöhle in Texas war ein Lager von Homotherium, einer Säbelzahnkatze Nordamerikas. Allein aus dieser Höhle bargen Paläontologen die Reste von mehr als 30 Skeletten, u. a. von zahlreichen Jungtieren zusammen mit den Knochen von ungefähr 70 jugendlichen Mammuts. Ganz eindeutig bevorzugten die Säbelzahnkatzen die schutzlosen Jungtiere der Mammuts als Beute und schleppten sie in ihre Höhle." (69) Paläobiologen vermochten sogar die Vorzugsspeisen der Säbelzahnkatzen zu identifizieren und auch zu begründen: Elefanten – ja, Pferde – nein. Zitat: „Es ist denkbar, dass die großen Raubtiere deshalb ausstarben, weil ihre Beute verschwand. Dies ist besonders in Bezug auf die Säbelzahnkatzen naheliegend, da deren messerscharfe klingenartige Zähne geeignet waren, die dicke Haut und das Fettgewebe der Elefanten zu durchtrennen. Diese Zähne waren sehr zerbrechlich und wären bereits an den Schulterblättern oder den Rippen der Pferde abgebrochen." (69) Viele Probleme bleiben ungeklärt – wie die Futter- und Trinkwasserversorgung von Millionen Großsäugern auf dem Permafrostboden in den eisigen Weiten innerhalb des Nordpolarkreises. Paläobiologen äußern sich zu allen anstehenden Problemen und teilen schließlich mit: „Die Frage, warum die großen Pflanzenfresser ausstarben, bleibt offen." (71)

Es gibt keine konventionelle Lösung für die noch offenen Fragen zum plötzlichen Aussterben der Großsäuger. Die Denkschemata der Geologen und Paläobiologen erweisen sich als untauglich. Konventionelle Katastrophen sind nicht imstande, die in Massen gefundenen Überreste verstorbener Kreaturen und die Begleitumstände ihres Todes zu erklären. Stellungnahmen von Geologen und Paläontologen zum Aussterben der Mammuts und weiterer ‚Eiszeittiere' gleichen frustranen, unüberlegten und die tatsächlichen Befunde nicht berücksichtigenden Bemühungen, das gegenwärtige offizielle Weltbild zu retten. Innerhalb von Sekunden verstorbene Mammuts während des massenhaften Aussterbens der Großsäuger und vieler weiterer Arten wurden in den voranstehenden Kapiteln beschrieben. Ursächlich für das eine, innerhalb kürzester Zeit abgelaufene Massensterben war die Kollision zwischen Titan und der Erde (Kapitel 8). Wenige Stunden dauerte die nahezu vollständige Vernichtung von Fauna und Flora der Erde. Geologen und Paläontologen glauben an viele Massensterben und definierten dazu eine Milliarden Jahre umfassende Zeitskala. Das Massensterben der Mammuts weist anschaulich und eindrucksvoll darauf hin, dass alle rezenten Vorstellungen von Geologen, Paläobiologen und Klimaforschern zum Thema Eiszeit und Massensterben falsch sind.

Während der Sekundentod von Mammuts und weiteren Großsäugern in der nach Norden verlängerten Einschlagzone durch die Folgen der Atmosphärenkompression und Dekompression mit Druckumkehr (Kapitel 9.1) erklärt werden kann, verendete der größte Teil der Fauna und Flora durch gigantische Flutwellen (Kapitel 9.5).

Höher noch als im Indischen Ozean stiegen die Flutwellen von Atlantik und Pazifik an. Auf den angehobenen Riftflanken beidseits der zentralen Riftzonen wurden mit Beschleunigungsstrecken von mehreren Tausend Kilometern Flutwellenhöhen von vielen Kilometern erreicht. Sie lagerten in wenigen Stunden die geologische Zeitskala mit allen darin auffindbaren Einschlüssen ab – von Trilobiten über Goldschmuck, eisernes Kochgeschirr, Saurier und Homo sapiens. Die schnelle Hebung der zentralen Riftzonen mit den beidseits angrenzenden Riftflanken verursachte die gerichtete Bewegung der Flutwellen – von der Riftzone fort nach lateral. Wie stark die harte Lithosphärenkruste deformiert werden kann, ohne zu brechen, hängt von ihrer Dicke und von der Breite der angehobenen Fläche ab. Die jetzige harte Kruste muss nicht zwingend die gleiche Stärke haben wie die vormalige zum Zeitpunkt des Titan-Crashs. Auch der Abstand zwischen den rezenten Transformstörungslinien ist proportional zur ehemaligen Krustenstärke. In Kapitel 9.4 wurde die Bildung des geometrischen Bruchmusters und der Transformstörungen in den basaltischen Ozeanböden beschrieben. Nur zögerlich nimmt die Geologie zur Kenntnis, dass die Ozeanböden im Bereich der Riftzonen nicht ihren Wunschvorstellungen mit Wällen und Anwachsstreifen entsprechen. Damit taucht für die Geologie ein neues Problem auf. Sie muss die fast als exakt zu bezeichnende geometrische Anordnung der einzelnen Basaltkegel im Bereich der Riftzonen begründen. Das Relief der Riftzonen lässt sich nicht mit geologischen Modellen und subkrustalen Magmaströmungen erklären. Die Reliefkarte des Meeresbodens belegt den Bruch der ozeanischen Basaltböden und den Abbruch der ozeanischen Unterkruste von der kontinentalen Oberkruste in weiten Regionen des pazifischen Raumes. Brüche des harten Basaltbodens entstehen bei schneller Deformierung, wenn seismische Druckwellen mit einer Geschwindigkeit von mehreren Kilometern pro Sekunde und von ausreichender Größe die Lithosphäre anheben.

Wie ein mit Flüssigkeit gefüllter Hochdruckbehälter verhielt sich die Erdkugel beim Titan-Crash. Die harte Schale brach und aus Zigtausenden Lecks im Bereich der maximalen Drücke entleerte sich dünnflüssige Basaltlava. Abgesprengt wurden die Zentralregionen der Riftzonen. Gigatonnen klastischer Sedimente wurden in die Atmosphäre und Ozeane geblasen, bis nach dem Druckabfall die Lecks und Einrisse in den ozeanischen Basalt- und den kontinentalen Granitdecken durch die erstarrende Lava wieder verschlossen werden konnten. Große basaltische Eruptivprovinzen der Erde, kontinentale ebenso wie subozeanische, bildeten sich nach dem gleichen Reaktionsablauf wie die mächtigen Salzlager. Nach jedem explosiven Austrieb dünnflüssiger hoch erhitzter Lava erfolgten Druckabfall und Tamponade der Auswurföffnung mit überstehendem Magma. Nach erneutem Druckaufbau entleerte sich wiederum der Bruchspalt, die Lava floss seitlich ab und bildete in den Regionen mit den höchsten Drücken und demzufolge meisten Deckeneinrissen die ausgedehnten und vielfach geschichteten Eruptivprovinzen. Fauna und Flora der Erde befanden sich in den aufgewühlten Wassermassen der Flutwellen. Jede Überflutung eines kontinentalen Basaltergusses oder ein Basaltaustritt unter Wasser deponierte Reste der im Wasser treibenden Kreaturen auf den frischen Basaltoberflächen. Geologen betrachten in ihrer Denkart diese organischen Reste zwischen den einzelnen Basaltschichtungen als Beweis für das Wachstum dieser Organismen vor Ort mit einer zugehörigen Zeitspanne. Reste der ehemaligen Fauna und Flora liegen in den geschichteten Sand- und Kalksteinformationen der Erde. Die Ablagerungsordnung vom Präkambrium bis zum Tertiär wurde in Kapitel 9.7 beschrieben. Das Ungleichgewicht zwischen Hart- und Weichteilversteinerungen beruht auf der weitgehenden Zerstörung der Weichteile in den Turbulenzen der Flutwellen und der sogenannten Colliquationsnekrose. Dieser Begriff aus der Pathologie beschreibt die Auflösung proteinhaltiger organischer Gewebe durch die hydrolytische enzymatische Spaltung. Analog dazu vermögen OH-Ionen im alkalischen Milieu – wie in den alkalischen Wassermassen der Ozeane nach dem Austritt von Magma – Proteine, den Grundbaustoff aller Weichteile der Fauna, in kurzer Zeit zu zerstören. Hoch erhitzte Wassermassen beschleunigten die Auflösung organischen Materials. Weitgehend erhalten blieb Letzteres nach schneller Herausnahme aus dem Bereich der tobenden Flutwellen und Absinken in geschützte Lagen – so wie die Grube Messel sie verkörpert (Kapitel 9.5). Kalkhaltige Verbindungen wie Knochen von Säugetieren und Gehäuse von Schalentieren sind im alkalischen Milieu wasserunlöslich. Die erwähnten Unterschiede führten zur relativen Anreicherung hartteilhaltiger kalkiger Fossilien in Sand- und Kalksteinschichtungen. Kalk bildete sich so lange aus Calciumhydroxid und Kohlendioxid, wie die Ozeane alkalisch reagierten. Im sauren Milieu, bei pH-Werten kleiner als 7, löst sich der Kalk auf.

In Kapitel 9.9 wurde die Identität von Sandstein und Beton beschrieben. Geologen fordern für die Bildung der mächtigen Sandsteinschichtungen Millionen von Jahren. Sandstein verhält sich nicht nur wie Beton – Sandstein ist Beton, chemisch und strukturell. Reste von Gipsverbindungen und ein höherer Kalkanteil im Sandstein führen bei Anwesenheit von Wasser zu dessen Zerstörung. Gips und Kalk werden trotz ihrer schlechten Wasserlöslichkeit langsam aus ihrer harten Steinformation herausgelöst. Dadurch wird die feste Struktur zerstört. Alle geschichteten Sandsteinformationen der Erde entstanden durch einen Guss: als Betonguss aus einer heißen, wässrigen und aufgeschwemmten Suspension von Calcium/Alumosilikaten und Quarzverbindungen in Form von Sand. Unterschiedliche Beimengungen von Eisen und weiteren Schwermetallen führten zu den zahlreichen Farbschattierungen der bekannten Sandsteinformationen. Sandstein benötigte die gleichen Abbindezeiten, wie sie von der technischen Herstellung betonhaltiger Bauteile bekannt sind. Gebogene natürliche Sandsteinschichtungen, in der Geologensprache als syn- und antiklinale Faltungen bezeichnet, zeigen die tektonischen Aktivitäten während und unmittelbar nach ihrer Ablagerung an. Wenige Stunden und Tage alte Sandsteinschichten ließen sich nahezu bruchfrei verformen. Eine syn- oder antiklinale Sandsteinfaltung mit vielen Querbrüchen weist auf eine länger anhaltende tektonische Verformung nach der Aushärtung hin.

Geschichtete Ablagerungen vom Kambrium bis zum Quartär, alle darin vorkommenden fossilierten Überreste verstorbener Organismen, Kohle-, Öl-, Kreide- und Salzlager, weisen auf eine gewaltsame, durch Flutwellen verursachte, katastrophistische Entstehung hin. Auch die Geologie kennt ‚katastrophale' Sedimentationsereignisse. Zitat: „Einige der episodischen Ablagerungen können als katastrophale Ereignisse beschrieben werden. Wirbelstürme und andere schwere Stürme führen zur Bildung starker Wellen und Strömungen, die Sedimente erodieren und anderswo wieder in Form von typischen Sturmlagen (sog. Tempestiten) ablagern. Ein solches Ereignis kann innerhalb weniger Stunden oder sogar innerhalb weniger Minuten eine Sedimentschicht von 1 m und mehr hinterlassen." (74)

Während gigantische Flutwellen die in den Riftzonen und auf den Riftflanken gebildeten Sedimente seitwärts verlagerten, wurden die mächtigen Gebirgsformationen aus der mobil gewordenen, partiell schmelzflüssigen Lithosphäre nach oben gedrückt. Sie bildeten eine Barriere für die herannahenden Flutwellen, zwangen sie zur Umkehr und ließen die Wassermassen der Ozeane zwischen den angehobenen zentralen Riftzonen und den weiter ansteigenden Gebirgsmassiven schaukeln.

Unter einer turbulenten Bedeckung aus Wasser und Sedimenten formierten sich die Böden der Ozeane neu. Ausgehend von den lateralen kontinentseitigen Regionen erstarrten die Basaltdecken in Richtung zur heißeren zentralen Riftzone. Abkühlung und Erstarrung der oberflächlichen Schichten erfolgten in der Horizontalen schnell, in der Vertikalen – nach unten – mit wachsender Schichtdicke langsamer. Jede zurückflutende Welle senkte schockartig die Temperatur der überrollten Flächen. Schnell wechselnde Richtungen des Erdmagnetfeldes (Kapitel 9.14), verursacht durch die Aufrichtschwingungen der ausgelenkten Drehachsen von Erdkern und -mantel, wurden in den erstarrenden Basaltböden fixiert. Hinweise auf ehemals wechselnde Magnetfeldrichtungen lassen sich nicht nur im erhärteten Ozeanboden und in den aufliegenden Sedimenten finden. Auch das Gestein der Kontinentalsockel erhitzte sich durch die Kollision in vielen Regionen über den Curie-Punkt der ferromagnetischen Minerale. Die darin erhalten gebliebene Abbildung der Magnetfeldausrichtung jener Zeit wird von der Geologie als Paläomagnetismus bezeichnet und mit einer Kontinentwanderung bei festliegenden Magnetpolen gleichgesetzt – konform zu ihren plattentektonischen Hypothesen.

Geologen rätseln über weitere magnetische Anomalien. Es wurde darauf hingewiesen, dass die sogenannten riftzonenparallelen magnetischen Anomalien, wie sie in vielen plattentektonischen Publikationen dargestellt werden, wenig Übereinstimmung mit den wirklichen Verhältnissen besitzen (75). Ein Drittel aller Riftzonen zeigt kein magnetisches Streifenmuster. Ca. 21 % aller Magnetstreifenmuster verlaufen nicht längs, d. h. parallel zur Riftzone, sie verlaufen quer zu ihr (75). Jede einzelne Magnetstreifenzone besteht aus zahlreichen schmalen, ovalären und hochamplitudigen Anomalien, wie in detaillierten Untersuchungen nachgewiesen werden konnte (75). Vollends widerlegt werden die geologischen Überlegungen zu Magnetstreifenmuster, Anwachsstreifen und Seafloor Spreading durch das Deap Sea Drilling Project (DSDP) (76). Mit jedem weiteren aus dem Meeresboden gehobenen Bohrkern wird das plattentektonische Modell unglaubwürdiger. Mehr als 2500 Bohrungen im Rahmen des DSDP deklassieren das „highly symplistic seafloor spreading model" … zur Entstehung der subozeanischen magnetischen Anomalien (76).

Der Nachweis von Zonen wechselnder Magnetisierungsintensität und entgegengesetzter Polarisationsrichtung auch in der Vertikalen sind unvereinbar mit den geologischen Vorstellungen zur Neubildung von Ozeanböden in den zentralen Riftzonen. Die beobachteten magnetischen Anomalien, das gemessene orthogonale Bruchmuster des Pazifik- und Atlantikbodens, seine Ausdehnung auf die Kontinentalsockel (76) und das Absinken des Rift Valleys einschließlich der angrenzenden Flanken, wie es für Island bestätigt wurde, sind unvereinbar mit plattentektonischen Überlegungen (77). Sie sind vereinbar mit der Kollision von Titan, mit fortgeleiteten Druckwellen, Aufschmelzen, Abkühlen und Absinken der ehemals heißeren Riftzonen und Ozeanböden und mit der Fixierung der vor Ort in jener Zeit vorhanden gewesenen Magnetfeldausrichtungen. Die Dauer für alle diese zeitgleich verlaufenden Vorgänge lässt sich mit der Erstarrungszeit der Basaltböden und der partiell aufgeschmolzenen Kontinentalsockel gleichsetzen. Eine Änderung der Polarisationsrichtung ferromagnetischer Mineralien in Gestein kann nur über eine Mobilisierung dieser Minerale erfolgen, d. h. über einen schmelzflüssigen Aggregatzustand. Analog dazu können auch Gebirgsformationen mit allen bekannten Diskordanzen nur über eine mobile, d. h. flüssige Phase gebildet werden. Gebirgsformationen der Erde zeigen eindrucksvoll ihre Entstehungsweise. ‚Man schmiede das Eisen, solange es glüht.' Dieser Spruch lässt sich auf die Gebirgsbildung übertragen. Ist die Temperatur zu niedrig, gibt es Bruch. Die Neuformierung der festen Erdkruste, der Lithosphäre mit Ozeanböden und Gebirgsformationen, dauerte nach dem Titan-Crash wenige Tage. Seit einigen Tausend Jahren nagt daran der Zahn der Zeit. Gebirge und Felsen errodieren, der Abraum wird als Sediment dem Meer zugeführt. Auch in Ewigkeiten werden diese Regionen – wie alle Teile der Lithosphäre – nicht in den Erdmantel absinken, dort aufschmelzen, zu neuen Gebirgen gebacken und wieder in „luftige Höhen" (78) aufsteigen, wenn die Erde dazu auf ihre eigenen Kräfte zurückgreifen muss. Die von der Geologie ersonnene Dynamik der Erdkruste kann nicht anlaufen, weil sie gegen ein Naturgesetz verstößt: spezifisch Leichteres ordnet sich oberhalb von spezifisch Schwererem an. Der Erdmantel ist deutlich schwerer als die äußere Kruste, die Lithosphäre. Nur externe, kosmische Kräfte von titanischen Ausmaßen vermögen die natürlichen Schichtungen in der Erdkruste und im Erdmantel zu zerstören. Sie werden als Diskordanzen bezeichnet.

Geologen bedienen sich heute modernster Messmethoden. Sie können Richtung und Tiefenlage der magnetischen Polarisation in den Bohrkernen bestimmen. Sie können Druck- und Temperaturverhältnisse in noch größeren Tiefen mittels technischer Apparaturen simulieren. Sie können vom Weltraum aus mit höchster Präzision die Erde vermessen. Unsere heutige Geologie ist eine moderne Wissenschaft, relativ jung im Vergleich zu Astronomie, Mathematik und Physik. Mit den Publikationen J. Huttons gegen Ende des 18. Jahrhunderts sieht die Geologie ihre moderne, naturwissenschaftliche Ära anbrechen. Von einer Wissenschaft in jener Zeit ist die Rede, „... die soeben im Begriffe war, sich aus der Spekulation zu erheben" (79). Damals, am Beginn ihrer modernen Ära, wurde die Geologie in Einzeldisziplinen unterteilt, erhielt finanzielle Mittel und technische Unterstützung benachbarter Disziplinen. Um ihre Distanz zur Spekulation zu unterstreichen, verwarf sie die bis dahin benutzten Hypothesen von Katastrophismus und Neptunismus und begann mit dem Versuch, uns die Welt zu erklären. Sie stellte Hypothesen auf zum Gesteinsbildungsprozess, mit den Hypothesen von Absenkung und Umwandlung der Sedimentite, mit den Hypothesen zur Lithifikation, Kompaktion und Zementation, mit den Hypothesen von Diagenese und Metamorphose, mit den Bildungs-Hypothesen zu Metamorphiten und Kristallingesteinen, mit der Hypothese zur Umwandelbarkeit der drei Gesteinsgruppen Magmatite, Metamorphite und Sedimentgesteine in anderes gleichartiges Gestein, über den „unendlichen Weg", auf dem Gesteine sich in andere verwandeln (80).

Hypothesenreich wird der ‚Kreislauf der Steine' angeboten. Dieser angenommene Kreislauf beschreibt die Steinbildung und die Umwandlung gegebener Steinformationen in eine neue Steinart. In dem Glauben, die Zusammensetzung und das ‚Werden' der gesamten Lithosphäre, eines jeden Gebirges, eines jeden Felsens und eines jeden Steinchens bis ins Detail, bis hinab zur atomaren Winzigkeit erklären zu können, wurden alle vermuteten Reaktionswege und Reaktionsprodukte wissenschaftlich benannt. Dazu dienen die Hypothesen zur Intrusion, mit der synkinematischen, spät- und posttektonischen Intrusion, die Hypothesen zur magmatischen Differentation mit der Liquations- und Kristallisationsdifferentiation (81), mit der Abspaltung der „Gang-Gefolgschaft", der Assimilation und der Hybridisation (82). Die Hypothese zur Entstehung der Magmatite mit den Begriffen der pazifischen und atlantischen Sippe, entsprechend der chemischen Zusammensetzung (83), mit weiteren hypothetischen Unterteilungen des Magmatismus in einen initialen synorogenen, subsequenten und finalen (84). Die Hypothesen zur Lagerstättenbildung mit apo- und telemagmatischen hydrothermalen Lagerstätten und hypothetischen metasomatischen Verdrängungen (85). Die Hypothesen zu den exhalativ-sedimentären Erzvorkommen (86). Die Hypothese der Metamorphose, der Umwandlung der Gesteinsformationen in festem Zustand, die Hypothesen von Anchimetamorphose, prograder Metamorphose, retrograder Metamorphose (87), Regionalmetamorphose, regionale Versenkungsmetamorphose, Thermometamorphose, Dislokationsmetamorphose und Thermodynamometamorphose (88). Zur Beschreibung der Metamorphose dienen weiter die Hypothesen von allochemischer Metamorphose, Metasomatose und polymetamorphen Bildungen (89). Zur Einregelung der Mineralien in Gestein – bei der Metamorphose – bedient sich die Geologie der Hypothesen von präkristalliner Deformation, parakristalliner Deformation, prätektonischer Kristallisation, syntektonischer Kristallisation, posttektonischer Kristallisation, Abbildungskristallisation und der statischen Thermometamorphose (90). Zum weiteren Verständnis der Metamorphose dienen die Hypothesen von Kontaktmetamorphose und Kontaktmetasomatose (91). Weitere Hypothesen zur Gesteinsumwandlung stellen die sog. Granitisation und Anatexis dar (92), mit den weiter differenzierenden Hypothesen von Metatexis und Diatexis (93).

Die Hypothesen zur Bildung geologischer Großstrukturen übertreffen inzwischen an Zahl und Dimension die Steinbildungshypothesen. Mit der Hypothese der Isostasie wird der Aufstieg von Gebirgen erklärt (94). Wie Eisberge sollen sie aufsteigen, wenn sie Gewicht verlieren. Letztere schwimmen in Wasser; Gebirge liegen in der steinernen Schale der festen Erdkruste, deren Dicke ein Vielfaches von dem beträgt, was von einem Gebirge als ‚Unebenheit' oberhalb des NN-Niveaus sichtbar ist.

Eine Auswahl älterer Gebirgsbildungshypothesen wurde in Kapitel 6 erwähnt. Gegenwärtig ist die neue Globaltektonik, die sogenannte plattentektonische Hypothese, in Gebrauch. Dazu gehören die Hypothesen von Seafloor Spreading und Subduktion, die Hypothesen zu den vermuteten Magmaströmungen und Konvektionszellen, die Hypothesen von ‚ridge push' und ‚slab pull', die Hypothesen von Triple Junctions, die Hypothesen von ‚aktiven' und ‚passiven' Kontinentalrändern, die Hypothese von konvergierenden und divergierenden Platten und immer noch die Hypothesen von Anwachsstreifen und -wällen im Bereich der zentralen Riftzonen, obwohl die gemessenen Profile dieser Regionen für jedermann sichtbar eindeutig dagegensprechen (95). Es gehören dazu die Hypothesen von ‚continent rifting' und embryonalen Rifts. Mit den plattentektonischen Hypothesen werden die Hypothesen zur Gebirgsbildung erklärt, die Hypothesen zur Synthese von Ultrahochdruck-Metamorphiten mit dem alternativen ‚Winkelfluss', ‚seitliches Abwandern' und ‚Hochdrücken entlang der Subduktionszone' (96). Die Hypothesen zu wiederholten Versenkungen und Aufstiegen ganzer Regionen, mehrere Hundert Mal, dienen zur Erklärung der Kohle-, Erdöl- und Salzbildungshypothesen (97). Die Hypothesen zur Orogenese, zur Gebirgsbildung, umfassen die Hypothesen der alpidischen, variszischen, kaledonischen und assyntischen Gebirgsbildungszyklen (97). Weitere hypothetische Gebirgsbildungszyklen wurden in die zeitlich davor definierten Abschnitte der Erdentwicklung positioniert (97). Die Gebirgsbildungshypothesen ergeben sich aus der hypothetischen globalen Lithosphärenplattenwanderungstendenz. Letztere führte zur Aufstellung der hypothetischen Kontinente Pangäa, Laurentia und Gondwana (98). Dazu wurden definiert die hypothetischen Fragmente Baltika, Avalonia, Norika, Amorika, Sibiria und weitere, schwimmend in hypothetischen Urozeanen mit Namen wie Iapetus-, Tethys-, Reischer-, Ural- und Moldanubischer Ozean (98).

Selten werden mahnende Stimmen von Geowissenschaftlern vernommen, wie z. B. zu den geotektonischen Hypothesen: „Keine der zahlreichen Hypothesen kann allerdings von so weit gesicherten, unwidersprochenen Tatsachen ausgehen, dass sie als ‚Theorie' im mathematisch-naturwissenschaftlichen Sinne gelten könnten." (99) Die ‚Hardliner' unter den Verteidigern der rezenten geowissenschaftlichen Paradigmata lassen uns auch heute noch wissen: „In den 60er-Jahren des 20. Jahrhunderts wiesen die Geologen gegen jeden Zweifel nach, dass die Platten – samt der darin eingebetteten Kontinente – um den Erdball driften." (100)

Ohne jeden Zweifel sehen sich die Geologen auch auf einer wissenschaftlich fundierten Basis stehen. Zitat: „Die Grundlage der Geologie als moderner Wissenschaft ist das Prinzip des Uniformismus." Der Uniformismus besage, „... dass es in der Natur Gesetze gibt, die sich im Laufe der Zeiten nicht verändert haben" (101). Dieser Uniformismus gelte „... nicht nur in der Geologie, sondern in allen Naturwissenschaften" (101). Und: „... doch die Geologen achten dieses Prinzip des Uniformismus weitaus höher." (101) Der Begriff des ‚Aktualismus' gehorche „... einem nicht ganz so anspruchsvollen Prinzip, nämlich der naheliegenden Methode, Vergangenes aus den zu beobachtenden Vorgängen der Gegenwart zu erschließen. Solche Erkenntnisse lassen sich dann auch auf die Bildungsbedingungen der ältesten Gesteine der Erde anwenden." (101) Es ist anerkennenswert, wenn die Geologie die Konstanz der Naturgesetze weitaus höher achtet als die Physiker. Der ‚Fauxpas' der Geologie besteht darin, dass sie zwar die Konstanz der Naturgesetze achtet, jedoch deren Gültigkeit nicht beachtet.

In den voranstehenden Kapiteln wurden zahlreiche Beispiele dafür angeführt, wie Geologen ihre Hypothesen mit der exakten Perversion der Naturgesetze konstruieren. Das bekannteste Beispiel stellt die Versenkung leichterer Erdkruste in den deutlich schwereren Erdmantel dar. Zur Begründung dieser von der Geologie weltweit als zulässig betrachteten Verdrehung physikalischer Gesetzmäßigkeiten dient ein unmittelbar folgender zweiter gravierender Verstoß gegen die Naturgesetze. Abtauchende Erdkrustenplatten sollen an Schwere zunehmen, dabei aber gleichzeitig ihr Volumen vergrößern. Eine Volumenzunahme wird von den Geophysikern mit den entsprechenden Seismogrammen belegt. Zu den anerkannten natürlichen Gesetzmäßigkeiten gehören die Erkentnisse der Physik, dass Festkörper – wie die Erdkruste – bei Erwärmung ihr Volumen vergrößern und dabei ihr spezifisches Gewicht verkleinern, entsprechend der physikalischen Definition: „Das spezifische Gewicht eines Körpers ist der Quotient aus Gewicht und Rauminhalt/ Volumen." (102)

Physiker führen Fehlerrechnungen zu ihren erhaltenen Messwerten durch, um Aussagen über die Zuverlässigkeit derselben machen zu können. Auch Geologen betrachten ihre erhaltenen Resultate im Sinne einer Fehlerrechnung. Eine Diskrepanz zwischen den erwarteten und den tatsächlichen Befunden in Höhe von 97 % (in Worten siebenundneunzig) wird als ‚kleiner Schönheitsfehler' bezeichnet (103). Geologische Hypothesen und Denkschemata operieren mit einer exakten Gegensätzlichkeit zu den bekannten Naturgesetzen und Erfahrungen. Silikatverbindungen wie Glas und Granit lassen sich durch starke Laugen auflösen und durch Zugabe von Säuren wieder polymerisieren. Geologen vermögen Silikate durch Säuren zu lösen. Üppige Sumpfwälder wachsen in einem vitalen Biotop, bei der Geologie stehen sie in toten Gewässern. ‚Kurz' wird zu ‚lang', logisch zu unlogisch, Fakten zu Fälschungen, historische Berichte zu Mythen. Um derlei verstehen zu können, sei die geologische Denkart erforderlich, so wie sie von der Geologie praktiziert werde.

Wenn die Geologie neben der Konstanz der Naturgesetze auch deren Gültigkeit beachtet, kann sie folgern,

- dass hartes Gestein unter der Einwirkung verformender Kräfte bricht – heute beobachtbar und auch für die Vergangenheit gültig;
- dass schmelzflüssiges Gestein – Magma – durch starke Temperaturerhöhung entsteht – heute beobachtbar und auch für die Vergangenheit gültig;
- dass die Umwandlung von Gesteinsarten im festen Zustand – als Metamorphose bezeichnet – nicht durch ausgiebiges Zuwarten erfolgt, heute ebenso wenig wie in der Vergangenheit;
- dass üppige Sumpfwälder in einem Biotop ihre abgestorbenen Reste rückstandsfrei verstoffwechseln – heute beobachtbar und auch für die Vergangenheit gültig;
- dass auch ein massenhaftes Sterben von Kreaturen zur keiner Versteinerung derselben führt – heute ebenso wenig wie in der Vergangenheit;
- dass spezifisch Leichteres nicht in ein spezifisch schwereres Medium absinkt – heute beobachtbar und auch für die Vergangenheit gültig;
- dass Kohle nicht aus Torf entsteht – heute ebenso wenig wie in der Vergangenheit;
- dass Erdöl heute nicht aus organischen Rückständen entsteht und auch in der Vergangenheit nicht daraus entstanden sein kann – bei Gültigkeit der thermodynamischen Gesetze.

Mit Unterstützung umfangreicher Computersimulationsprogramme hat die geologische Grundlagenforschung den Boden der Realität verlassen. Sie ist zu einer virtuellen Forschung mutiert. Unlösbar sind diejenigen Probleme, für die es an Rechenkapazität der Computer mangelt. Die Mehrheit schätzt diese computergenerierte Dynamik der Erde. Sie ist zuverlässig und beruhigend durch Ewigkeiten und unendliche Langsamkeit. Auf Tastendruck lassen sich Kontinente verschieben, zusammenfügen und wieder zerteilen. Gebirgsbildungen werden durch Kontinentkollisionen und Überschiebungen im Zeitraffer simuliert, während die geologischen Zeiten im Jahrmillionentakt vorbeieilen.

Eine Minderheit bezweifelt hartnäckig die fundamentalen Hypothesen der Geowissenschaften. Selten lässt sich eine Reaktion der Geologie auf kritische Einwände beobachten. I. Velikovsky gehörte zu den bekanntesten Kritikern unseres heutigen geologischen und kosmologischen Weltbildes. In den 50er-Jahren des vergangenen Jahrhunderts präsentierte er der Öffentlichkeit ein neues Weltbild, konträr zu den etablierten Vorstellungen der Geschichtswissenschaften und Kosmologen. Velikovsky belegte anhand historischer Aufzeichnungen minutiös die mehrfachen Nahbegegnungen zwischen der Erde und den Planeten Venus und Mars (104). Diese ungeheuren Behauptungen fanden in der Öffentlichkeit zunehmend Aufmerksamkeit. Sie drangen bis zu den Etagen der etablierten Wissenschaften vor und waren Gegenstand heftiger Diskussionen. Die Basis der Geschichtsschreibung, der Kosmologie und der Geologie stand zur Diskussion. In einem öffentlichen Auftritt wurde Velikovsky mit dem schwerwiegenden Gegenargument, mit der Frage, ob er ein „Betrüger oder ein Irrer sei", konfrontiert. („Are you a hoax or a crank?") (2) Damit war die sachliche Diskussion beendet und das etablierte Weltbild gerettet. Wissenschaftler und Öffentlichkeit kehrten zurück zum Vertrauten, zu ihren Alltagsproblemen.

Den beiden von Immanuel Velikovsky erwähnten kosmischen Katastrophen des 8. und 15. Jahrhunderts vor unserer Zeitrechnung lässt sich eine dritte voranstellen: die Kollision zwischen Erde und Titan. Dieses Ereignis und seine umfangreichen Folgen wurden in den voranstehenden Kapiteln beschrieben. Historische Berichte zu dieser kosmischen Katastrophe legen den Vorgang in unsere geschichtliche Vergangenheit, in die Zeit zwischen 6 000 und 10 000 Jahre vor heute. Jener Zeitabschnitt wird von der Geologie als Holozän bezeichnet. Es sei diejenige Epoche unserer Vergangenheit, in der die Überlebenden der vorangegangenen pleistozänen Vereisungen nach ruhigem ‚stoischen Zuwarten' ihre Fellumhänge, Knüppel und Faustkeile fallen ließen. Sie begannen plötzlich, kunstvolle Gerätschaften und Waffen aus Bronze zu schmieden und Monumentalbauten zu errichten, mit einer Technologie, zu der wir gegenwärtig nicht fähig sind. Je weiter der Blick in die Vergangenheit geht, desto mehr weichen die spärlicher werdenden historischen Berichte von unserem gegenwärtigen Weltbild ab. Alte Völker, wie die Arkadier, behaupteten wiederholt, bereits vor der Ankunft des Mondes auf der Erde gelebt zu haben (105, 106). Heute können wir den Mond aus Myriaden von Trümmerstückchen mittels Computersimulationen wachsen lassen (107).

10 000 bis 12 000 Jahre geschichtliche Vergangenheit wurden von den Ägyptern dokumentiert. Die Zeit davor liegt im Dunkeln. Wann die geologische und wann die biologische Zeit der Erde begann, kann gegenwärtig nicht beantwortet werden. Deren Rekonstruktion bleibt späteren Zeiten vorbehalten.

Für die Zukunft kann vorausgesagt werden, dass sich die Bahnen der Erde und aller weiteren Planeten unseres Sonnensystems auch in Millionen von Jahren nur unmerklich verändern – wenn sie nicht gestört werden. Kontinente, Meere und ‚Erdkrustenplatten' werden ihre Positionen in zig Millionen Jahren nicht verändern – wenn sie nicht zerschlagen werden. Das Eis der Polkappen wird schmelzen und den Meeresspiegel weltweit kräftig ansteigen lassen.

Geschichtswissenschaftler unterteilten das Holozän in eine Stein-, Bronze- und Eisenzeit in Abhängigkeit von dem Material, aus dem die Utensilien geformt wurden, mit denen der nun zivilisierte Mensch seinesgleichen erschlug und die Großsäuger ausgerottet haben soll. In diese Zeitspanne wird auch die Errichtung der für die Wissenschaft weiterhin rätselhaften Monumentalbauten gelegt. Ungezählt sind die Bücher und Publikationen über Pyramiden und antike Tempelanlagen. Sie belegen die Unlogik unseres vertrauten Geschichtsbildes. In Mittelamerika wurde Teotihuacan wieder freigelegt und in Teilen restauriert. Auf dem afrikanischen Kontinent veranlassten die Reste der einst prachtvollen, mit poliertem Marmor bedeckten ägyptischen Pyramiden von Giza viele Forscher zu umfangreichen Berechnungen und Mutmaßungen.

Die „größte und bemerkenswerteste Metropole in der präkolumbischen Neuen Welt" ist „Teotihuacan", die „Stadt der Götter" (Abb. 10) (108). ‚Teotihuacan' liegt 50 km nordöstlich von Mexico City. An der mehr als 4 km langen schnurgeraden Achse dieser prähistorischen Monumentalanlage gruppieren sich mehrere Bauten unterschiedlicher Größe (109). Die sogenannte ‚Zitadelle' liegt am Südende, die ‚Sonnenpyramide' östlich der Achse und die ‚Mondpyramide' am nördlichen Abschluss der nach NNO verlaufenden breiten Avenue (109). Von den Azteken wurden die Namen der Baugruppen weitergegeben: „Straße der Toten", „Mond-" und „Sonnenpyramide (110)". Diese beeindruckende Anlage in Mexiko forderte die Wissenschaft heraus. Sie wundern sich über deren Geometrie. Zitat: „In einer so geometrischen Anlage hätte man eine exakte NS- oder OW-Ausrichtung erwartet. Aus diesem Grunde überraschte es, dass die Architekten von Teotihuacan die Straße der Toten

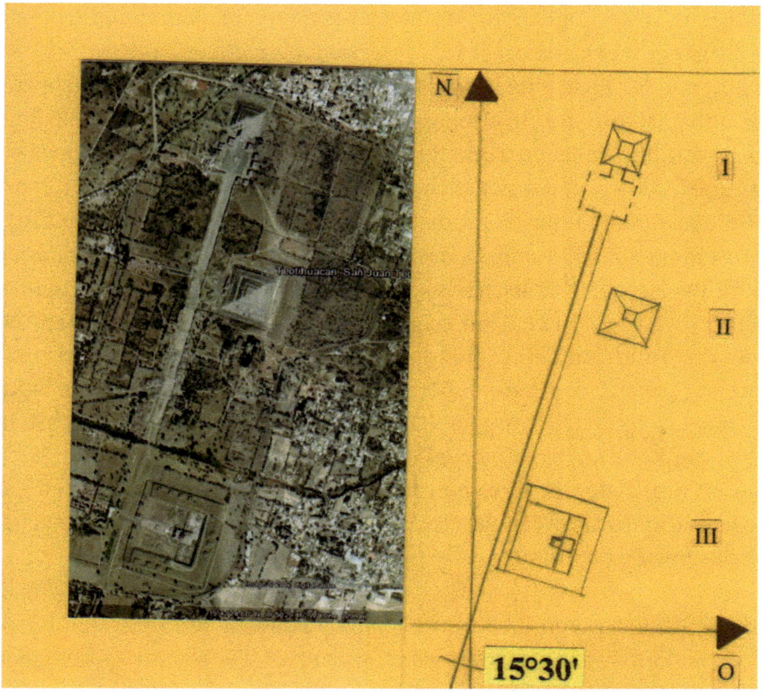

Abb. 10: Teotihuacan – das größte historische Monumental-Bauwerk Mittelamerikas, linke Bildhälfte (Foto: NASA/JPL,Google-Earth ©). Teotihuacan – mit einer ‚rätselhaften' 15°30´ NO-Abweichung der zentralenAchse – der ‚Straße der Toten' – von der geographischen Erdachse (Skizze, rechte Bildhälfte).

absichtlich 15° 30' nach NO verlaufen ließen (109). Man hat mithilfe mehrerer Theorien zu erklären versucht, weshalb ausgerechnet diese exzentrische Orientierung gewählt wurde, aber keine war besonders überzeugend." (109) Zur Erklärung der geographischen Orientierung von Teotihuacan wurden astronomische Justierungen vorgeschlagen. Sie könne mit dem ehemaligen Untergangspunkt der Plejaden in Verbindung gebracht werden (109). Eine „Sirius-Plejaden-Achse könnte eine Rolle gespielt haben". Sie könne eine Abbildung der Milchstraße darstellen (111). Sie könne ein Abbild bestimmter Planeten und Sterne sein (111). Intensive Forschungen sollen ergeben haben, dass offenbar eine komplexe mathematische Beziehung zwischen allen wichtigen Gebäuden bestehe (111). Es wird auf die Möglichkeit hingewiesen, dass

Teotihuacan ursprünglich als ein höchst präzises Skalenmodell des Sonnensystems geplant worden sei (112).

Es gibt auf der Erde eine weitere Struktur, die den gleichen Winkel zur Erdachse aufweist wie die ‚Straße der Toten' in Teotihuacan. Die Kollisionszone (Kap. 8) mit der Kollisionsrinne im Indischen Ozean besitzt die gleiche Richtung – nach NNO – und den gleichen Winkel zur Erdachse – 15° 30' – wie die ‚Straße der Toten' in der ‚Stadt der Götter' nordöstlich von Mexico City (Abb. 10). Das mögen Zufälle sein. Über die ‚Straße der Toten' soll Wasser geflossen sein. Hinweise auf Kanalschächte an den Sockeln von Querwänden sollen darauf hinweisen. (113). Eine schnurgerade Wasserstraße mit dem Namen ‚Straße der Toten' und eine ‚Mondpyramide' an deren Ende mögen zufällig in Beziehung gesetzt werden können mit dem Kollisionsverlauf von Titan. Der Einschlag erfolgte in Richtung NNO, der Kollisionswinkel zur Erdachse betrug 15° 30', die Kollisionszone verlief durch den Indischen Ozean, der Mond ‚Titan' steht am Ende der Einschlagzone, am Nordende des Indischen Ozeans, und sie markiert den Weg des Todes für Fauna, Flora und die Menschen der Erde, die ‚Straße der Toten'.

Wenn Teotihuacan von ihren Erbauern als Hinweis auf den Titan-Crash gedacht war, dann muss gefragt werden, warum dieses Monumentalbauwerk in Mexiko errichtet wurde, weit entfernt vom Indischen Ozean. Die folgenden Ausführungen zu Teotihuacan stellen Annahmen dar. Es wird angenommen, dass der Ort für die Errichtung von Teotihuacan nicht willkürlich gewählt wurde. Teotihuacan in Mexiko liegt exakt diametral zum tiefsten Eintauchpunkt von Titan im Indischen Ozean. Der tiefste Eintauchpunkt von Titan liegt ungefähr auf halber Strecke zwischen der Ostküste Madagaskars und der Westflanke des Broken-Ridge-Plateaus.

Es gibt nur einen einzigen Punkt auf der Erdoberfläche, der bei direkter Verbindung über eine Gerade durch die Erdkugel den größten Abstand zu seinem Gegenpol auf der anderen Seite hat. Dieser Punkt liegt auf einer Geraden, die durch den Erdmittelpunkt geht, auf der Diametrale. Mit der obigen ungefähren Positionsangabe des maximalen Eintauchpunktes von Titan im Indischen Ozean gelangt man über die Diametrale zu einem Ort im Pazifik. Die Diametralposition zum vermuteten Eintauchmaximum von Titan liegt auf der gegenüberliegenden Seite des Globus im Pazifik vor der Westküste Mexikos. Ein Hinweis, der unter Wasser am Boden des Pazifiks liegt, wird seiner

Funktion nicht gerecht. Der Diametralpunkt musste auf das benachbarte Land verschoben werden, nach Osten, dort wo heute Mexiko liegt. Die Ostverschiebung sollte wiederum nicht um einen willkürlichen Betrag erfolgt sein. 15° 30' beträgt die NO-Abweichung der Kollisionsrichtung von der Erdachse. 15° 30' soll auch der Diametralpunkt nach Osten verschoben werden, um auf das Festland zu gelangen. Diese Position wird durch Teotihuacan angegeben.

In Umkehrung dieser Gedankengänge kann jetzt die genaue Position der maximalen Eintauchtiefe von Titan im Indischen Ozean bestimmt werden, indem von Teotihuacan ausgegangen wird. Die Spitze der Mondpyramide in Teotihuacan hat die geographischen Koordinaten: Breite 19° 41' 58,71" Nord; Länge 98° 50' 38,15" West. Für die weiteren Berechnungen werden die Winkelsekundenmaße nicht berücksichtigt. Der Diametralpunkt zur Mondpyramiden-Spitze liegt im Indischen Ozean mit den geographischen Koordinaten: Breite 19° 41' Süd; Länge 81° 10' Ost. Er liegt um einen Halbkreis (180°) verschoben auf der gegenüberliegenden Seite des Globus. 98° 50' (West) plus 81° 10' (Ost) ergibt insgesamt 180°. Abzüglich der Ostverschiebung von 15° 30' durch die Positionierung des Diametralpunktes aus dem Pazifik auf das mittelamerikanische Festland nach Mexiko ergibt sich dann der tatsächliche Ort der maximalen Eintauchtiefe von Titan im Indischen Ozean mit 65° 40' östliche Länge und 19° 41' südliche Breite, wie oben angegeben. Von dort gemessen beträgt die Strecke bis zur Ostküste Madagaskars ca. 1800 km (1786 km), gleich dem Radius des Eintauchkreises. Der doppelte Wert mit 3600 km entspricht der Einschlagbreite von Titan. Eine eventuelle Ostdrift Madagaskars ist damit nicht berücksichtigt.

Bekannter noch als Teotihuacan sind die Pyramiden von Giza. Position und Geometrie der drei großen ägyptischen Pyramiden von Giza – Cheops, Chefren und Mykerinos – sollen Informationen beinhalten, deren Spektrum von ‚Grabkammern' bis zu ‚astronomischen Hinweisen' reicht. Bis heute wurden keine Mumien, keine sterblichen menschlichen Überreste und kein offizieller Konsens über den ursprünglichen Zweck ihres Baus gefunden. Die wahren Architekten sind ebenso wenig bekannt wie die Art und Weise ihrer Errichtung. Wir können die angewandte spanlose Schnitttechnik mit einer Präzision im Submillimeterbereich an den tonnenschweren Granit- und Kalksteinquadern nicht erklären. Wir haben zu akzeptieren, dass den Architekten der Pyramiden das Dezimalsystem, das metrische Maßsystem, die exakte Lichtgeschwindigkeit und auch die genauen Abstände und Volumina der Planeten unseres Sonnensystems bekannt waren (114). Wir können gegenwärtig nur Fakten offenlegen. Aus dem Vergleich geometrischer Daten lassen sich tatsächlich Korrelationen zur Astronomie und Kosmologie herstellen.

Die drei großen Pyramiden von Giza – Cheops, Chefren und Mykerinos – symbolisieren die Planeten ‚Erde, Venus und Merkur'. Die Korrelationen sind beeindruckend (115).

Gegenwärtig können die Rätsel der Antike und Urgeschichte nicht gelöst werden. Konsens besteht darüber, dass weder die Pyramiden von den Ägyptern noch Teotihuacan von den Azteken errichtet werden konnten. Diese Monumentalbauten demonstrieren, dass unser geschichtliches Weltbild auf einer illusionären Basis steht. Gemeinsam ist beiden erwähnten Monumentalanlagen, dass die darin symbolisierten Himmelskörper zusammen mit der Erde in geschichtlicher Zeit an umwälzenden kosmischen Katastrophen beteiligt waren. Da diese kosmischen Katastrophen einschließlich ihrer Folgen in unsere geschichtliche Vergangenheit fallen, von der Geologie jedoch die Folgen dieser Katastrophen einer ‚geologischen' Vergangenheit zugeordnet werden, stellen die beschriebenen Monumentalbauten Berührungspunkte zwischen geologischer und geschichtlicher Vergangenheit dar.

Nach unserem zurzeit gültigen Weltbild reicht die ‚geologische' Vergangenheit sehr weit zurück. „Um dieser Erweiterung der Zeitskala gerecht zu werden, musste eine weitere Kategorie eingeführt werden, die länger dauert als eine Ära und die als Äon bezeichnet wurde." (116) Auch in den Äonen, den Schichten also, die älter als das Kambrium (Beginn vor 542 Millionen Geo-Jahren) sind und zusammenfassend als ‚Präkambrium' bezeichnet werden, wurden Fossilien gefunden: „Der Beginn des Phanerozoikums (bezeichnet ein Äon) ist gekennzeichnet durch das Auftreten erster Schalen tragender Organismen an der Basis des Kambriums, dessen Untergrenze heute mit 542 Millionen festgelegt ist." (117) Leben wurde in noch älteren Äonen nachgewiesen: „Das Proterozoikum (bezeichnet ein Äon) umfasst den Zeitraum von 2,5 Milliarden bis 542 Millionen vor heute. Die Zunahme des Sauerstoffgehalts gegen Ende des Proterozoikums auf nahezu seinen heutigen Wert hat möglicherweise dazu geführt, dass sich einzellige Organismen zu vielzelligen Algen und Tieren weiterentwickelten, die in den jungproterozoischen Gesteinen als Fossilien überliefert sind." (117) Und die Geologie geht noch weiter zurück: „Das Archaikum (bezeichnet ein Äon) umfasst Gesteine mit einem Alter zwischen ungefähr 3,9 und 2,5 Milliarden Jahren. In einigen Sedimentserien dieser Zeit sind bereits erste Fossilien primitiver einzelliger Mikroorganismen überliefert." (117)

Wie die „weltweit anwendbare Zeitskala" (118) geschaffen wurde, erklären Geologen mit folgenden Aussagen: „Fossilien lassen sich zur Korrelation altersmäßig identischer Schichten nutzen und zum Zusammenstellen der Schichtenfolgen, die in Millionen von Aufschlüssen auf der gesamten Erde anstehen. Auf diese Weise haben die Geologen eine stratigraphische Gliederung ausgearbeitet, die weltweit Gültigkeit hat. Die gesamte Abfolge entspricht der geologischen Zeitskala" (118).

Somit reicht die Fossilien aufweisende geologische Zeitskala zurück bis zu 3,9 Milliarden Geo-Jahre vor unserer Zeit. Wie in den voranstehenden Kapiteln ausführlich beschrieben wurde, entstanden alle Fossilien und das sie einschließende Sediment durch eine einzige kosmische Katastrophe (Kap. 9.6, 9.7). Eine Fossilisation dieses Ausmaßes setzt eine kosmische Katastrophe zwingend voraus. Zur steinernen Konservierung organismischer Überreste waren weltweit kurze Verschüttungszeiten und ein sofortiger Sauerstoffaussschluss erforderlich. Das gilt insbesondere für die Fossilierung von Weichteilen und noch mehr für die empfindlichen einzelligen Lebewesen, wie sie im sogenannten Archaikum mit einem Alter von 3,9 Milliarden Geo-Jahren gefunden wurden. Die gesamte durch Fossilien definierte geologische Zeitskala von 3,9 Milliarden Geo-Jahren stellt somit das steinerne Dokument der größten, geschichtlich überlieferten kosmischen Katastrophe dar – die Kollision zwischen Erde und Titan.

Vor dem Hintergrund der katastrophistischen Entstehungsweise unserer steinernen ‚geologischen Zeitskala' kann die dafür benötigte absolute Bildungszeit geschätzt werden: Unsere geschichteten, Fossilien aufweisenden Ablagerungen von 3,9 Milliarden Geo-Jahren entsprechen einer absoluten Zeitspanne von weniger als einem Jahr. Damit fällt die gesamte sogenannte geologische Zeitskala in sich zusammen. Seit der katastrophistischen Bildung der ‚geologischen Zeitskala' sind mehrere Tausend Jahre vergangen. Das, was als steinerne ‚geologische Zeitskala' von der Geologie mit einer Zeitspanne von 3,9 Milliarden Geo-Jahre definiert wird, ist eine Fiktion. Es gibt keine geologischen Äonen, Ären, Perioden und Epochen. Die in der geologischen Zeitskala anhand der steinernen Schichtlagen sichtbare ‚geologische Vergangenheit' dokumentiert nur die Folgen der verheerendsten uns überlieferten kosmischen Katastrophe. Die in der geologischen Zeitskala sichtbare ‚geologische

Vergangenheit' gehört zu unserer geschichtlichen Vergangenheit. Das gilt auch für die von I. Velikovsky beschriebenen kosmischen Katastrophen unter Beteiligung der Planeten Venus und Mars nach dem Titan-Crash. Für unsere geschichtliche Vergangenheit werden zurzeit ca. 10 000 Jahre angenommen.

Geologen halten weiter ihre Paradigmen hoch. Zitat: „Die Unermesslichkeit der Zeit – gemessen in Milliarden von Jahren – war eine der großen Entdeckungen der Geologie. Dieses Verständnis der Zeit half Charles Darwin bei der Formulierung seiner Evolutionstheorie und führte zu zahlreichen weiteren Einblicken in die Abläufe des Systems Erde, des Sonnensystems und des Universums insgesamt." (119) Mit dieser Überzeugung wurde unser geologisches Weltbild konstruiert. Alle wissenschaftlichen Disziplinen, die ihren Überlegungen ‚Geo-Zeiten' zugrunde legen, sind einem fundamentalen Irrtum aufgesessen. Späteren Generationen wird es vergönnt sein, eine geologische Erdvergangenheit von einer geschichtlichen zu trennen und eine absolute Zeitskala aufzustellen, die auch die kosmischen Katastrophen in unserer geschichtlichen Vergangenheit mit einbezieht. Es wird ebenfalls in ihrem Ermessen liegen, die Fakten offenzulegen, die sich hinter den naturwissenschaftlichen und historischen ‚Rätseln' verbergen.

‚Götter und Außerirdische' werden vielmals zur Erklärung unverstandener historischer Fakten und Phänomene herangezogen. Der Mensch besitzt größere Fähigkeiten, als ihm bewusst ist. Das Erkennen derselben behindern gegenwärtig noch die Paradigmen unserer naturwissenschaftlichen Grundlagenforschung.

Alle unsere fundamentalen Wissenschaften, Physik, Astronomie, Kosmologie, Evolutionsbiologie und insbesondere die Geologie, arbeiten mit Paradigmen. Das sind Denkmuster mit Handlungsleitlinien. „Paradigmen, und das ist ihre wichtigste Implikation, legen fest, wo und wie der Forscher nach Antworten sucht. Paradigmen schränken die Wahrnehmung der Welt notwendigerweise ein, denn je nach Standpunkt des Forschers werden die Daten unterschiedlich interpretiert." (120) Nach ‚Kuhn' setzen Wissenschaftler einer Änderung ihrer Paradigmen massiven und lang anhaltenden Widerstand entgegen (121).

‚Aktualismus' heißt gegenwärtig das alles beherrschende Paradigma der Geowissenschaften. Das exakte Gegenteil ist der Katastrophismus mit seinen kosmischen Auswirkungen. Katastrophismus und Aktualismus sind Gegensätze, wie sie extremer nicht sein können. Zu Beginn des 19. Jahrhunderts wurde die geologische Vergangenheit der Erde noch überwiegend katastrophistisch erklärt. Gegen Ende des 19. Jahrhunderts war der Paradigmenwechsel zum Aktualismus mit seiner unendlichen Langsamkeit und Zeitdehnung abgeschlossen. Als neues Paradigma wurde der Aktualismus zum Dogma der Geowissenschaften. Zitat: „Einen anderen Maßstab gibt es nicht." (122) Der Aktualismus beinhaltet das, was gegenwärtig als sogenannte geologische Denkart bezeichnet wird.

Bis zum heutigen Tage konnten keine geowissenschaftlichen Beweise für die Richtigkeit dieses Dogmas gefunden werden. Der Geologe solle nur „fest daran glauben" (123). Es existieren keine belegbaren Beweise und folglich werden Geologen auch in Zukunft keine anbieten können. Die sogenannte geologische Denkart mit dem Namen „Aktualismus" kann nicht geowissenschaftlich begründet werden.

Rückblickend lässt sich in dem Paradigmenwechsel der Geowissenschaften vom Katastrophismus zum Aktualismus im 19. Jahrhundert ein Musterbeispiel einer psychischen Verdrängungsreaktion nach ‚Freud' erkennen (124, 125). Sigmund Freud und später seine Tochter Anna zeigten in der klassischen Psychoanalytik die Zusammenhänge zwischen Trauma, Angst und Verdrängung auf. Das damalige Umschwenken in der geologischen Denkweise mit nachfolgendem Paradigmenwechsel war überfällig. Dieses bei allen Menschen sich zeigende psychische Reaktionsschema wird von der Psychoanalytik mit den Begriffen ‚Trauma, Angst, Abwehr, Verdrängung und Unterbewusstes' beschrieben. Unser kollektives Unbewusstes enthält nach ‚Jung' „Informationen über die soziale Geschichte der Menschheit" (126). Mehrmals ist den Menschen in der Vergangenheit im wahrsten Sinne des Wortes der Boden unter den Füßen weggezogen worden. Ihr Überleben und das Weiterbestehen der Erde selbst standen dabei vor dem endgültigen ‚Aus'. Das Ausmaß dieser vernichtenden erdgeschichtlichen Katastrophen wurde deutlich, als die junge Geologie im 18. Jahrhundert die Fragen nach den treibenden Kräften hinter den sich immer klarer zeigenden gigantischen Zerstörungen der Erdkruste beantworten wollte. In Anbetracht des sich zunehmend bedrohlich zeigenden Zerstörungspotenzials vergangener Katastrophen ließ die alternative Erklärung der Diskordanzen nicht lange auf sich warten. Der Abwehrmechanismus der menschlichen Psyche wurde aktiv: „Ein Abwehrmechanismus ist eine unbewusste Strategie, die das ‚Ich' vor Angst schützt. Der vielleicht bedeutsamste Abwehrmechanismus ist die ‚Verdrängung', ein Prozess, in dem für das ‚Ich' unannehmbare Triebregungen und Gedanken ins Unbewusste abgedrängt werden." (127)

So weit wie es nur möglich war, hat die Geologie alle Fakten, die auf eine katastrophistische Erdvergangenheit hinweisen, verdrängt – in die Unendlichkeit der Zeit. Sekunden, Minuten und wenige Stunden dauernde Vorgänge im katastrophistischen Szenario wurden auf Millionen und Milliarden Jahre gestreckt; geologische Veränderungen von kontinentaler Größe ins Infinitesimale gestückelt, bis sie sich in den Dimensionen atomarer Winzigkeiten abspielten. Mit Ionenwanderungen durch mikroskopisch kleine Porenkanälchen errichtete die Geologie Gebirgsmassive und wandelte Felswände im festen Zustand in andere Gesteinsarten um. Der Aktualismus mit seinem dogmatischen Denkschema, dass nur die Gegenwart der Schlüssel zur Vergangenheit sei, ist zu einer unüberwindbaren Festung ausgebaut geworden – zur Abwehr aller katastrophistischen Erklärungsversuche der Erdvergangenheit. Nur „die Gegenwart ist der Schlüssel zur Vergangenheit" (128). Ignoriert ein Geologe dieses Dogma, manövriert er seine wissenschaftliche Karriere auf das Abstellgleis.

Im Gegensatz zu den kosmologischen Hypothesen betreffen uns die Aussagen der Geowissenschaften unmittelbar. Wir selbst und unsere eigene Erde stehen im Zentrum der geologischen Hypothesen. Von der Öffentlichkeit kommt wenig Widerstand. Kritiklos, ja geradezu wohlwollend werden die Erklärungen der Geologie zur Erdvergangenheit entgegengenommen. Sie unterstützen uns bei der Verdrängung der größten Traumata, die die Menschheit erleiden musste, unsere katastrophistische Erdvergangenheit in geschichtlicher Zeit. Die Angst sitzt tief. Wir wünschen keine Wiederholung katastrophistischer Ereignisse. Psychoanalytische Überlegungen erklären auch das hartnäckige Festhalten an den geologischen Hypothesen – allen Widersprüchen zum Trotz – und die oftmals vehemente und unkritische Parteinahme von Nichtgeologen zugunsten etablierter geowissenschaftlicher Aussagen.

Seit mehr als zwei Jahrhunderten ist die Geologie auf der Suche nach Antworten auf ihre fundamentalen Fragen. Sie betreffen den Ursprung und die Entstehungsweise der geologischen Großstrukturen, der Kontinente, der Meere und der Gebirgsmassive. Die Geologie wird von der Realität überholt werden. Wenn sie sich von extern sagen lassen muss, wie die Antworten auf ihre Fragen lauten, nimmt nicht nur die geowissenschaftliche Grundlagenforschung Schaden. Alle naturwissenschaftlichen Disziplinen werden einen noch schwereren Stand in der Öffentlichkeit bekommen. Erste Anzeichen eines Umdenkens innerhalb der geologischen Disziplinen sind zu erkennen. Alternative Denkansätze zur Plattentektonik werden bekannt. Noch sind Sie verbunden mit den Prinzipien der geologischen Grundlagenforschung, mit Ewigkeiten und der Suche nach Antworten in den Tiefen der Erde. Solange genügend Zuschauer Beifall klatschen, wird kein Geologe seinen aktualistisch gerahmten Sandkasten verlassen. Was darin in den vergangenen Jahrhunderten zu Hypothesen gebacken wurde, ist in den voranstehenden Kapiteln beschrieben worden.

Aktualismus, ‚Zeitdenken' und Plattentektonik blockieren die Beantwortung der fundamentalen geologischen Fragen. Ein Paradigmenwechsel in der geowissenschaftlichen Grundlagenforschung ist überfällig – damit es weitergehen kann.

Anmerkung:

Darf man so etwas glauben? Ein Mond des Saturn, Titan, in einer Entfernung von 1,4 Milliarden Kilometer, soll mit der Erde kollidiert sein. Das ist bei der gegenwärtigen Planetenkonstellation unmöglich. Und dennoch lässt sich genau das aus den Überlieferungen unserer Vorfahren rekonstruieren. Ihre präzisen Aussagen vor mehreren tausend Jahren zu den Ringen von Saturn und den Gürteln von Jupiter sind ein vernichtender Schlag gegen das heutige kosmologische Weltbild. Wir müssen das Dogma der unveränderlichen Planetenbahnen aufgeben, so wie zuvor den Glauben an eine Erdscheibe oder das geozentrische Weltbild. Nur kosmische Katastrophen kommen als Ursache gravierender Planetenbahn-Änderungen in Betracht. Damals wie heute ist der Widerstand von Laien und Wissenschaftlern gegen eine fundamentale Neuorientierung immens. Während früher die Verbreitung unerwünschter wissenschaftlicher Erkenntnisse mit Hausarrest, Kerker und Scheiterhaufen unterbunden wurde, bedient sich die Wissenschaft heute subtilerer Methoden. Sie schützt ihre und auch unsere Weltanschauungen mit einer völligen Ignoranz derjenigen Befunde, die genau diesen Weltanschauungen widersprechen. Es ist beruhigend, zu wissen, dass die gesamte geologische Hypothesenkonstruktion zur Erdvergangenheit wie ein Kartenhaus zusammenfallen wird, wenn die Menschheit verstanden hat, was ‚Zeit' physikalisch ist.

11. Literaturverzeichnis

Einleitung

(1) Stanley, Steven M.: Historische Geologie. 2. deutsche Auflage, herausgegeben von Volker Schweizer, Spektrum Akademischer Verlag GmbH, Heidelberg/Berlin 2001, S. 14

(2) Press/Siever: Allgemeine Geologie. 5. Auflage 2008, Springer Verlag, Berlin/ Heidelberg 2008, aus dem Amerikanischen übersetzt von Volker Schweitzer, S. 61

(3) Spektrum der Wissenschaft. Bd. 5, 2004, S. 44–45

(4) Stanley, Steven M., cit. S. 447

(5) Antonietti, Max-Planck-Institut Potsdam: Kohle aus dem Kochtopf. In: Spiegel 30/2006, S. 121

(6) Press/Siever, cit. S. 682

(7) Lexikon der Geowissenschaften. Bd. I, S. 435

(8) Taylor, S. R. & McLennan, S. M.: The Geochemical Evolution of the Continental Crust: Reviews of Geophysics. Band 33, Heft 2, Mai 1995, S. 241–265

(9) Stanley, Steven M., cit. S. 480

(10) Richter, Dieter: Allgemeine Geologie. Walter de Gruyter, Berlin/New York 1992, S. 261

(11) Wuketits, Franz M.: Evolution – Die Entwicklung des Lebens. Verlag C. H. Beck OHG, München 2000, S. 98 ff.

(12) Andersen, Hans Christian: ‚Des Kaisers neue Kleider' (dänischer Kinderbuchautor)

1 Geschichtlicher Rückblick

1.1 Der Beginn der geologischen Forschung

(1) dtv-Atlas zur Astronomie. Band 3006, Deutscher Taschenbuchverlag GmbH & Co. KG, München, S. 11 ff.

(2) Petrascheck, Walter E.: Mineralische Bodenschätze. Suhrkamp Verlag, Frankfurt a. M. 1970, S. 9

(3) Petrascheck, Walther E., cit. S. 10

(4) Hölder, Helmut: Kurze Geschichte der Geologie undPaläontologie. Springer Verlag, Berlin/Heidelberg/New York/London/Paris/Tokio 1989, S. 5, 36, 177

(5) Wikipedia-Geologie (Internet)
(6) Krätz, Otto: Alexander von Humboldt. Wissenschaftler – Weltbürger – Revolutionär. Callwey Verlag, 1997
(7) Hölder, Helmut, cit. S. 17
(8) Hölder, Helmut, cit. S. 70
(9) Blei, W. : Erkenntniswege zur Erd- und Lebensgeschichte. Ein Abriß. Wissenschaftl. Taschenbuch (WTB), Akademie-Verlag, Berlin 1981
(10) Adams, F. D.: The birth and development of the geological sciences. 2. Aufl. 1954, Dover Publ., New York 1938
(11) Bauer, Georg (Agricola): ‚De re metallica'. 1556 (Nachdruck)
(12) Hölder, Helmut, cit. S. 18
(13) Hölder, Helmut, cit. S. 7
(14) Kleber, W., Einführung in die Kristallographie. 10. Auflage, VEB Verlag Technik Berlin, S. 82–83
(15) Hölder, Helmut, cit. S. 38 f.
(16) Hölder, Helmut, cit. S. 43
(17) Hölder, Helmut, cit. S. 8, nach: „Pfannenstiel, M." (1969): Die Entstehung einiger tektonischer Grundbegriffe. Ein Beitrag zur Geschichte der Geologie. Geol Rundsch 59, S. 1–36
(18) Hölder, Helmut, cit. S. 23
(19) Hölder, Helmut, cit. S. 22, nach: Buttner, D. S.: Zeichen und Zeugen der Sündfluth (1710)
(20) Storch, V., Welsch, U., Wink, M.: Evolutionsbiologie. Springer Verlag, Berlin/Heidelberg/New York 2001, S. 11
(21) Hölder, Helmut, cit. S. 28, nach: Schütz, W. (1976): Michail Lomonossow: Über die Schichten der Erde, Teubner Verlag, Leipzig 1763
(22) Hölder, Helmut, cit. S. 21
(23) Richter, Dieter, cit. S. 6
(24) Hölder, Helmut, cit. S. 214, nach: Davies, G. L. (1969): The earth in decay. A history of British geomorphology. 1578–1878
(25) Hölder, Helmut, cit. S. 116
(26) Hölder, Helmut, cit. S. 218
(27) Hölder, Helmut, cit. S. 56
(28) Hölder, Helmut, cit. S. 9
(29) Dundes, Alan (ed.), The flood Myth. University of California Press, Berkeley/London 1988

(30) Neptun (röm. Mythologie), Gott des Meeres; nach ‚Duden'
(31) Hölder, Helmut, cit. S. 36
(32) Hölder, Helmut, cit. S. 45
(33) Hölder, Helmut, cit. S. 51
(34) Hölder, Helmut, cit. S. 57, nach: Bergmänn, J., 6. Jahrg. 1793
(35) Hölder, Helmut, cit. S. 46–48
(36) Richter, Dieter, cit. S. 200
(37) Hölder, Helmut, cit. S. 67, nach: Blei, Wolfgang: Ist Immanuel Kant der geistige Vater der Huttonschen Theorie? Zeitschrift für Geologische Wissenschaften 2/1977, S. 1333–1335
(38) Hölder, Helmut, cit. S. 62–63, nach: Hutton's Theory of Earth (1788)
(39) Lyell, Charles: Principles of Geology (1830–1833)
(40) Hölder, Helmut, cit. S. 33
(41) Watznauer, A.: Das geologische Weltbild G. C. Füchsels (1722–1773), J. G. Lehmanns (1719–1767) und C. E. A. v. Hoffs (1771–1837) und seine Nachwirkung bis zur Gegenwart. Geol. Wiss. 8/1980, S. 63–72
(42) Lyell, Charles: Grundsätze der Geologie (nach der 6. Originalauflage, Weimar 1841), I, S. 398
(43) Hölder, Helmut, cit. S. 70–71
(44) Stanley, Steven M., cit. S. 3
(45) Stanley, Steven M., cit. S. 201

1.2 Der Beginn der paläontologischen Forschung

(1) Wuketits, Franz M., cit. S. 26
(2) Brockhaus der Naturwissenschaften und Technik, F. A. Brockhaus, Wiesbaden 1965, S. 405
(3) Richter, Dieter, cit. S. XI
(4) Storch, V., cit. S. 36
(5) Hölder, Helmut, cit. S. 15
(6) Strohmaier, G.: ‚Al-Biruni. In den Gärten der Wissenschaft'. Ausgewählte Texte aus den Werken des muslimischen Universalgelehrten, übersetzt und erläutert von G. Strohmeier, 2. verb. Auflage, Leipzig 1991
(7) Strohmaier, G.: ‚Avicenna'. München 1999
(8) Strohmaier, G.: ‚Al-Biruni'. Ein Gelehrter, den das Abendland übersah. Spektrum der Wissenschaft, 2001, Heft 5, S. 74 f.

(9) Engelhardt, Wolf von: Die Entwicklung der geologischen Ideen seit der Goethe-Zeit. Abh. Braunschweig Wiss. Ges., Stuttgart 1979, S. 23
(10) Hölder, Helmut, cit. S. 5
(11) Hölder, Helmut, cit. S. 8
(12) Stanley, Steven M., cit. S. 14
(13) Stanley, Steven M., cit. S. 147
(14) Hölder, Helmut, cit. S. 179
(15) Richter, D., cit. S. 300
(16) Ellenberger, F.: Quelques remarques historiques sur „la maladie infantile“ de la stratigraphie. Mem. B. R. Geol Mineral Fr. 77: 27–30, cit. nach Hölder, H., S. 180
(17) Hölder, Helmut, cit. S. 170
(18) Richter D., cit. S. 117
(19) Storch V., cit. S. 365

1.3 Das Entstehen der Eiszeittheorien

(1) Stanley, Steven M., cit. S. 591
(2) Hölder, Helmut, cit. S. 119
(3) Hölder, Helmut, cit. S. 117, cit. aus Hutton's Theory of Earth
(4) Stanley, Steven M., cit. S. 586
(5) Hölder, Helmut, cit. S. 116
(6) Wagenbreth, O.: Der Ilmenauer Bergrat J. C. W. Voigt und seine Bedeutung für die Geschichte der Geologie. In: Geologen der Goethe-Zeit. Abh. Staatl. Mus. Mineral Geol. Dresden 29: 59–97, 1978, cit. in Hölder, H., S. 116
(7) Hölder, Helmut, cit. S. 122
(8) Broecker, Wallace S., Denton, Georg H.: Ursachen der Vereisungszyklen, SpdW 1990, 3, S. 88–98
(9) Stanley, Steven M., cit. S. 435
(10) Stanley, Steven M., cit. S. 316
(11) Storch V., cit. S. 173
(12) Stanley, Steven M., cit. S. 588
(13) Hölder, Helmut, cit. S. 125
(14) Hölder, Helmut, cit. S. 120
(15) Stanley, Steven M., cit. S. 595
(16) Press/Siever, cit. S. 601

2 Geologische Arbeitsmethoden

(1) Petrascheck, W. E., cit. S. 10, 84 f.

(2) The KTB DEEP drill hole special section, Journal of Geophysical Research, 102, No. 38, 1997

(3) Petrascheck W. E., cit. S. 91 f.

(4) Petrascheck W. E., cit. S. 115

(5) Hölder, Helmut, cit. S. 205

2.1 Magnetische und elektrische Verfahren

(1) Richter, D., cit. S. 255

(2) Langel, R. A. & W. J. Hinze: The magnetic field of the Earth's lithosphere – The satellite prospective, Cambridge University Press, 1998

(3) Richter, D., cit. S. 260

(4) Petrascheck, W. E., cit. S. 101

2.2 Seismische Methoden

(1) Stanley, Steven M., cit. S. 15

(2) Petrascheck, W. E., cit. S. 102

(3) Petrascheck, W. E., cit. S. 103

(4) Petrascheck, W. E., cit. S. 105

(5) Stanley, Steven M., cit. S. 163

(6) Wenzel, F. & Ryberg, T., Blick in den Erdmantel mit nuclear-seismischen Daten. SpdW 1995, 3, S. 20

(7) Richter, D., cit. S. 254

(8) Richter, D., cit. S. 6

2.3 Satellitengestützte Verfahren

(1) GFZ Potsdam, Das Geoforschungszentrum Potsdam, 9. Auflage, Oktober 2002, S. 12–13

(2) GFZ Potsdam, Faltblatt 2002, Planet erde-2002, Jahr der Geowissenschaften – Blick auf das System Erde aus dem All

3 Chemie in der Geologie

(1) Harjes, H.-P., Walter, R. (Hrsg.) (1999): Die Erde im Visier; Die Geowissenschaften an der Schwelle zum 21. Jahrhundert, Springer Verlag

(2) Christen, H. R.: Grundlagen der allgemeinen und anorganischen Chemie, S. 183 (1969)

(3) Richter, D., cit. S. 226

(4) KTB: Das KTB-Tiefenlabor des GFZ in Windischeschenbach. In: Zweijahresbericht GeoForschungsZentrum Potsdam 1996/1967, S. 85–92

(5) Lüthje-Gall-Reuber, Lehrbuch der Chemie, Otto Salle Verlag Frankfurt a. M., Hamburg 1965, S. 167

(6) Christen, H. R., cit. S. 358

(7) Richter, D., cit. S. 15

(8) Encyclopedia of Earth System Science, Vol. 1, A-Co, Academic Press, Inc. 1992, S. 584

(9) dtv-Atlas zur Astronomie, cit. S. 169

(10) Der große Atlas des Universums, 1990, Mosaik Verlag GmbH, München, S. 130 ff.

(11) Hunton, Donald E.: Erosionen und Leuchterscheinungen am Space Shuttle, SpdW 1990, 1, S. 100–107

(12) Storch, V., cit. S. 61

(13) Richter, D., cit. S. 21

(14) Richter, D., cit. S. 54

(15) Fischer Lexikon, Chemie, Fischer Bücherei GmbH Frankfurt a. M. 1968, S. 316

(16) Christen, H. R., cit. S. 416

(17) Richter, D., cit. S. 186 f.

(18) Christen, H. R., cit. S. 252

(19) Chemiker-Kalender, Springer Verlag Berlin/Heidelberg/New York (1966), S. 68, 69

(20) Christen, H. R., cit. S. 164

(21) Christen, H. R., cit. S. 51

(22) Brockhaus der Naturwissenschaften, cit. S. 272–273

(23) Press/Siever, cit. S. 314

(24) Kleber, W., cit. S. 82, 83

(25) Stanley, Steven M., cit. S. 269

(26) Richter, D., cit. S. 118

(27) Richter, D., cit. S. 284

(28) Frisch, W., Meschede, M.: Plattentektonik, Primus-Verlag 2005, cit. S. 198 Abb. Umschlag, hinten
(29) Richter, D., cit. S. 21
(30) Press/Siever, cit. S. 371

4 Geologische Grundkenntnisse

(1) Stanley, Steven M., cit. S. 7
(2) Richter, D., cit. S. 9
(3) Press/Siever, cit. S. 74
(4) Press/Siever, cit. S. 75
(5) Tyler, Robert H., Maus, Stefan, Lühr, Hermann: Satellite observations of magnetic fields due to ocean tidal flow. Science Vol. 299, 10, Januar 2003, S. 239 f.
(6) Mather, K. F., Mason, S. L. (1967): A source book in geology 1400–1900, 2. Auflage (1. Aufl. 1937), Harvard University Press, Cambridge, S. 14
(7) Richter, D., cit. S. 6
(8) Richter, D., cit. S. 12
(9) Stanley, Steven M., cit. S. 16
(10) Stanley, Steven M., cit. S. 17
(11) Lerner-Lam, A. L. (1988): Seismological studies of the lithosphere. Lamont-Doherty Geological Observatory Yearbook, S. 50–55
(12) Richter, D., cit. S. 7
(13) Müller, Ulrich, Stieglitz, Robert: Der Geodynamo im Labor. SpdW 2002, 2, S. 56–63
(14) Nataf, Henri-Claude: Inner Core takes another turn. In: Nature, Vol. 405, 25 May 2000, S. 411 15
(15) Vidale, J. E. et al., Slow differential rotation of the Earths' inner core indicated by temporal changes in scattering. In: Nature, Vol. 405, 25 May 2000, S. 445–448
(16) GFZ – Das GeoForschungsZentrum Potsdam – Herausgeber GFZ Potsdam, Telegrafenberg, 14473 Potsdam, 9. überarbeitete Aufl. Oktober 2002, S. 14–15

5 Die geologische Denkweise

(1) Kuhn, Th. S.: Die Struktur wissenschaftlicher Revolutionen. Suhrkamp Taschenbuch Wissenschaft, 1967, S. 19–20

(2) Richter, D., cit. S. 261
(3) Richter, D., cit. S. XI
(4) Richter, D., cit. S. 27
(5) Frisch, W., Meschede, M.: Plattentektonik, Primus Verlag 2005, S. 145
(6) Richter, D., cit. S. 274
(7) Richter, D., cit. S. 298
(8) Stanley, Steven M., cit. S. 429–431
(9) Stanley, Steven M., cit. S. 236
(10) Hölder, H., cit. S. 82
(11) Stanley, Steven M., cit. S. 141
(12) Richter, D., cit. S. 284
(13) Richter, D., cit. S. 145
(14) Richter, D., cit. S. 284
(15) 1Richter, D., cit. S. 241
(16) Richter, D., cit. S. 226
(17) Stanley, Steven M., cit. S. 664
(18) 1Richter, D., cit. S. 244–245
(19) Richter, D., cit. S. 292
(20) Zillmer, H.-J.: Irrtümer der Erdgeschichte, Langen Müller Verlag, 2001, S. 52–54
(21) 21 Richter, D., cit. S. 131

6 Tektonik und ‚Modern Plate Tectonics'

(1) Richter, D., cit. S. 137
(2) Stanley, Steven M., cit. S. 2, 4
(3) Richter, D., cit. S. 261
(4) Nölke, Friedrich: Geotektonische Hypothesen. Eine kurze Zusammenstellung. In: Sammlung geophysikalischer Schriften. Berlin, Verlag von Gebrüder Bornträger, 1924, S. 37–75
(5) Lexikon der Geowissenschaften, cit. Bd. II, S. 112, 290
(6) Richter, D., cit. S. 262
(7) Hölder, Helmut, cit. S. 142
(8) Frisch, W., cit. S. 10
(9) Richter, D., cit. S. 266
(10) Stanley, Steven M., cit. S. 18
(11) Weiner, Jonathan: Planet Erde, Droemer Knaur Verlag, 1987,

(12) S. 63–69
(13) Richter, D., cit. S. 276
(14) Stanley, Steven M., cit. S. 19
(15) Stanley, Steven M., cit. S. 20
(16) Stanley, Steven M., cit. S. 211
(17) Richter, D., cit. S. 265
(18) Richter, D., cit. S. 256
(19) Frisch, W., cit. S. 35
(20) Frisch, W., cit. S. 28

7 Die Widerlegung der geologischen Hypothesen

7.1 Die Widerlegung der Erdölbildungshypothese

(1) Richter, D., cit. S. 133
(2) Richter, D., cit. S. 134 f.
(3) Kenney, J. F. et al., Proceedings of the National Academy of Sciences. 12.08.2002
(4) Weiner, Jonathan: Planet Erde. Droemer Knaur Verlag, 1987, S. 63–69

7.2 Die Widerlegung der Kohlebildungshypothese

(1) Petrascheck, W. E., cit. S. 63
(2) Petrascheck, W. E., cit. S. 62 f.
(3) Petrascheck, W. E., cit. S. 60
(4) Göttlich, Karlhans: Moor- und Torfkunde, E. Schweizerbarth'sche Verlagsbuchhandlung (Nägele u. Obermiller), Stuttgart 1990, S. 119
(5) Storch, V., cit. S. 114
(6) Richter, D., cit. S. 129
(7) Richter, D., cit. S. 130
(8) Petrascheck, W. E., cit. S. 58
(9) Richter, D., cit. S. 132
(10) Petrascheck, W. E., cit. S. 61
(11) Stanley, Steven M., cit. S. 253
(12) Petrascheck, W. E., cit. S. 67
(13) Göttlich, K., cit. S. 3
(14) Fischer Lexikon, Chemie, cit. S. 112

(15) Stanley, Steven M., cit. S. 254
(16) Göttlich, K., cit. S. 7
(17) Göttlich, K., cit. S. 76
(18) Göttlich, D., cit. S. 18
(19) Stanley, Steven M., cit. S. 255
(20) Booth, R. W., in: Scientific American 1880, Spring.
(21) Adams, J. O.: 'Eve's Thimble', American Antiquarian, 5. Jahrgang, 1883, S. 331–332
(22) Natural History Journal: The Field, 1948
(23) Brockhaus der Naturwissenschaften und Technik, cit. S. 292

7.3 Die Widerlegung der geologischen Hypothese zur Bildung der Zechsteinsalze

(1) Christen, H. R., cit. S. 449
(2) Richter, D., cit. S. 125
(3) Lüthje, cit. S. 53
(4) Richter, D., cit. S. 126
(5) Richter, D., cit. S. 180 f.
(6) Richter, D., cit. S. 127
(7) www.Geochemie Uni-Bremen DE/Koelling/Solubility html 2005
(8) Petrascheck, W. E., cit. S. 52
(9) Chemiker-Kalender, cit. S. 70–71
(10) Petrascheck, W. E., cit. S. 53

7.4 Die Widerlegung der Eiszeittheorien

(1) Stanley, Steven M., cit. S. 585
(2) Storch, V., cit. S. 171
(3) Stanley, Steven M., cit. S. 587
(4) Richter, D., cit. S. 300
(5) Stanley, Steven M., cit. S. 586
(6) Hölder, H., cit. S. 116
(7) Hölder, H., cit. S. 125

(8) Friedrich, Horst: Jahrhundert-Irrtum ‚Eiszeit', Efodon e. V., S. 29, D-82383 Hohenpeissenberg (1997)
(9) Friedrich, H., cit. S. 120
(10) Hofmann, Paul E., Schrag, Daniel P.: ‚Als die Erde ein Eisklumpen war'. In: SpdW Bd. 4, 2000, S. 61
(11) Hölder, H., cit. S. 145
(12) Friedrich, H., cit. S. 128, 129
(13) Richter, D., cit. S. 93
(14) Friedrich, H., cit. S. 129
(15) Friedrich, H., cit. S. 131
(16) Friedrich. H., cit. S. 150
(17) Friedrich, H., cit. S. 132
(18) Richter, D., cit. S. 93
(19) Richter, D., cit. S. 94
(20) Friedrich, H., cit. S. 61, zitiert aus: Christoph Georg Sigismund Sandberg: Ist die Annahme von Eiszeiten berechtigt? Bd. 1, Leiden 1937
(21) Hölder, H., cit. S. 124
(22) Hölder, H., cit. S. 125
(23) Friedrich, H., cit. S. 123
(24) Hölder, H., cit. S. 121
(25) Lyell, Ch.: Das Alter des Menschengeschlechts. Leipzig 1864, S. 129
(26) Friedrich, H., cit. S. 64, zitiert aus C. G. S. Sandberg (Leiden 1937)
(27) Stanley, Steven M., cit. S. 595
(28) Rahmstorf, Stefan & Claussen, Martin: Eiszeitsimulation im Computer. SpdW 1998, 5, S. 16–22
(29) Bindschadler, Robert A. & Bentley, Charles R.: Auf dünnem Eis? SpdW 2003, 2, S. 30–36
(30) Hölder, H., cit. S. 120

7.5 Die Widerlegung der plattentektonischen Hypothesen

7.5.1 Die Widerlegung des ‚Seafloor Spreading'

(1) Richter, D., cit. S. 267
(2) Pratt, David: Organized Opposition to Plate Tectonics. The New Concepts in Global Tectonics Group. Journal of Scientific Exploration, Vol. 20, No. 1, S. 97–104, Spring 2006

(3) Eisbacher, Gerhard H.: Einführung in die Tektonik, Stuttgart, Enke, 1966, 2. Auflage, S. 200
(4) Stanley, Steven M., cit. S. 208
(5) Frisch, W., cit. S. 17
(6) Weiner, Jonathan: Planet Erde, Droemer Knaur Verlag, 1987, S. 63–69
(7) Pratt, David: Problems with Plate Tectonics. New concepts in Global Tectonics Newsletter, No. 21, S. 10–24, Dec. 2001
(8) Frisch, W., cit. S. 20
(9) Zoback et al. 1989, in: Nature, Vol. 341, S. 291–298, 1989: Global pattern of tectonic stress
(10) Lexikon der Geowissenschaften, Bd. IV, cit. S. 162–165
(11) http://ourworld.compuserve.com/homepages/dp5/tecto.htm
(12) Prat David, 2000, Plate Tectonics: A Paradigm Under Threat. (First published in the Journal of Sciencetific Exploration, vol 14, no. 3, pp. 307-352, 2000)
(13) Frisch, W., cit. S. 68
(14) Richter, D., cit. S. 282
(15) Frisch, W., cit. S. 33–34
(16) Richter, D., cit. S. 269
(17) Lexikon der Geowissenschaften, Bd. IV, cit. S. 162 ff.
(18) Frisch, W., Meschede, M., cit. S. 14, 15, 74, 83, 100, 101, 103, 104, 106, 107, 109, 115, 120, 128, 141, 148, 153, 156, 166, 167, 173, 174
(19) Stanley, Steven M., cit. S. 19, 21, 198, 199, 200, 214, 216, 224, 225, 228, 230, 233, 234, 238, 242, 260, 276, 294, 301, 323, 777
(20) Walter, Roland, Erdgeschichte. Die Entstehung der Kontinente und Ozeane. 5. Auflage, Walter de Gruyter Berlin NewYork, S. 4, 10, 33, 110, 118, 150, 152, 153, 162, 200, 264
(21) Press/Siever: Allgemeine Geologie, cit. S. 16, 30, 31, 37, 48, 49, 74, 75, 78, 80, 81, 108, 109, 111, 113, 125, 134, 151, 155, 163, 167, 187, 190, 234, 152, 253, 255, 256, 260, 262, 317, 346, 560, 566, 617
(22) The Cambridge Encyclopedia of Earth Sciences, Cambridge University Press 1981, S. 64, 173
(23) Frisch, W., Meschede, M.: Plattentektonik Primus Verlag, S. 83
(24) Frisch, W., cit. S. 78
(25) Frisch. W., cit. S. 77
(26) Frisch, W., cit. S. 70
(27) Stern', 50, 200, S. 196

(28) Süddeutsche Zeitung', Nr. 244, 23.10.2001
(29) Asfaw, L. M., Bilham, M. & Mohr, P.: Recent inactivity in African rift. Nature, Vol. 357, S. 447, 1992

7.5.2 Die Widerlegung der ‚Subduktion'

(1) Lausch, Erwin: Wie tief können Platten sinken? (Wiss. Journ. Bericht über Tagung der Geophysik in Alania, Lago Maggiore 9/99), SpdW 2000, 1, S. 16–21
(2) Alexei Gorbatov & Yoshio Fukao: Tomographic search for missing link between the ancient Farallon subduction and the present Cocos subduction. Geophys. J. Int. (2005) 160, S. 849–854
(3) Wim Spakman & Robert Hall, in: Surface deformation and slab-mantle interaction during Banda arc subduction rollback. Earth and Planetary Science Letters 201 (2002), S. 321–336
(4) Richter, D., cit. S. 269
(5) Lexikon der Geowissenschaften, Bd. IV, cit. S. 162 ff.
(6) Frisch, W., Meschede, M., cit. S. 14, 15, 74, 83, 100, 101, 103, 104, 106, 107, 109, 115, 120, 128, 141, 148, 153, 156, 166, 167, 173, 174
(7) Stanley, Steven M., cit. S. 19, 21, 198, 199, 200–214, 216, 224, 225, 228, 230, 233, 234, 238, 242, 260, 276, 294, 301, 323, 777
(8) Walter, R., cit. S. 4, 10, 33, 110, 118, 150, 152, 153, 162, 200, 264
(9) Press/Siever: Allgemeine Geologie, cit. S. 16, 30, 31, 37, 48, 49, 74, 75, 78, 80, 81, 108, 109, 111,113, 125,134, 151, 155, 163, 167, 187, 190, 234, 252, 253, 255, 256, 260, 262, 317, 346, 560, 566, 617
(10) The Cambridge Encyclopedia of Earth Sciences, Cambridge University Press, 1981, S. 64, 173
(11) Frisch, W., cit. S. 99
(12) Ribe, N. M., Stutzmann, E., Ren Y., van der Hilst, R.: Buckling instabilities of subducted lithosphere beneath the transition zone. In: Earth and Planetary Science Letters, 254 (2007), S. 173–179
(13) L. Guillon-Frottier, J. Buttles, P. Olson: Laboratory experiments on the structure of Lithosphere, Earth Planet. Sci. Lett. 133 (1995), S. 19–34
(14) Taro Sakurai, Yoshio Fukao: Stagnant slabs above and below the 670 km discontinuity in the mantle transition zone. Earthquake Research Inst. Tokio, http://www.msi.umn.edu/~davey/ japabs/one.html

(15) Yoshio Fukao: Fate of oceanic plates descending in the Earth's mantle. http://www.jspsusa.org/FORUM1998/fukao.html
(16) Richter, D., cit. S. 7
(17) Stanley, Steven M., cit. S. 21
(18) Lexikon der Geowissenschaften, Bd. IV, cit. S. 164
(19) Frisch, W., cit. S. 20
(20) Green II, Harry W., Der Mechanismus von Tiefenbeben, SpdW 1995, 2, S. 36 ff.
(21) James, P.: A coarse analysis of the alleged processes of subduction. New Concepts in Global Tectonics Newsletter, No. 16, 2000, S. 5–7
(22) Pratt, D., (2001), cit. S. 4

7.5.3 Weitere Unstimmigkeiten in den plattentektonischen Hypothesen

(1) Harjes, H.-P., Walter, R. (Hrsg.): Die Erde im Visier. Die Geowissenschaften an der Schwelle zum 21. Jahrhundert. Springer Verlag, 1999
(2) GFZ Potsdam, Telegrafenberg, 14473 Potsdam, Sept. 1999, S. 18. In: Signale von der schiefen Bahn
(3) Smith, D. E. & Baltuck, M.: Introduction. In: Smith, D. E. & Turcoth, D. L. (eds.): Contributions of Space Geodesy to Geodynamics: Crustal Dynamics. Geodynamics Series, American Geophysical Union, V. 23, 1993, S. 1–3
(4) Smith, D. E. & Baltuck, M., 1993, Cit S. 2
(5) Pratt, D., 2001, cit. S. 5
(6) Richter, D., cit. S. 282
(7) Pratt, D., 2001, cit. S. 7
(8) Richter, D., cit. S. 264
(9) Pratt, D., 2001 cit. S. 10
(10) Weiner, Jonathan: Planet Erde. Droemer Knaur Verlag, 1987, S. 63–69
(11) Lexikon der Geowissenschaften, Bd. IV, cit. S. 162 ff.
(12) Frisch, W., Meschede, M., cit. S. 14, 15, 74, 83, 100, 101, 103, 104, 106, 107, 109, 115, 120, 128, 141, 148,153, 156, 166, 167, 173, 174
(13) Stanley, Steven M., cit. S. 19, 21, 198, 199, 200–214, 216, 224, 225, 228, 230, 233, 234, 238, 242, 260, 276, 294, 301, 323, 777
(14) Walter, R., cit. S. 4, 10, 33, 110, 118, 150, 152, 153, 162, 200, 264
(15) Press/Siever: Allgemeine Geologie, cit. S. 16, 30, 31, 37, 48, 49, 74, 75, 78, 80, 81, 108, 109, 111, 113, 125, 134, 151, 155, 163, 167, 187, 190, 234, 252, 253, 255, 256, 260, 262, 317, 346, 560, 566, 617

(16) The Cambridge Encyclopedia of Earth Sciences, Cambridge University Press, 1981, S. 64, 173
(17) Richter, D., cit. S. 282
(18) Frisch, W., cit. S. 15
(19) James, P.: A Coarse analysis of the alleged processes of subduction. New Concepts in Global Tectonics Newsletter, No. 16, 2000, S. 5–7
(20) Frisch, W., Meschede, M., cit. S. 23–27
(21) Hansen, Ulrich: Erfolgreiche Computersimulation der Plattentektonik, SpdW 1999, 5, S. 12–16
(22) Kuhn, Th. S., cit. S. 19/20

7.6 Die Widerlegung der absoluten Zeitbestimmungsmethoden

7.6.1 Die Widerlegung absoluter Altersangaben mittels langlebiger Isotope

(1) Lüthje-Gall-Reuber, cit. S. 226
(2) Geyh, Mebus A., cit. S. 69, 70
(3) Geyh, Mebus A.: Handbuch der physikalischen und chemischen Altersbestimmung. Wissenschaftliche Buchgesellschaft, Darmstadt 2005, S. 2
(4) Richter, D., cit. S. 28, 29
(5) Geyh, Mebus A., cit. S. 18
(6) Press, Frank, Siever, Raymond: Allgemeine Geologie, Einführung in das System Erde. 3. Auflage 2003, Spektrum Akademischer Verlag, S. 238
(7) Valley, John W. in: Spektrum der Wissenschaft, Bd. 6, 2006, S. 72–81
(8) Geyh, Mebus A., cit. S. 21
(9) Chemiker-Kalender, Springer Verlag Berlin/Heidelberg/New York 1966, S. 143
(10) Lovelock, James E.: Gaia: A new look at life on Earth, Oxford University Press, 1987 edn
(11) Geyh, Mebus A., cit. S. 126
(12) Milton, Richard: The Facts of Life: Shattering the Myth of Darwinism. Fourth Estate, London 1992
(13) www.spektrum.de>Lexika>Lexikon der Astronomie
(14) Cook, Melvin A.: „Prehistory and Earth Models". Max Parrish, London 1966
(15) Geyh, Mebus A., cit. S. 125
(16) Geyh, Mebus A., cit. S. 8
(17) Geyh, Mebus A., cit. S. 44–47

(18) Funkhauser, J. G. & Naughton, J. J., Journal of Geophysical Research, Vol. 73, July 1968, S. 4606

7.6.2 Die Widerlegung der Radiokarbon-Methode

(1) Geyh, Mebus A., cit. S. 69, 70
(2) Blöss, C., Niemitz, H.-U., cit. S. 22
(3) Blöss, C., Niemitz, H.-U., cit. S. 25
(4) Shawcross, W.: Archaeology with a short, isolated time-scale. New Zealand 1969
(5) Blöss C., Niemitz H.-U.: C-14 Crash: Das Ende der Illusion, mit Radiokarbon-Methode und Dendrochronologie datieren zu können, 2. Auflage, Verlag Informationen für Wissenschaft und Technik, S. 229; World Archaeology 1, S. 184–199
(6) Blöss, C., Niemitz, H.-U., cit. S. 32
(7) Blöss, C., Niemitz, H.-U., cit. S. 11
(8) Blöss, C., Niemitz, H.-U., cit. S. 60–61
(9) Blöss, C., Niemitz, H.-U., cit. S. 59
(10) Blöss, C., Niemitz, H.-U., cit. S. 77
(11) Blöss, C., Niemitz, H.-U., cit. S. 185
(12) Blöss, C., Niemitz, H.-U., cit. S. 73
(13) Blöss, C., Niemitz, H.-U., cit. S. 281
(14) Deevey, E. S. jr. et al. (1954): The natural C-14 contents of materials from hardwater lakes. In: Proceedings of the National Academy of Science (USA) 40, S. 285–288
(15) Chatters, R. M. et al. (1969): Fumarole gaseous emanations: Their influence on carbon-14 dates. Circular 32 (College of Engineering at Washington State University
(16) Blöss, C., Niemitz, H.-U., cit. S. 299
(17) Olson, E. A., Broecker, W. S. (1961): Lamont natural radio-carbon measurements VII. In: Radiocarbon 3, S. 141–75
(18) Venkatesan, M. I. et al. (1982): Asphalt in Carbon-14-dated archaelogical samples from Terqa, Syria. In: Nature 295, S.517–519
(19) Blöss, C., Niemitz, H.-U., cit. S. 296
(20) Johnson, F. (1955): Reflections upon the significance of radiocarbon dates. In: Libby, W. F. (1952): Radiocarbon dating; Chicago (University of Chicago Press)
(21) Kulp, J. L. et al. (1952): Lamont natural radiocarbon measurements II. In: Science 116, S. 409–414

(22) Irving, W. N. & Harrington, C. R. (1973): ‚Upper Pleistocene radiocarbon-dated artefacts from the Northern Yukon'. In: Science 179, S. 335–40
(23) Nelson, D. E. et al. (1986): ‚New radiocarbon dates on artefacts from the northern Yukon Territory: Holocene not upper Pleistocene in ages', In: Science 232, 749–751
(24) Blöss, C., cit. S. 51
(25) Blöss, C., Niemitz, H.-U., cit. S. 281
(26) Blöss, C., Niemitz, H.-U., cit. S. 23
(27) Blöss, C., Niemitz, H.-U., cit. S. 80

7.6.3 Die Widerlegung der absoluten Altersbestimmungen mittels Eisbohrkernen und Warven

(1) Heinsohn, Gunnar: Für wie viele Jahre reicht das Grönlandeis? In: Zeitensprünge, Mantis Verlag, 1994, Heft 4, S. 76
(2) Blöss, C., Niemitz, H.-U.: Die Schwedische Warvenchronologie. In: Zeitensprünge, 1998, Heft 2, S. 328
(3) Blöss, C., in: Zeitensprünge 2/98, S. 325
(4) Blöss, C., in: Zeitensprünge 2/98, S. 332
(5) Blöss, C., in: Zeitensprünge 2/98, S. 340
(6) Hörnsten, A.: „Summary of discussion of the measurements and identification of varves". In: Olsson (1970 Hg), cit. in Zeitensprünge 2/98, S. 329
(7) Blöss, C., in: Zeitensprünge 2/98, S. 331

7.7 ‚Unlogische' Funde

(1) Storch. V., cit. S. 367
(2) Zillmer, H.-J.: Darwins Irrtum, cit. S. 50, 51
(3) The Morrisonville Times of June 11, 1891
(4) The Municipal Electric Plant of Thomas Oklahoma, 1912
(5) Siegfriedt, J. C. F.: Carbon County News, 11.11.1926
(6) Bergakademie Freiberg, Deutschland 1842
(7) The American Anthropologist, Vol. IX (1896), S. 66
(8) Allen, E. A.: American Antiquarian, Vol. 7 (1885), S. 39
(9) Booth, R. W., in: Scientific American 1880, Spring.

(10) Chon Ming Chen, Soviet Journal No. 8, 1961
(11) The American Antiquarian, Vol. 7, S. 364–367 (1885)
(12) Natural History Journal: The Field, 1948
(13) Scientific American, Vol. 7, S. 298–299, June 1851
(14) Nature (London, November 11, 1886, S. 36) und: L'Astronomie (Paris, 1886, S. 463)
(15) Brewster, David, The British Association for the Advancement of Science, 1844
(16) Adams, J. O.: ‚Eve's Thimble', American Antiquarian, 5. Jahrgang, 1883, S. 331–332
(17) Richter, D., cit. S. 28, 29
(18) Pratt, David: Problems with Plate Tectonics, in: Global Tectonics Newsletter, No. 21, S. 10–24, Dec. 2001
(19) http://ourworld.compuserve.com/homepages/dp5/lowman.htm
(20) Pratt David, 2001, Problems with Plate Tectonics, -Reply to Paul Lowman's Review (NCGT Newsletter no. 20)-, S. 4 (First published in New Concepts in Global Tectonics Newsletter, no. 21, p. 10-24, December 2001))
(21) Stanley, Steven M., cit. S. 21
(22) Friedrich, H., cit. S. 129
(23) Kenney, J. F. et al.: Proceedings of the National Academy of Sciences, 12.08.2002
(24) Petrascheck, W. E., cit. S. 58
(25) Petrascheck, W. E., cit. S. 52
(26) Pratt, D., 2000, cit. S. 18

8. Die Kollisionstheorie

8.1 Die Kollision der Erde mit einem großen Himmelskörper

8.2 Die Identifizierung des kollidierten Himmelskörpers

(1) Sandberg, Christoph Georg Sigismund: ‚Ist die Annahme von Eiszeiten berechtigt?' Bd. I, Leiden 1937
(2) Shastri, S.: The Flood Legend in Sanscrit Literature. Delhi 1950, S. 88
(3) Velikovsky, Immanuel: Welten im Zusammenstoß. W. Kohlhammer Verlag, Stuttgart 1952
(4) Alvarez, Luis & Walter et al.: Extraterrestrial cause for the Cretaceous-Tertiary Extinction. In: Science 208/1980
(5) Storch, V., cit. S. 88
(6) Hölder, H., cit. S. 59

(7) Becker, Luann: Tödliche Treffer in Serie. SpdW 2002, 7, S. 60–67
(8) Walter, Roland: ‚Erdgeschichte'. Die Entstehung der Kontinente und Ozeane. 5. Auflage, Verlag Walter de Gruyter Berlin/New York
(9) Stanley, Steven M., cit. S. 527
(10) Velikovsky, I.: Literatur-Sammlung zu Saturn
(11) GFZ Potsdam: Mitteilung zu Verstärkungsfaktor 15x103
(12) Hölder, H., cit. S. 163
(13) Cotton, F. A., Wilkinson, G.: Anorganische Chemie, Verlag Chemie GmbH, Weinheim/Bergstr. 1968, S. 437
(14) Brinkmann: Abriß der Geologie. Allgemeine Geologie. Ferdinand Enke Verlag, Stuttgart 1990, S. 245
(15) Richter, D., cit. S. 258
(16) Stanley, Steven M., cit. S. 241
(17) Frisch, W., cit. S. 171
(18) Kind, Rainer: Wie entstand das Hochland von Tibet? SpdW 1997, 6, S. 29–31
(19) Pinter, N., Brandon, M. T.: Der Beitrag der Erosion zur Gebirgsbildung. In: SpdW1997, Bd. 9, S. 86
(20) Pratt, D., 2000, cit. S. 18
(21) Richter, D., cit. S. 282
(22) Press/Siever, cit. S. 255 f.
(23) Luu, Jane X., Jewitt, David C.: Der Kuiper-Gürtel, SpdW 1996, 7, S. 56 ff.
(24) Weissman, Paul R.: Die Oort'sche Wolke, SpdW 1998, 12, S. 62–70
(25) Stern, S. Alan, Aufbruch zum Pluto, in: SpdW. 2002, Bd. 7, S. 36–43
(26) Press/Siever, cit. S. 238
(27) NASA, Courtesy Peter Smith, University of Arizona/NASA
(28) Sagan, Carl: Blauer Punkt im All. Unsere Zukunft im Kosmos. Droemer Knaur Verlag, München 1996
(29) Sagan, C., cit. S. 124
(30) Sagan, C., cit. S. 127
(31) Sagan, C., cit. S. 119
(32) Süddeutsche Zeitung, Nr. 277, 1.12.05, S. 16
(33) Benz, Arnold, Institut für Astronomie der ETH Zürich, in: Neue Zürcher Zeitung, 13.1.2005, Nr. 10
(34) Nature, Bd. 438, S. 758, 2005
(35) Brown, Robert, in: Nature, Bd. 454, S. 607, 2008
(36) ESA (European Space Agency), in: Rhein-Neckar-Zeitung, 23.1.2005

(37) ESA (European Space Agency), in: Süddeutsche Zeitung, 23.1.05, Bericht von ESA-Tagung, Paris
(38) Jaumann, Ralf, in: Icarus. In: Süddeutsche Zeitung, 31.7.2008
(39) NASA/JPL: Tektonische Strukturen auf Titan. Radaraufnahmen vom 22.6.2004 und 26.10.2004
(40) Aeschylus, Eumenides. S. 641
(41) Davies, P. V.: Macrobius. In: The Saturnalia, I.8.5., transl. by P. V. Davies, New York 1969
(42) Yahuda, A. S.: ‚The Osiris Cult and the Designation of Osiris Idols in the Bible'. In: Journal of Near Eastern Studies III (1944), S. 194–197
(43) Kingsborough: Antiquities of Mexico The fourth plate from the end of the volume. Vol. IV, London 1830. See fig.
(44) Best, E.: The astronomical knowledge of the Maori, Genuine and Empirical. New Zealand Dominium Museum Monograph, No. 3, Wellington 1922, S. 35
(45) The Zend-Avesta xvi, transl. by J. Darmesteter (1883), S. 107
(46) Grazia, Alfred de: ‚Ancient knowledge of Jupiter's Bands and Saturn's Rings'. Kronos II, 3 (1977), S. 65 ff.
(47) Lange, H. O.: Der Magische Papyrus Harris. K. Danske videnskabernes Selskab (1927), S. 58
(48) Breasted: Ancient Records of Egypt III, Abschnitt 18
(49) Speelers, L.: Les Textes des Pyramides (1923), I
(50) Piehl, K.: Inscriptions, Hieroglyphiques. Seconde Serie (1892), S. 65
(51) Pearson, A. C.: The Fragments of Sophokles, herausgegeben von A. C. Pearson (1917), III, 5, Fragment 738
(52) Solinus, Gaius Julius: Polyhistor XXXII (3. Jahrhundert n. Chr.)
(53) Bellamy: ‚Moons, Myths and Man', S. 69
(54) Talmud Traktat Sanhedrin, S. 1086
(55) Steinschneider: Hebräische Bibliographie, Bd. XVIII
(56) Koran, Sure 55
(57) Herodot II, S. 142
(58) Plato, Staatsmann
(59) Hancock, G.: Die Spur der Götter, Bastei Lübbe Taschenbuch, Bergisch Gladbach, Sept. 2003, S. 423–424
(60) DTV-Atlas zur Astronomie, cit. S. 40–41
(61) Velikovsky, cit. S. 125, zitiert Plato (Staatsmann)
(62) Human Genom Diversity Project, Bericht im ‚Spiegel', 25, 2003, S. 164

(63) Klein, J. und Takahata Naoyonki: Where do we come from? The molecular evidence for human descent. Springer Verlag, Heidelberg 2002

9. Die Folgen der Kollision

9.1 Hitzewelle, Druckwellen und Orkane

(1) Becker, Luann: Tödliche Treffer in Serie. SpdW 2002, 7, S. 60–67
(2) Petrascheck, W. E., cit. S. 60
(3) Richter, D., cit. S. 132
(4) Richter, D., cit. S. 7

9.2 Das Massensterben der Mammuts und weiterer ‚Eiszeit-Tiere'

(1) Storch, V., cit. S. 343
(2) Stanley, Steven M., cit. S. 638
(3) Hertz, D. F., in B. Digby: The mammoth (1926), 9
(4) Rainey, F.: ‚Archaeological Investigation in Central Alaska'. American Antiquity, V. (1940), S. 305
(5) Whitley, D. Gath: ‚The Ivory Islands in the Arctic Ocean'. Journal of the Philosophical Society of Great Britain, XII (1910), S. 35
(6) Stanley, Steven M., cit. S. 639
(7) Hibben, F. C.: Evidence of Early Man in Alaska. American Antiquity, VIII (1943), S. 257
(8) Stanley, Steven M., cit. S. 588
(9) Whitley, S. Gath, cit. S. 41
(10) Wrangell, F. P.: Narrative of an Expedition to Siberia and the Polar Sea (1841)
(11) Erman, Adolph: Reise um die Erde. ‚Historischer Bericht' II (1838), S. 261
(12) Stanley, Steven M., cit. S. 344
(13) Howorth, Henry H.: The mammoth and the Flood (1887). S. 59, 60
(14) Anthony, H. E.: „Nature's Deep Freeze". In: National History, Sept. 1949; Rede in: American Museum of National History
(15) Zillmer, H.-J., cit. S. 106
(16) Velikovsky, I.: Erde in Aufruhr, cit. S. 21
(17) Whitley, D. Gath, cit. S. 56

(18) Vereschchagin, N. K. und F. Baryschnikov in: Paleooecology of Beringia (1982), S. 267–269
(19) Erman, A., cit. Historischer Bericht
(20) Vereschchagin, N. K., cit. S. 10, 11
(21) Whitley, D. Gath, cit. S. 50
(22) Hibben, F. C., cit. S. 256
(23) Velikovsky, I.: Erde in Aufruhr, cit. S. 25
(24) Vereschchagin, N. K., Die Mammutfriedhöfe von Nordostsibirien, 1974, S. 6
(25) Howorth, H. H., 1887, cit. S. 71
(26) Stanley, Steven M., cit. S. 640
(27) ‚Stern', 40, 2005, S. 179 ff.: ‚Die Neandertaler'
(28) Velikovsky, I.: Welten im Zusammenstoß, cit. S. 42
(29) Bild der Wissenschaft, 22, 9, 1999
(30) R. D. Kahlke, Jena: Internetmeldung, Informationsdienst Wissenschaft, 26.9.1999
(31) Brinkmann: Abriß der Geologie. Allgemeine Geologie. Ferdinand Enke Verlag, Stuttgart 1990, S. 245
(32) Kahlke, H. D.: „Die Eiszeit", 1994, S. 112
(33) Vereschchagin, N. K., 1974, cit. S. 11, 12

9.3 Die Kollisionszone

(1) The Cambridge Encyclopedia of Earth Sciences 81, Cambridge University Press, S. 179

9.4 Die Bildung der Riftzonen

(1) Frisch, W., cit. S. 68
(2) Rademacher, Cay, in: ‚Geo'-Wissen, Heft 24, Ozean und Tiefsee, S. 72–81, Verlag Gruner und Jahr, Hamburg, 1999
(3) Weiner, Jonathan: Planet Erde, Droemer Knaur Verlag, 1987, S. 63–69
(4) Richter, D., cit. S. 269
(5) Richter, D., cit. S. 267
(6) Richter, D., cit. S. 7
(7) Richter, D., cit. S. 185 f.

(8) Pratt, D., 2001 cit. S. 6
(9) Richter, D., cit. S. 271
(10) Wim Spakman & Robert Hall, in: Surface deformation and slab-mantle interaction during Banda arc subduction rollback. In: Earth and Planetary Science Letters 201 (2002), S. 321–336
(11) Grand, Stephen P., van der Hilst, Rob D., Widiyantoro, Sri: Global seismic tomography: A Snapshot of Convection in the Earth. In: GSA Today, Vol. 7, No. 4, April 1997
(12) Alexei Gorbatov & Yoshio Fukao: Tomographic search for missing link between the ancient Farallon subduction and the present Cocos subduction. In: Geophys. J. Int. (2005) S. 160, 849–854
(13) Frisch, W., Meschede, M., cit. S. 34
(14) Gerthsen, Christian: Physik. Springer Verlag Berlin/Heidelberg/New York 1966, S. 128
(15) Grimsehl, Physik II, Ernst Klett Verlag Stuttgart, 4. Auflage, 1966, S. 72
(16) Frisch W., Meschede M., cit. S. 32
(17) Pratt, D., 2001, cit. S. 8
(18) Frisch, W., cit. S. 17
(19) Frisch, W., cit. S. 33
(20) Eisbacher, Gerhard H.: Einführung in die Tektonik. Stuttgart, Enke Verlag 1996, 2. Auflage, S. 267, 269, 271
(21) Press/Siever, cit., S. 112, 304

9.5 Die Flutwellen

(1) Babylonian Talmud, Tractat Sanhedrin 108 B, ed. by I. Epstein (19xx)
(2) Ginzbergh, L.: The Legends of the Jews, Vol. I, Philadelphia 1928, S. 162
(3) Ginzberg, L., cit. Vol. V, S. 178
(4) Hölder, H., cit. S. 21
(5) Winternitz, M.: Die Flutsagen des Altertums und der Naturvölker
(6) Hölder, H., cit. S. 70
(7) Richter, D., cit. S. 262
(8) Walter, R., cit. S. 99

9.6 Massensterben

(1) Storch, V., cit. S. 88
(2) Storch, V., cit. S. 89
(3) Storch, V., cit. S. 66
(4) Storch, V., cit. S. 90
(5) Storch, V., cit. S. 91
(6) Petrascheck, W. E., cit. S. 60
(7) Storch, V., cit. S. 163
(8) Storch, V., cit. S. 166
(9) Thieme, Hartmut, Maier, Reinhard: Archäologische Ausgrabungen im Braunkohlentagebau Schöningen. Verlag Hahnsche Buchhandlung, Hannover 1995, S. 59 ff.
(10) Storch, V., cit. S. 34
(11) Wuketits, Franz M., cit. S. 9
(12) Wuketits, Franz M., cit. S. 31
(13) Storch, V. cit. S. 176

9.7 Sedimente und geologische Zeitskala

(1) Richter, D., cit. S. 109
(2) Richter, D., cit. S. 107
(3) Richter, D., cit. S. 112
(4) Richter, D., cit. S. 132
(5) Stanley, Steven M., cit. S. 445–446
(6) Stanley, Steven M., cit. S. 453
(7) Storch, V., cit. S. 166
(8) Richter, D., cit. S. 111
(9) Storch, V., cit. S. 61
(10) Stanley, Steven M., cit. U2 Umschlag vorne, innen
(11) Storch, V., cit. S. 66
(12) Storch, V., cit. S. 88
(13) Richter, D., cit. S. 222
(14) Richter, D., cit. S. 300
(15) Hölder, H., cit. S. 214
(16) Hölder, Helmut, cit. S. 7

(17) Velikovsky, Immanuel: Welten im Zusammenstoß. W. Kohlhammer Verlag, Stuttgart 1952
(18) Roscher, H.: „Proselenes". In: Lexikon der griechischen und römischen Mythologie
(19) Fasti, translated by Sir J. Frazer, II 290

9.8 Die Bildung der Sedimentgrundsubstanzen

(1) Lexikon der Geowissenschaften, Bd. III, S. 375
(2) Richter, D., cit. S. 53–54
(3) Richter, D., cit., S. 46 ff.
(4) Richter, D., cit. S. 50
(5) Christen, H. R., cit. S. 416
(6) Christen, H. R., cit. S. 418
(7) Richter, D., cit. S. 185

9.9 Die Diagenese der klastischen Sedimente

(1) Richter, D., cit. S. 112
(2) Richter, D., cit. S. 109
(3) Richter, D., cit. S. 110 f.
(4) Christen, H. R., cit. S. 416
(5) Lexikon der Geowissenschaften, Bd. I, S. 430
(6) Christen, H. R., cit. S. 420
(7) Richter, D., cit. S. 120
(8) Richter, D., cit. S. 21
(9) Richter, D., cit. S. 24
(10) Christen, H. R., cit. S. 415
(11) Fischer Lexikon Chemie, cit. S. 319

9.10 Die Diagenese der chemischen Sedimente

(1) Richter, D., cit. S. 103
(2) Richter, D., cit. S. 102
(3) Richter, D., cit. S. 125

(4) Lexikon der Geowissenschaften, Bd. V, S. 460
(5) Richter, D., cit. S. 127
(6) Petrascheck, W. E., cit. S. 51
(7) Richter, D., cit. S. 51
(8) Petrascheck, W. E., cit. S. 53
(9) Richter, D., cit. S. 121
(10) Richter D., cit. S. 15
(11) Chemiker-Kalender, cit. S. 70/71
(12) Emmermann, Rolf: Vorstoß ins Erdinnere: das kontinentale Tiefbohrprogramm. In: SpdW 1990, 10, S. 60–70
(13) Emmermann, R.: Die kontinentale Tiefbohrung – Verlauf und erste Ergebnisse, SpdW 1996, 3, S. 30
(14) Kenney, J. F. et al.: Proceedings of the National Academy of Sciences, 12.08.2002
(15) Christen, H. R., cit. S. 411
(16) Richter, D., cit. S. 180
(17) Richter, D., cit. S. 181
(18) Petrascheck, W. E., cit. S. 53
(19) Pitman, W., Ryan, W.: ‚Noah's Flood', New York 1998

9.11 Diagenese von Kalk

(1) Storch, V., cit. S. 156
(2) Lexikon der Geowissenschaften, Bd I, cit. S. 75
(3) Richter, D., cit. S. 124
(4) Richter, D., cit. S. 125

9.12 Die Bildung von Erdöl und Erdgas

(1) Kenney, J. F. et al., Proceedings of the National Academy of Sciences, 12.08.2002
(2) Richter, D., cit. S. 133
(3) Richter, D., cit. S. 135
(4) Petrascheck, W. E., cit. S. 69
(5) Zillmer, H.-J., Der Energie-Irrtum. F. A. Herbig Verlagsbuchhandlung GmbH, München 2009, S. 44 f.
(6) Petrascheck, W. E., cit. S. 72

(7) Brockhaus der Naturwissenschaften, cit. S. 56
(8) Brockhaus der Naturwissenschaften, cit. S. 187
(9) Lüthje-Gall-Reuber, cit. S. 318

9.13 Die Bildung der Kohlen

(1) Storch, V., cit. S. 114
(2) Petrascheck, W. E., cit. S. 62
(3) Petrascheck, W. E., cit. S. 58
(4) Stanley, Steven M., cit. S. 239
(5) Richter, D., cit. S. 131
(6) Richter, D., cit. S. 130
(7) Allen, E. A., American Antiquarian, Vol. 7 (1885), S. 39
(8) The American Antiquarian, Vol. 7 (1885), S. 364–367
(9) Adams, J. O., ‚Eve's Thimble', American Antiquarian, 5. Jahrgang, 1883, S. 331–332
(10) Petrascheck, W. E., cit. S. 64

9.14 Erdmagnetisches Feld, Magnetstreifenmuster und Erdachsenschwankungen

(1) Richter, D., cit. S. 2–3
(2) System Erde, 2002 – Jahr der Geowissenschaften, herausgegeben von: Bundesministerium für Bildung und Forschung, S. 11
(3) Nataf, Henri-Claude: Inner Core takes another turn. In: Nature, Vol. 405, 25 May 2000, S. 411
(4) Vidale, J. E. et al.:Slow differential rotation of the Earths' inner core indicated by temporal changes in scattering. In: Nature, Vol. 405, 25 May 2000, S. 445–448
(5) Berckhemer, Hans: Grundlagen der Geophysik. Wissenschaftliche Buchgesellschaft, Darmstadt, 2. Auflage 1997, S. 145
(6) Müller, Ulrich, Stieglitz, Robert: Der Geodynamo im Labor, SpdW 2002, 2, S. 56–63
(7) Richter, D., cit. S. 264, 265
(8) Universiteit Utrecht, Nederlanse Organizatie voor Wetenschappelijk Onderzook, Wissenschaft-online (Geowissenschaften, Physik, 27.11.2001)
(9) Gerthsen, Ch., cit. S. 22

(10) Gerthsen, Christian: Physik, cit. S. 50
(11) Brockhaus der Naturwissenschaften, cit. S. 399
(12) Stanley, Steven M., cit. S. 16

9.15 Polkappenvereisung, Gletscher und Eiszeiten

(1) Press/Siever, cit., S. 578
(2) Spindler, M. et al., cit. in: Spektrum d. W. 1991, 2, S. 51
(3) Press/Siever, cit. S. 577
(4) Spektrum der Wissenschaft, Faltfarbtafel US Geological Survey
(5) Richter, D., cit. S. 88
(6) Hancock, G.: Die Spur der Götter, S. 590
(7) Flem-Ath: Does the Earth's Crust Shift? cit. in: Hancock, G., Die Spur der Götter. S. 519
(8) Discover the world of science, Februar 1993, S. 17, cit. in: Hancock, G., Die Spur der Götter, S. 589 f.
(9) Sturm, Matthew et al.: Eisschmelze am Nordpol, SpdW 2004, 3, S. 26–33
(10) Zängt, W.: Gesellschaft für Ökolog. Forschung, München; www.Gletscherarchiv.-de
(11) Rémy, Frédérique & Ritz, Catherine: Schmelzen die Polkappen? SpdW 2001, 11, S. 30–37
(12) Wikipedia – Antarktis 2005
(13) Bindschadler, Robert A. & Bentley, Charles R.: Auf dünnem Eis? SpdW 2003, 2, S. 30–36
(14) Rahmstorf, Stefan & Claussen Martin, Eiszeitsimulation im Computer, SpdW 1998, 5, S. 16–22
(15) Broecker, Wallace S., Denton, Georg H.: Ursachen der Vereisungszyklen, SpdW 1990, 3, S. 88–98
(16) Richter, D., cit. S. 44
(17) Lexikon der Geowissenschaften, Bd. 5, S. 357
(18) Astronomie, dtv-Atlas, cit. S. 43
(19) Erman, A.: Egyptian Literature (1927), S. 309
(20) Legge (Übersetzer), Text of Taoism, I, S. 301
(21) Plutarch, Moralia (‚Über den Fleischgenuß')
(22) Stanley, Steven M., cit. S. 83
(23) Alley, Richard B.: Das sprunghafte Klima, SpdW 2005, 3, S. 42–49

(24) Stanley, Steven M., cit. S. 316
(25) Stanley Steven M., cit. S. 592

9.16 Meeresspiegelschwankungen

(1) Richter, D., cit. S. 140–141
(2) Richter, D., cit. S. 137
(3) Hölder, H., cit. S. 125
(4) Storch, V., cit. S. 171
(5) Atlas des Universums, cit. S. 130 ff.
(6) Stanley, Steven M., cit. S. 286
(7) Planet Erde – Wasser, 2002, cit. S. 15

9.17 Klima

(1) Hahn, Jürgen und Seiler, Wolfgang: Die Luft, die uns wärmt. In: Expedition Erde – Beiträge zum Jahr der Geowissenschaften 2002, S. 191
(2) Lexikon der Geowissenschaften, Bd. I, cit. S. 144
(3) Natürliche und menschliche CO2-Emissionen laut IPCC 2001, ergänzt egb 2007. Source: e.g. NASA, INQUA
(4) Der Spiegel 47/2009, S. 134 ff.
(5) Heilprin, John: ‚Amerika sorgt sich um Eisbären'. In: Nürtinger Zeitung, 29.12.06 (PETA Deutschland e. V.: info@peta.de)
(6) Maxheimer, Dirk: ‚Unbequeme Wahrheiten'. In: CICERO, Juni 2007
(7) „14th Working Meeting of the IUCN/SSC Polar Bear Specialist Group" vom 20. bis 24.6.2001 in Seattle, Washington
(8) www.schmanck.de/BorchertVortrag.html, Mainz, 18.2.2008: Klimawandel und Sonnenaktivität
(9) www.Welt.de/.../Ein Physiker erschüttert die Klimathese.html, Henrik svensmark (14.12.2009)
(10) Piers Corbyn on the Alex Jones Show 2011 01 06 Part 1 of 3: Global warming and freezing winters
(11) Piers Corbyn on the Alex Jones Show 1/4: The lies and deception of global warming www.youtube.com/watch

(12) Alley, Richard B. & Bender, Michael L., Grönlands eisiges Klima-Archiv, SpdW 1998, 4, S. 50–56
(13) Hapgood, C. H.: ‚Maps of the Ancient Sea Kings'. New York 1966 and London
(14) Lewis, R. S.: ‚A continent for Science'. In: ‚The Antarctic Adventure', New York 1961
(15) Antarktis, http://de. Wikipedia.org/wiki/Antarktis
(16) Hancock, G., cit. S. 27
(17) Apel, Charles et al.: Leben aus Süßwasser, New Scientist, Nr. 2343, S. 7

9.18 Vulkane, Erdbeben und Tsunamis

(1) Richter, D., cit. S. 187
(2) Richter, D., cit. S. 189
(3) Richter, D., cit. S. 192
(4) Richter, S., cit. S. 248
(5) Richter, D., cit. S. 249–250
(6) Frohlich, Cliff: Erdbeben mit tiefen Herden. SpdW 1989, 3, S. 94–101
(7) Green II, Harry W.: Der Mechanismus von Tiefenbeben, SpdW 1995, 2, S. 36 ff.
(8) Richter, D., cit. S. 183
(9) Pro-7-Dokumentation vom 19.12.05
(10) Wikipedia, Fukushima-Erdbeben 2011

9.19 Das Relief der Meeresböden und Kontinente

(1) Herodot II, S. 142
(2) Zillmer, H.-J., Abb. 81, 83, cit. S. 240 f.
(3) Velikovsky, Immanuel: Sammlung: http://librarynorthsouth.edu/upload/in the Beginning.pdf Part II: Saturn and the Flood. The Deluge in Rabbinical Sources
(4) The Cambridge Encyclopedia of Earth Sciences 81, Cambridge University Press, S. 179
(5) Binder, F.: Seychellen. Tausend Meilen außerhalb der Welt. C. J. Bucher Verlag GmbH, München 2007, S. 21
(6) Courtillot, Vincent E. von: Die Kreide-Tertiär-Wende? Verheerender Vulkanismus? SpdW 1990, 12, S. 60–69
(7) Bellwood, Peter: Frühe Landwirtschaft und die Ausbreitung des Austronesischen. SpdW 1991, 9, S. 106–112

(8) Grand, Stephen P., van der Hilst, Rob D., Widiyantoro, Sri: Global Seismic Tomography: A Snapshot of Convection in the Earth. In: GSA Today, Vol. 7, No. 4, April 1997
(9) Alexei Gorbatov & Yoshio Fukao: Tomographic search for missing link between the ancient Farallon subduction and the present Cocos subduction. In: Geophys. J. Int. (2005), 160, S. 849–854
(10) Hapgood, C. H.: ‚Maps of the Ancient Sea Kings', New York 1966 and London

10. Zusammenfassung und Diskussion

(1) Evolution oder Schöpfungstheorie – Ärztezeitung, Nr. 132, 19.07.05
(2) Spohr, Salim, http://www.abendsternde./veli-1999
(3) Kuhn, Thomas S.: Die Struktur wissenschaftlicher Revolutionen. Suhrkamp Taschenbuch Wissenschaft, S. 90
(4) Velikovsky, I.: Erde in Aufruhr, cit. S. 46–47
(5) Stanley, Steven M., cit. S. 3
(6) Stanley, Steven M., cit. S. 5
(7) Stanley, Steven M., cit. S. 13
(8) Richter, D., cit. S. XII
(9) Hölder, H., cit. S. 57
(10) Hölder, H., cit. S. 125
(11) Pratt, D.: ‚Plate Tectonics Subducted'. In: Journal of Scientific Exploration, Vol. 19, No. 3, S. 490–495, Fall 2005
(12) Tuchmann, B.: ‚Der ferne Spiegel: das dramatische 14. Jahrhundert'. Deutsche Übers. dtv, 1982
(13) Alvarez, Walter & Asaro, Frank: Die Kreide-Tertiär-Wende: ein Meteoriteneinschlag? SpdW 1990, 12, S. 52–59
(14) Stanley, Steven M., cit. S. 529
(15) Hölder, H., cit. S. 61
(16) Storch, V., cit. S. 114
(17) Richter, D., cit. S. 226
(18) Richter, D., cit. S. 124
(19) Frisch, W., cit. S. 159
(20) Pinter, Nicholas & Brandon, Mark T.: Der Beitrag der Erosion zur Gebirgsbildung. SpdW 1997, 9, S. 82–88
(21) Stanley, Steven M., cit. S. 208

(22) Pratt, D., cit. S. 307–352
(23) Pratt, D., 2000, cit. S. 4-5
(24) Pratt, D., 2000, cit. S. 4
(25) Pratt, D., 2001, cit. S. 4
(26) Pratt, David: Problems with Plate Tectonics, in: New Concepts in Global Tectonics Newsletter, No. 21, S. 10–24, Dec. 2001
(27) Frisch, W., cit. S. 36
(28) Pratt, D., 2000, cit. S. 18
(29) Richter, D., cit. S. 282
(30) Pratt, D., 2001, cit. S. 8
(31) Richter, D., cit. S. 267
(32) Kuhn, Th. S., cit. S. 20
(33) GSA Today, Bd. 12, S. 4, Uralter Erdmantel, SpdW 2002, 9, S. 43
(34) James, P.: A coarse analysis of the alleged processes of subduction. New Concepts in Global Tectonics Newsletter, No. 16, 2000, S. 5–7
(35) Hölder, H., cit. S. 82
(36) Geyh, M. A., cit. S. 27
(37) Valley, John W. in Spektrum der Wissenschaft, Bd. 6, 2006, S. 72–81
(38) Geyh, Mebus A., cit. S. 69, 70
(39) Blöss, C., Niemitz, H.-U., cit. S. 80
(40) Blöss, C., Niemitz, H.-U., cit. S. 185
(41) Tattersal, I. E. et al.: Encyclopedia of human evolution and prehistory. New York & London 1988, Garland Publishing
(42) Science 224, 1984, S. 58–61
(43) Heinsohn, Gunnar: Für wie viele Jahre reicht das Grönlandeis? In: Zeitensprünge, Mantis Verlag, Heft 4, 1994, S. 76
(44) Blöss, C. in: Zeitensprünge 2/98, S. 340
(45) Blöss, C. in: Zeitensprünge 2/98, S. 331
(46) Frisch, W., cit. S. 11
(47) Press/Siever, cit. S. 596
(48) Storch, V., cit. S. 171–175
(49) Storch, V., cit. S. 175
(50) Storch, V., cit. S. 171
(51) Press/Siever, cit. S. 599
(52) Daly, R. A.: The changing world of ice age, 1934, S. 16
(53) Press/Siever, cit. S. 601

(54) Hertel, J. P.: Die Himmelstore im Veda und Awesta, 1924, S. 28(nach Velikovsky, Welten im Zusammenstoss, S. 333)

(55) Erman, A.: Egyptian Literature, 1927, S. 309 (nach Velikovsky: Welten im Zusammenstoß, S. 136)

(56) Gómara: Conquista de Mexico II, S. 261 ff. (nach Velikovsky: Welten im Zusammenstoß, S. 83)

(57) Bellamy, H. S.: Moons, Myths and Man, 1938, S. 277 (nach Velikovsky: Welten im Zusammenstoß, S. 87)

(58) Teichmüller, Marlies: Rekonstruktionen verschiedener Moortypen des Hauptflözes der niederrheinischen Braunkohle, Geolog. Landesamt Nordrhein-Westfalen, Krefeld 1991

(59) Stanley, Steven M., cit. S. 570

(60) Schultze-Jena, L.: Popol Vuh (Quellenwerke zur alten Geschichte Amerikas II, 1944 (nach Velikovsky: Welten im Zusammenstoß, S. 70)

(61) Petrascheck, W. E., cit. S. 51–53

(62) Richter, D., cit. S. 125

(63) Richter, D., cit. S. 127

(64) Lüthje, cit. S. 53

(65) Frisch, W., cit. S. 118

(66) The Zend-Avesta xvi, transl. by J. Darmesteter, 1883, S. 107

(67) Grazia, Alfred de: ‚Ancient Knowledge of Jupiter's Bands and Saturn's Rings'. In: Kronos II, 3 (1977), S. 65 ff.

(68) Stanley, Steven M., cit. S. 178

(69) Stanley, Steven M., cit. S. 639

(70) Stanley, Steven M., cit. S. 640

(71) Stanley, Steven M., cit. S. 641

(72) Velikovsky, I.: Erde im Aufruhr, Ullstein Sachbuch, Ullstein Verlag GmbH, Frankfurt/Berlin 1988, S. 18

(73) Vereschchagin, N. K., cit. S. 10, 11

(74) Stanley, Steven M., cit. S. 27

(75) Pratt, D., 2001, cit. S. 9

(76) Pratt. D., 2001, cit. S. 10

(77) Pratt, David: Problems with Plate Tectonics. In: New Concepts in Global Tectonics Newsletter, No. 21, S. 10–24, Dec. 2001

(78) Stanley, Steven M., cit. S. 1

(79) Hölder, H., cit. S. 66

(80) Stanley, Steven M., cit. S. 5–7
(81) Richter, D., cit. S. 219
(82) Richter, D., cit. S. 220
(83) Richter, D., cit. S. 221
(84) Richter, D., cit. S. 222
(85) Richter, D., cit. S. 224
(86) Richter, D., cit. S. 225
(87) Richter, D., cit. S. 226
(88) Richter, D., cit. S. 227
(89) Richter, D., cit. S. 232
(90) Richter, D., cit. S. 234, 235
(91) Richter, D., cit. S. 235, 238
(92) Richter, D., cit. S. 240, 241
(93) Richter, D., cit. S. 242
(94) Richter, D., cit. S. 244–245
(95) Richter, D., cit. S. 269
(96) Frisch, W., cit. S. 118
(97) Richter, D., cit. S. 298
(98) Frisch, W., cit. S. 164
(99) Richter, D., cit. S. 261
(100) Stanley, Steven M., cit. S. 18
(101) Stanley, Steven M., cit. S. 2
(102) Grimsehl, cit. S. 22
(103) Lange, Gert & Jokat, Wilfried: Durchs arktische Eis zum Alpha-Rücken. In: Spektrum der Wissenschaft, Heft 11, 2000, S. 74 f.
(104) Velikovsky, Immanuel: Welten im Zusammenstoß. W. Kohlhammer Verlag, Stuttgart 1952
(105) Roscher, H.: „Proselenes". In: Lexikon der griechischen und römischen Mythologie
(106) Fasti, translated by Sir J. Frazer, II 290
(107) Nature, Bd. 412, S. 694 und 708: Mond aus tausend Trümmern, SpdW 2001, 10, S. 24
(108) Hancock, G., cit. S. 193
(109) Hancock, G., cit. S. 188
(110) Hancock, G., cit. S. 193
(111) Hancock, G., cit. S. 189

(112) Hancock, G., cit. S. 190
(113) Hancock, G., cit. S. 195
(114) Jelitto, Hans: Pyramiden und Planeten, Wissenschaft & Technik Verlag, Berlin 1999, 1. Aufl., ISBN 3-89685-507-7, S. 61, 102
(115) Jelitto, Hans, cit. S. 119–127
(116) Press/Siever: Allgemeine Geologie, cit. S. 210
(117) Press/Siever, cit. S. 211
(118) Press/Siever, cit. S. 214
(119) Press/Siever, cit. S. 193
(120) Davison/Neale: Klinische Psychologie. Beltz-Psychologie Verlags Union, 5. Auflage, S. 61
(121) Kuhn, Thomas S.: Die Struktur wissenschaftlicher Revolutionen. Suhrkamp Taschenbuch Wissenschaft, S. 90
(122) Watznauer, A. Das geologische Weltbild G. C. Füchsels (1722–1773), J. G. Lehmanns (1719–1767) und C. E. A v. Hoffs (1771–1837) und seine Nachwirkung bis zur Gegenwart. Geol. Wiss. 8 (1980), S. 63–72
(123) Lyell, Charles: Principles of Geology (12th ed., 1875), I. S. 319
(124) Freud, Sigmund: A general introduction to psychoanalysis. Garden City Publishing, New York 1949
(125) Freud, Anna: Das Ich und die Abwehrmechanismen. Kindler Verlag, München 1936/1964
(126) Davison/Neale, cit. S. 41
(127) Davison/Neale, cit. S. 38
(128) Stanley, Steven M., cit. S. 3

12. Bildnachweise

Deutsches GeoForschungsZentrum GFZ
Telegrafenberg
D-14473 Potsdam
Abb.: 2.1c; 2.2; 7.10; 7.12; 8.3; 8.4; 8.5

Astrium GmbH
Astrium Satellites
Claude-Dornier-Straße
D-88090 Immenstaad
Abb.: 2.3; 2.5

NASA/JPL
Abb.: 3.1

USGS/USGov
Abb.: 6.1.; 6.2; 6.5

Unser Planet Erde, von Klaus Strobach
Verlag Gebrüder Bornträger Berlin/Stuttgart 1991
E. Schweizerbart'sche Verlagsbuchhandlung OHG
Naegele und Obermiller
Science Publishers
Johannesstraße 3A
70176 Stuttgart
http://www.borntraeger-cramer.de
Abb.: 6.4; 7.13

Reliefkarte des Meeresbodens. Aus: ‚The New Atlas of the Universe' von Patrick Moore 1984, bearbeitet von Pierre Charron. Edited by Mitchell Beazley Publishers, London, jetzt ‚Octopus Publishing', Endeavour House, 189 Shaftesbury Avenue, London WC2H 8JY
Abb.: 7.14; 8.1; 9.7; 9.8a; 9.8b; 9.10; 9.21b; 9.22

Seismische Profile
Wim Spakman & Robert Hall in: ‚Surface deformation and slab-mantle interaction during Banda arc subduction rollback',nature geoscience, published online: July 25, 2010
Abb.: 7.8 a–e

Isochronenkarte
R. Dietmar Mueller
Department of Geology and Geophysics
Building F05
University of Sydney
New South Wales, 2006, Australia
In: Journal of Geophysical Research, Vol. 102, No. B2, pages 3211–3214, February 10, 1997
Abb.: 7.11

Indien-Wanderung
W. Jacquelyne Kious and Robert I. Tilling (U.S. Geological Survey)
In: The Himalaya: Two continents collide
(http://pubs.usgs.gov/gip/dynamic/himalaya.html)
Abb.: 8.2

Titan-Atmosphäre
Foto: NASA, Cassini-Mission
NASA/JPL
Abb.: 8.6

Titan hell/dunkel
Foto: Infrarotaufnahme Hubble-Teleskop
NASA/JPL
Abb.: 8.7a, b

Titan-Radaraufnahmen
Radaraufnahmen, Cassini-Sonde 2004
NASA/JPL
Abb.: 8.8a; 8.8b
Holztafel Mexiko
King, Edward: Antiquities of Mexico. London 1831

Universitätsbibliothek Tübingen
Wilhelmstr. 32
D-72016 Tübingen
Abb.: 8.9

Geographische Karten
Aus: Atlas UNSERE WELT – Mensch und Raum.
Hrsg. v. Cornelsen Verlag, Berlin 2010
Abb.: 9.3a, 9.3b, 9.21a

Salzlagerbildung
Georg Wagner: Einführung in die Erd- und Landschaftsgeschichte.
Verlag der Hohenlohe'schen Buchhandlung F. Rau, Öhringen
Bahnhofstraße 16
74613 Öhringen
Abb.: 7.4

Salzkonzentrationen
Walther E. Petrascheck: Mineralische Bodenschätze
Suhrkamp Wissen
Suhrkamp Verlag GmbH und Co. KG
Pappelallee 78–79
10437 Berlin
Abb.: 7.5

Seychellen
Foto: Franz Binder, aus dem Buch „Seychellen",
C. J. Bucher Verlag
Postfach 800240
D-81673 München
Abb.: 9.20

Teotihuacan
Foto: NASA/JPL/Google-Earth©
Abb.: 10

13. Glossar

Alumosilikate: Aluminiumhaltige Silikate der unterschiedlichsten Zusammensetzung.

Amorika: Hypothetisches Erdkrustenfragment aus dem hypothetischen Erdaltertum.

Amorph: Nicht kristallin.

Amphibole: Silikate mit Bandgitter-Struktur.

Anatexis: Teilweise oder vollständige Aufschmelzung von Gestein im Rahmen der geologischen Steinbildungs- und Umwandlunghypothesen.

Anorthit: Ein Calcium-Aluminiumsilikat (Plagioklas, Feldspat).

Antiklinaltyp: Erdöllagerstätte in Verbindung mit tektonischer Aufwölbung (Antikline).

Äolisch:	Alle vom Wind abgelagerten Sedimente.
Aphel:	Sonnenferne Position eines elliptisch umlaufenden Himmelskörpers.
Apomagmatische Lagerstätte:	Begriff aus den geologischen Hypothesen zur Erzlagerstättenbildung.
Ära:	Erdzeitalter.
Archaikum:	Hypothetisches geologisches Erdaltertum (ein Äon).
Aride:	Wüstenhaft, trocken.
Asphalt:	Durch Sauerstoff- und/oder Hitzeeinwirkung polymerisiertes Erdöl (Bitumen, Teer).
Asphaltsümpfe:	Bei La Brea, Kalifornien.

Atlantische Sippe:	Alkalireiche Magmatite in geologischen Magmatit-Bildungs-Hypothesen.
Atlantischer Typ:	Kontinentalränder mit fester Verbindung zwischen kontinentaler und ozeanischer Kruste (passive Kontinentalränder), vorwiegend um den Atlantik.
Atomarer Winter:	Globale Abkühlung durch staubhaltige Atmosphäre und Aussperrung der Sonneneinstrahlung, bei Explosionen von Atomwaffen und Vulkanausbrüchen.
Avalonia:	Hypothetisches Erdkrustenfragment aus dem hypothetischen Erdaltertum.
Baltika:	Hypothetisches Erdkrustenfragment aus dem hypothetischen Erdaltertum.
Band-Gitter-Typ:	Minerale mit bandartig zusammengefügten Silikat-Molekülen (Tetraeder).
Basalt:	Die harte subozeanische Kruste.
Behringstraße:	Jetzt unter Wasser liegendes Kontinentalschelf zwischen Sibirien und Alaska mit einer Breite von 1600 km, zuvor Siedlungsgebiet.

Beton: Mischung von Zement mit Kies, Sand.

Biogene Sedimente: Zersetzungsprodukte organismischer Herkunft: Braunkohle, Steinkohle.

Bottleneck-Effekt: Gleich Flaschenhals-Effekt.

Bruchlinienkreuzungen: Orthogonale (rechtwinklige) Bruchlinienkreuzungen im submarinen Basaltboden durch Längs- und Querbrüche der harten Basaltkruste infolge der unterlaufenen Druckwellen.

Bryozoen: Moostierchen.

Calderen: Vulkanschlot mit abgesprengter Kuppe.

Chemische Sedimente: Alle durch eine chemische Reaktion gebildeten und ausgefallenen Sedimente: Salze (Kalk, Dolomit, Gips, Natrium- und Kali-Salze), Erdöl.

Clovis-Menschen:	Marodierende, steinzeitliche Jägergruppen, ausgerüstet mit yumaspitzenbestückten Speeren, die nach der Overkillhypothese sämtliche Großsäuger Nord- und Südamerikas abgeschlachtet haben sollen.
Coccolithophorida:	Kalkhaltige Einzeller, Algen.
Coriolis-Kraft:	Trägheitskraft auf einen sich bewegenden Körper in einem rotierenden System.
Curie-Punkt:	Temperaturbereich bei Kristallen, in dem das ferromagnetische Verhalten verschwindet (bei weiterer Temperaturerhöhung) oder Auftritt (bei Abkühlung).
Deccan-Trapps:	Großflächige Lavaaustrittsregionen in NordwestIndien.
Deckenvulkane:	Linearvulkane.
Dehydrierung:	Abspaltung von Wasserstoff (H2).

Diagenese:	Geologische Hypothese zum Verlauf der Verdichtung und Festigung von Lockergestein.
Diatexis:	Weitgehende bis vollständige Aufschmelzung; Begriff aus der geologischen Mineralbildungshypothese.
Diatomeen:	Planktonische Kieselalgen.
Diskordanzen:	Störungen der gleichmäßigen Anordnung geologischer Schichtungen.
Dislokationsmetamorphose:	Weiter differenzierender Begriff aus der Metamorphosehypothese.
Divergierende Platten:	Begriff der plattentektonischen Hypothese; auseinanderlaufende Platten.
Druckumkehrzone:	Zone der Druckumkehr, von fortlaufender Druckwelle (Explosion) zur entgegengesetzten Richtung bei massivem Druckabfall durch Evakuierung hinter primärer Druckwelle (Implosion).

Druckwellenkopf:	Die noch sichtbaren Hebungen und Brüche im Meeresboden am Ende der atlantischen Hauptdruckzone (Atlantik-Rift) im Polarmeer.
Eem-Warmzeit:	Hypothetische Warmzeit (Interglazial) der Eiszeithypothese.
Eiszeiten:	Hypothetische geologische Zeitperioden und Epochen, in denen große kontinentale Landmassen von mächtigen Eisschilden bedeckt gewesen sein sollen.
Epirogenese:	Großräumige Verbiegungen der Erdkruste.
Epizentrum:	Der Ort an der Erdoberfläche über dem Hypozentrum des Bebens.
Epoche:	Zeitliche Unterteilung einer Periode
Erdmagnetisches Feld:	Gesamtheit aller magnetischen Felder der Erde: inneres, äußeres und lokale Magnetfelder.
Erdölbildungshypothese:	Geologische Hypothese zur Erkärung der Erdölentstehung aus abgestorbenen Organismen.

Exhalativ-sedimentäre Erzvorkommen: Begriff aus den geologischen Hypothesen zur Erzlagerstättenbildung.

Ferromagnetische Eigenschaften: Fähigkeit von Stoffen, sich durch eine eigene Magnetisierung im Magnetfeld auszurichten.

Feuerstein: Amorphe Silikatbruchstücke, entstanden durch schockartige Abkühlung geschmolzenen Silikatgesteins (Quarze). Nach geologischer Hypothese von planktonischen Organismen abgeschieden.

Feuersteingürtel: Zonen mit vermehrten Feuersteinablagerungen auf dem nordwestlichen europäischen Flachland.

Flachbeben: Erdbeben in Tiefen bis zu 70 km.

Flaschenhalseffekt: Gleich ‚Bottleneck'-Effekt bei Populationen, deren Individuenzahl in der Vergangenheit stark dezimiert wurde und deren Verschiedenheit auf dem Genpool weniger Individuen beruht.

Flugasche: Teilverwitterte kleine Silikatfragmente.

Foraminiferen: Planktonische, einzellige Tierchen mit kieseliger Schale (Globigerina).

Ganggefolgschaft: Begriff aus den geologischen Hypothesen zum Mineralbildungsprozess aus Stamm-Magmen.

Geo-Dynamo: In Anlehnung an einen Elektro-Dynamo gebrauchtes Bild von der Bildung des inneren Erdmagnetfeldes in der Grenzzone zwischen Erdkern und -mantel.

Geologische Zeitskala: Die hypothetische Unterteilung der angeblich vergangenen 4,5 Milliarden Jahre geologischer Erdgeschichte in Zeitalter, Perioden und Epochen.

Gerüst-Gitter-Typ: Minerale mit dreidimensional verknüpften Silikatmolekülen (Tetraeder).

Gipshut: Oberste, abdeckende, schwerlösliche Gipsschicht eines kompletten Salzausscheidungszyklus.

Glaziologie: Die Lehre von Gletschern.

Glimmer: Silikate mit Schichtgitter-Struktur.

Glomar Challenger: Forschungsschiff.

Granit: Die harte kontinentale Kruste.

Holstein-Warmzeit: Hypothetische Warmzeit (Interglazial) der Eiszeithypothese.

Homozygot: Identische Nucleoidsequenz in Genen auf entsprechenden Chromosomen. Dadurch geringe genetische Vielfalt.

Hybridisation: Begriff aus den geologischen Hypothesen zum Mineralbildungsprozess aus Stamm-Magmen.

Hydratation: Die Anlagerung von Wasser.

Hydrolysereaktion: Spaltung einer Kovalenzbindung durch die Reaktion mit Wasser.

Hydrothermale Lagerstätte: Begriff aus den geologischen Hypothesen zur Erzlagerstättenbildung.

Hypozentrum:	Das Erdbebenzentrum senkrecht unterhalb der Erdoberfläche.
Illit:	Verwitterter Feldspat, Ton-Mineral.
Insel-Gitter-Typ:	Minerale, bestehend aus isolierten Einzel-Silikat-Molekülen (Tetraeder).
Intrusion:	Das Eindringen magmatischer Schmelzen aus tiefer Erdkruste oder -mantel in höher gelegene harte Erdkruste.
Ionosphäre:	Über der Stratosphäre liegende Atmosphärenschichten, deren Moleküle durch die Strahlung der Sonne ionisiert werden.
IPCC:	Intergovernmental Panel on Climate Change.
Isochronen-Karte:	Verknüpfung von Arealen wechselnder Magnetisierung am Meeresboden mit einer hypothetischen geologischen Zeitskala.
Japetus-Ozean:	Hypothetischer Ozean aus dem hypothetischen Erdaltertum.

Jura:	Hypothetische geologische Periode mit den Unterteilungen (Epochen) ‚schwarzer', ‚brauner' und ‚weißer' Jura; auch als ‚Lias', ‚Dogger', ‚Malm' bezeichnet.
Kalkmörtel:	Mischung aus gelöschtem Kalk und Sand, bindet nicht unter Wasser ab. Verfestigt durch Trocknung, härtet durch CO2-Absorption unter Kalksteinbildung.
Kalk-Natron-Feldspäte:	Feldspäte mit hohem Calcium- und Natriumgehalt.
Kaolinit:	Verwitterter Feldspat, Ton-Mineral.
Karstbeben	Durch Einsturz von Klüften/Hohlräumen.
Katastrophismus:	Vorstellungen von einer durch (kosmische) Katastrophen geformten Erdoberfläche.
Ketten-Gitter-Typ:	Minerale mit kettenförmig zusammengeschlossenen Silikat-Molekülen (Tetraeder).
Keuper:	Hypothetische geologische Zeitepoche der hypothetischen Trias-Periode mit ‚Buntsandstein', ‚Muschelkalk', ‚Keuper'.

Klastische Sedimente:	Steinige Sedimente: Tone, Sand, Kies, Geröll und größere steinige Bruchstücke.
Kollisionsrinne:	Innerhalb der Kollisionszone liegende, durch Direktkontakt mit Titan ausgeschlagene Rinne in Erdkruste und -mantel im Bereich des Indischen Ozeans, von der Antarktis bis zum Äquator.
Kollisionszone:	Von Titan überquerte Zone der Erdkugel, in NNO-Richtung verlaufend
Kompaktion:	Verdichtung von Lockergesteinen.
Kontaktmetamorphose:	Begriff aus der Metamorphosehypothese.
Kontaktmetasomatose:	Begriff aus der Metamorphosehypothese.
Konvergierende Platten:	Begriff der plattentektonischen Hypothese; Zusammenlaufen der Platten.

Kristallisationsdifferentiation:	Begriff aus den geologischen Hypothesen zum Mineralbildungsprozess aus Stamm-Magmen.
Kristallsysteme:	Unterteilung der Kristallformen mit sieben kristallographischen Achsenkreuzen (Systeme) und 32 Kristallklassen.
Lagerungsgesetz:	Von ‚Steno' (1669) formuliert, nach dem bei ungestörter Ablagerung eine höher liegende Schicht – die ‚hangende' – jünger ist als die tiefer liegende; zur relativen Altersbestimmung benutzt.
Letten:	Abdeckende, tonhaltige Schichtlage auf einem Salzausscheidungszyklus.
Linearvulkane:	Durch großflächigen Ausfluss dünnflüssiger, hoch erhitzter Lava aus Bruchspalten der harten Erdkruste.
Liquation:	Begriff aus den geologischen Hypothesen zum Mineralbildungsprozess aus Stamm-Magmen.
Lithifikation:	Steinbildung.

Lockergesteine: Sedimentiertes klastisches und chemisches Material vor der Verfestigung (Diagenese).

Löss: Gleich äolisches Sediment (Quarze, Feldspäte, Kalksplitter), Flugasche (Flugstaub) der Korngröße 0,02 bis 0,05mm.

Magmatische Differentation: Geologische Hypothese zum Mineralbildungsprozess aus Stamm-Magmen.

Magnetischer Nordpol: Austrittsstelle der magnetischen Kraftlinien eines Magneten (Erde: am geographischen Südpol, Antarktis).

Magnetischer Südpol: Eintrittsstelle der magnetischen Kraftlinien (Erde: am geographischen Nordpol, Arktis).

Metamorphose: Oberbegriff für geologische Hypothese zur Gesteinsumbildung im festen Zustand.

Metasomatische Verdrängung: Begriff aus den geologischen Hypothesen zur Erzlagerstättenbildung.

Metasomatose: Weiter differenzierender Begriff aus der Metamorphosehypothese.

Metatexis: Teilweise Aufschmelzung; Begriff der geologischen Steinbildungshypothesen.

MeV: Abkürzung für Mega-Elektronen-Volt.

Milankowitsch-Zyklen: Hypothetisch-mathematische Konstruktion der Paläotemperaturen unter der Annahme, dass alle verwendeten Parameter in Gegenwart und Vergangenheit gleich zu bewerten sind (aktualistische Denkweise).

Mineralogie: Die Wissenschaft von den Mineralien.

Mitteltiefe Beben: Erdbeben in Tiefen bis zu 300 km.

Moldanubischer Ozean: Hypothetischer Ozean aus dem hypothetischen Erdaltertum.

Mondpyramide: Am Ende der Avenue stehende Pyramide in Teotihuacan.

Monomere Moleküle:	Aus einem Molekül bestehende Verbindungen.
Montmorillonit:	Verwitterter Feldspat, Ton-Mineral.
Muschelkalk:	Hypothetische geologische Zeitepoche der hypothetischen Trias-Periode.
Nanoplankton:	Mikroskopisch kleine Meeresorganismen.
Neokatastrophismus:	Vorstellungen von einem gezähmten, überschaubaren, kontrollierbaren, nach den Hypothesen der Geologie verlaufenden Katastrophismus.
Neptunisten:	Anhänger der Lehre von einer gewaltfreien Strukturierung der Erdoberfläche durch langsame Sedimentation aller Formationen aus den Ozeanen.
Neutrino:	Elementarteilchen aus einem Atomkern.
Norika:	Hypothetisches Erdkrustenfragment aus dem hypothetischen Erdaltertum.

Oligomere Moleküle: Aus wenigen Molekülen bestehende Verbindungen.

Ölschiefer: Ölhaltiger Schiefer.

Orthogonal fracture pattern: Rechtwinkliges Bruchmuster der basaltischen Ozeanböden.

Ostracoden: Muschelkrebse.

Overkillhypothese: Hypothese zur Erklärung des plötzlichen Aussterbens der Großsäuger durch interkontinentale Abschlachtaktionen seitens der Clovis-Jägergruppen.

Paläontologie: Die Lehre von den ausgestorbenen Lebewesen.

Paläotemperaturen: Hypothetische Jahrestemperaturverläufe der vergangenen Jahrtausende und Jahrmillionen.

Pangäa: Hypothetischer Urkontinent vor angenommenen 230 Millionen Geo-Jahren.

Paradigma:	Denkschema, Leitlinie.
Parakristalline Deformation:	Begriff aus der Metamorphosehypothese.
Patagonische Driftspur:	Charakteristische, ostwärts gerichtete Driftspur im Boden des Südatlantiks infolge des magmatischen Schmelzdurchbruchs aus dem pazifischen Raum zwischen Feuerland und der Antarktischen Halbinsel.
Pazifische Sippe:	Calciumreiche, alkaliarme Magmatite in den geologischen Magmatit-Bildungs-Hypothesen.
Pazifischer Typ:	Kontinentalränder mit Trennung von kontinentaler und ozeanischer Kruste (aktive Kontinentalränder), vorwiegend um den Pazifik.
Perihel:	Sonnennahe Position eines elliptisch umlaufenden Himmelskörpers.
Periode:	Zeitliche Unterteilung einer Ära.

Permafrostboden:	Gefrorener Boden mit kontinuierlichen Temperaturen kleiner als 0° C.
Plagioklase:	Feldspäte.
Plateau-Basalte:	Gleich Flutbasalte, großräumige mit ausgeflossener Lava bedeckte Regionen, kontinental und submarin.
Plateauvulkane:	Linearvulkane.
Plattentektonik:	Das aktuelle hypothetische fundamentale Modell der Geowissenschaften zu den angenommenen Verschiebungen von sogenannten Erdkrustenplatten
Posttektonische Intrusion:	Begriff aus der geologischen Pluton-Bildungs- und -Umwandlungshypothese.
Posttektonische Kristallisation:	Begriff aus der Metamorphosehypothese.
Präkristalline Metamorphose:	Weiter differenzierender Begriff aus der Metamorphosehypothese.

Prätektonische Kristallisation:	Begriff aus der Metamorphosehypothese.
Prograde Metamorphose:	Begriff aus der Metamorphosehypothese.
Proterozoikum:	Hypothetische geologische Erdzeitspanne zwischen dem hypothetischen Archaikum und dem hypothetischen Kambrium.
Pyroklastische Förderprodukte:	Vulkanauswurf mit überwiegend gas- und staubförmigen Stoffen.
Pyroxene:	Silikate mit Kettengitter-Struktur.
Radiolarien:	Strahlentierchen, planktonisch, mit kieseligem Skelett.
Regionale Versenkungsmetamorphose:	Begriff aus der Metamorphosehypothese.
Regionalmetamorphose:	Begriff aus der Metamorphosehypothese.

Retrograde Metamorphose:	Begriff aus der Metamorphosehypothese.
Rheischer-Ozean:	Hypothetischer Ozean aus dem hypothetischen Erdaltertum.
Richter-Skala:	Einteilung der Bebenstärke nach einer logarithmischen Skala nach Richter.
Riftzonensegmente:	Durch Transformstörungslinien begrenzte, senkrecht zum Zentralriss liegende Segmente der Riftflanken mit erkennbarem Versatz innerhalb der zentralen Riftzone.
Rotliegendes:	Hypothetische geologische Zeitepoche der hypothetischen Perm-Periode mit ‚Rotliegendes' und ‚Zechsteinzeit'.
Salzausscheidungszyklus:	Sich wiederholende charakteristische Schichtung verschiedener Salze in einem Salzlager.
Salzkissen:	Flachgründige, leicht wellige Oberfläche eines tief gelegenen Salzlagers.
Salzrücken:	Lang gestreckte, gebirgsartige, gehobene Salzformationen eines Salzlagers.

Salzsättel: Mehr angehobene, antikline (Sattel) Oberfläche tief gelegener Salzlager.

Salzstöcke: Gebirgsartig gehobene deformierte Salzlager.

Salzstocktyp: Erdöllagerstätte an/in tektonischer Verwerfung.

Salzwasserozeane: Ozeane mit Salzwasser (Salzgehalt 3,5 %, gleichbleibend); alle gegenwärtigen Weltozeane, Salzanstieg auf den heutigten Wert durch und nach Titan-Crash.

Sandstein: Sedimentiertes und zu Beton ausgehärtetes Calcium-Alumosilikat (Zement) mit Quarzkörnchen (Sand).

Schicht-Gitter-Typ: Minerale mit schichtförmig zusammengefügten Silikatmolekülen (Tetraeder).

Schichtvulkane: Vulkane mit abwechselnden Schichten aus Lava und Lockerstoffen.

Schildvulkane: Ausgedehnter Magmaausfluß aus zentralem Vulkanschlot.

Schluff: Klastisches Sediment von gröberem Korn als Ton, 0,002 bis 0,063 mm.

Schuppenbaum: Bärlappgewächs (Lepododendra), nur als Fossil bekannt.

Sedimente: Abgelagertes, lockeres Gesteinsmaterial. Die Geologie zählt auch abgelagertes biologisches Material und Salze zu den Sedimenten.

Sibiria: Hypothetisches Erdkrustenfragment aus dem hypothetischen Erdaltertum.

Siegelbaum: Bärlappgewächs (Sigillaria), nur als Fossil bekannt.

Sintfluttheorie: Die Annahme von der Mitwirkung gewaltiger Flutwellen bei der Bildung geologischer Großstrukturen (katastrophistische Weltsicht).

Sonnenpyramide: Neben der Avenue stehende Pyramide in Teotihuacan.

Spättektonische Intusion: Begriff aus der geologischen Pluton-Bildungs- und -Umwandlungshypothese.

Stadt der Götter:	Von den Azteken übernommene Bezeichnung für Teotihuacan.
Statische Thermometamorphose:	Begriff aus der Metamorphosehypothese.
Stinkschiefer:	Ölhaltiger Schiefer.
Stratigraphie:	Geologische Schichtenkunde.
Sturmlagen:	Schnelle Schichtenbildungen bis zu 1 m Höhe unter Wasseer, durch HangRutschungen oder Strömungen.
Supernova:	Sternexplosion mit Strahlungsenergieausbruch.
Süßwasserozeane:	Ozeane mit Süßwasser (Salzgehalt < 0,5 %); alle Weltozeane vor dem Titan-Crash.
Synkinematisch:	Begriff der geologischen Pluton-Bildungs- und -wandlungshypothese.

Syntektonische Kristallisation: Begriff aus der Metamorphosehypothese.

Tektonische Beben: Mehr als 90 % aller Beben, durch Bruch und Massenverlagerung von Erdkrusten- und -mantelanteilen.

Telemagmatische Lagerstätte: Begriff aus den geologischen Hypothesen zur Erzlagerstättenbildung.

Tempestite: Sturmlagen.

Teotihuacan: Größtes präantikes Monumentalbauwerk Mittelamerikas.

Tethys: Begriff aus der hypothetischen geologischen Erdgeschichte. Umfaßt die Paläotethys und Neotethys. Das heutige Mittelmeer soll der Rest von Tethys sein.

Tethys-Ozean: Hypothetischer Ozean aus dem hypothetischen Erdaltertum.

Thermodynamometamorphose: Weiter differenzierender Begriff aus der Metamorphosehypothese.

Thermometamorphose:	Weiter differenzierender Begriff aus der Metamorphosehypothese.
Tiefe Beben:	Erdbeben in Tiefen bis 700 km.
Ton:	Verwitterungsprodukt natürlicher Minerale (Feldspäte).
Transgressionstyp:	Erdöllagerstätte in Bruchspalt unter abdeckender Sedimentschichtung.
Treibhausgase:	Atmosphärische Gase mit wärmerückhaltenden Eigenschaften. Mit Abstand das häufigste und effektivste Treibhausgas: Wasserdampf (H2O), in Spuren: Kohlendioxid (CO2) und Methan (CH4).
Ultrachodruckmetamorphite:	Ultrahochdruckminerale, nach einer geologischen Hypothese durch Absenkung von Gestein in große Tiefen (80 bis 100 km).
Ural-Ozean:	Hypothetischer Ozean aus dem hypothetischen Erdaltertum.

Vulkanische Beben: Erdbeben bei Ausbruch eines Vulkans.

Wärmeausdehnungskoeffizient: Eine stoffspezifische physikalische Konstante, die die Längen-/Volumenänderungen dieses Stoffes je °C angibt.

Winkelflusshypothese: Hypothese zum Wiederaufstiegsmodus der durch Ultrahochdruck tief im Erdreich veränderten Minerale.

Wüste Mittelmeer: Geologische Hypothese von einer ehemaligen Wüste im Gebiet des heutigen Mittelmeeres. Die Hypothese entstand nach Auffinden dortiger tief liegender Salzformationen.

Yuma-Speerspitze: Charakteristische Speerspitzen-Form bei den nordamerikanischen Ureinwohnern.

Zechsteinbecken: Das ehemals weite Gebiete Mitteleuropas bedeckende hypothetische Flachmeer in der hypothetischen Zechsteinzeit.

Zement: Aus Ton und Kalk bei 1400° C gebrannter, fein gemahlener Stoff (Calcium-Alumosilikat), der bei Zugabe von Wasser zu einem harten Verbundstoff abbindet.

Zementation: Aushärtung von Sandstein.

Register

A

B

C

D

E

F

G

H

I

J

K

L

M

N

O

P

Q

R

S

T

U

V

W

Y

Z